Windows 11 制霸攻略

博碩文化

圖解 AI 與 Copilot 應用，
輕鬆搞懂新手必學的 Windows 技巧　　吳燦銘 著

AI 應用全面擴展	平衡性功能改版
Copilot 助攻，語音對話與圖像生成零門檻	多視窗整合最佳化，多工協作更順暢高效
直覺式觸控操作	強化資安防護規格
滑動點選直覺上手，瀏覽互動更靈巧快速	配搭 TPM 2.0 加密驗證，系統防護再升級

作　　　者：	吳燦銘
責 任 編 輯：	林政諺、Cathy
董 事 長：	曾梓翔
總 編 輯：	陳錦輝

出　　　版：博碩文化股份有限公司
地　　　址：221 新北市汐止區新台五路一段112號10樓A棟
　　　　　　電話(02) 2696-2869　傳真(02) 2696-2867

發　　　行：博碩文化股份有限公司
郵 撥 帳 號：17484299　戶名：博碩文化股份有限公司
博 碩 網 站：http://www.drmaster.com.tw
讀者服務信箱：dr26962869@gmail.com
訂購服務專線：(02) 2696-2869 分機 238、519
(周一至周五 09:30 ～ 12:00；13:30 ～ 17:00)

版　　　次：2025 年 8 月二版

博 碩 書 號：MI22511
建 議 零 售 價：新台幣 640 元
Ｉ Ｓ Ｂ Ｎ：978-626-414-287-8
法 律 顧 問：鳴權法律事務所 陳曉鳴律師

國家圖書館出版品預行編目資料

Windows 11 制霸攻略：圖解 AI 與 Copilot 應用，輕鬆搞懂新手必學的 Windows 技巧 / 吳燦銘作. -- 二版. -- 新北市：博碩文化股份有限公司, 2025.08
　面；　公分
ISBN 978-626-414-287-8(平裝)

1.CST: WINDOWS(電腦程式) 2.CST: 作業系統

312.53　　　　　　　　　　114011013

Printed in Taiwan

歡迎團體訂購，另有優惠，請洽服務專線
博 碩 粉 絲 團　(02) 2696-2869 分機 238、519

商標聲明

本書中所引用之商標、產品名稱分屬各公司所有，本書引用純屬介紹之用，並無任何侵害之意。

有限擔保責任聲明

雖然作者與出版社已全力編輯與製作本書，唯不擔保本書及其所附媒體無任何瑕疵；亦不為使用本書而引起之衍生利益損失或意外損毀之損失擔保責任。即使本公司先前已被告知前述損毀之發生。本公司依本書所負之責任，僅限於台端對本書所付之實際價款。

著作權聲明

本書著作權為作者所有，並受國際著作權法保護，未經授權任意拷貝、引用、翻印，均屬違法。

序

Windows 11 正式版本於 2021 年 10 月 5 日發行，並開放給符合條件的 Windows 10 裝置透過 Windows Update 免費升級。這次 Windows 11 為了加強個人資料的保護，在資訊安全的防範，作了相當大的努力。另外，Windows 11 全新的功能還包括了優化觸控的全新使用者介面、圓角視窗設計介面、多功能視窗、回歸小工具程式、讓 Android App 執行於 Windows 11、重新設計的 Microsoft Store…等，另外為了達到資安防護的目的，強制電腦模組升級到 TPM 2.0，同時為了吸引更多的遊戲玩家，導入遊戲新技術與雲端遊戲。本書以最精彩的篇幅將 Windows 11 的功能簡要區分為 13 大單元及一個附錄，包括：

- 全新亮點 Windows 11 特色初體驗
- 打造獨樹一格桌面環境
- 得心應手檔案管理工作術
- 包羅萬象內建程式與 Microsoft Store
- 控制台設定與應用程式
- 相簿管理與影片編輯
- 使用者帳戶管理
- 軟體管理與協助工具
- 一手掌握裝置新增與設定
- 防微杜漸電腦更新與系統安全
- 亡羊補牢系統修復與管理
- AI 助手新時代：網路、Edge 瀏覽器與 Copilot 全攻略
- 資源共享的雲端服務
- 實用的 Windows 11 快速鍵

這些單元所談論的主題精彩可期，例如：Snap Layout 的多功能視窗、小工具程式 (Widgets)、自動語音辨識、Microsoft Store、動態自動鎖定、功能強大的搜尋、檔案加密與權限管理、裝置同步、電子郵件與行事曆、To Do 待辦事項清單、Microsoft Teams、設定頁與控制台、步驟收錄程式、自黏便箋、剪取工具、相簿管理與影片編輯、使用者帳戶管理、軟體管理、高對比顯示文字、放大鏡放大螢幕、朗讀程式的提醒、語音控制、螢幕小鍵盤、裝置新增與設定、電腦更新與系統安全、釋放磁碟空間、重組並最佳化磁碟機、建立與格式化硬碟磁碟分割、系統備份與修復、還原點建立與系統還原、工作排程、檢視系統資訊、系統效能、虛擬光碟、虛擬硬碟、網路連線、裝置管理員、管理藍牙裝置、無線上網、檔案歷程記錄、網路探索、檔案共用、共用印表機、網路磁碟機、Microsoft Edge 瀏覽器、Copilot AI 助手、Think Deeper 進階推理、Copilot Voice 語音對話、Copilot 圖像辨識與生成、Copilot APP、精選 Copilot 圖像創作、OneDrive 雲端硬碟、雲端剪貼簿、Windows 11 快速鍵…等，希望本書是一本可以成為您快速熟悉 Windows 11 的各項功能的最佳選擇，本書校正力求正確無誤，仍恐有所疏漏致誤，還望各位先進不吝指正。

目錄

CHAPTER 01 全新亮點 Windows 11 特色初體驗

1-1 Windows 11 的特色亮點 1-2
    1-1-1 全新使用者介面 (UI) 1-2
    1-1-2 導入 Fluent Design 風格的圓角視窗介面 1-3
    1-1-3 加入名為 Snap Layout 的多功能視窗 1-3
    1-1-4 導入觸控的輸入介面 1-4
    1-1-5 Snap Group 將常使用的 App 設為同群組 1-5
    1-1-6 回歸全新小工具程式 (Widgets) 1-6
    1-1-7 讓 Android App 執行於 Windows 11 1-13
    1-1-8 強制電腦模組升級到 TPM 2.0 的資安防護 1-13
    1-1-9 導入遊戲新技術與雲端遊戲 1-15
    1-1-10 重新設計的 Microsoft Store 1-16
    1-1-11 自動語音辨識 1-17
1-2 Windows 11 安裝概要 1-18
    1-2-1 系統需求 1-18
    1-2-2 Windows 11 安裝概要 1-18

CHAPTER 02 打造獨樹一格桌面環境

2-1 桌面操作快速上手 2-2
    2-1-1 開始選單的調整 2-2
    2-1-2 啟動應用程式 2-11
    2-1-3 快速搜尋 Windows 應用程式與檔案ؘ....................... 2-13
    2-1-4 以工具列切換應用程式 2-13

	2-1-5	以快速鍵切換應用程式 2-14
2-2	桌面的個人化設定 2-14
	2-2-1	背景設定 2-15
	2-2-2	色彩設定 2-17
	2-2-3	鎖定畫面 2-19
	2-2-4	螢幕保護程式 2-24
	2-2-5	佈景主題設定 2-26
	2-2-6	觸控式鍵盤佈景 2-27
2-3	桌面圖示的調整 2-30
	2-3-1	調整桌面圖示大小 2-31
	2-3-2	設定圖示排列方式 2-32
	2-3-3	自動排列圖示 2-32
2-4	變更電腦設定 2-33
	2-4-1	新增圖示至桌面 2-33
	2-4-2	變更桌面圖示 2-34
	2-4-3	將程式釘選到工作列 2-36
2-5	登入登出與開關機 2-37
	2-5-1	變更帳戶設定 2-37
	2-5-2	帳戶登出與切換 2-38
	2-5-3	開啟關閉 Windows 2-39

CHAPTER 03 得心應手檔案管理工作術

3-1	Windows 電腦視窗操作 3-2
	3-1-1	瀏覽窗格 3-3
3-2	以資料夾管理檔案 3-5
	3-2-1	新增資料夾 3-5
	3-2-2	資料夾 / 檔案的重新命名 3-6
	3-2-3	檔案搬移 / 複製至資料夾 3-7

3-2-4	將常用資料夾釘選至快速存取區	3-8
3-2-5	檔案 / 資料夾的刪除	3-9
3-2-6	強大的搜尋功能	3-10

3-3 檔案的隱藏 / 顯現與壓縮 3-15
    3-3-1 檔案的隱藏與顯現 3-15
    3-3-2 檔案的壓縮與解壓縮 3-18

3-4 檔案 / 資料夾的安全性權限 3-22

3-5 Windows 虛擬光碟機的掛接與退出 3-23

CHAPTER 04 包羅萬象內建程式與 Microsoft Store

4-1 電子郵件與行事曆 4-2
    4-1-1 郵件帳戶的建立與使用 4-2
    4-1-2 郵件個人化設定 4-5
    4-1-3 郵件的新增與傳送 4-6
    4-1-4 行事曆的使用 4-7

4-2 To Do 待辦事項清單和工作管理應用程式 4-9
    4-2-1 新增工作 4-9
    4-2-2 建立清單管理工作 4-14
    4-2-3 分享連結與共用清單 4-16
    4-2-4 為工作加入檢索標籤 4-17

4-3 Microsoft Teams 4-19
    4-3-1 開始使用 Microsoft Teams 4-19
    4-3-2 邀請他人加入會議 4-20
    4-3-3 語音及視訊裝置設定 4-23
    4-3-4 認識會議主持人的權限 4-24
    4-3-5 文字訊息與舉手發問 4-25
    4-3-6 暫時離開會議與再次進入 4-27
    4-3-7 結束會議 4-28

4-4	Microsoft Store 的軟體安裝與付費購買	4-29
	4-4-1　從 Microsoft Store 安裝免費軟體	4-29
	4-4-2　Microsoft Store 軟體的搜尋	4-31
	4-4-3　從 Microsoft Store 付費購買軟體	4-36

CHAPTER 05 控制台設定與應用程式

5-1	字型與輸入法	5-2
	5-1-1　安裝字型	5-2
	5-1-2　安裝中文輸入法	5-3
	5-1-3　新增語言	5-6
5-2	日期 / 時間與時區	5-7
	5-2-1　變更日期和時間格式	5-8
	5-2-2　新增不同時區的時鐘	5-10
5-3	顯示器設定	5-11
	5-3-1　調整顯示器方向與比例	5-11
	5-3-2　進階顯示設定	5-12
5-4	其他應用程式	5-13
	5-4-1　步驟收錄程式	5-13
	5-4-2　自黏便箋	5-16
	5-4-3　剪取工具	5-16
	5-4-4　小畫家	5-19

CHAPTER 06 相簿管理與影片編輯

6-1	相片匯入	6-2
6-2	相簿的建立與管理	6-5
	6-2-1　建立新相簿	6-5
	6-2-2　現有相簿中新增相片	6-6

6-2-3	從相簿中刪除相片	6-8
6-2-4	刪除相簿	6-8

6-3 相片的編輯與應用 6-9

6-3-1	編輯與美化相片	6-10
6-3-2	將喜歡的相片加到我的最愛	6-12
6-3-3	將相片設成桌面背景	6-13
6-3-4	將相簿輸出成影片檔	6-13

6-4 影片編輯器 6-16

6-4-1	新增影片專案	6-16
6-4-2	匯入相片／影片素材	6-18
6-4-3	以時間軸編排素材順序	6-19
6-4-4	變更素材顯示比例	6-20
6-4-5	設定素材持續時間	6-22
6-4-6	新增標題卡片	6-22
6-4-7	加入動畫、3D 效果及濾鏡	6-24
6-4-8	影片片段的修剪／分割與速度調整	6-26
6-4-9	加入背景音樂	6-28
6-4-10	完成影片輸出	6-29

CHAPTER 07 使用者帳戶管理

7-1 帳戶管理 7-2

7-1-1	新建使用者帳戶	7-2
7-1-2	變更帳戶類型	7-3
7-1-3	調整電腦登入原則及密碼	7-8

7-2 裝置的同步設定 7-11
7-3 使用者帳戶控制設定 7-13

CHAPTER 08 軟體管理與協助工具

8-1 軟體的新增 8-2
8-2 解除 / 變更已安裝的軟體 8-3
8-3 設定程式關聯性 8-6
8-4 Windows 功能與安全更新管理 8-8
  8-4-1 開啟 / 關閉 Windows 功能 8-9
  8-4-2 檢視已安裝的更新 8-10
8-5 實用的協助工具 8-11
  8-5-1 高對比顯示文字 8-11
  8-5-2 放大鏡放大螢幕 8-13
  8-5-3 朗讀程式的提醒 8-14
  8-5-4 語音控制電腦 8-15
  8-5-5 螢幕小鍵盤 8-18
  8-5-6 使用 PrtScn 按鈕以開啟螢幕剪取 8-19

CHAPTER 09 一手掌握裝置新增與設定

9-1 認識驅動程式 9-2
  9-1-1 自動取得最新的驅動程式和軟體 9-2
  9-1-2 手動安裝驅動程式 9-4
9-2 裝置管理員 9-5
9-3 新增印表機與裝置 9-7
9-4 管理藍牙裝置 9-10
  9-4-1 連線到藍牙裝置 9-10
  9-4-2 移除藍牙裝置 9-13
9-5 滑鼠與觸控板 9-13
  9-5-1 滑鼠設定 9-13
  9-5-2 手寫筆與觸控板 9-16

9-6	自動播放	9-17

CHAPTER 10 防微杜漸電腦更新與系統安全

10-1	病毒與駭客的威脅	10-2
10-2	防火牆的基本防護	10-5
	10-2-1 開啟或關閉 Windows 防火牆	10-6
	10-2-2 允許應用程式	10-7
	10-2-3 新增防火牆規則	10-8
10-3	電腦裝置設定選單	10-11
	10-3-1 打開通知	10-12
	10-3-2 變更通知設定	10-13
	10-3-3 病毒與威脅防護通知	10-14
10-4	更新與安全性	10-16
	10-4-1 Windows Update	10-16
	10-4-2 檢查更新記錄	10-19
	10-4-3 Windows Update 進階選項	10-20
	10-4-4 傳遞最佳化	10-20

CHAPTER 11 亡羊補牢系統修復與管理

11-1	釋放磁碟空間	11-2
	11-1-1 檢查電腦的儲存空間	11-2
	11-1-2 磁碟清理	11-3
11-2	重組並最佳化磁碟機	11-4
	11-2-1 重組硬碟	11-4
	11-2-2 最佳化磁碟	11-6
11-3	建立與格式化硬碟磁碟分割	11-7
11-4	系統備份與修復	11-8

11-4-1	建立映像檔	11-8
11-4-2	建立系統修復光碟	11-9
11-4-3	建立 USB 修復磁碟機	11-10

11-5 還原點建立與系統還原 11-12

11-5-1	建立還原點	11-12
11-5-2	系統還原	11-14
11-5-3	重設您的電腦	11-15

11-6 其他實用工具 11-17

11-6-1	工作排程	11-17
11-6-2	檢視系統資訊	11-21
11-6-3	系統效能	11-22
11-6-4	Hyper-V 虛擬化技術	11-25
11-6-5	檔案歷程記錄	11-27

11-7 虛擬硬碟 (Virtual Hard Disk, VHD) 11-32

11-7-1	建立虛擬硬碟	11-32
11-7-2	連結虛擬硬碟	11-39
11-7-3	中斷連結虛擬硬碟	11-42

CHAPTER 12 AI 助手新時代：網路、Edge 瀏覽器與 Copilot 全攻略

12-1 建立新的連線或網路 12-2

12-1-1	使用 ADSL 連上網際網路	12-2
12-1-2	使用固定制的 ADSL	12-5

12-2 Wi-Fi 使用與無線上網 12-8

12-2-1	連接 Wi-Fi	12-8
12-2-2	檢視網路連線詳細資料	12-9
12-2-3	開啟飛航模式	12-11

12-3 網路和網際網路設定 12-12

12-3-1	網路的類型	12-12

12-3-2 檢視網路的連線狀態	12-13
12-3-3 「網路和網際網路」設定視窗	12-13
12-3-4 查詢 IP 位址相關資訊	12-14
12-4 網路探索與檔案共用	12-16
12-4-1 開啟網路探索	12-16
12-4-2 用「網路和共用中心」檢測網路	12-18
12-4-3 查看與變更網路中電腦的群組名稱	12-19
12-4-4 設定資料夾為共用	12-21
12-4-5 共用印表機	12-23
12-5 網路磁碟機的建立與中斷	12-25
12-5-1 建立網路磁碟機	12-26
12-5-2 中斷網路磁碟機	12-28
12-6 Microsoft Edge 瀏覽器	12-29
12-6-1 有容乃大的集錦功能	12-31
12-6-2 匯入瀏覽器資料	12-33
12-6-3 實作新增我的最愛	12-35
12-6-4 匯出我的最愛	12-38
12-6-5 實作網頁擷取	12-40
12-6-6 實作歷程管理	12-43
12-6-7 開啟垂直索引標籤	12-44
12-6-8 淡化睡眠索引標籤	12-45
12-7 認識 Microsoft Copilot AI 智慧助手	12-47
12-7-1 Copilot 功能解析與應用	12-47
12-7-2 Copilot 在不同產品中的應用	12-48
12-8 開啟 Copilot 的多種使用入口	12-50
12-9 善用「Think Deeper」進行進階推理	12-53
12-10 用「Copilot Voice」語音對話更輕鬆	12-53
12-11 活用 Copilot 的圖像辨識與生成功能	12-55
12-11-1 利用 Copilot 搜尋圖片	12-55

xiii

12-11-2　Copilot 圖像生成 12-56
　　12-11-3　Copilot 辨識圖片的 AI 視覺 12-56
　　12-11-4　辨識圖片生成故事情境 12-57
12-12　手機安裝與操作 Copilot APP 12-58
12-13　精選 Copilot 圖像創作應用實例 12-60
　　12-13-1　霓虹科幻城市 12-61
　　12-13-2　蒸汽龐克機械動物 12-61
　　12-13-3　魔幻森林中的發光植物 12-62
　　12-13-4　宇宙中的水晶行星 12-62
　　12-13-5　未來主義的霓虹髮型人物肖像 12-63
　　12-13-6　沙漠中的鏡面迷宮 12-63

CHAPTER 13　資源共享的雲端服務

13-1　OneDrive 電端硬碟簡介 13-2
　　13-1-1　OneDrive 檔案的下載與上傳 13-2
　　13-1-2　雲端檔案的同步設定 13-3
　　13-1-3　下載不同平台的 OneDrive 13-5
13-2　OneDrive 雲端檔案管理 13-5
　　13-2-1　用瀏覽器登入 OneDrive 網站 13-5
　　13-2-2　為 Office 文件選擇預設檔案格式 13-7
　　13-2-3　邀請朋友 13-9
　　13-2-4　取得連結以共享檔案 13-10
13-3　重要雲端線上功能 13-12
　　13-3-1　新增純文字文件 13-13
　　13-3-2　新增 Office 文件 13-15
　　13-3-3　新增 Forms 問卷 13-22
　　13-3-4　新增 OneNote 筆記本 13-27

APPENDIX A 實用的 Windows 11 快速鍵

A-1　Windows ＋ A 一電腦裝置設定選單.. A-2
A-2　Windows ＋ N 一開啟通知中心.. A-3
A-3　Windows ＋ W一開啟桌面小工具.. A-4
A-4　Windows ＋ Z 一視窗版面排列預覽縮圖... A-4
A-5　Windows ＋ . 一開啟表情貼圖符號鍵盤.. A-6
A-6　Windows ＋ V 一開啟剪貼簿.. A-6
A-7　Windows ＋ H 一啟動語音辨識.. A-8
A-8　Windows ＋ E 一開啟檔案總管... A-9
A-9　Windows ＋ R 一開啟執行視窗.. A-10
A-10　Windows ＋ X 一快速連結功能表... A-12
A-11　Windows ＋ K 一開啟無線裝置搜尋的介面.................................. A-13
A-12　Windows ＋ D 一縮小所有視窗並只顯示桌面 A-14
A-13　Windows ＋ L 一快速登出... A-15
A-14　Windows ＋ Shift ＋ S一叫出螢幕截圖軟體................................. A-15
A-15　Ctrl ＋ Shift ＋ Esc一開啟工作管理員... A-15
A-16　「Win ＋ Alt ＋ 方向上 / 下」及「Win ＋ 方向左 / 右」一視窗分割... A-16
A-17　Windows 鍵 ＋ C 一開啟 Microsoft Teams 通訊軟體....................... A-17
A-18　Windows 中的鍵盤快速鍵線上文件 A-17

CHAPTER

01

全新亮點
Windows 11
特色初體驗

Windows 11 是微軟於 2021 年推出的 Windows NT 系列作業系統，距離上一代 Windows 10 問世已有 6 年。正式版本於 2021 年 10 月 5 日發行，並開放給符合條件的 Windows 10 裝置透過 Windows Update 免費升級。

1-1 Windows 11 的特色亮點

這次 Windows 11 為了加強個人資料的保護，在資訊安全的防範，作了相當大的努力。另外 Windows 11 全新功能包括優化觸控的全新使用者介面、圓角視窗設計介面、多功能視窗、回歸小工具程式、讓 Android App 執行於 Windows 11、重新設計的 Microsoft Store…等，為了達到資安防護目的，強制電腦模組升級到 TPM 2.0，同時為了吸引更多的遊戲玩家，導入遊戲新技術與雲端遊戲。底下就來談談幾個 Windows 11 的特色功能：

1-1-1 全新使用者介面 (UI)

Windows 11 的開始工具列預設位置是置中顯示，和以往我們使用的 Windows 作業系統的「開始」功能表位置左下角，剛開始可能在操作上有點不習慣，但是如果過去習慣 MacOS 的用戶，可能會覺得這樣的操作方式用起來還蠻適應的。

1-1-2 導入 Fluent Design 風格的圓角視窗介面

在 Windows 11 介面中大幅加入 Fluent Design 風格，將視窗改為圓角與半透明風格，整體觀看的舒適感較以往的視窗介面更具設計感。

1-1-3 加入名為 Snap Layout 的多功能視窗

微軟 Windows 11 多功能視窗預設四個選項供使用者挑選，使用者也可以依自己的需求自行調整，基本上，多功能視窗可以進行一對一、一對二、或者二對二等視窗分割，有了這項功能就可以一邊查看電子郵件、一邊觀看即時新聞，同時進行 Office 文書處理作業，操作上非常簡便直覺。

另外除了微軟公司自行開發的應用程式外，其他許多第三方應用程式已經陸續支援多功能視窗的設計。就以筆者為例，當作者在寫一本書時，常會需要同時開啟網頁查詢資料，同時又必須開啟寫作的 Word 文件，寫作過程中又必須進行螢幕截圖，並儲存到指定章名的資料夾中，有時又必須將書中會使用到的範例程式或圖檔、文

字檔統一集中在各章的資料夾中，這種情況下，多功能視窗對筆者進行寫作工作，就會顯得非常便利，短時間就能進入工作狀態。

1-1-4 導入觸控的輸入介面

為了貼近使用者的操作習慣，除了傳統滑鼠、鍵盤以外的操作模式，更加入了觸控操作介面，允許用戶透過手寫筆、聲控方式來輸入文字或操作視窗，同時這次改版的 Windows 11 也允許可隨著螢幕方向旋轉的互動式介面。使用平板電腦模式時，也能輕易從工作列上，將觸控式鍵盤按鈕顯示出來，只要按一下工作列右側的「觸控制鍵盤」 鈕，就可顯示觸控式鍵盤。

全新亮點 Windows 11 特色初體驗 **01**

1-1-5 Snap Group 將常使用的 App 設為同群組

用戶可以將目前所有開啟的視窗設定為單一「Snap Group」群組，這項功能有助於使用者將經常使用的 App 設定為同一群組，再將不同工作或娛樂屬性的 App 設定為另外一個群組，如此一來，就可以在不同工作或娛樂需求間快速地切換。

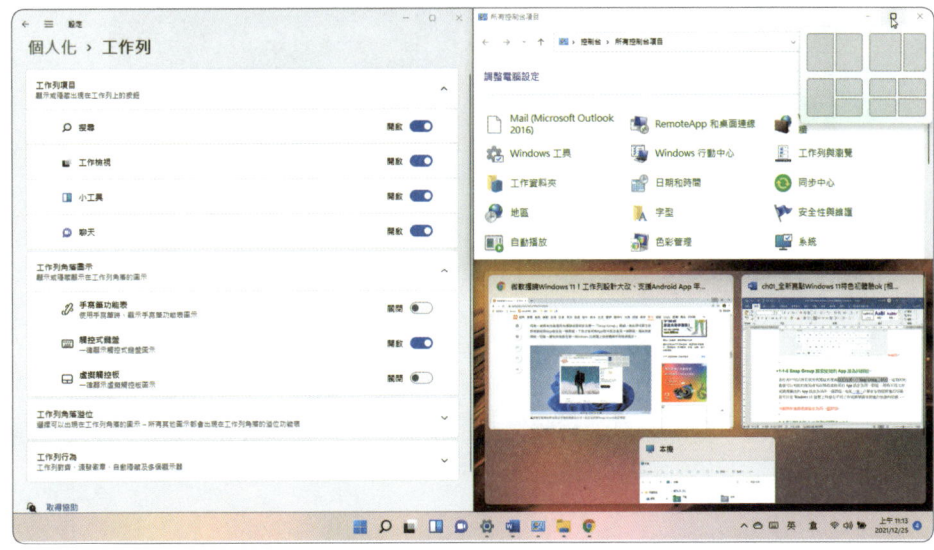

1-1-6 回歸全新小工具程式 (Widgets)

新的小工具，以所謂的 Microsoft Widgets 回歸，介面有點像是 MacOS 的 Widgets，同樣有天氣、股市、行程、即時新聞，還可以加入第三方開發的小工具，可能是這次改版的小工具顯示介面看起來比較大，所以整體操作感覺還不錯。

相信大家在使用手機時都會有一種經驗，就是早上起床時想看看昨天股票的漲跌，也會想要關心今天的天氣狀態或是當日的重要新聞，這些實用的小工具在 Windows 11 已預設在工作列之中，各位可以按「Windows 鍵 +W」或是按下工作列的「　」小工具圖示鈕，就可以打開這些小工具，快速取得當天想知道的重要訊息或通知。

全新亮點 Windows 11 特色初體驗 **01**

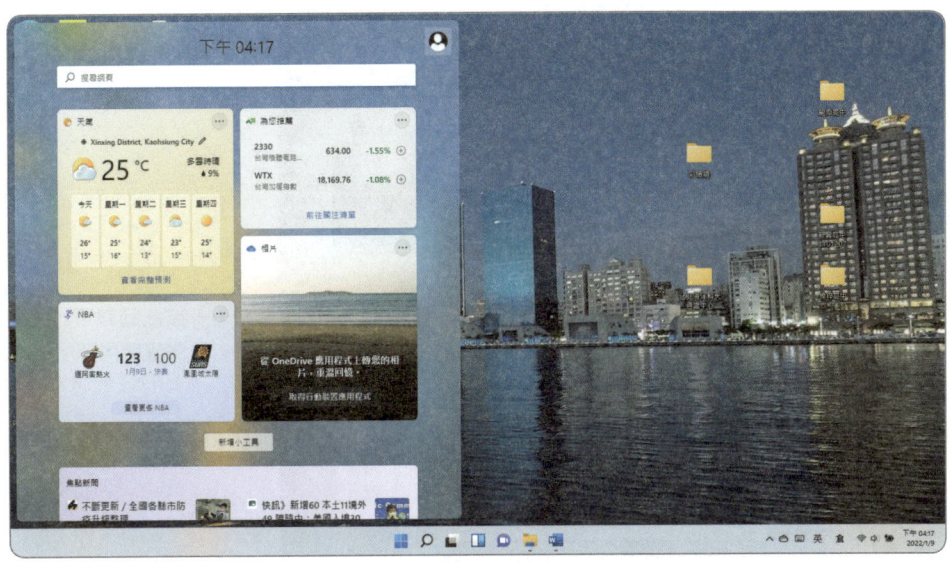

如果對於某個媒體內容不喜歡,還可以將該媒體內容隱藏,作法如下:

點選媒體區域的「…」圖示,再從所出現的功能表中執行「隱藏」相關指令

1-7

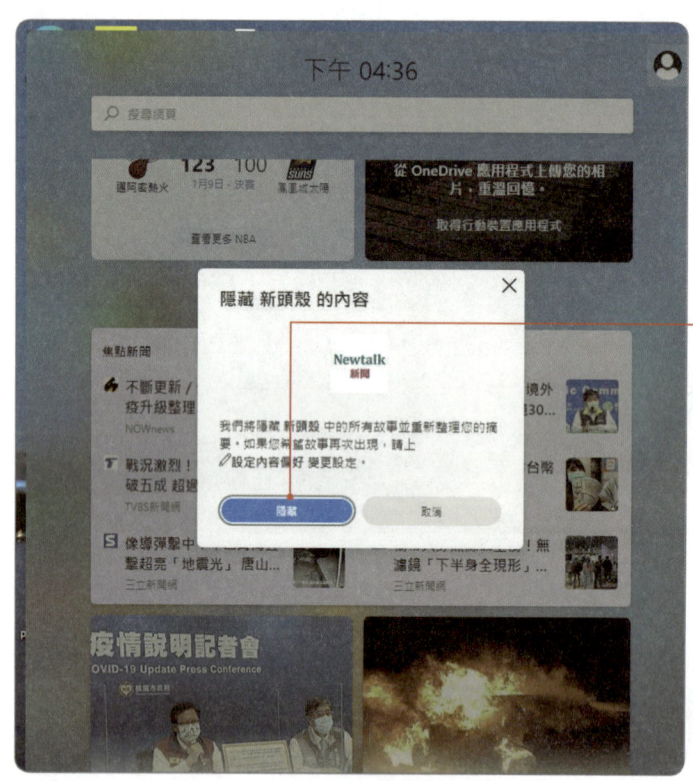

按此鈕就可以隱藏該媒體內容

除了這些預設的小工具之外，使用者還可以依照自己的需求與喜好，自訂個人專用的小工具 Widgets，作法如下：

按此「設定」鈕

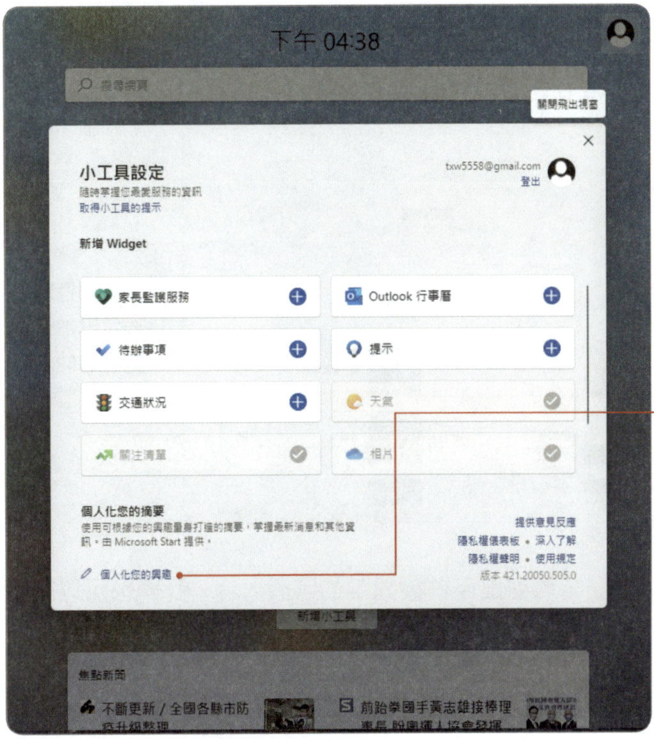

全新亮點 Windows 11 特色初體驗 **01**

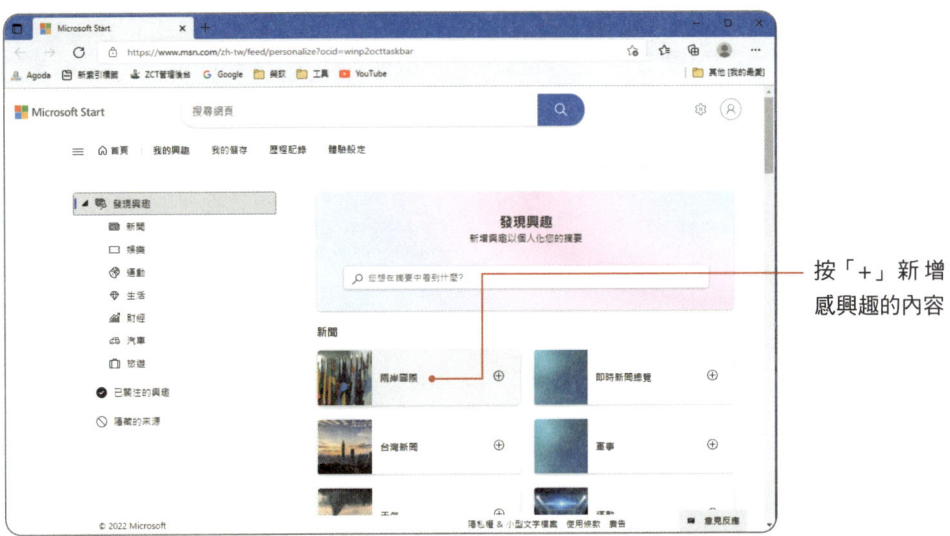

按「個人化您的興趣」

按「+」新增感興趣的內容

1-9

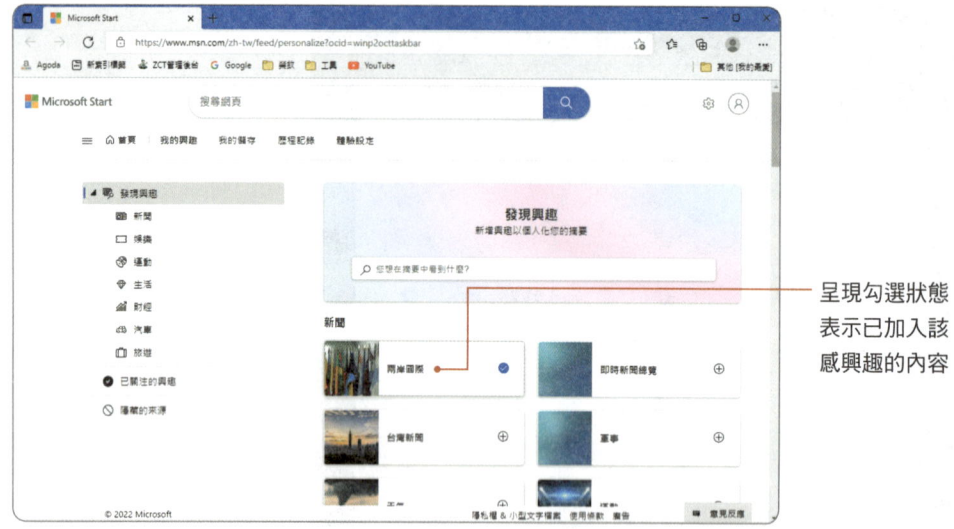

在上圖中左側的「隱藏的來源」，會列出目前被隱藏的媒體內容，我們也可以取消已被隱藏的媒體內容，使該媒體內容重新出現，作法如下：

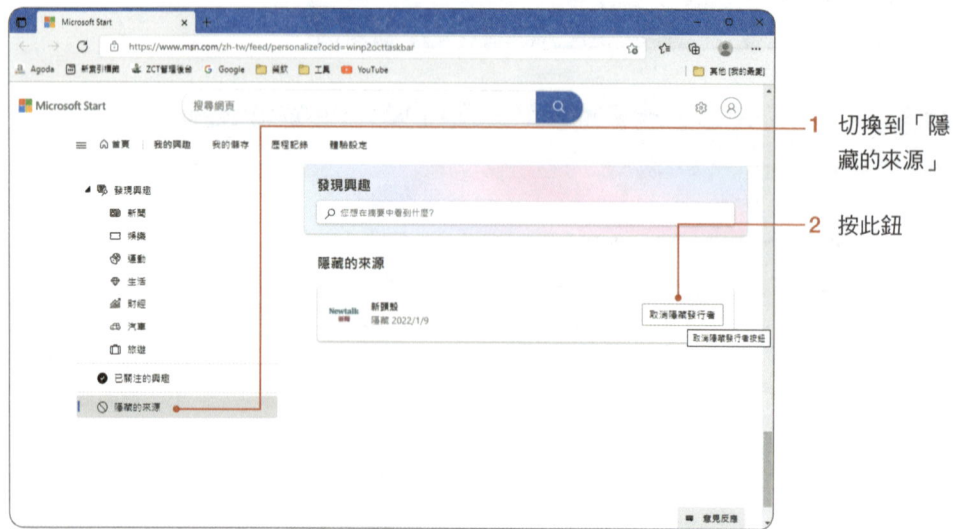

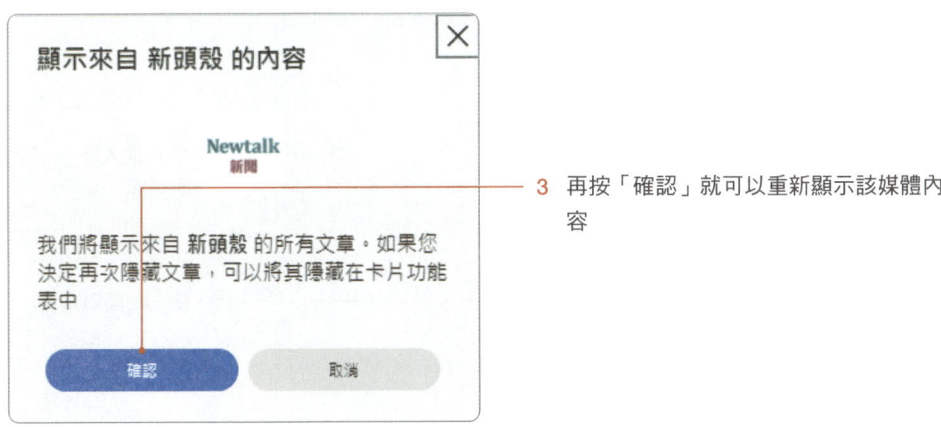

3 再按「確認」就可以重新顯示該媒體內容

如果變更小工具的語言與地區，就會顯示不同地區的小工具資訊及媒體內容，參考作法如下：

1 在工作列按右鍵，執行「工作列設定」

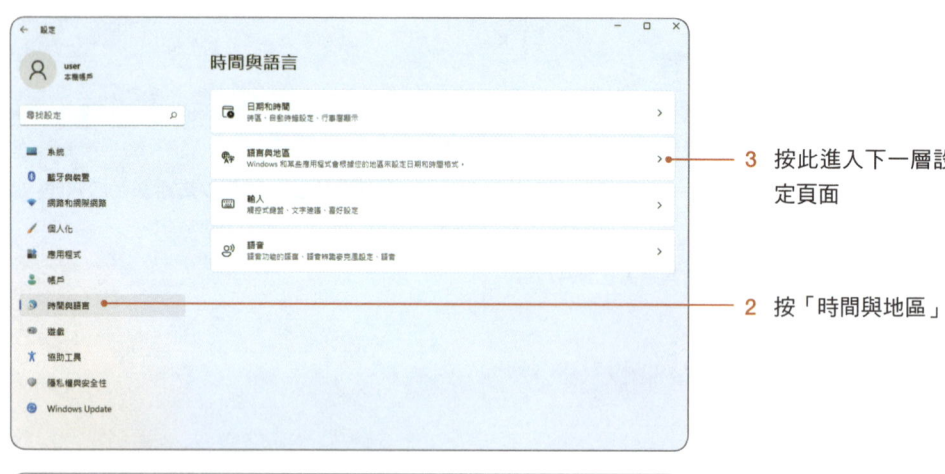

3 按此進入下一層設定頁面

2 按「時間與地區」

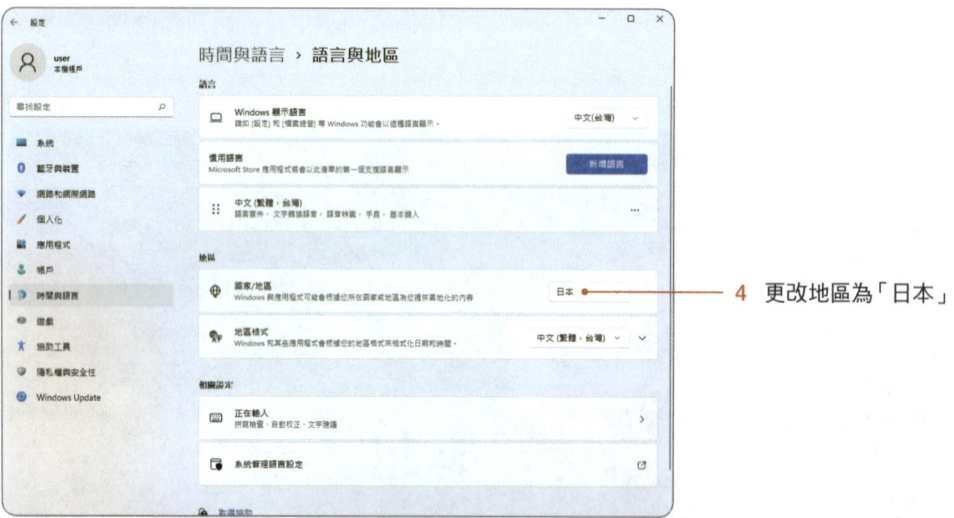

4 更改地區為「日本」

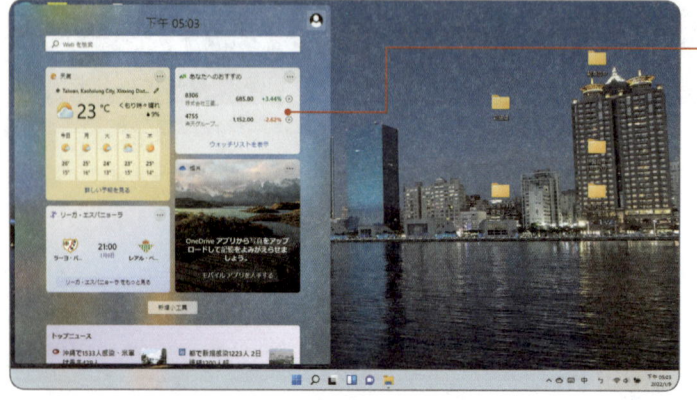

5 重新啟動後,再按「Windows + W」快速鍵開啟生活小工具,可以看出已出現日本版的小工具

1-1-7 讓 Android App 執行於 Windows 11

在 Windows 11 可以安裝 Android 平台 App，雖然微軟標榜能在 Windows 11 環境使用 Android 平台 App，但還是會有不少限制，目前的作法是透過內建於 Windows 11 的 Android 子系統運作，主要與亞馬遜旗下 App Store 軟體市集合作，可讓 Windows 11 裝置下載安裝執行 Amazon App Store 中的 Android 應用程式。不過，現階段仍然無法直接透過開啟 APK 檔案安裝 Android 平台 App，使用者必須利用 Microsoft Store 的連結下載安裝。如果想進一步了解如何在 Windows 11 安裝 Android 應用程式，可以參考底下網頁的說明：

https://docs.microsoft.com/zh-tw/windows/android/wsa/

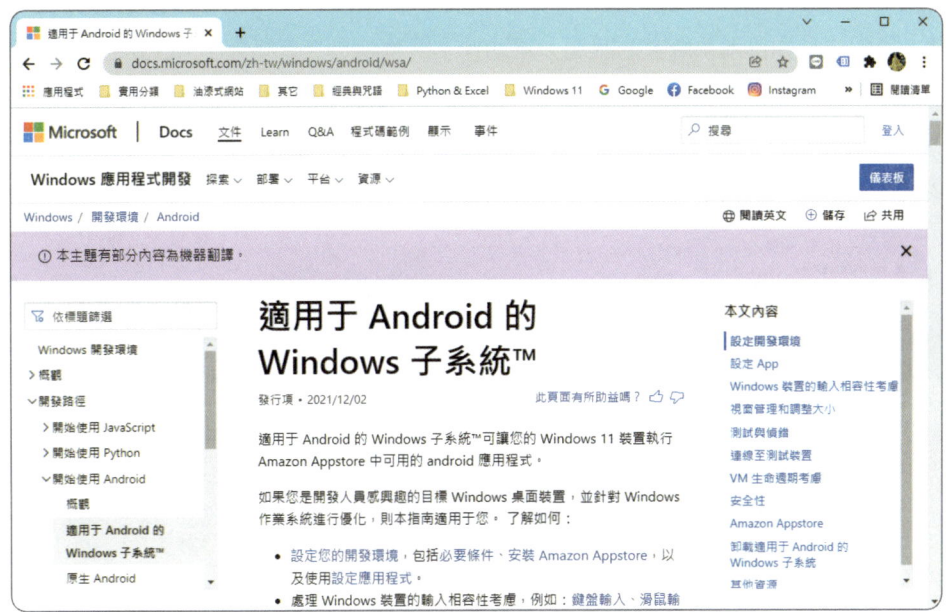

1-1-8 強制電腦模組升級到 TPM 2.0 的資安防護

微軟考慮到數據安全性，安裝 Windows 11 的電腦需支援 TPM（可信平台模組）晶片，微軟官網列出 Windows 11 最低系統要求，明確提到用戶設備需支援 TPM 2.0。到底什麼是 TPM 呢？它是微軟多年來一直推動的重大硬體更新之一。簡單來

說 TPM 就是一種晶片，可以單獨將這晶片加入到 CPU 處理器之中，也可以直接整合內建到 PC 主機板，根據微軟「企業和作業系統安全總監」的說法，電腦需支援 TPM 晶片的主要目的是保護加密金鑰、用戶憑證等敏感數據，使惡意軟體和攻擊者無法存取或篡改這些數據。

為了確保用戶的設備達到安裝 Windows 11 的要求，微軟要求用戶利用「電腦健康情況檢查軟體」(PC Health Check App)，檢查設備是否支援並啟用 TPM 2.0。如果你的 PC 出廠時沒有啟用這功能，就必須去 BIOS 尋找並開啟功能。不過，TPM 2.0 並不是安裝 Windows 11 的唯一要求，如果已啟用 TPM 但仍未通過 Windows 11 升級檢查器，其中一種可能性就是該款 CPU 並不在支援清單中。

所謂「電腦健康情況檢查軟體」是一套由微軟所推出針對電腦健康狀況檢查的軟體，可以檢查你目前系統上的狀況，幫助你了解電腦是否有符合 Windows 11 的系統需求。如果各位有興趣了解安裝 Windows 11 最低系統規格需求，什麼是電腦健康情況檢查軟體（PC Health Check App）？如何使用電腦健康情況檢查軟體？建議可以連上底下網頁參考相關資訊說明：

🎧 https://adersaytech.com/practical-software/win11-pc-health-check-app.html

下圖就是「電腦健康情況概覽」的參考畫面，如果偵測的電腦不符合 Windows 11 系統需求，就會列出相關的資訊摘要說明：

1-1-9 導入遊戲新技術與雲端遊戲

在 Windows 11 中導入遊戲新技術可以幫助遊戲關卡的加載速度大幅提升及畫質更具質感。例如導入 Direct Storage 以加快遊戲載入時間，這項技術的主要目的是改變系統的執行效率，使得 GPU 能夠直接透過 PCIe 通道與晶片組存取硬碟與 SSD 內的遊戲資料。又例如支援 Xbox Series X 的自動 HDR 功能，HDR 的英文全名 High-Dynamic Range，意思是「高動態範圍」，它是一種用來擴大照片「動態範圍」的拍照方法，它能使遊戲畫面的細節更加清楚。另外微軟宣布 Xbox 主機導入雲端遊戲，例如在 Xbox One、Series X/S 遊戲主機導入支援 Xbox Cloud Gaming 功能，相信這對雲端遊戲市場預期會有不錯的成長。

1-1-10 重新設計的 Microsoft Store

在 Windows 11 重新設計的 Microsoft Store 除了改善速度外,也有了重新設計的介面,期許能從以往所收集到的使用者體驗的建議,來提高使用者意願來使用 Microsoft Store。

1-1-11 自動語音辨識

語音輸入是一種由 Azure 語音服務所提供之線上語音辨識功能，透過說話的方式來輸入文字，Windows 11 的語音輸入可以辨識中文及標點符號，對於輸入中文過慢的用戶，這項功能可以協助快速完成中文的輸入工作。如果要使用語音輸入有三個前置工作必須注意：

1. 連接網際網路。
2. 可以正常運作的麥克風。
3. 游標放在文字方塊中或要輸入開始輸入的所在位置。

接著只要在鍵盤上按「Windows 標誌鍵 + H」，開啟語音輸入後，系統就會自動開始聆聽，並將所講的話進行語音辨識，以加速中文輸入的速度，為了確保有較高的辨識率，建議講話要口齒清晰，速度不宜過快。如果要停止語音輸入，只要說出「停止聆聽」等語音輸入命令。

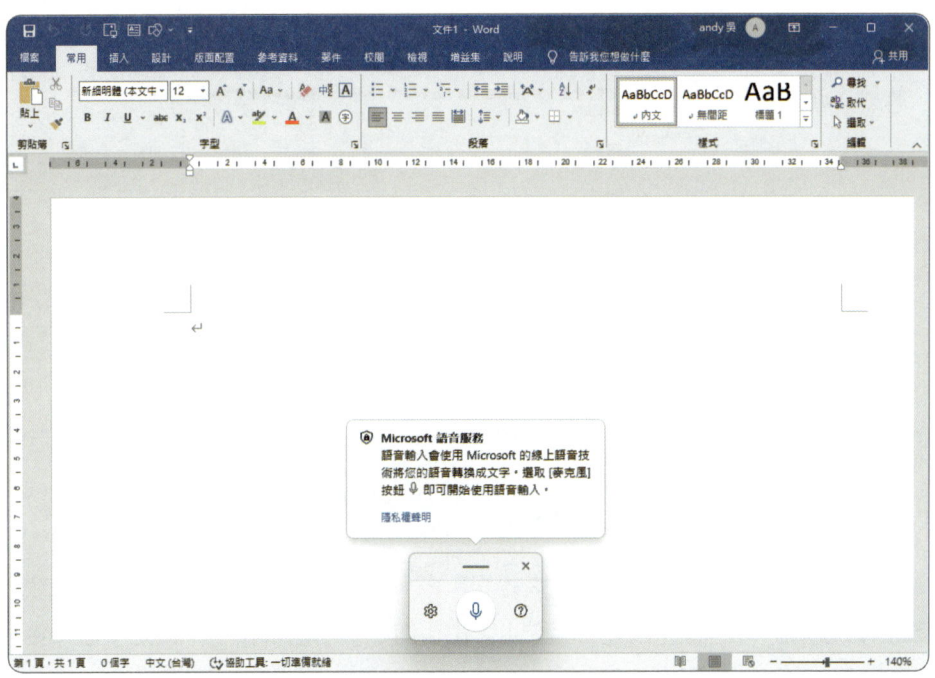

1-2 Windows 11 安裝概要

在此將說明 Windows 10 升級成 Windows 11 的重要過程。在升級前，請先判斷您的電腦或平板是否符合微軟所公布的最低系統需求。

1-2-1 系統需求

微軟公告的 Windows 11 最低系統需求，可以參考底下網頁。如果您的裝置不符合這些需求，可能無法在裝置上安裝 Windows 11，建議您考慮購買新電腦。

https://www.microsoft.com/zh-tw/windows/windows-11-specifications?r=1

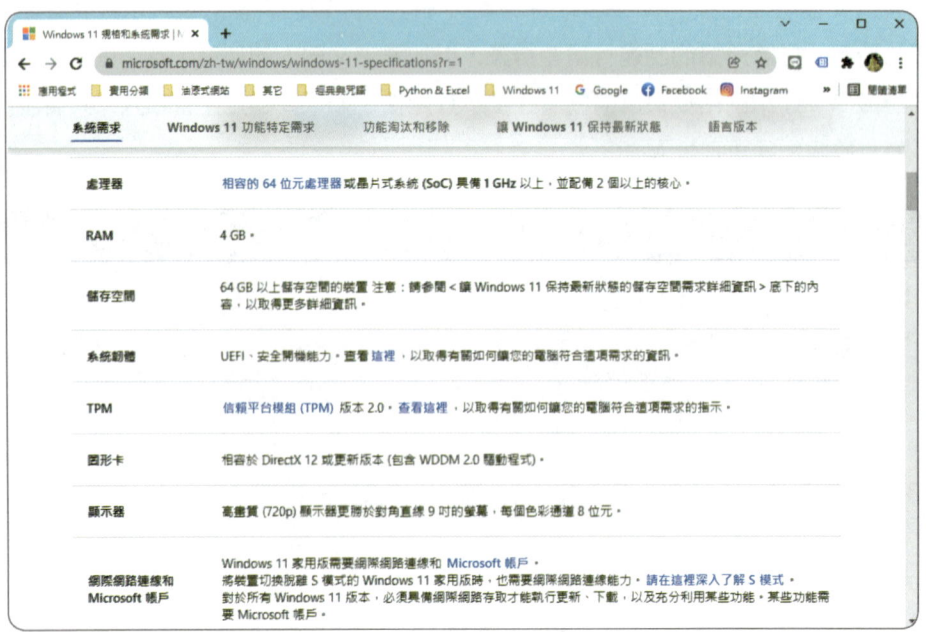

1-2-2 Windows 11 安裝概要

接下來就來示範 Windows 11 的安裝過程，底下的例子示範直接由 Windows 10 升級到 Windows 11，首先請在 Windows 10「開始」功能表按下「設定」鈕，接著進入如下圖的 Windows 10「設定」頁面，完整的安裝過程摘要如下：

全新亮點 Windows 11 特色初體驗　**01**

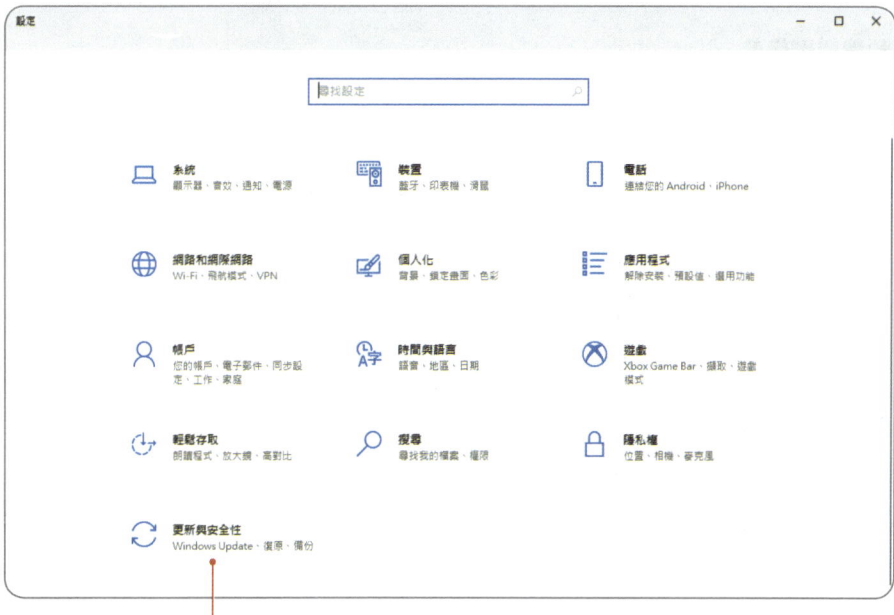

1　點選「更新與安全性」

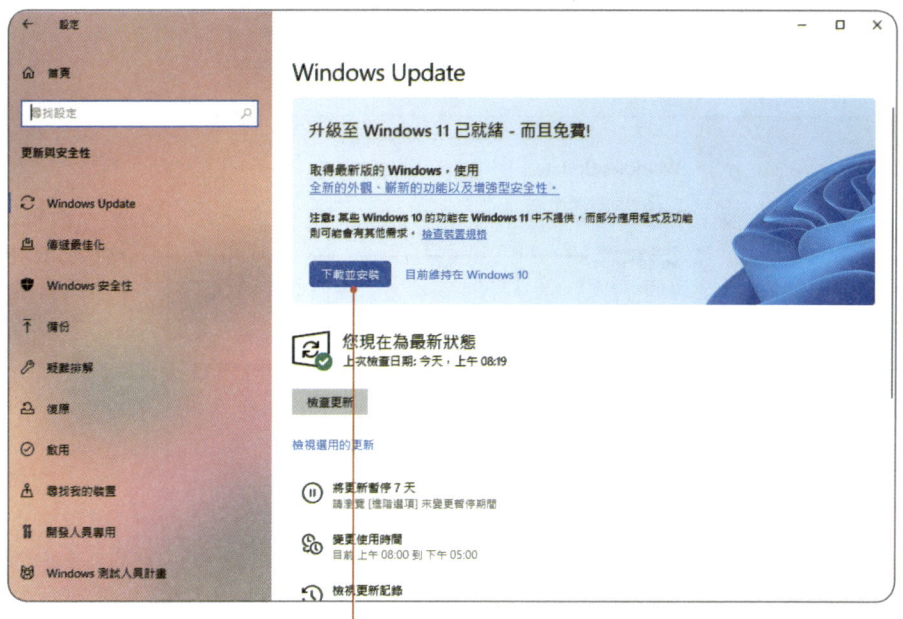

2　按「下載並安裝」鈕

1-19

Windows 11 制霸攻略

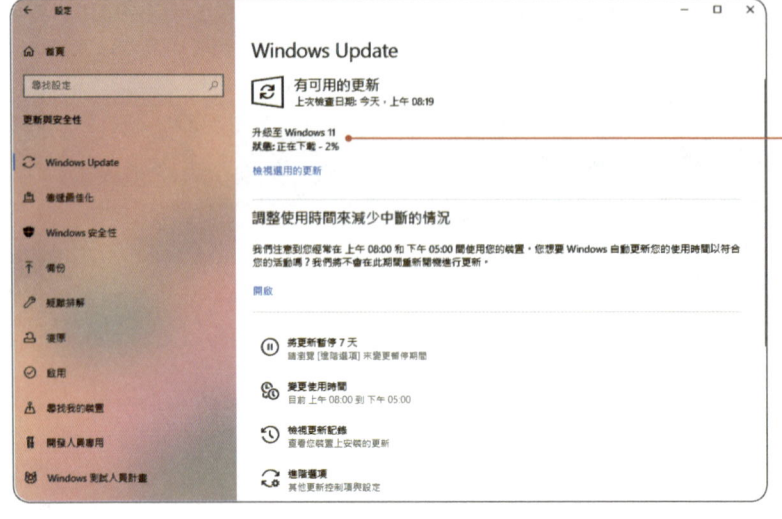

3 出現軟體授權條款，請按下「接受並安裝」

4 下載中，此處會顯示出下載進度

1-20

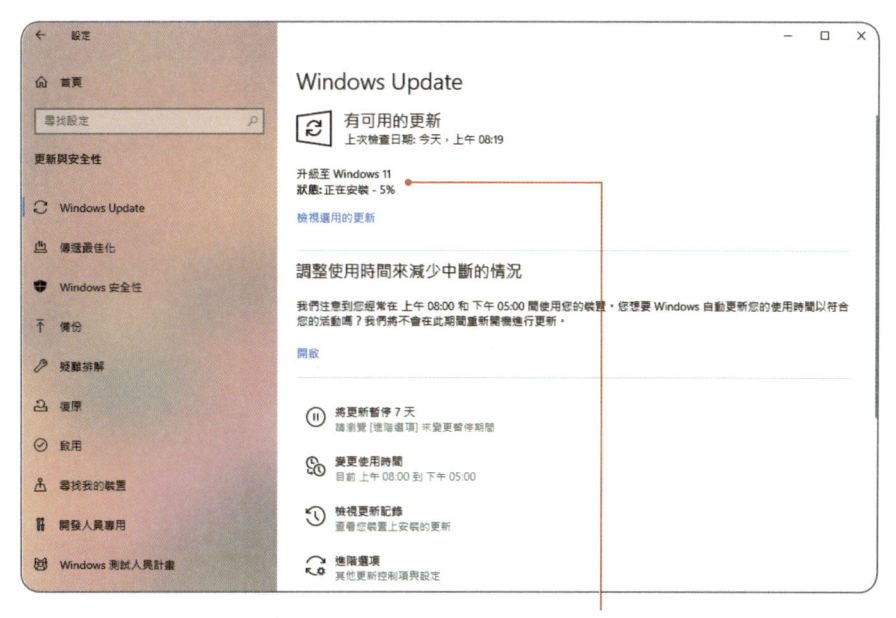

全新亮點 Windows 11 特色初體驗　**01**

5　下載完畢後就會開始安裝，此處會顯示安裝的進度

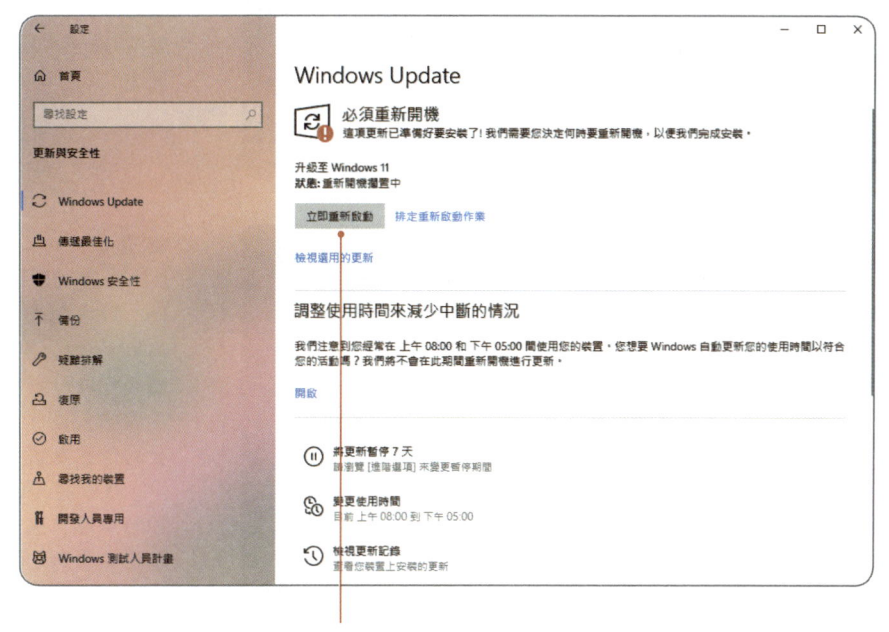

6　安裝完畢後按下「立即重新啟動」

1-21

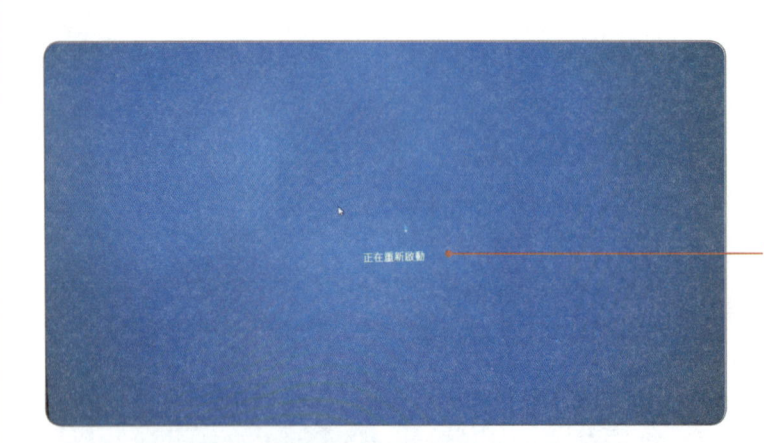

7 接著出現「正在重新啟動」畫面

8 接著會開進行更新動作,並秀出更新的進度,更新的過程中會反覆啟動電腦好幾次,完成後就會秀出「100% 完成」

9 當更新 Windows 11 的動作完成後,就會進入全新的 Windows 11 桌面,各位可以看出「開始」工作列預設的位置為置中顯示,微軟將 Teams 即時會議、通話、遠距教學等功能直接整合到 Windows 11 工作列中

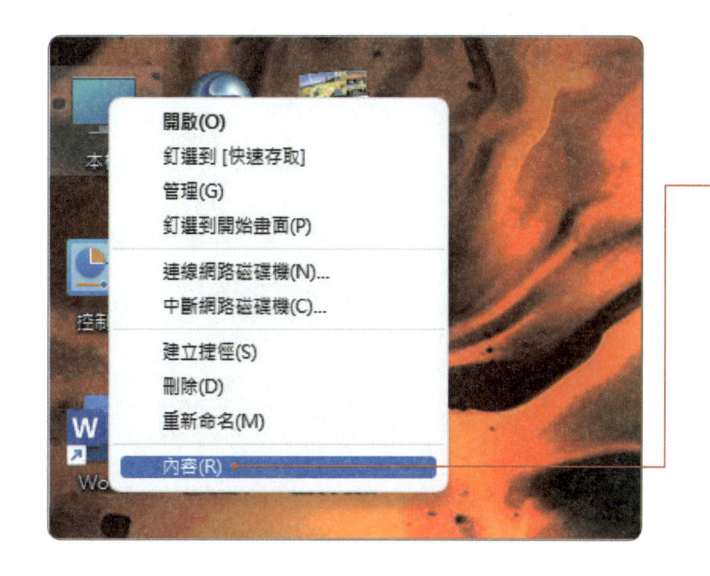

全新亮點 Windows 11 特色初體驗 **01**

10 如果想查看是否本機電腦所安裝的作業系統是否為新版的 Windows 11，可於桌面的「本機」圖示按下滑鼠右鍵，並執行快顯功能表中的「內容」指令

11 作業系統的版本已更新為 Windows 11

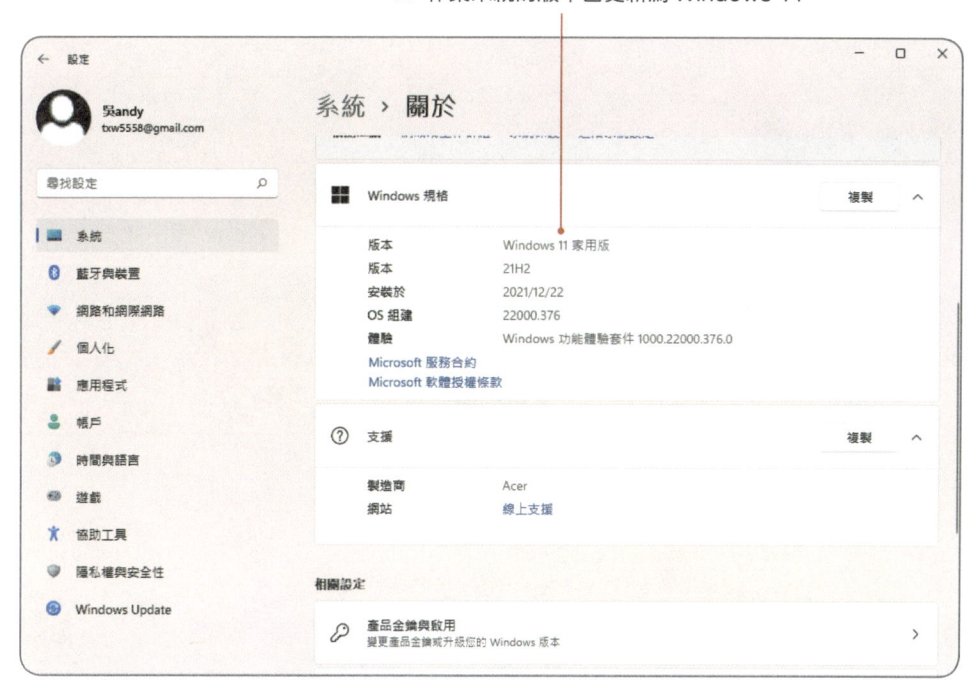

1-23

Note

CHAPTER
02

打造獨樹
一格桌面
環境

「桌面」是使用者進入 Windows 11 作業系統最先看到的畫面,它是微軟整合 PC 電腦、智慧型手機、平板電腦的新武器。了解 Windows 11 的特點並完成安裝工作後,接下來將針對桌面的操作技巧與基本設定做說明,讓各位快速進入 Windows 11 的殿堂。

2-1 桌面操作快速上手

「桌面」已經跟往昔的 Windows 10 有所不同,因此這裡先針對 Windows 11 的桌面的操作技巧,做以下幾項的介紹。

2-1-1 開始選單的調整

前面提過新版的 Windows 11 的開始工具列預設的位置是「置中顯示」,預設的工具鈕如下圖所示:

Windows 11 工作列中預設了「搜尋」、「工作檢視」、「小工具」及「聊天」等 4 種圖示,不過我們也可以自行決定要在工作列中放入哪些圖示。如果希望桌面操作空間更大,還可以考慮將工作列行為設定為自動隱藏。作法如下:

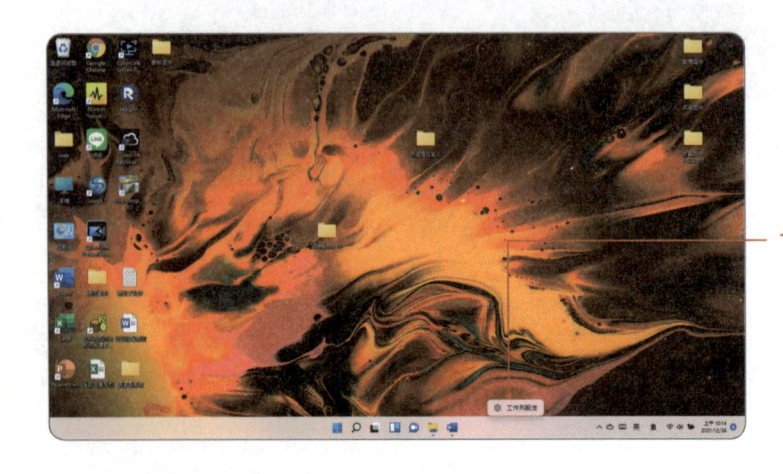

1 工作列空白處按右鍵,接著執行「工作列設定」指令

打造獨樹一格桌面環境 **02**

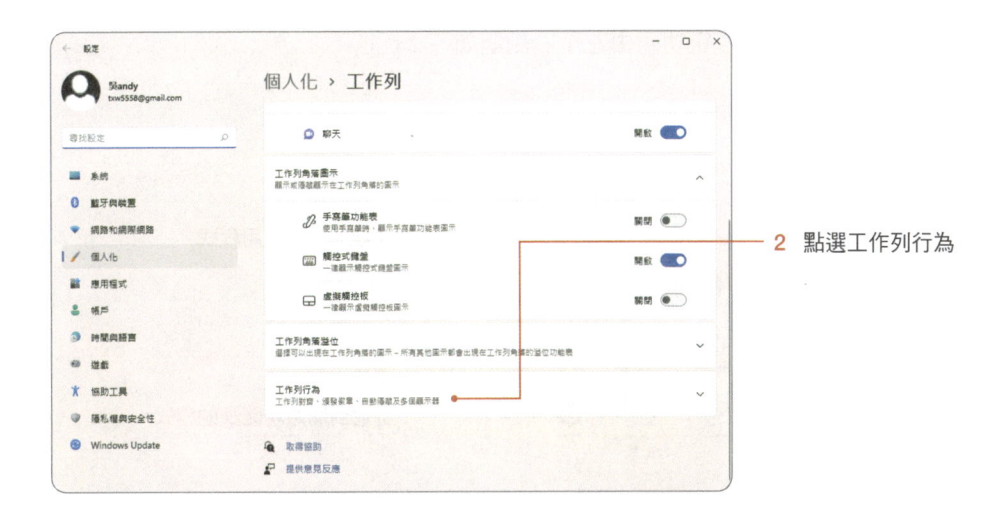

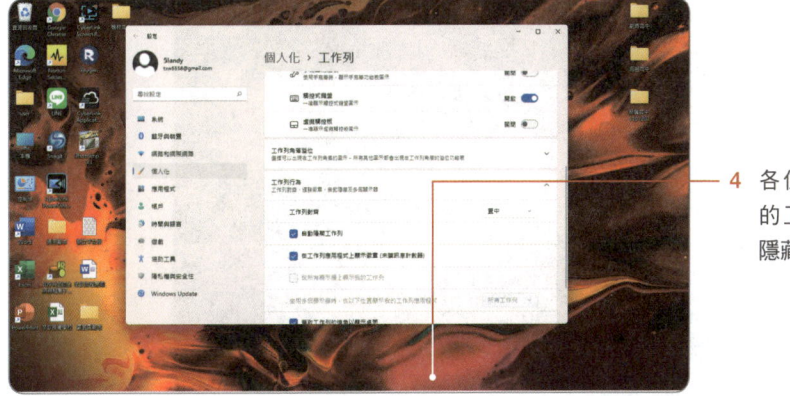

2 點選工作列行為

3 勾選自動隱藏工作列

4 各位可以看出下方的工作列就會自動隱藏

2-3

Windows 11 工作列中各鈕功能由左至右說明如下：

■ ■ 開始鈕：

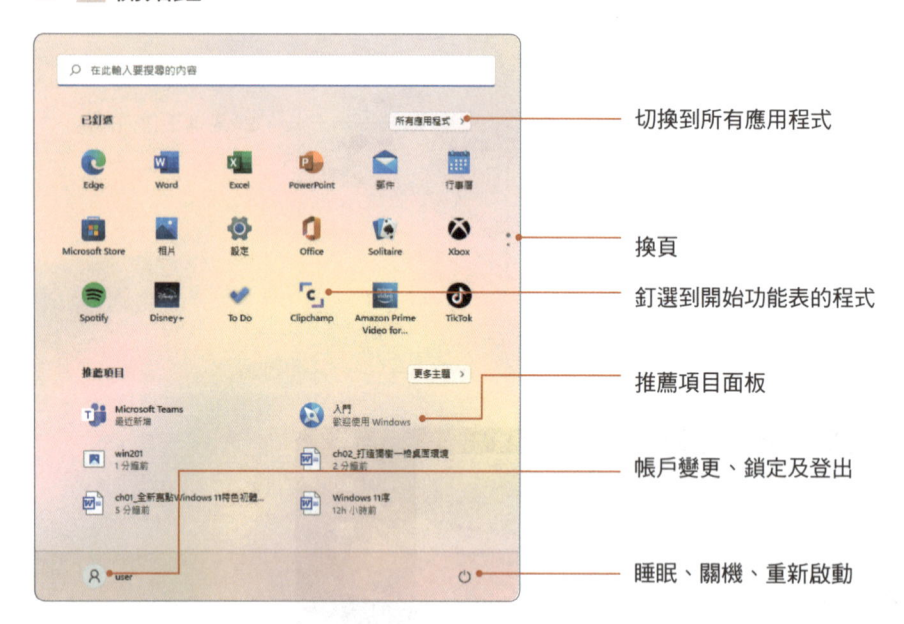

- 切換到所有應用程式
- 換頁
- 釘選到開始功能表的程式
- 推薦項目面板
- 帳戶變更、鎖定及登出
- 睡眠、關機、重新啟動

在「開始」列表的下半部分包含了「推薦項目」面板，這個面板會顯示最近安裝式或是常用的程式及最近使用文件的檔案列表，透過這個推薦項目面板，可讓使用者針對這些推薦項目快速開啟應用程式或文件。如果你不喜歡，也可以將這個「推薦項目」面板關閉。

1　工作列空白處按右鍵，接著執行「工作列設定」指令

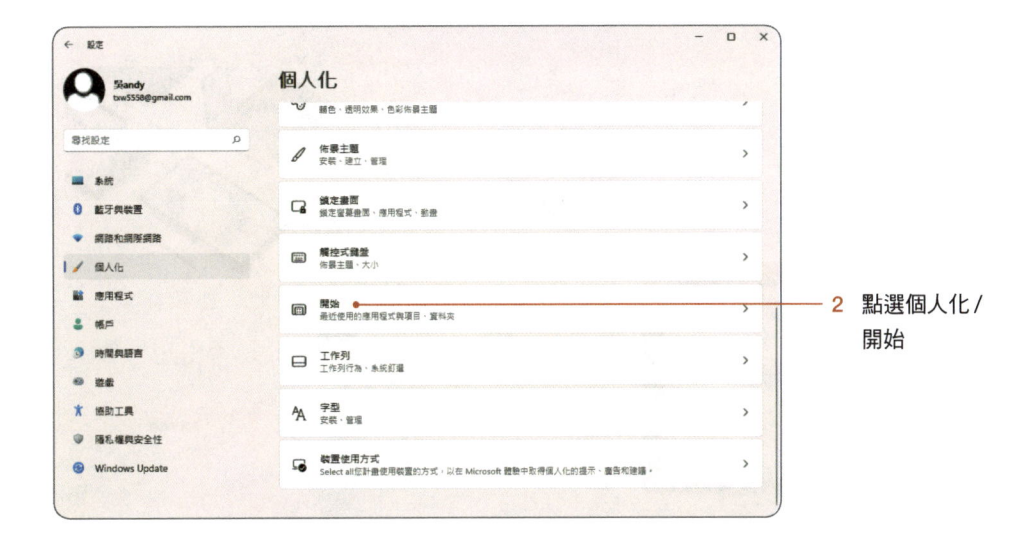

打造獨樹一格桌面環境 **02**

2 點選個人化 / 開始

3 在此可以自己決定開啟或關閉推薦項目

■ 🔍 **搜尋鈕：**

可以協助使用者在搜尋框輸入關鍵字，就可以幫忙搜尋應用程式、文件、網頁、相片、音樂、資料夾、電子郵件…等。另外當我們將滑鼠移動到這個圖示之上，會出現快顯功能表，可以查看「Windows 中的新增功能」、「個人化設定」及「入門」等線上文件說明。

2-5

❶ Windows 中的新增功能畫面

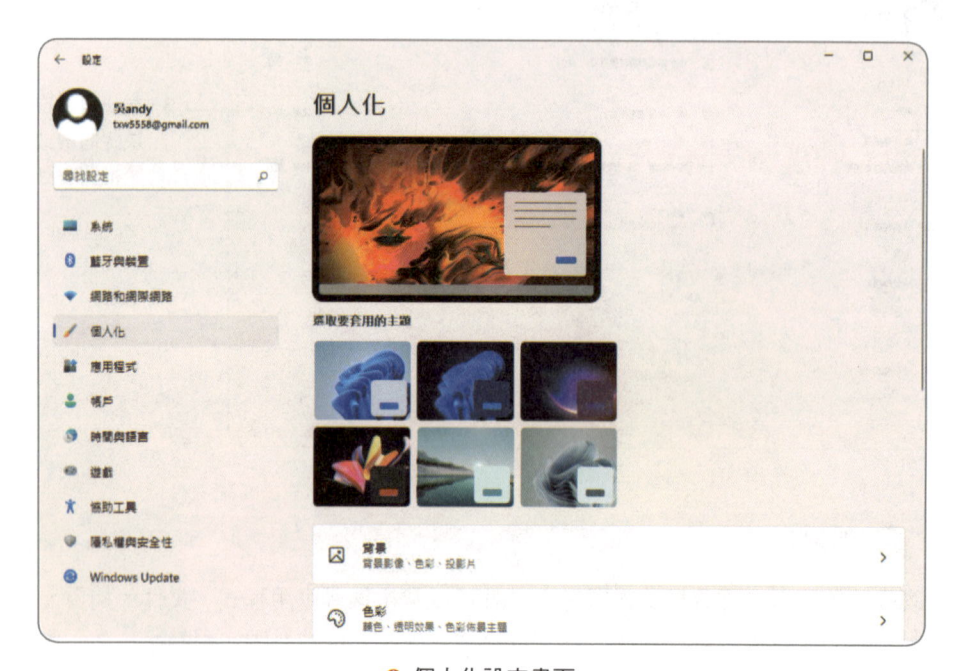

❶ 個人化設定畫面

打造獨樹一格桌面環境　**02**

↑ 入門畫面

- ■ 桌面鈕：

這個圖示可以進行不同桌面管理，各位在工作過程中可以將相同性質工作放在同一桌面，如果有其他工作類型的需求，可以再新增桌面，另外對於新增的桌面也可自訂名稱或設定不同的桌布背景，以作為不同桌面的辨識及區分。透過 Windows 11 的多桌面系統，使用者可以將不同的工作分置在不同的桌面，讓使用者能夠專心單一工作於一個桌面。這些相關的操作如下所示：

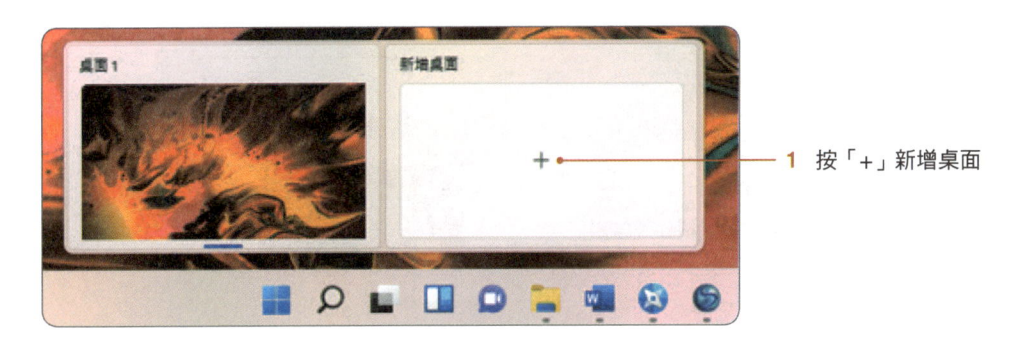

1 按「+」新增桌面

2-7

Windows 11 制霸攻略

2 快顯功能表中的「選擇背景」可以自訂桌面背景

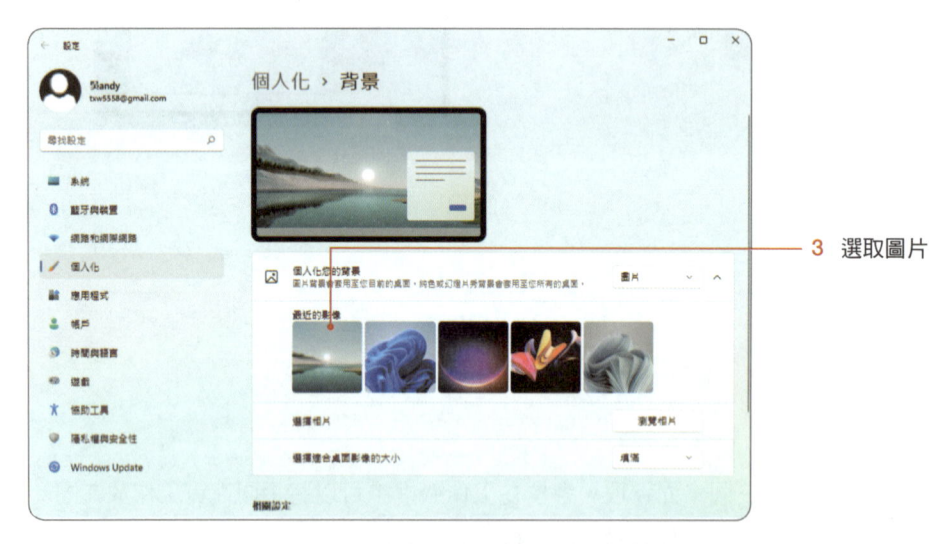

3 選取圖片

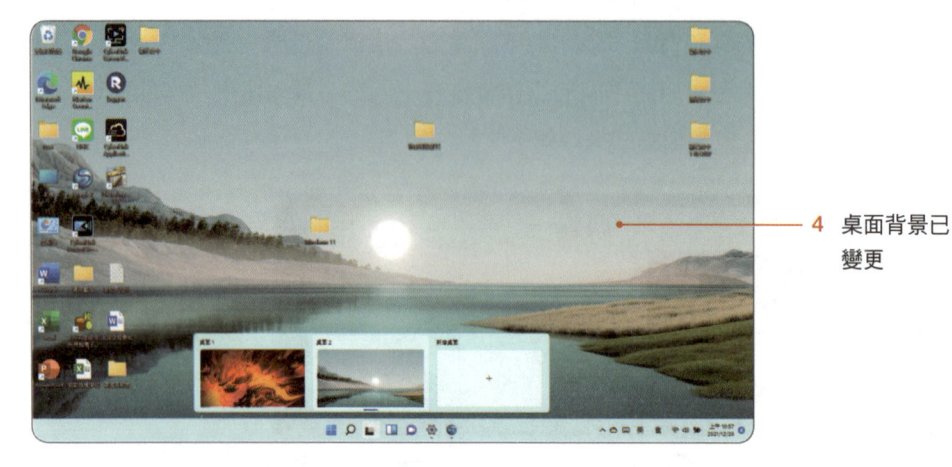

4 桌面背景已變更

2-8

打造獨樹一格桌面環境 **02**

5 功能表中的「重新命名」可以自訂桌面名稱

6 在此直接輸入要自訂的桌面名稱

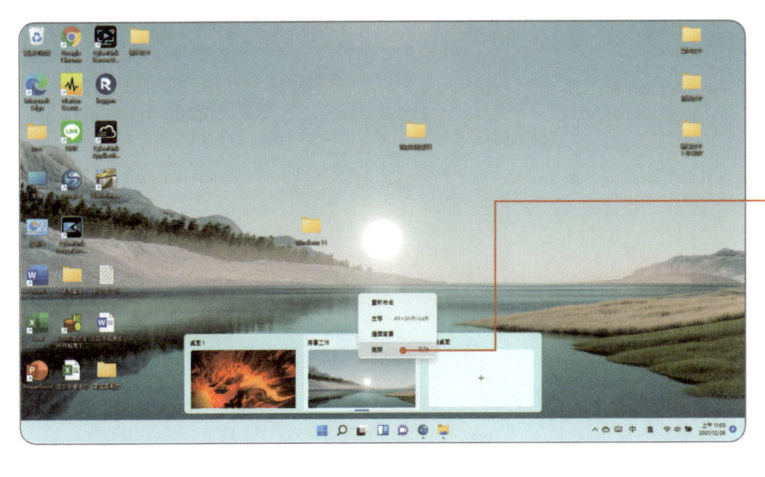

如果要刪除桌面，只要執行功能表中的「刪除」指令

2-9

■ 　小工具鈕：

全新的小工具程式（Widgets）提供了即時新聞、天氣、股市…等資訊，還允許在 Windows 11 的小工具程式加入第三方開發的小工具。

■ 　聊天鈕：

與親朋好友見面與聊天可以使用 Microsoft Teams 與您生活中的每個人保持聯繫。

如果各位不習慣開始工作列位於中央,也可以透過「工作列設定」將其移動到左下角,這樣的位置調整就更能符合以往的操作習慣。

在工作列空白處按滑鼠右鍵,會出現「工作列設定」

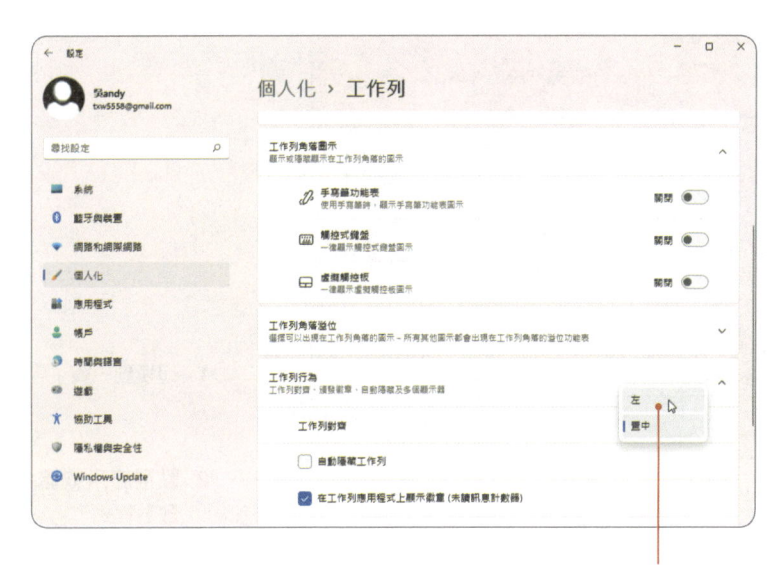

在「個人化 / 工作列」設定頁的「工作列行為」,將「工作列對齊」設定為「左」,就可以將工作列的出現位置擺放在左側

2-1-2 啟動應用程式

透過「開始」選單或右側的圖磚的點選,使用者可以啟動想要使用的應用程式。這裡以啟動 Microsoft Word 程式做說明。

1

在此按「所有應用程式」

在開始功能表中的「已釘選」可以找到 Word 程式

2

1 切換到「W」字開頭

2 點選應用軟體名稱，即可啟動程式

2-1-3 快速搜尋 Windows 應用程式與檔案

「搜尋 Windows」鈕主要用在搜尋應用程式、檔案與設定，使用者直接在白色的欄框中輸入要搜尋的內容，上方就會自動將搜尋結果顯示出來。

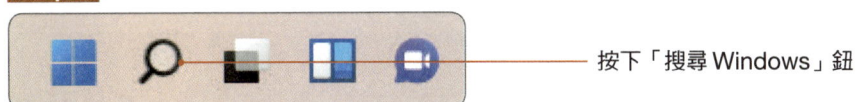

Step 1

按下「搜尋 Windows」鈕

Step 2

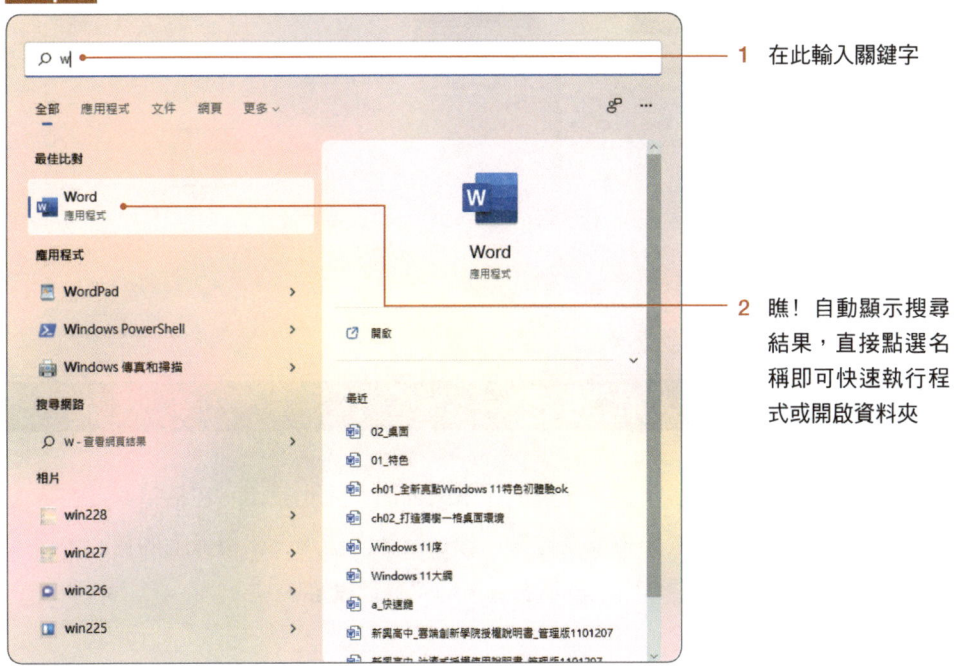

1. 在此輸入關鍵字
2. 瞧！自動顯示搜尋結果，直接點選名稱即可快速執行程式或開啟資料夾

2-1-4 以工具列切換應用程式

對於已經開啟的應用程式，也可以透過下方工具列來做切換，直接點選圖示鈕，即可切換到該視窗畫面。

2-1-5 以快速鍵切換應用程式

Windows 11 也可以透過快速鍵來切換應用程式，按「Alt」+「Tab」快捷鍵，會在桌面正中央顯示目前正在執行的程式畫面，如下圖示。而壓住「Alt」鍵不放，再按下「Tab」鍵，即可依序選取到下一個應用程式。

2-2 桌面的個人化設定

對於桌面環境有所了解後，接下來還要了解桌面的個人化設定，包括背景、色彩、鎖定畫面、螢幕保護程式、佈景主題等，讓視窗畫面能夠帶來視覺上的賞心悅目，這些個人化設定，只要在桌面上按下右鍵，即可進行設定。

按右鍵於桌面上，執行「個人化」指令，即可進行相關的設定

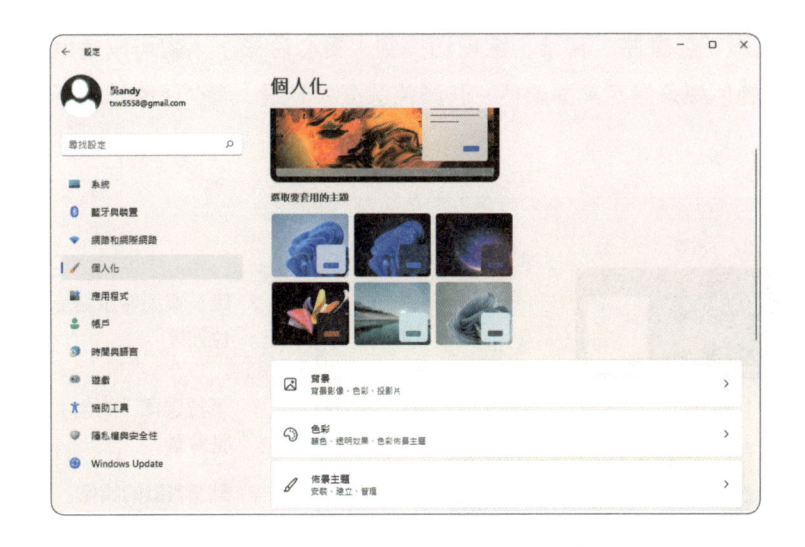

2-2-1 背景設定

對於桌面底圖，使用者可以選擇圖片、實心色彩或是幻燈片秀的方式來呈現。選擇「圖片」當背景時，可以直接挑選 Windows 11 所提供的圖片，也可以自行按下「瀏覽」鈕來插入自己喜歡的相片或插圖。

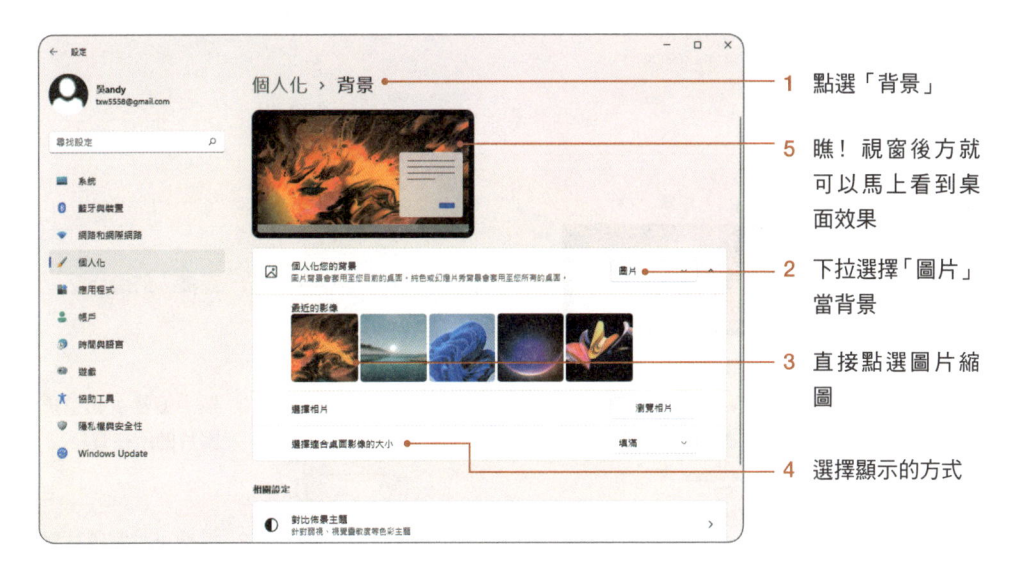

1. 點選「背景」
2. 下拉選擇「圖片」當背景
3. 直接點選圖片縮圖
4. 選擇顯示的方式
5. 瞧！視窗後方就可以馬上看到桌面效果

如果你喜歡簡單的色彩，那麼將「背景」選項切換到「實心色彩」，就可以透過 Windows 11 所提供的色塊來設定桌面顏色。若顏色選擇太亮眼，看久了眼睛會不舒服喔！

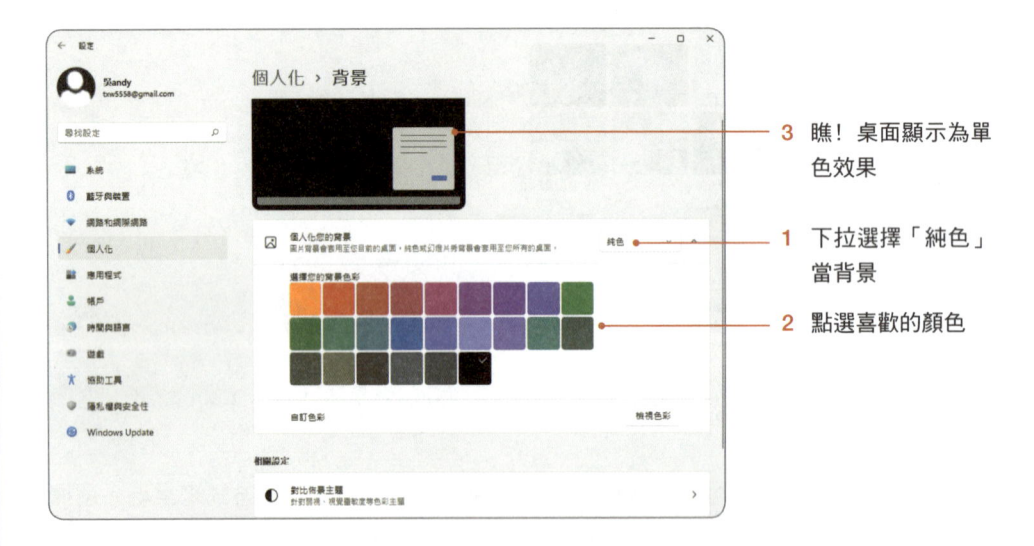

1 下拉選擇「純色」當背景
2 點選喜歡的顏色
3 瞧！桌面顯示為單色效果

假如你喜歡多變的桌面，也可以考慮使用「幻燈片秀」的背景，只要選定幾張喜歡的影像畫面並放置在同一資料夾中，透過「瀏覽」鈕匯入，再設定圖片變更的間隔時間就可搞定。

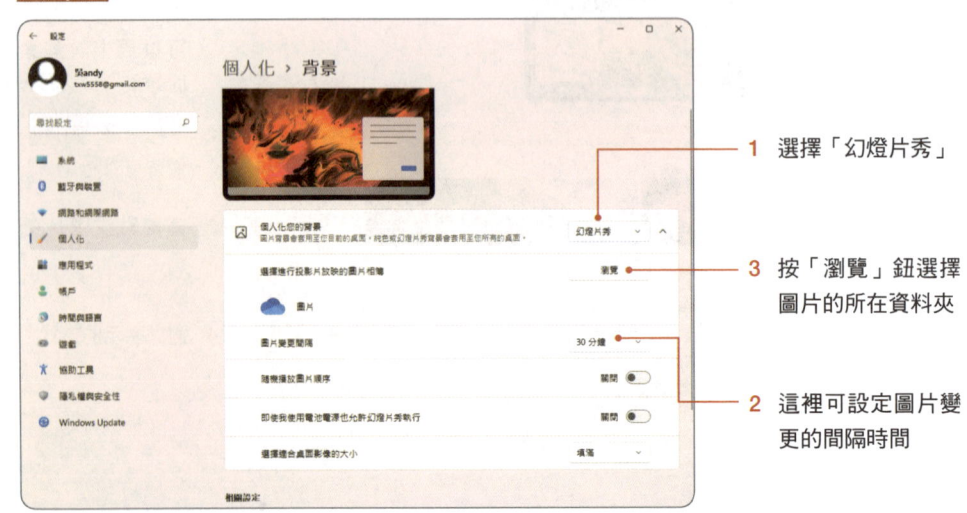

Step 1

1 選擇「幻燈片秀」
2 這裡可設定圖片變更的間隔時間
3 按「瀏覽」鈕選擇圖片的所在資料夾

Step 2

1 選擇圖片存放的位置

2 按此鈕選取

2-2-2 色彩設定

「色彩」主要設定背景的輔助色，它可以影響開始功能表、工具列或重要訊息中心所顯示的色彩。使用者可以透過提供的色票來選擇喜歡的顏色，自訂方式如下：

Step 1

點選色彩

2-17

Step 2

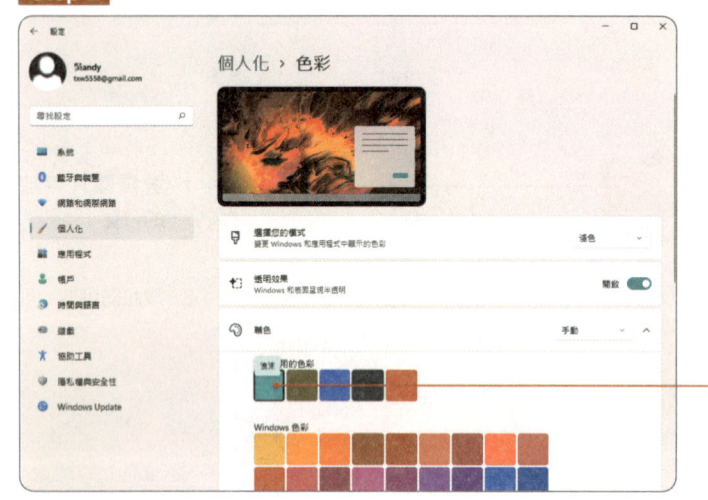

選取喜歡的顏色

Step 3

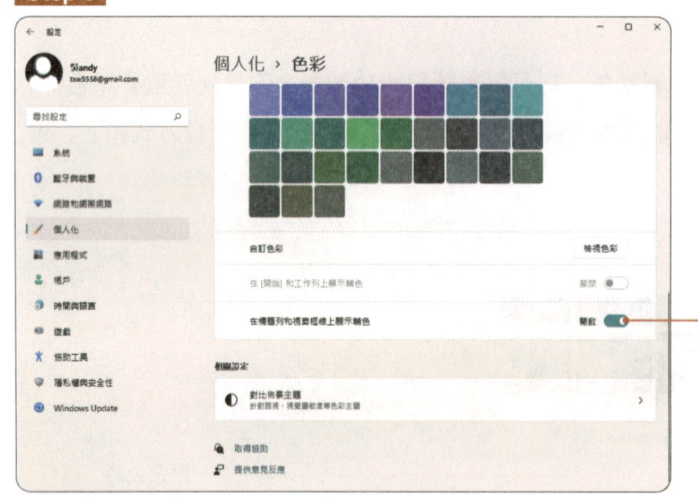

按此鈕切換成開啟狀態

Step 4

瞧！開始功能表和工具列都已經套用了設定的顏色

2-2-3 鎖定畫面

「鎖定畫面」是當電腦執行「鎖定」動作時所要呈現的畫面，呈現的內容可以是圖片、幻燈片秀或是 Windows 焦點。鎖定畫面就是一種待機畫面，當我們要喚醒 Windows 電腦時，會要求輸入一組登入的密碼，這個畫面就是鎖定畫面。每個人可以依自己的喜好自訂鎖定畫面。例如將背景變更為自己喜歡的相片或是以投影片播放的方式來加以呈現，也可以將「鎖定畫面」設定為「清單」，然後選取一個選項，例如郵件、天氣或日曆。

由此下拉選擇背景內容

選用「圖片」當背景時，使用者可以從現有的圖片中做選擇，或按下「瀏覽」鈕匯入影像；如果選擇「Windows 焦點」，同樣是顯示圖片，不過在畫面右上角會詢問各位是否喜歡看到圖片，如果選擇喜歡會持續呈現類似圖片，如果選擇不喜歡，則會切換到新圖片。有時離開座位想要讓 Windows 11 進入鎖定畫面，一般使用「Win+L」、「Ctrl+Alt+Del」快捷鍵來手動鎖定畫面，或是利用「螢幕保護程式設定」來達到自動進入螢幕鎖定畫面。如下圖示：

Windows 焦點所呈現的效果

除了透過時間的設定來自動鎖定電腦外，也可以利用藍芽與手機配對，當您一離開電腦時，便動態鎖定電腦裝置。首先先進入「帳戶 / 登入選項」設定頁面：

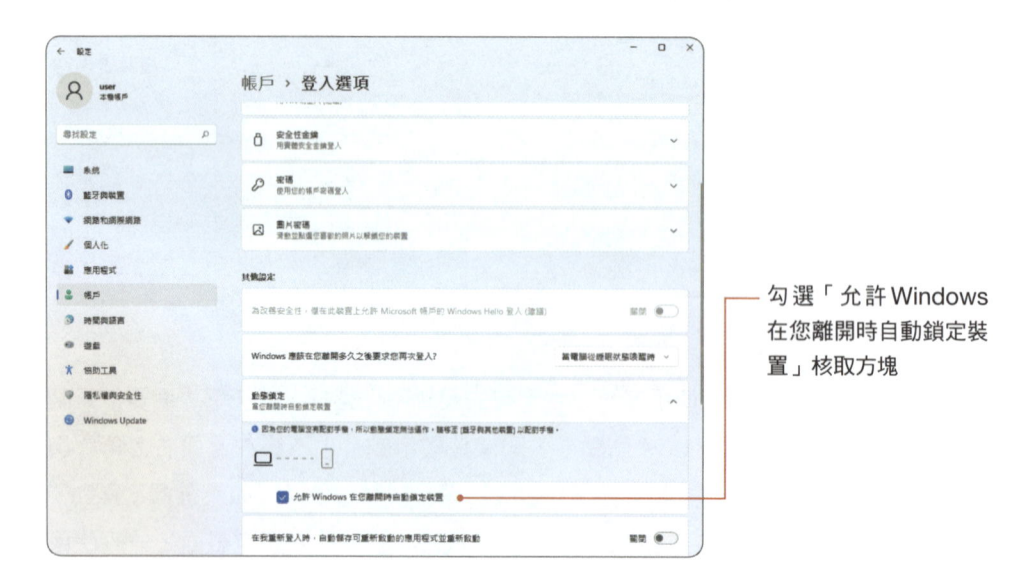

勾選「允許 Windows 在您離開時自動鎖定裝置」核取方塊

接下來的動作就是透過藍牙裝置將手機與電腦進行配對連接，首先切換到「藍牙與裝置」設定頁面：

打造獨樹一格桌面環境 **02**

Step 1

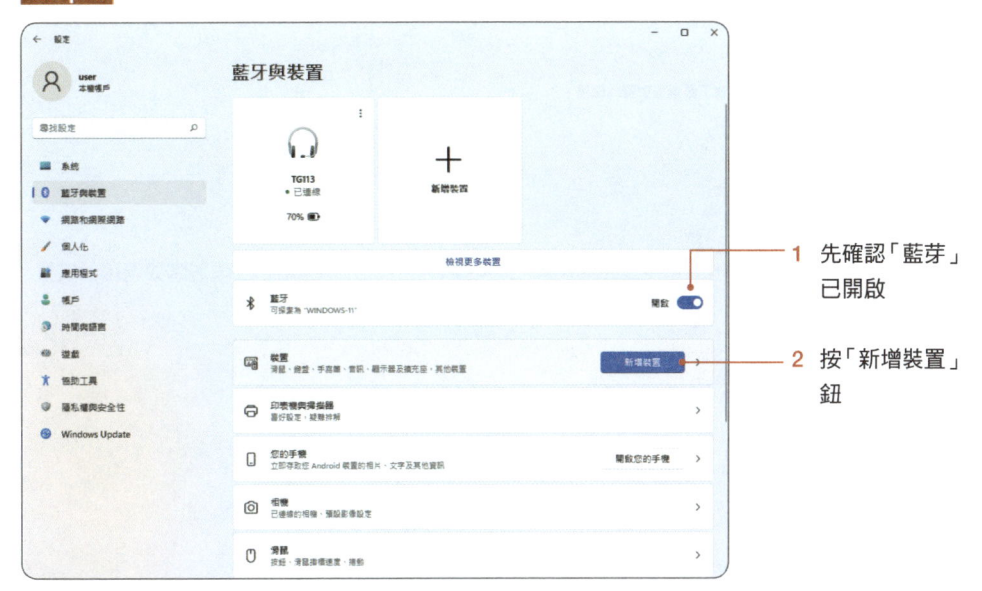

先確認「藍芽」已開啟

2 按「新增裝置」鈕

Step 2

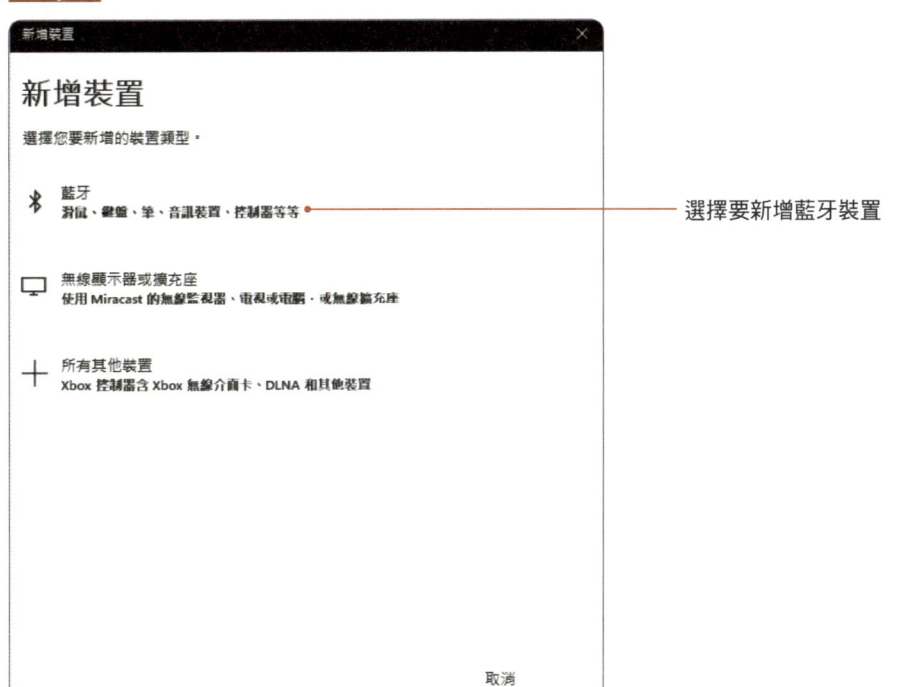

選擇要新增藍牙裝置

2-21

Step 3

新增裝置

確定您的裝置已開啟且可供探索。在下面選取裝置以連線。

- 📱 OPPO A72
- 🎧 ACTON II
- 📱 TsanMing 的 iPhone ← 選取您要連線的裝置
- 📱 OPPO Reno5 Pro 5G
- ⌚ realme Watch 2 Pro

取消

Step 4

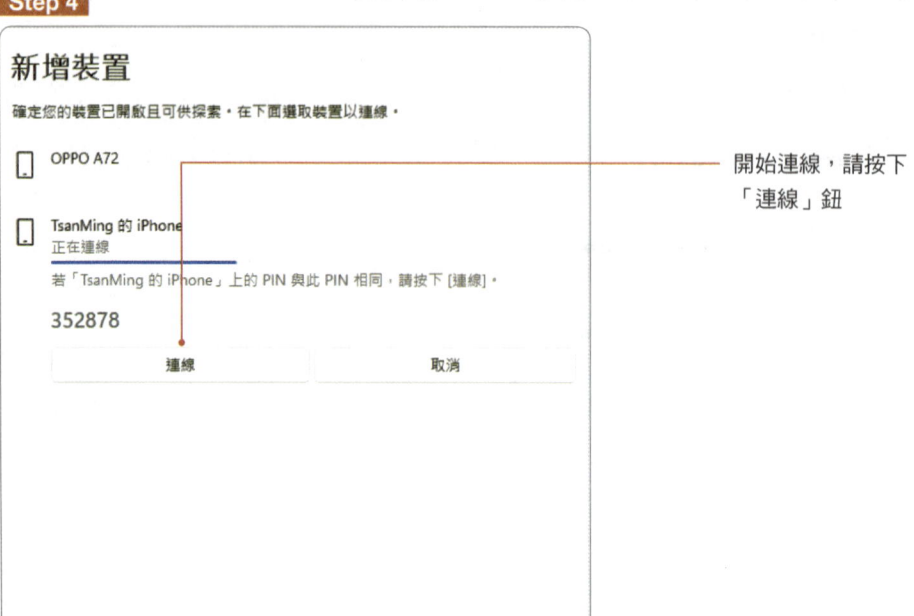

新增裝置

確定您的裝置已開啟且可供探索。在下面選取裝置以連線。

- 📱 OPPO A72
- 📱 TsanMing 的 iPhone
  正在連線
  若「TsanMing 的 iPhone」上的 PIN 與此 PIN 相同，請按下 [連線]。
  352878

  [連線]　　　[取消] ← 開始連線，請按下「連線」鈕

取消

打造獨樹一格桌面環境　**02**

Step 5

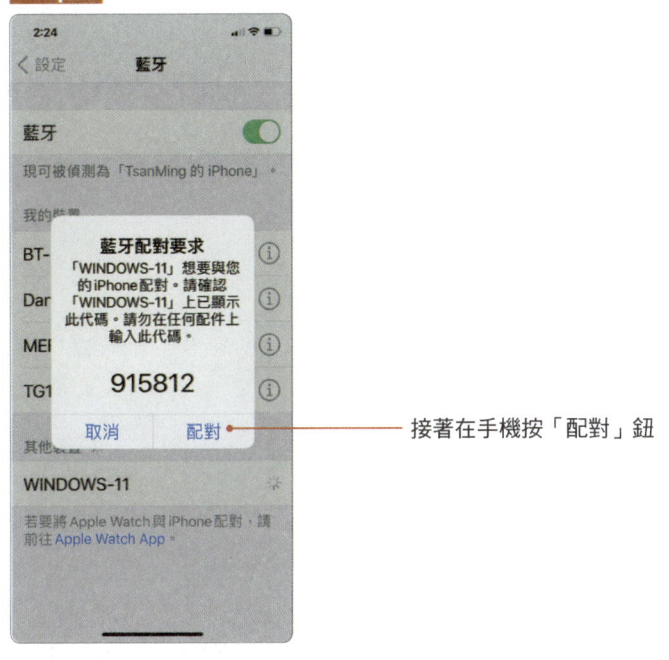

接著在手機按「配對」鈕

Step 6

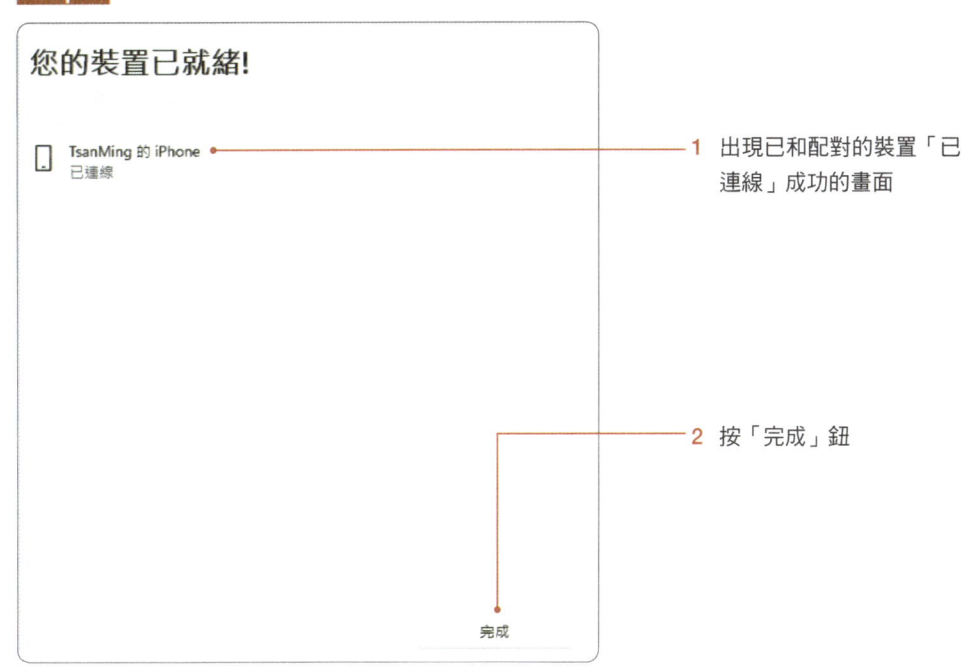

1　出現已和配對的裝置「已連線」成功的畫面

2　按「完成」鈕

2-23

Step 7

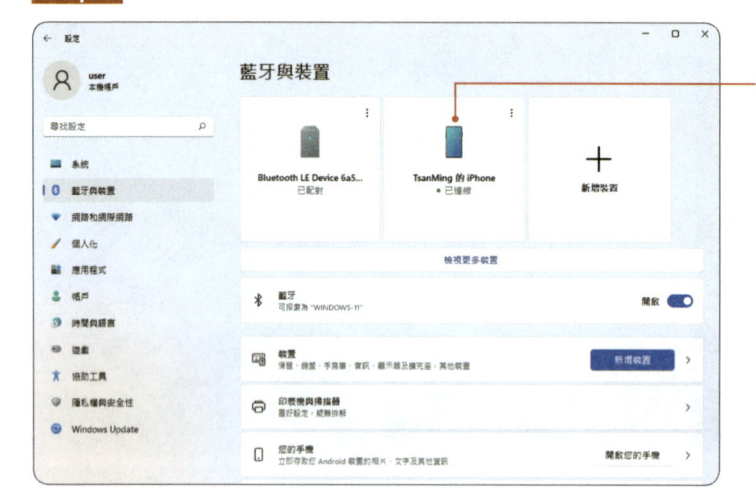

出現已連線成功的裝置

Step 8

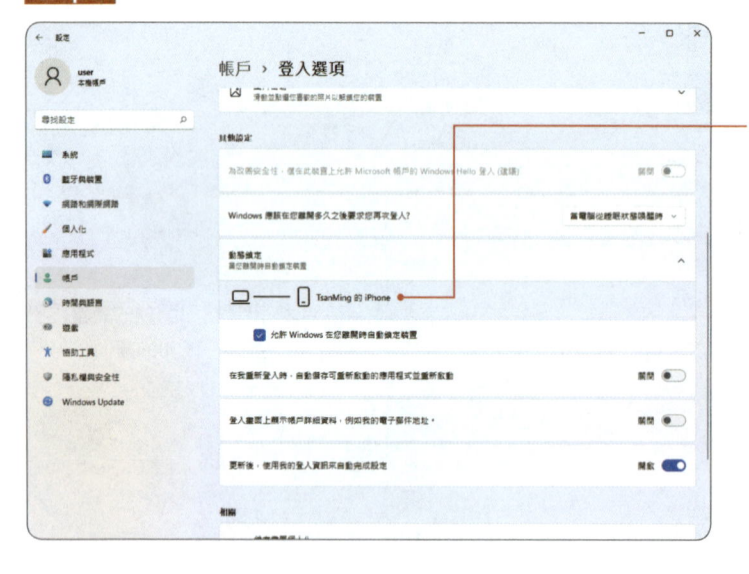

完成上述的工作後，在「帳戶/登入選項」的設定畫面就會顯示已與指定手機配對成功的圖示手機，接著只要您的手機離開電腦，電腦螢幕就會自動鎖定。

2-2-4 螢幕保護程式

通常電腦啟動後，如果使用者需要離開一陣子，但希望回來時可以接續先前的工作，通常都不會關閉電腦，然而電腦處於空閒狀態，不僅浪費電力，也會造成電腦螢幕的耗損。有鑑於此，各位可以考慮設定螢幕保護程式。螢幕保護程式設定方式如下：

打造獨樹一格桌面環境 **02**

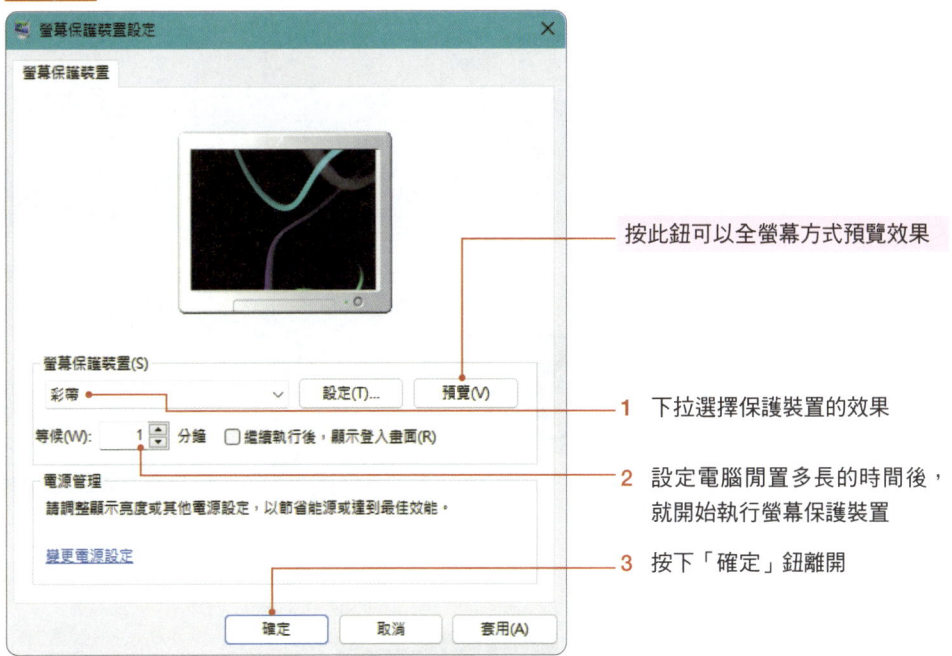

Step 1

1 切換到「個人化/鎖定畫面」

2 點選「螢幕保護程式」，使出現下圖視窗

Step 2

按此鈕可以全螢幕方式預覽效果

1 下拉選擇保護裝置的效果

2 設定電腦閒置多長的時間後，就開始執行螢幕保護裝置

3 按下「確定」鈕離開

2-2-5　佈景主題設定

佈景主題是一組預先定義的色彩、字型和視覺聽覺效果，Windows 11 內建多種佈景主題供各位直接套用，使用者再也不用大費周章去自訂佈景主題，可套用成統一、專業的外觀。佈景主題是設定電腦桌面的主題背景，它會同時變更桌面背景、色彩與音效。設定方式如下：

Step 1

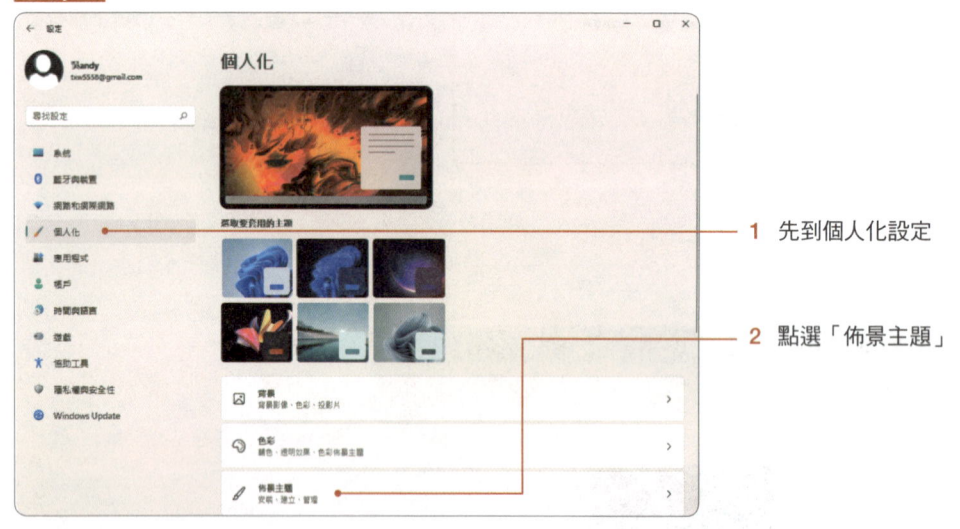

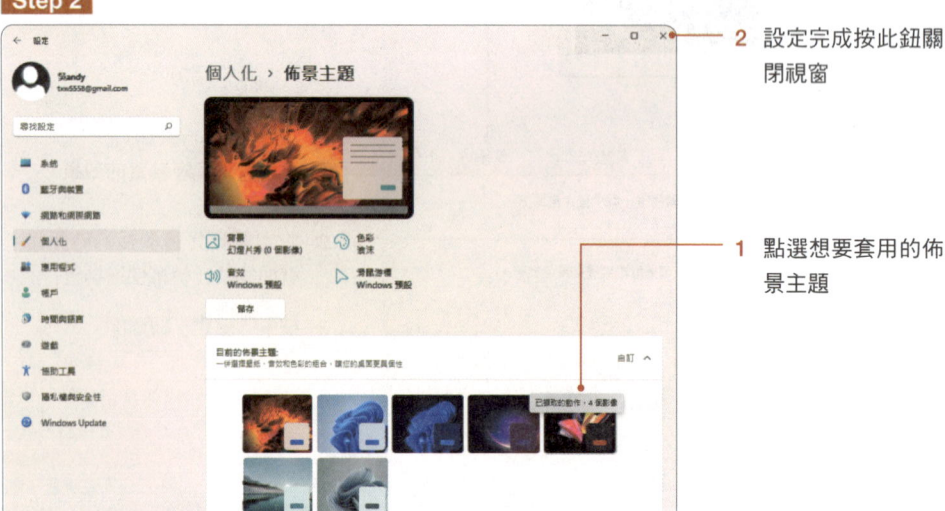

1. 先到個人化設定
2. 點選「佈景主題」

Step 2

1. 點選想要套用的佈景主題
2. 設定完成按此鈕關閉視窗

打造獨樹一格桌面環境 **02**

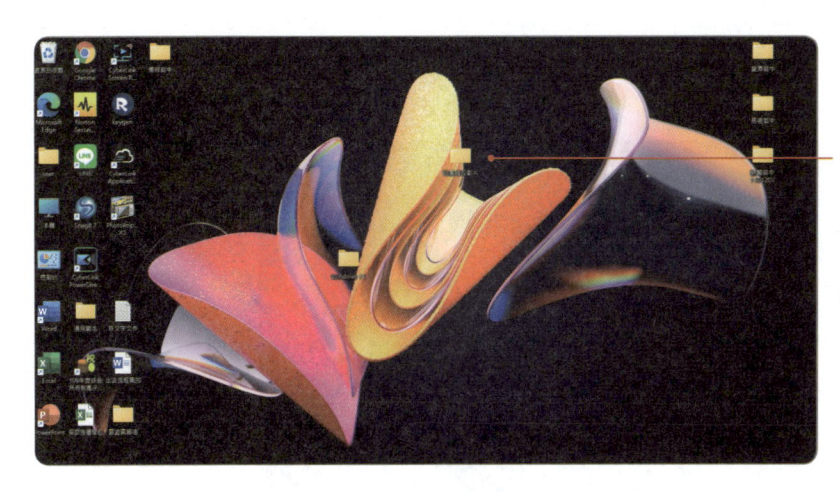

瞧！顯示新的佈景主題，連開始功能表的色彩也一併作變更

2-2-6 觸控式鍵盤佈景

新版的 Windows 11 的觸控鍵盤有別於傳統單純的觸控式鍵盤，除了可以輸入文字外，也可以與線上朋友或討論事情的過程中，加入各種 emoji 表情符號及生動活潑的 Gif 動態圖片。並可依個人喜好選擇個人化的觸控式鍵盤及調整鍵盤大小，甚至連「按鍵背景」及「按鍵文字大小」都可以自行設定。

2-27

接著我們就來如何啟動觸控式鍵盤，參考作法如下：

Step 1

在工作作按滑鼠右鍵，接著執行「工作列設定」指令

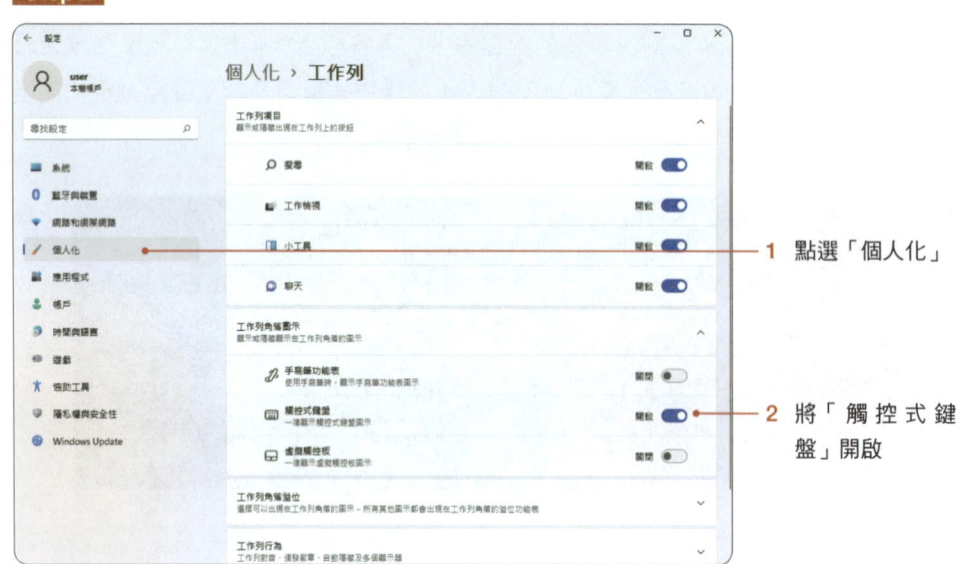

Step 2

1 點選「個人化」

2 將「觸控式鍵盤」開啟

2-28

打造獨樹一格桌面環境　02

在工作列右面會看到觸控式鍵盤的圖示，按一下該圖示就會啟動觸控式鍵盤

另外 Windows 11 提供了各式不同風格的觸控鍵盤佈景主題，每個人可以隨自己的喜好自行變更喜愛的觸控鍵盤佈景主題。

1. 此處可以調整鍵盤大小，各位可以試著調整鍵盤大小，來找出最適合自己操作習慣的大小

2. 各種不同的鍵盤佈景主題可供選擇

例如下圖為鍵盤大小設定為「140」，鍵盤佈景主題選擇「藍綠色」的觸控鍵盤外觀：

2-29

除了上述的設計外,在觸控式鍵盤的設定頁面還可以設定「按鍵背景」、「按鍵文字大小」,及「輸入設定」、「語言與地區」等相關設定,如下圖所示:

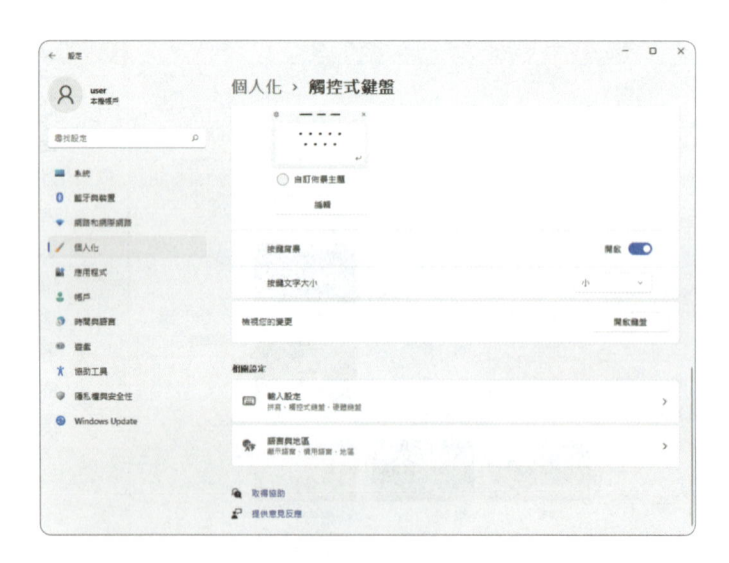

2-3 桌面圖示的調整

當電腦上安裝的軟體越來越多,編輯處理的檔案資料夾都堆積在桌面上,讓桌面看起來凌亂不堪;或是老眼昏花,桌面圖示太小看不清楚。此時可以透過滑鼠右鍵顯現的快顯功能表來調整桌面圖示。

2-3-1 調整桌面圖示大小

在預設狀態下,桌面上的圖示是顯示一般人習慣的大小,如果你發現桌面上的圖示太小看不清楚,想要加大圖示的比例;或是桌面上太多東西,想要縮小圖示的尺寸,可按右鍵於桌面,然後由「檢視」指令中選擇「大圖示」或「小圖示」的選項就可了。

── 大圖示效果

── 中圖示效果

── 小圖示效果

2-3-2 設定圖示排列方式

桌面上的圖示，也可以讓它依照特定的方式來排列。按右鍵於桌面上，於快顯功能表中選擇「排序方式」，即可選擇以「名稱」、「大小」、「項目類型」、「修改日期」等方式。

2-3-3 自動排列圖示

桌面上的圖示，有時因為資料夾的新增、搬移，讓桌面變得很凌亂，想讓桌面看起來整齊美觀，可透過右鍵執行「檢視 / 自動排列圖示」指令，只要副選項中的「自動排列圖示」呈現勾選的狀態，那麼下次新增資料夾或檔案時，新增的內容就會自動排列整齊。

此項呈現勾選狀態時，新增或移動的圖示都會自動排列整齊

2-4 變更電腦設定

對於桌面的操控有了相當程度的了解後,接著要來變更電腦的相關設定,讓電腦可以更符合各位的需要。

2-4-1 新增圖示至桌面

在桌面圖示方面,預設狀態會看到「本機」和「資源回收筒」,如果使用者經常會使用網路、控制台、或使用者的文件,那麼也可以將它們顯示在桌面上。請按右鍵於桌面,並執行「個人化」指令,然後依照下面步驟做設定,來顯示網路、控制台、和使用者的文件。

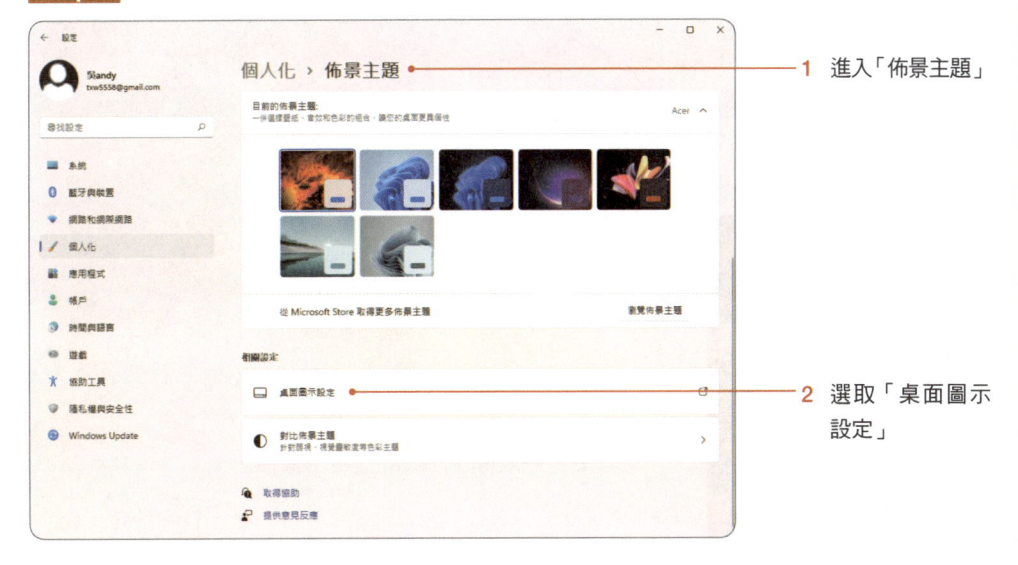

Step 1

1 進入「佈景主題」

2 選取「桌面圖示設定」

Step 2

1 勾選要顯示圖示

2 按此鈕套用

Step 3

瞧！剛剛新增的圖示已顯示在桌面上

2-4-2 變更桌面圖示

桌面圖示如果覺得不好看，也可以自行變更成其他的圖示效果，這裡以「本機」做示範：

打造獨樹一格桌面環境 **02**

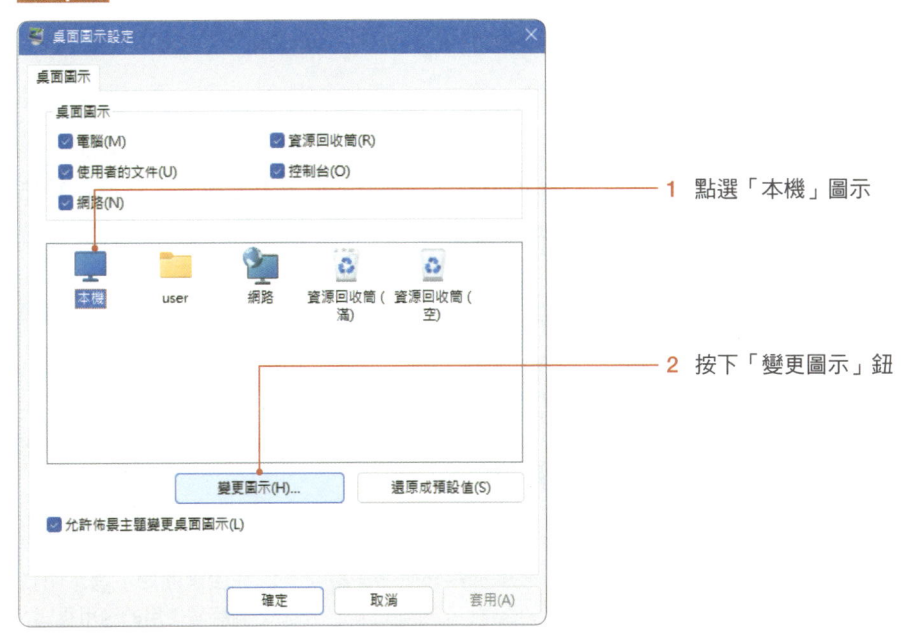

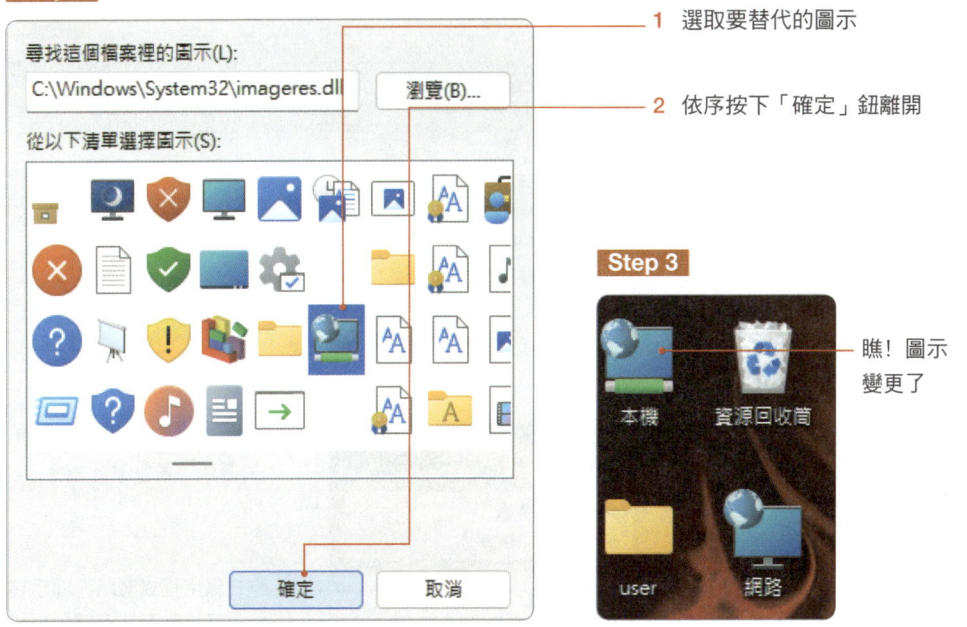

Step 1

1 點選「本機」圖示

2 按下「變更圖示」鈕

Step 2

1 選取要替代的圖示

2 依序按下「確定」鈕離開

Step 3

瞧！圖示變更了

2-35

圖示若要還原成預設狀態，只要在前面示範「桌面圖示設定」視窗中按下 還原成預設值(S) 鈕就行了。

2-4-3 將程式釘選到工作列

對於經常使用到的應用程式，如果每次都得從「開始」選單中去尋找，然後啟動它也是挺麻煩的，不妨考慮將它直接釘在工作列上比較方便。

Step 1

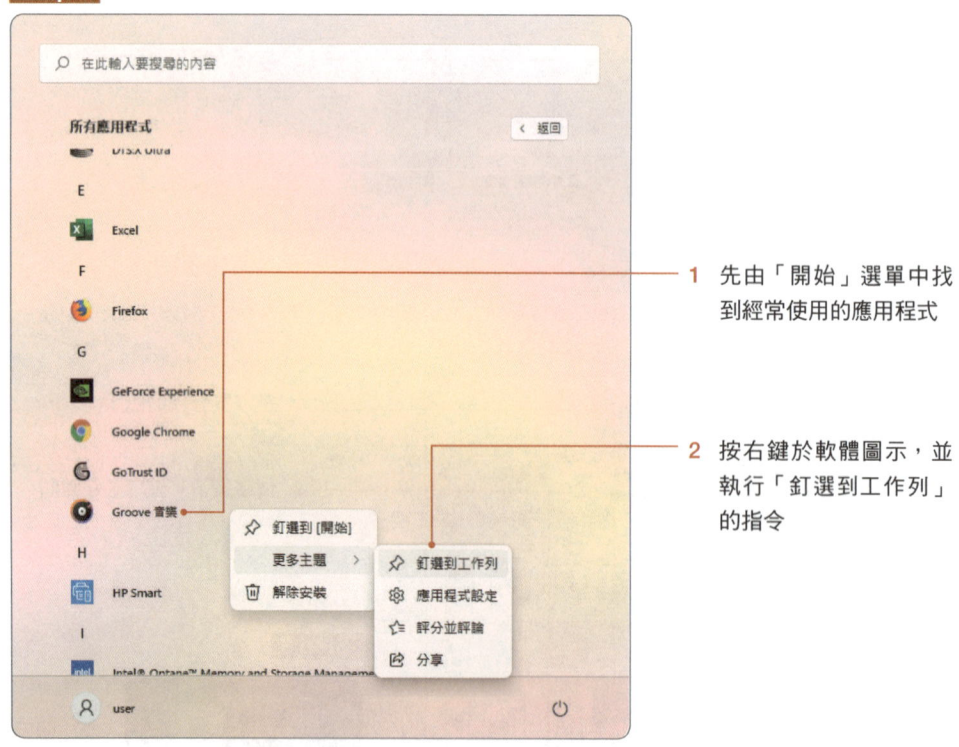

1 先由「開始」選單中找到經常使用的應用程式

2 按右鍵於軟體圖示，並執行「釘選到工作列」的指令

Step 2

若要取消釘選，請按右鍵於圖示，再點選此指令

瞧！應用程式圖示已顯示在此，直接點選即可開啟程式

2-36

2-5 登入登出與開關機

Windows 11 是一個非常人性化的作業系統,它允許多人共用一部電腦,而且可自行設定工作環境。透過「登入」功能能進入某一帳戶,同時載入該用戶自訂視窗操作介面,為了維護每個帳戶的安全性,使用者可進行密碼的設定,或是利用圖片解鎖,帳戶之間的切換也相當的便利。有關帳戶設定、登入/登出與開關機等功能,都可以透過「開始」選單來處理。

2-5-1 變更帳戶設定

想要針對個人的帳戶進行設定或變更,可透過以下方式來進行。

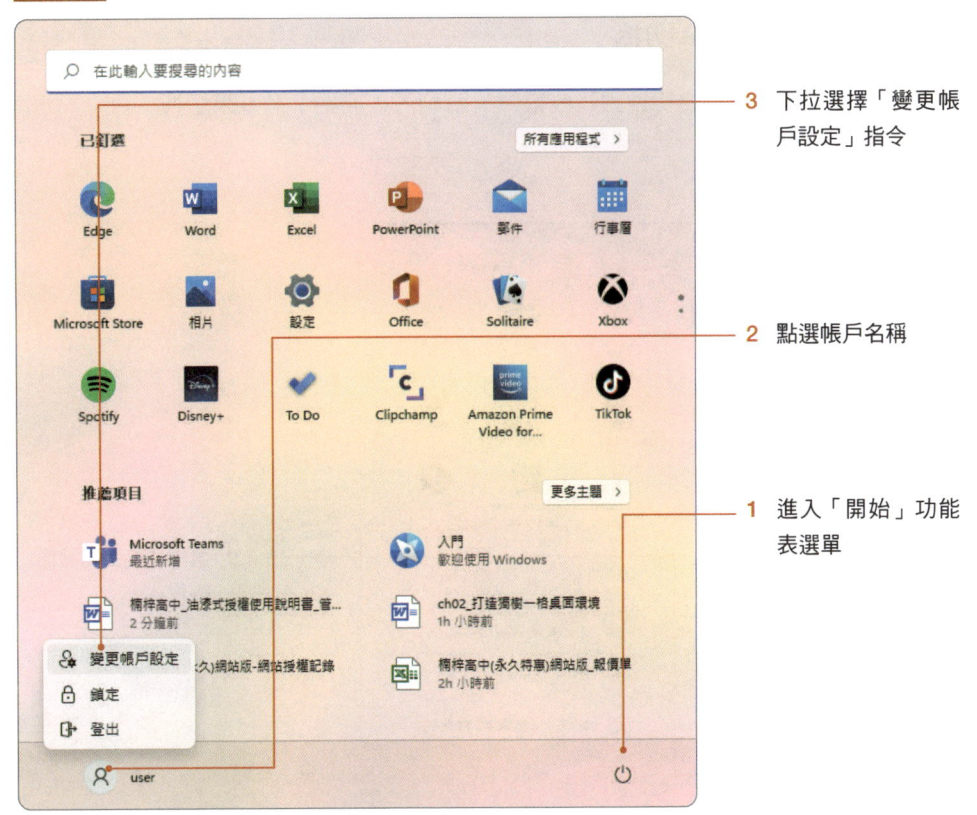

Step 1

3 下拉選擇「變更帳戶設定」指令

2 點選帳戶名稱

1 進入「開始」功能表選單

Step 2

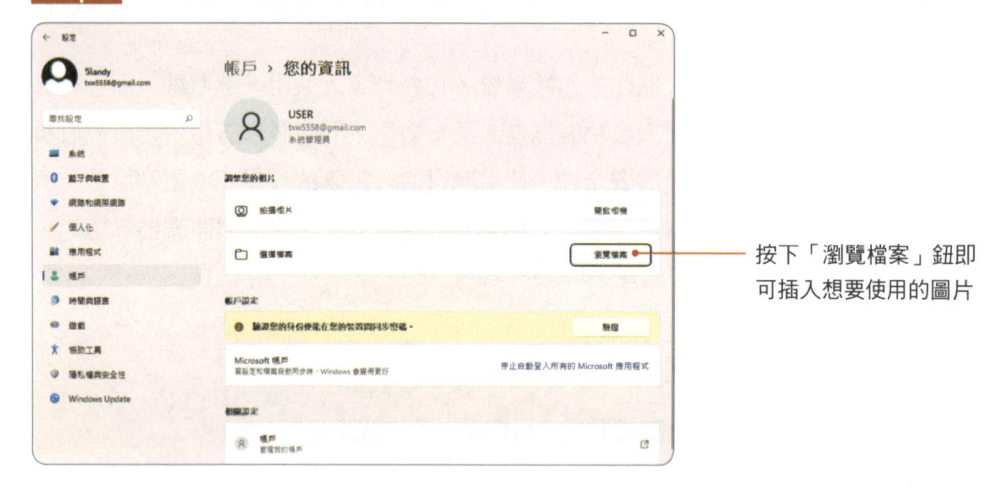

按下「瀏覽檔案」鈕即可插入想要使用的圖片

2-5-2 帳戶登出與切換

帳戶若要登出，或是想要切換到其他帳戶，請利用「開始」選單來切換。

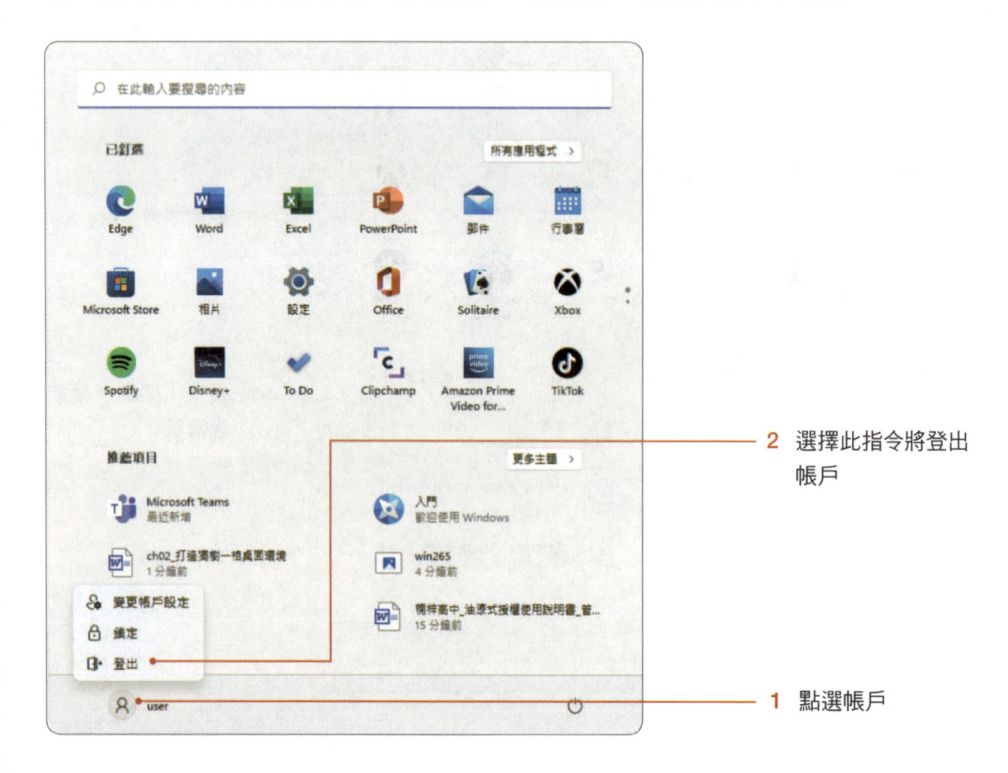

2 選擇此指令將登出帳戶

1 點選帳戶

2-38

2-5-3 開啟關閉 Windows

電腦跑得不順暢時想要重新啟動電腦,或是不須使用時,可以選擇將它「關機」或「睡眠」,這些都可以透過「開始」選單的 ⏻ 鈕來設定。

通常暫時離開電腦,晚點還會再使用到電腦時,可以選擇「睡眠」模式,電腦資料會儲存在記憶體中,等下次回來時電腦會回復原先的工作狀態。如果長時間不使用電腦,就可以直接選擇「關機」。

Note

CHAPTER

03

得心應手
檔案管理
工作術

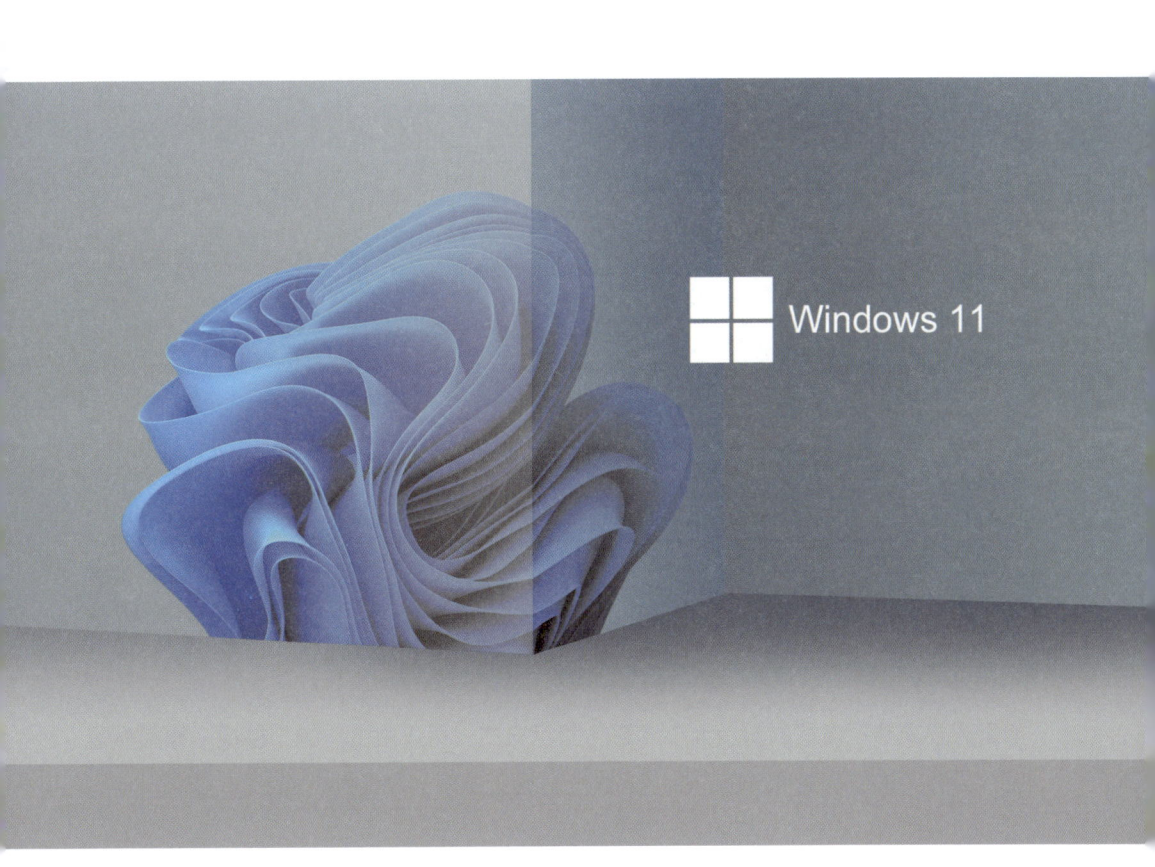

在 Windows 視窗中，想要有效管理個人的檔案與資料夾，這一章節的介紹可不要錯過，因為善於管理檔案將讓各位的工作更順利，因此不管是檔案的瀏覽、搬移、複製、刪除等技巧，資料夾的新增、命名等，都是這一章要介紹的重點，除此之外檔案的壓縮、隱藏、加密保護，或是檔案的共用與權限管理…等進階技巧，這一章也將一併作說明。

3-1 Windows 電腦視窗操作

Windows 主要以視窗方式來顯示電腦中的所有內容，所以當各位在電腦上雙按任何一個資料夾或程式捷徑，就會自動以視窗顯示內容。如下圖所示，便是雙按「本機」圖示所顯示的視窗。

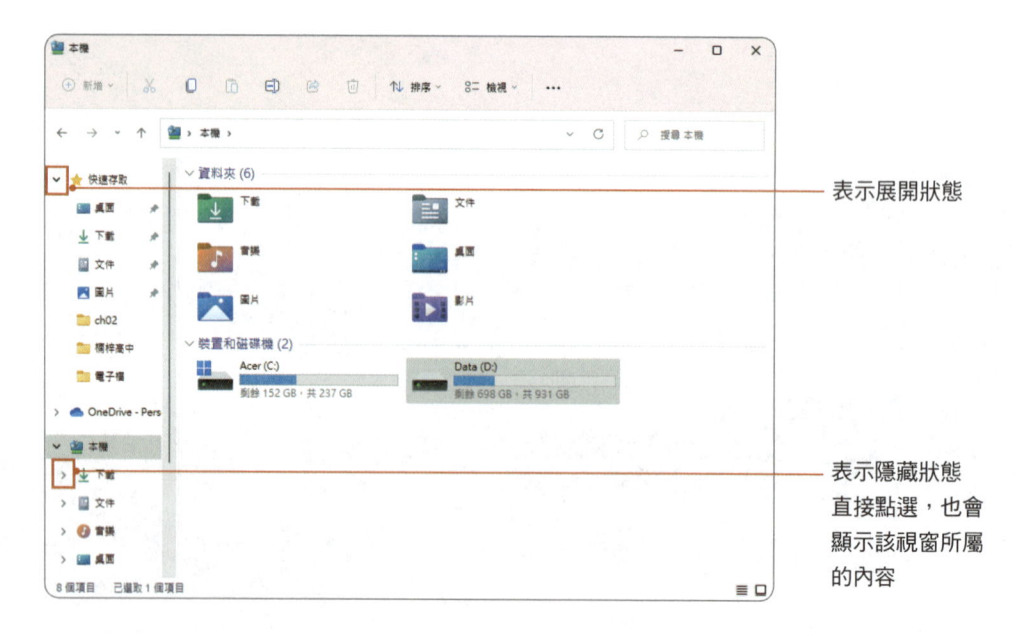

如果想要調整視窗裡的圖示大小、窗格顯示方式，可以由上方的「檢視」標籤做設定。另外如果要調整視窗裡的排序方式，透過「排序」標籤做設定。

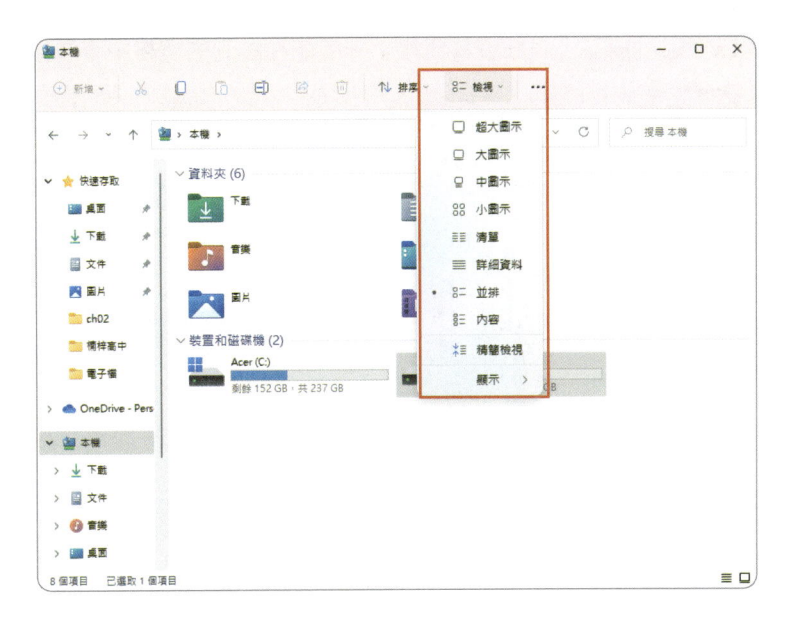

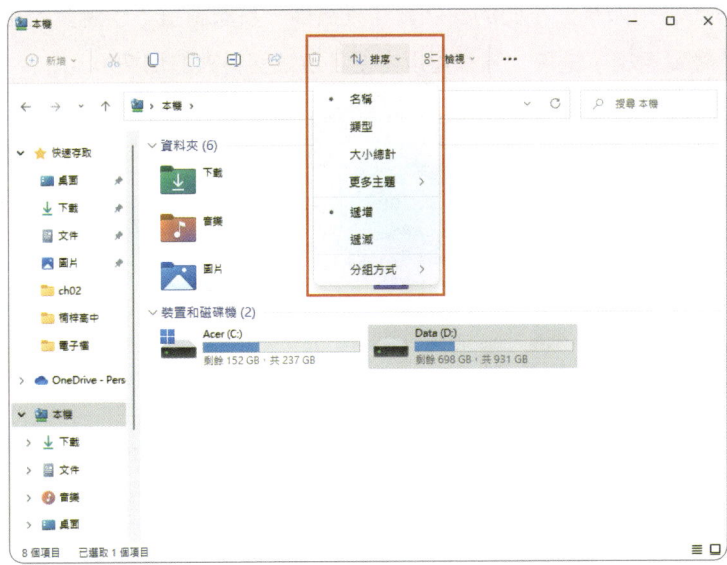

3-1-1 瀏覽窗格

在操作視窗時，各位還可根據需求以不同的窗格做檢視。如左下圖所示，在「檢視」標籤中按下「預覽窗格」，可在視窗右側多了一個圖片預覽的窗格，想查看圖

片的更多資訊，則可按下「詳細資料窗格」，就能在右側的窗格中查看圖片尺寸、檔案大小、圖檔格式等資訊。

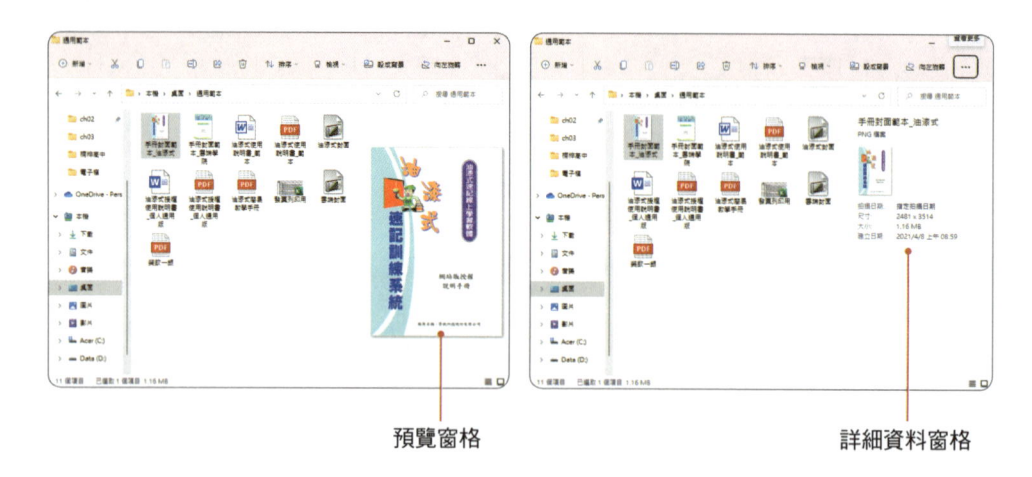

預覽窗格　　　　　　　　　　　　　　詳細資料窗格

如果各位沒有看到如視窗左側的樹狀資料夾結構，那麼請按下「瀏覽窗格」鈕，並下拉勾選「瀏覽窗格」選項，這樣可以方便各位做資料夾的切換。

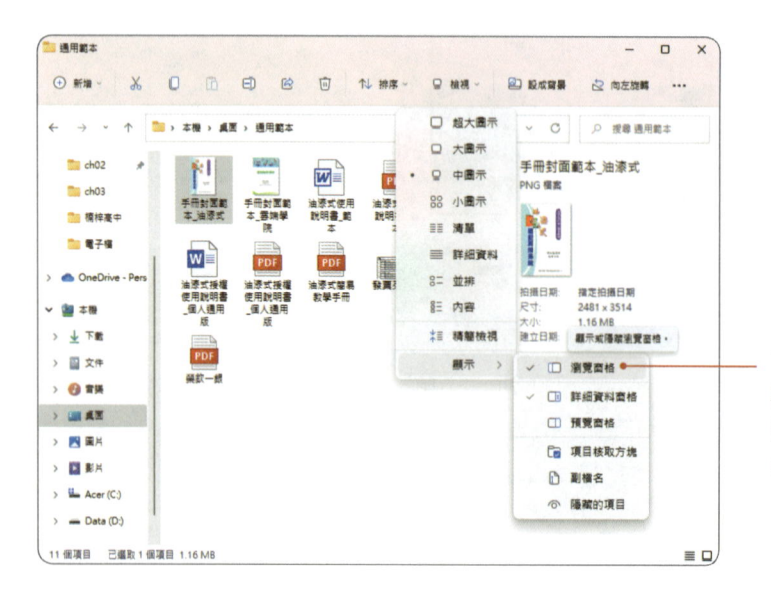

下拉勾選「瀏覽窗格」的選項，才可看到左側窗格中的資料夾結構

3-2 以資料夾管理檔案

想要有效率的管理個人文件或檔案，通常都是透過資料夾來分類管理，資料夾中放入資料夾形成樹狀結構，這樣就能將同類型的檔案放置在一起，讓檔案變得井然有序。此節將針對檔案夾或檔案的新增、重新命名、複製、移動、刪除等功能做說明，善用資料夾將使各位的工作更順暢。

3-2-1 新增資料夾

想要在電腦桌面上新增資料夾，按右鍵執行「新增 / 資料夾」指令，即可看到如下的預設資料夾名稱。

如果是在視窗中要新建資料夾，可在「新增」功能表中按下「資料夾」鈕。

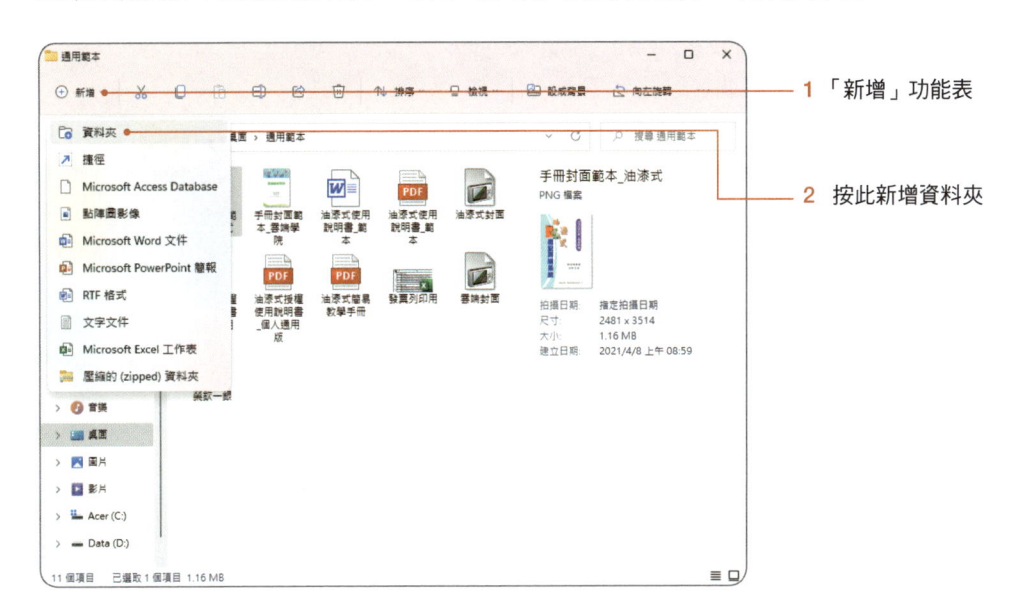

1 「新增」功能表

2 按此新增資料夾

3-2-2 資料夾 / 檔案的重新命名

為方便資料內容的辨識,最好為資料夾取個適當的名稱。請在資料夾上按右鍵執行「重新命名」指令。

Step 1

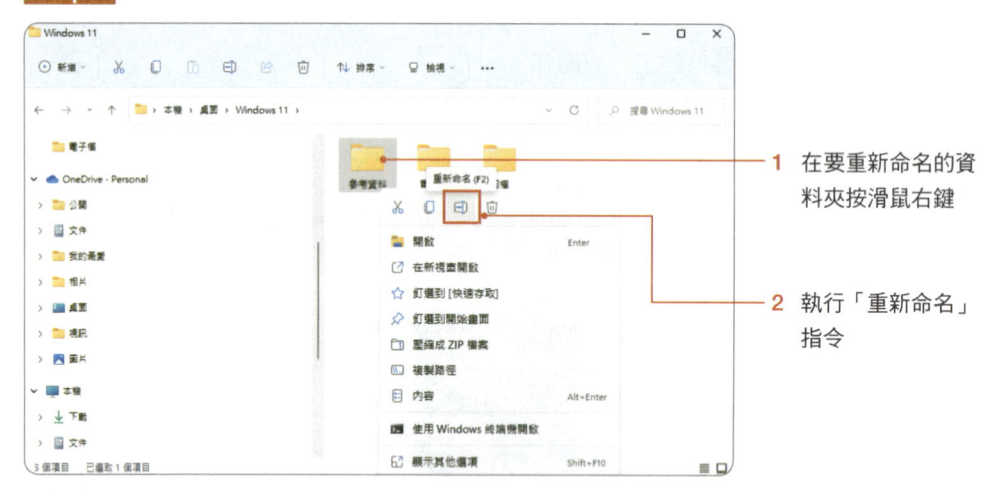

1 在要重新命名的資料夾按滑鼠右鍵

2 執行「重新命名」指令

Step 2

呈現反白狀態即可輸入新名稱

另外一資料夾重新命名,只要點選檔案後輕按一下檔案名稱,呈現反白狀態即可重新輸入名稱。

檔名反白時,即可重新輸入名稱

3-2-3 檔案搬移 / 複製至資料夾

確認資料夾名稱後，利用拖曳的方式就可以將檔案搬移到資料夾中。

Step 1

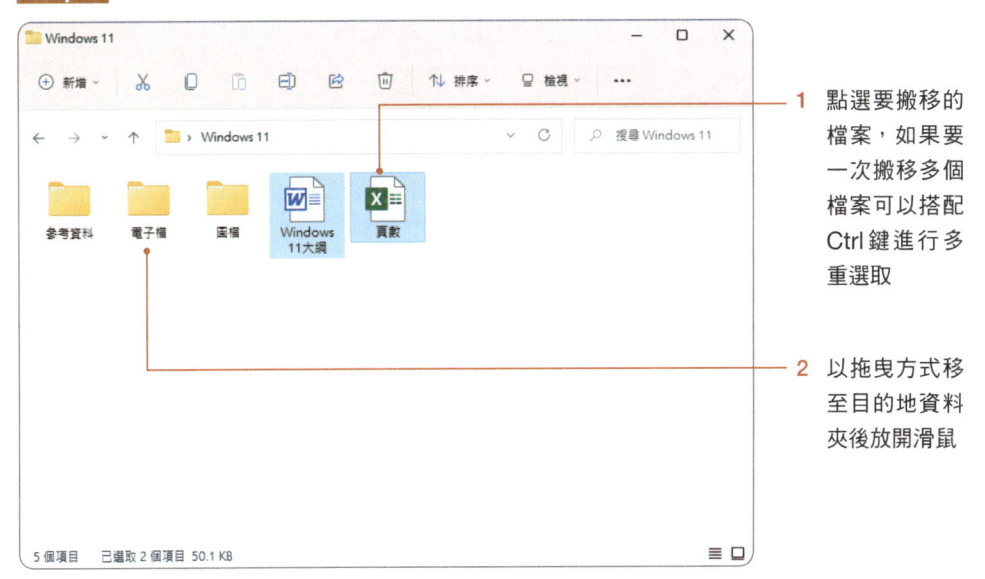

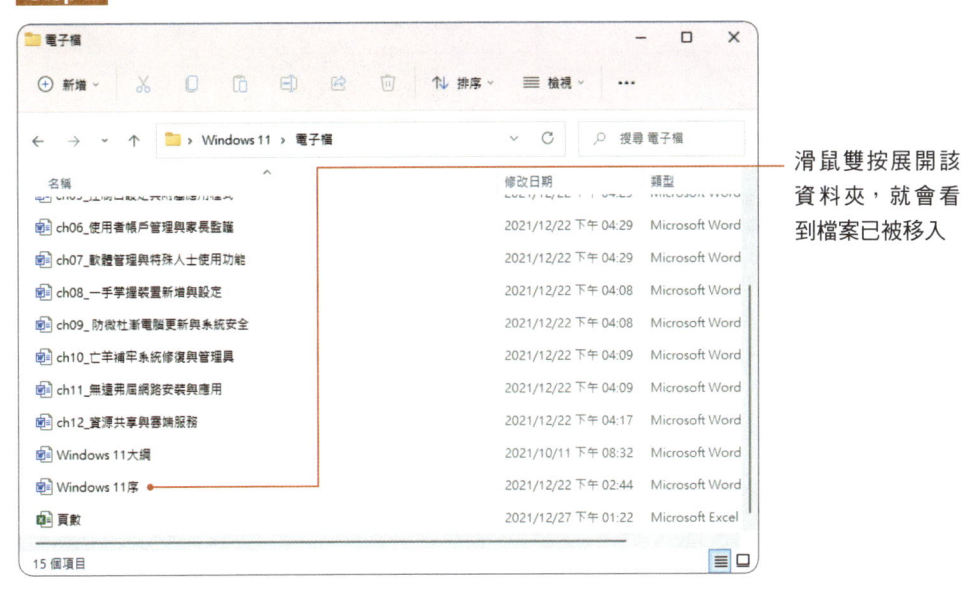

1. 點選要搬移的檔案，如果要一次搬移多個檔案可以搭配 **Ctrl** 鍵進行多重選取

2. 以拖曳方式移至目的地資料夾後放開滑鼠

Step 2

滑鼠雙按展開該資料夾，就會看到檔案已被移入

3-2-4 將常用資料夾釘選至快速存取區

對於經常會用到的資料夾，可以考慮將它釘選到「快速存取區」中，這樣可以簡化存取的步驟，方便檔案的存取。

Step 1

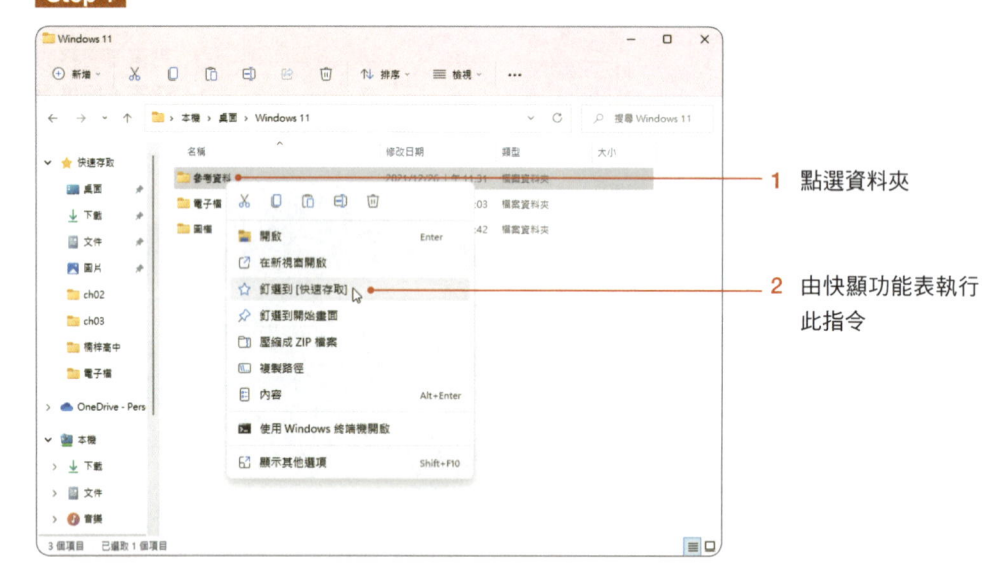

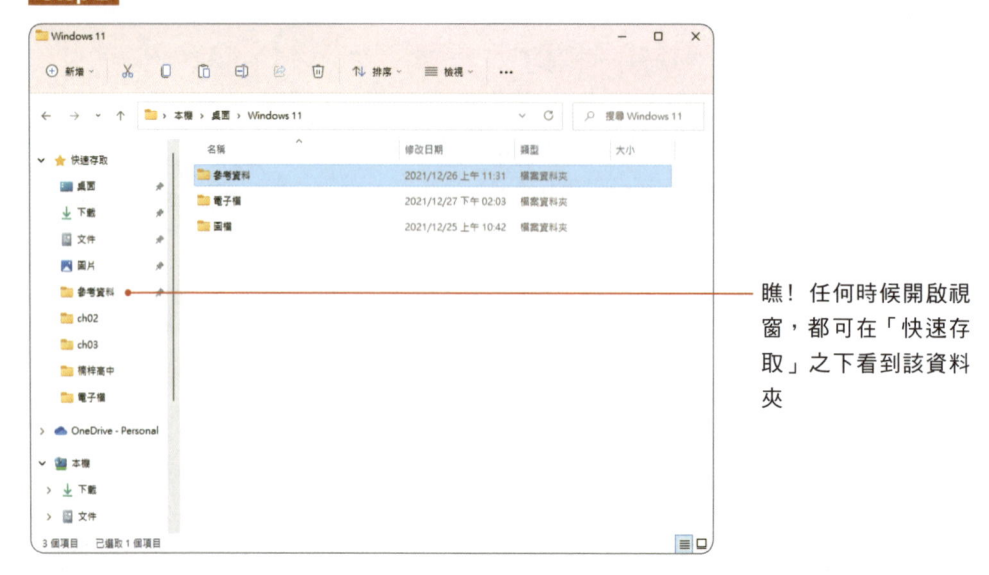

1 點選資料夾

2 由快顯功能表執行此指令

Step 2

瞧！任何時候開啟視窗，都可在「快速存取」之下看到該資料夾

3-2-5 檔案 / 資料夾的刪除

視窗中的檔案或資料夾如果需要刪除，選取後按下「刪除」鈕，可選擇回收到資源回收桶或是永久刪除。

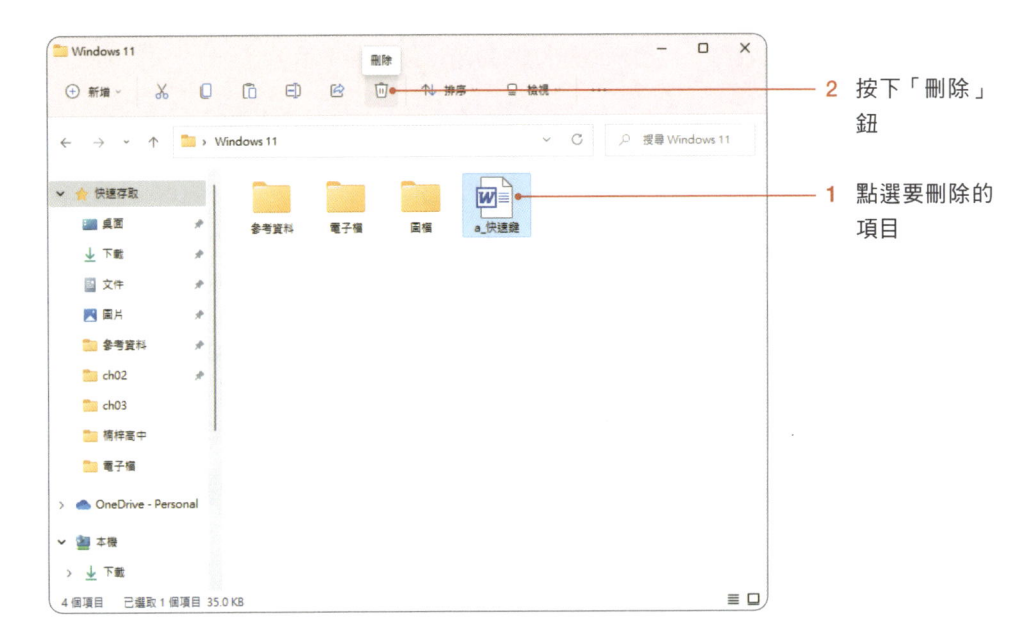

2 按下「刪除」鈕

1 點選要刪除的項目

若是電腦桌面上的檔案或資料夾要做刪除，則請按右鍵執行「刪除」指令。

一般執行「刪除」指令會將刪除的檔案回收到「資源回收筒」，所以萬一刪除錯了檔案，只要開啟資源回收筒，還有機會將檔案回收回來。一旦資源回收筒存放了太多的檔案，而您的磁碟空間又不夠，這時可以考慮清理一下資源回收筒。各位可直接在桌面上的「資源回收筒」按右鍵，並執行「清理資源回收筒」指令。另外也可以透過進入「資源回收筒」視窗來做刪除的動作。如下圖所示：

Step 1

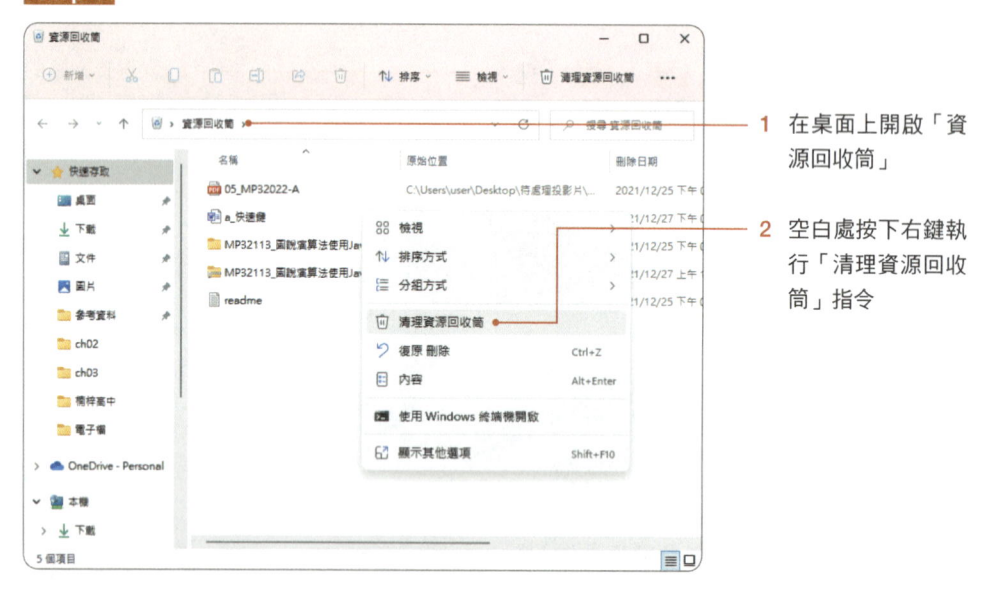

1. 在桌面上開啟「資源回收筒」
2. 空白處按下右鍵執行「清理資源回收筒」指令

Step 2

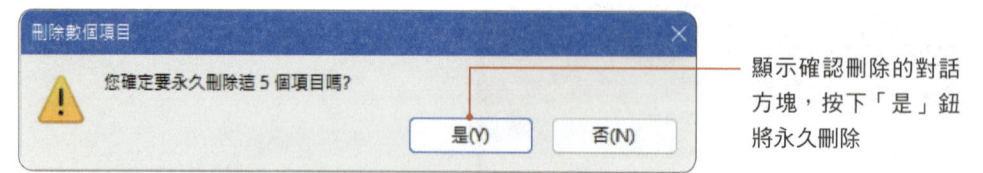

顯示確認刪除的對話方塊，按下「是」鈕將永久刪除

3-2-6　強大的搜尋功能

有時候要在電腦中找尋某一特定檔案，如果各位會利用檔案總管來做搜尋，就可以節省許多的時間和精力。

得心應手檔案管理工作術 03

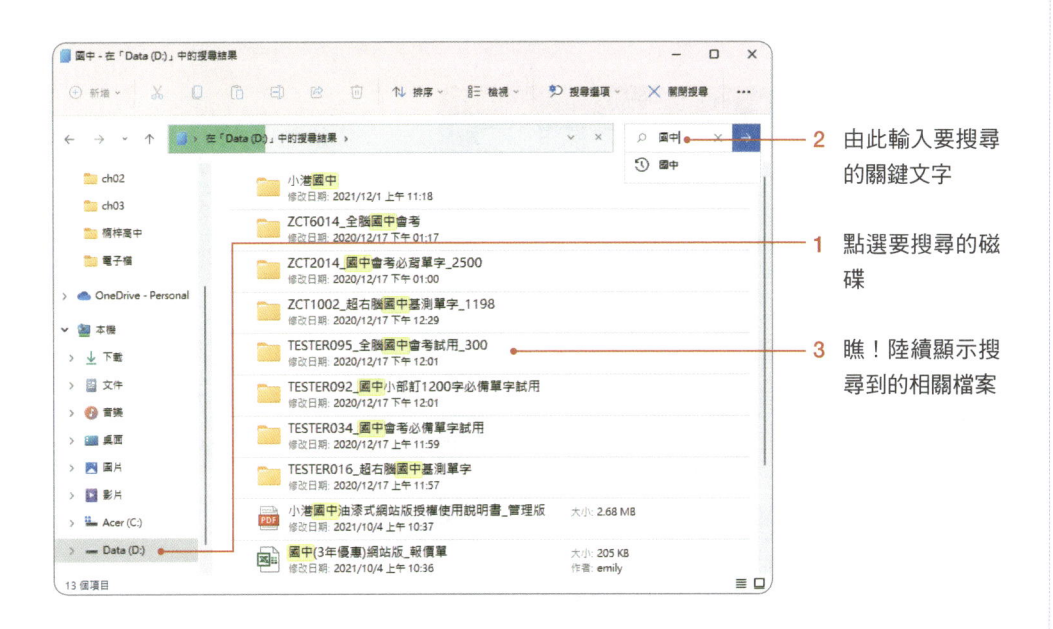

2 由此輸入要搜尋的關鍵文字

1 點選要搜尋的磁碟

3 瞧！陸續顯示搜尋到的相關檔案

其實 Windows 11 的搜尋功能非常實用，不僅可以幫忙搜尋應用程式、檔案及圖檔，甚至連網頁、相片、資料夾或音樂都可以透過關鍵字搜尋的方式輕鬆找到。目前有兩個方式可以進行各種文件、應用程式或檔案的搜尋：一種是透過開始鈕啟動搜尋列，另一種則是直接按下工作列的搜尋鈕來啟動搜尋列，接著只要在搜尋列輸入關鍵字就可以幫忙搜尋應用程式、檔案及圖檔。

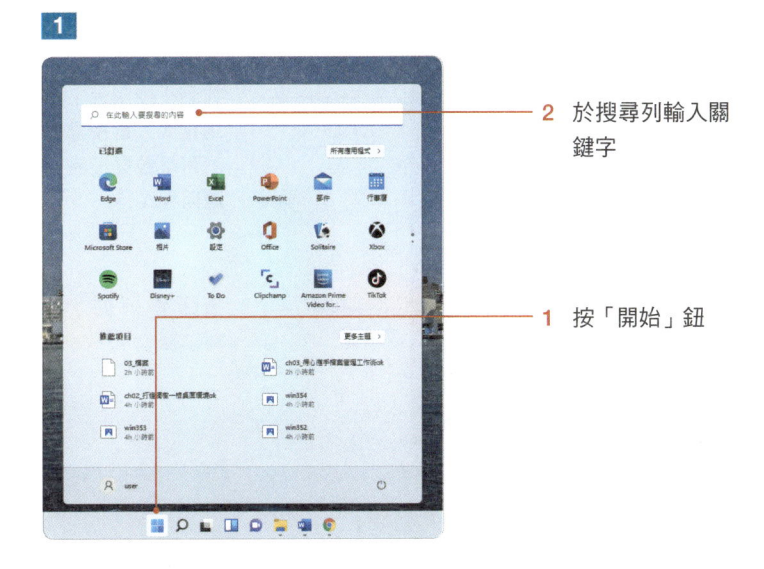

1

2 於搜尋列輸入關鍵字

1 按「開始」鈕

3-11

2

2 於搜尋列輸入關鍵字

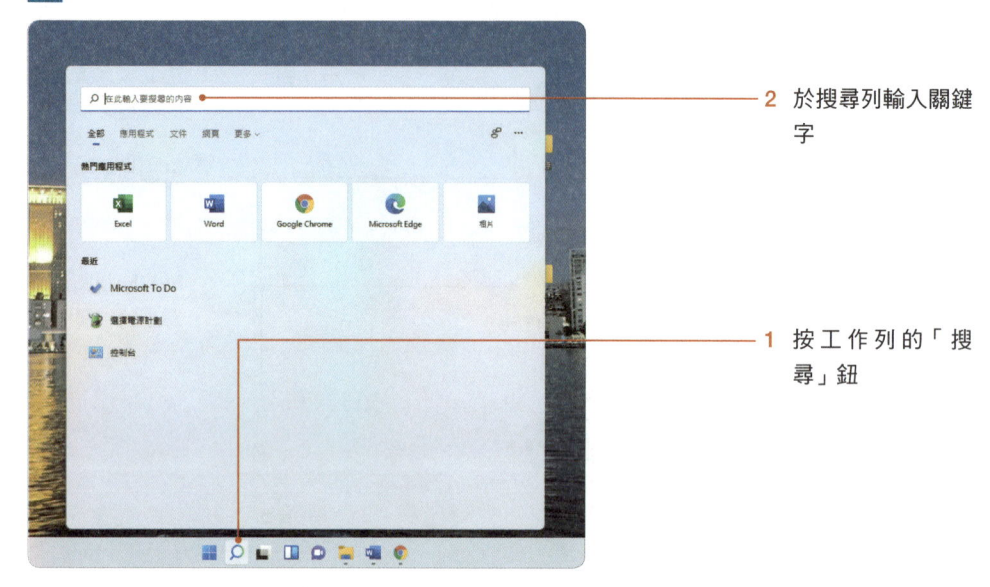

1 按工作列的「搜尋」鈕

接著我們就以幾個實際的例子，體驗 Windows 11 強大的搜尋功能。首先我們先來示範如何搜尋「控制台」應用程式：

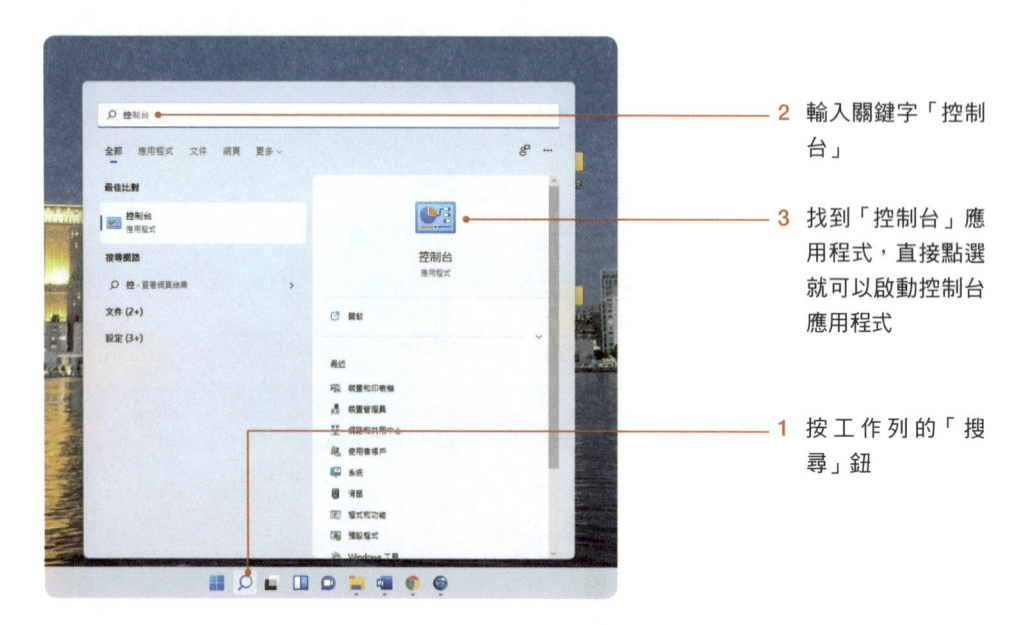

2 輸入關鍵字「控制台」

3 找到「控制台」應用程式，直接點選就可以啟動控制台應用程式

1 按工作列的「搜尋」鈕

3-12

得心應手檔案管理工作術 **03**

例如我們點選「語音辨識」

就可以啟動語音辨識的設定頁面

3-13

我們也可以搜尋網頁或相片,作法如下列二圖所示:

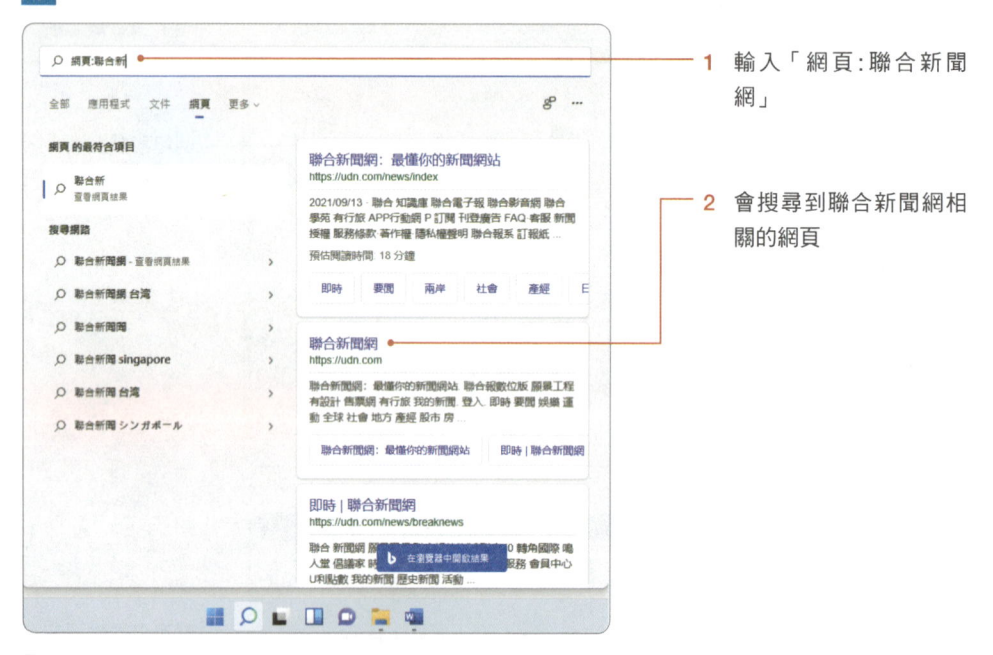

1

1 輸入「網頁:聯合新聞網」

2 會搜尋到聯合新聞網相關的網頁

2

1 輸入「相片:美食」

2 會搜尋到美食相關的相片

3-3 檔案的隱藏 / 顯現與壓縮

有些重要的檔案資料或是私密相片 / 文件，如果不希望輕易的讓他人瞧見，可以考慮將它隱藏起來。

3-3-1 檔案的隱藏與顯現

我們先來示範如何將檔案進行隱藏，其操作的方式如下：

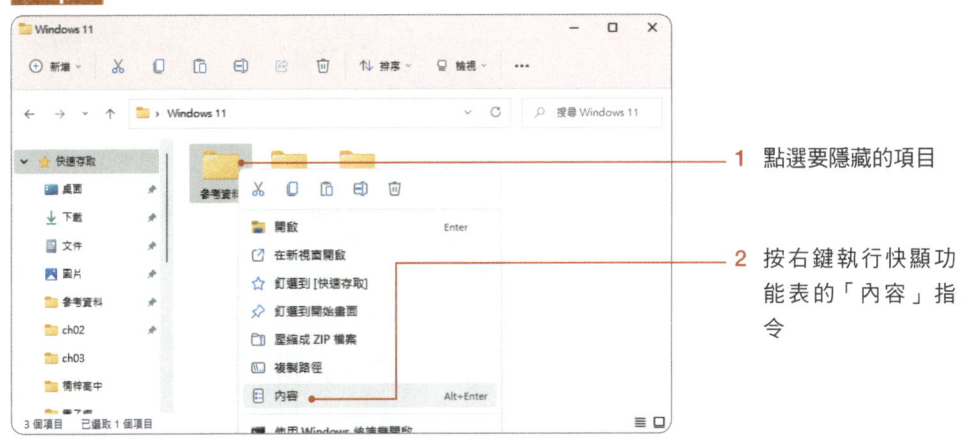

Step 1

1. 點選要隱藏的項目
2. 按右鍵執行快顯功能表的「內容」指令

Step 2

1. 點選「一般」標籤
2. 勾選「隱藏」選項
3. 按下「套用」鈕

3-15

Step 3

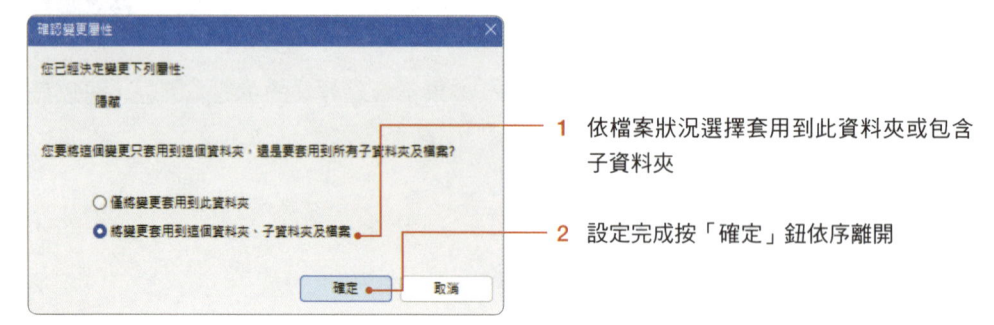

1. 依檔案狀況選擇套用到此資料夾或包含子資料夾
2. 設定完成按「確定」鈕依序離開

Step 4

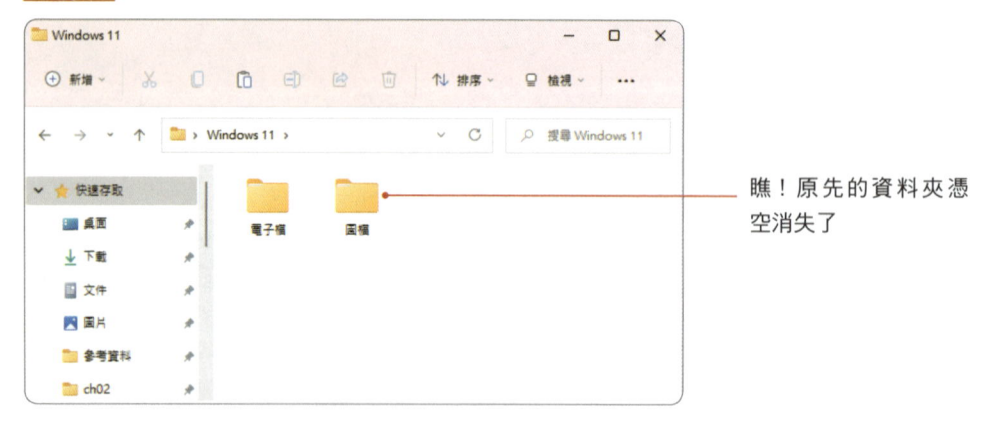

瞧！原先的資料夾憑空消失了

檔案被隱藏起來並不代表檔案消失不見，當您想要再次檢視檔案時，只要透過「檢視」標籤勾選「隱藏的項目」就可看到圖示。

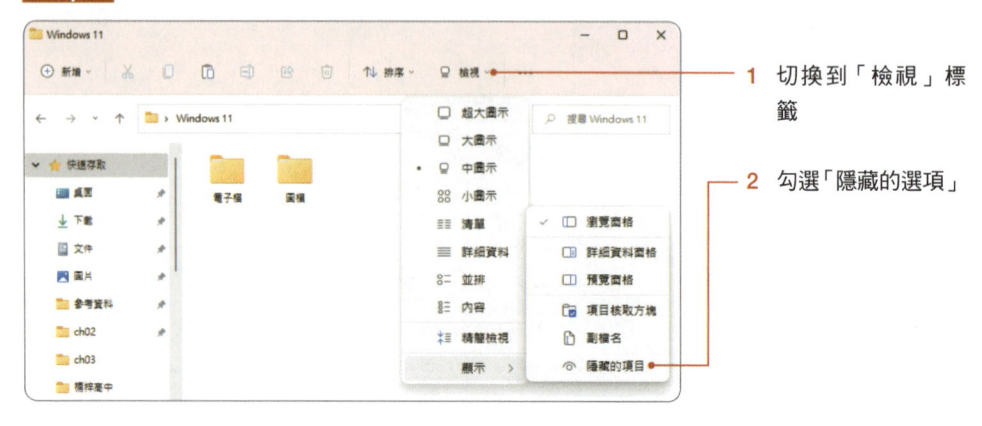

Step 1

1. 切換到「檢視」標籤
2. 勾選「隱藏的選項」

得心應手檔案管理工作術 **03**

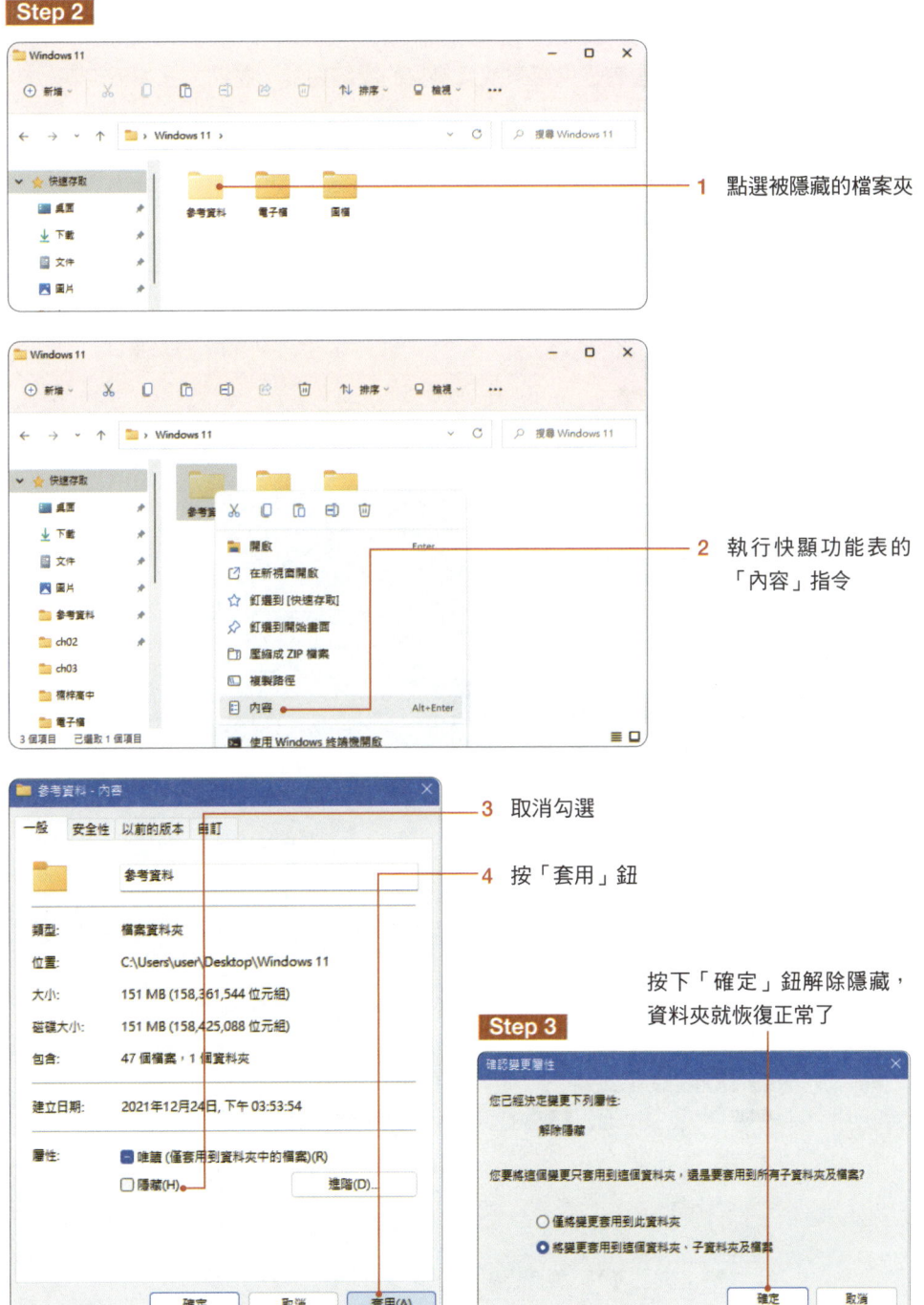

Step 2

1 點選被隱藏的檔案夾

2 執行快顯功能表的「內容」指令

3 取消勾選

4 按「套用」鈕

Step 3

按下「確定」鈕解除隱藏，資料夾就恢復正常了

3-17

3-3-2 檔案的壓縮與解壓縮

另外，Windows 的視窗也有提供檔案或資料夾的壓縮功能。壓縮方式如下：

Step 1

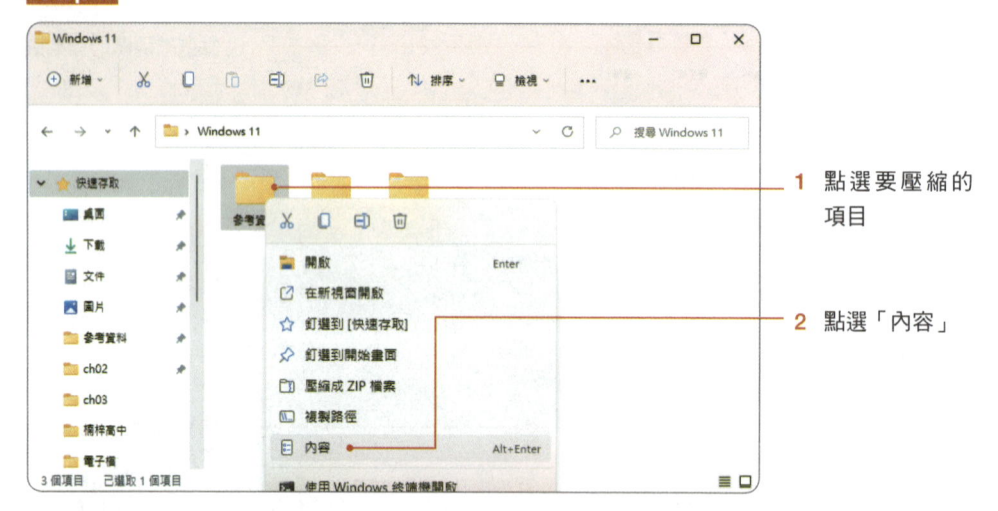

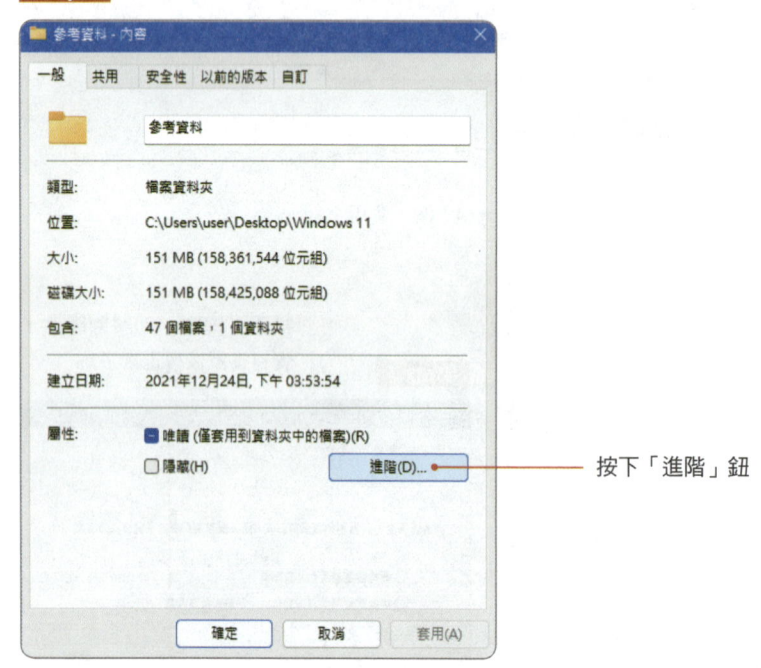

1. 點選要壓縮的項目
2. 點選「內容」

Step 2

按下「進階」鈕

得心應手檔案管理工作術 03

Step 3

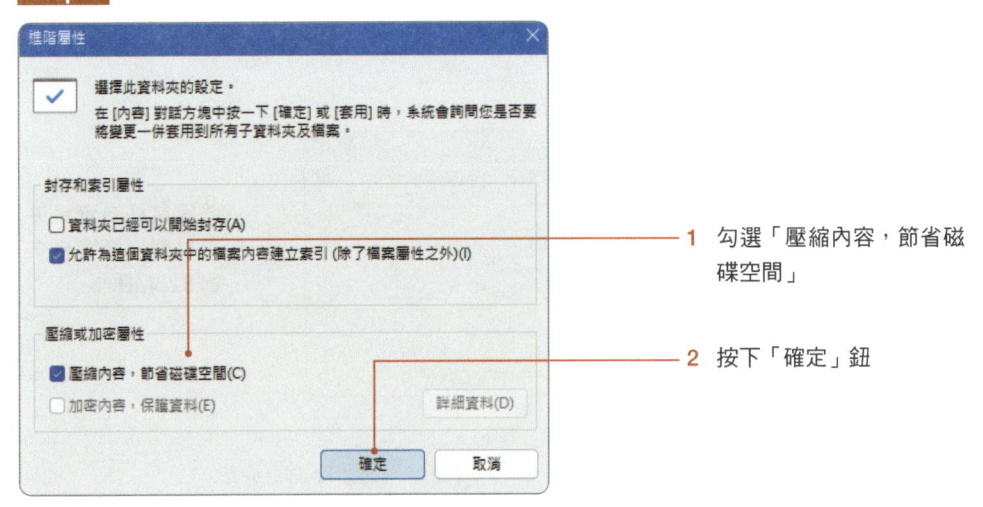

1 勾選「壓縮內容，節省磁碟空間」

2 按下「確定」鈕

Step 4

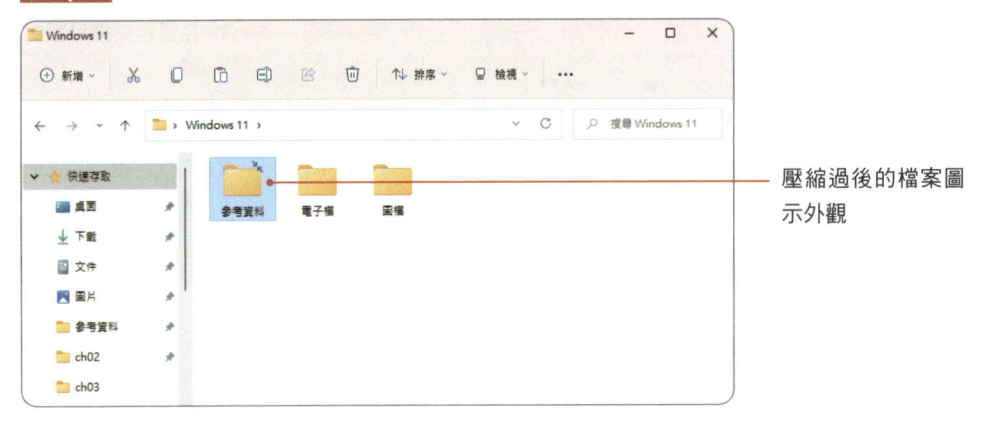

壓縮過後的檔案圖示外觀

由於現今文件的內容圖文並茂，再加上網際網路多媒體時代中有許多聲光影音的檔案，如果要與他人進行郵寄分享、通訊軟體傳送或是雲端共享時，為了避免檔案過大佔了太多的硬碟空間，通常會將一些相關的檔案存放在同一資料夾，再進行壓縮，接著再透過網路傳輸給他人或上傳到雲端供人下載共享，他人在收取到壓縮檔後，只要透過解壓縮的動作，就可以將這個壓縮檔內的所有檔案還原。

另外我們也可以利用按右鍵的快顯功能表直接將檔案壓縮成 zip 檔，當下次要解壓檔案時，也可以直接在壓縮檔按右鍵，執行解壓縮指令，就可以輕易將檔案回復到

3-19

原來的內容。接下來我們就來示範操作如何進行檔案（或資料夾）壓縮與解壓縮的工作：

Step 1

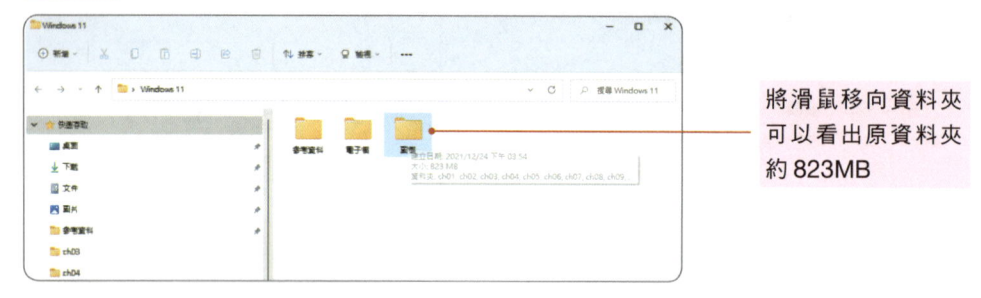

將滑鼠移向資料夾可以看出原資料夾約 823MB

Step 2

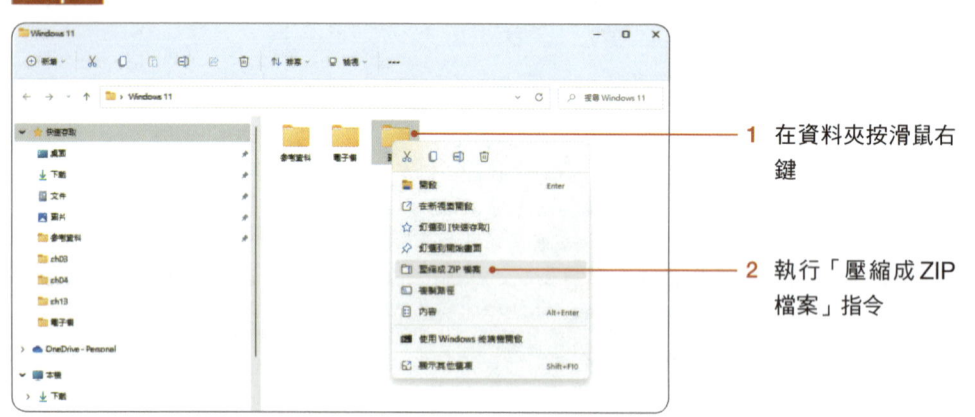

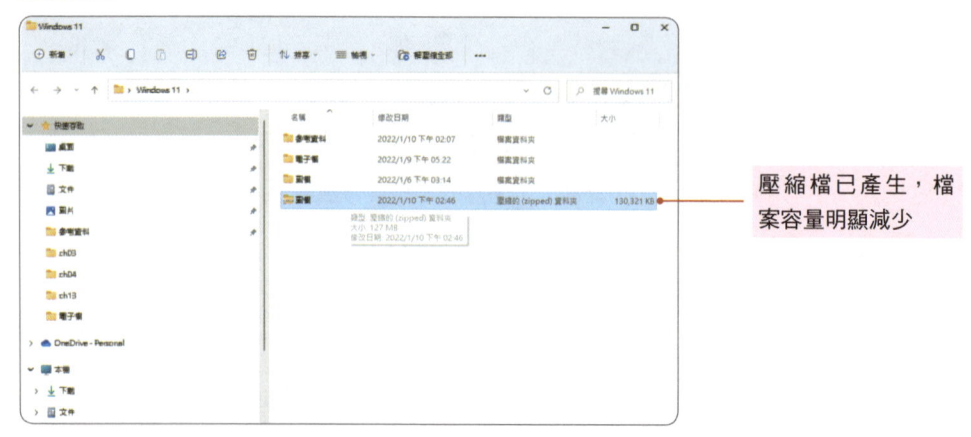

1 在資料夾按滑鼠右鍵

2 執行「壓縮成 ZIP 檔案」指令

Step 3

壓縮檔已產生，檔案容量明顯減少

得心應手檔案管理工作術 03

如果要將檔案解壓縮原還成來的內容，可以直接在壓縮檔按右鍵，作法如下：

Step 1

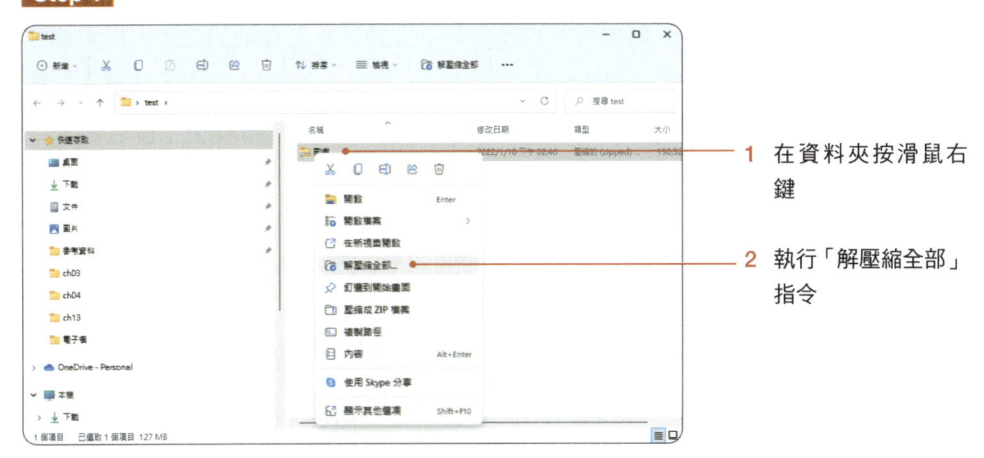

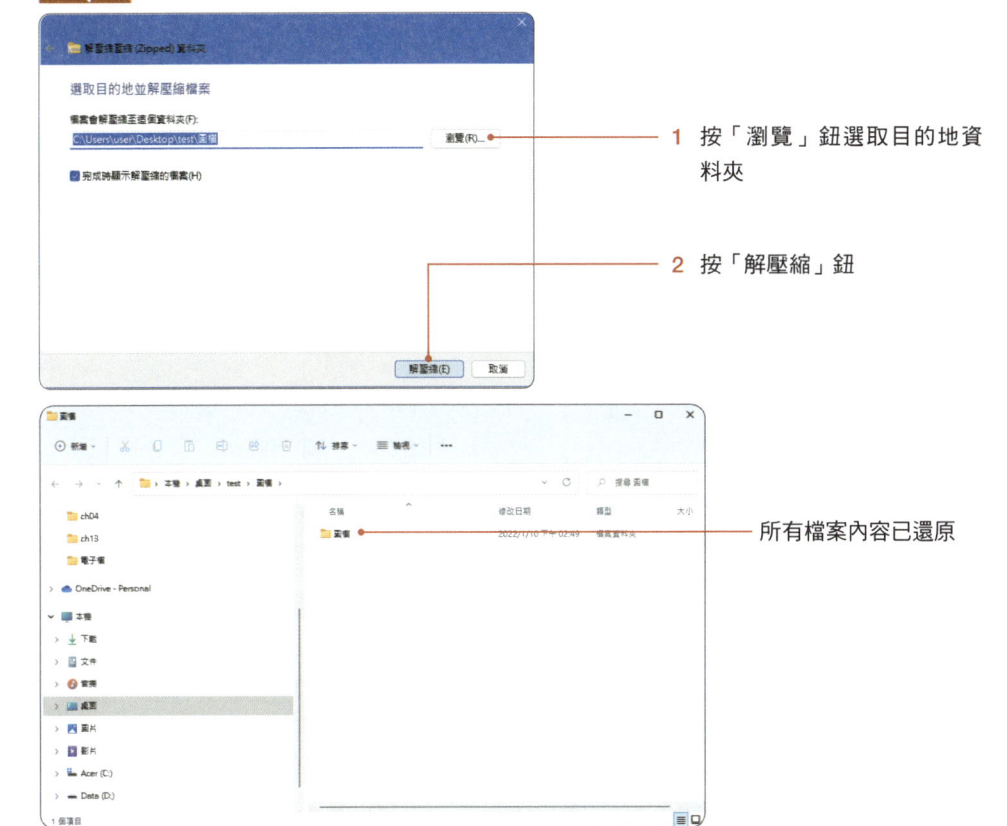

1. 在資料夾按滑鼠右鍵
2. 執行「解壓縮全部」指令

Step 2

1. 按「瀏覽」鈕選取目的地資料夾
2. 按「解壓縮」鈕

所有檔案內容已還原

3-21

3-4 檔案 / 資料夾的安全性權限

如果不希望與他人共用的檔案被隨意的變更，那麼最好設定存取的權限，以免造成無法挽回的局面。想要設定資料夾的內容是否可以修改、讀取、列出、或寫入等權限，可以透過「內容」功能來設定安全性。請點選檔案或資料夾後，按右鍵執行「內容」指令，使顯現下圖視窗：

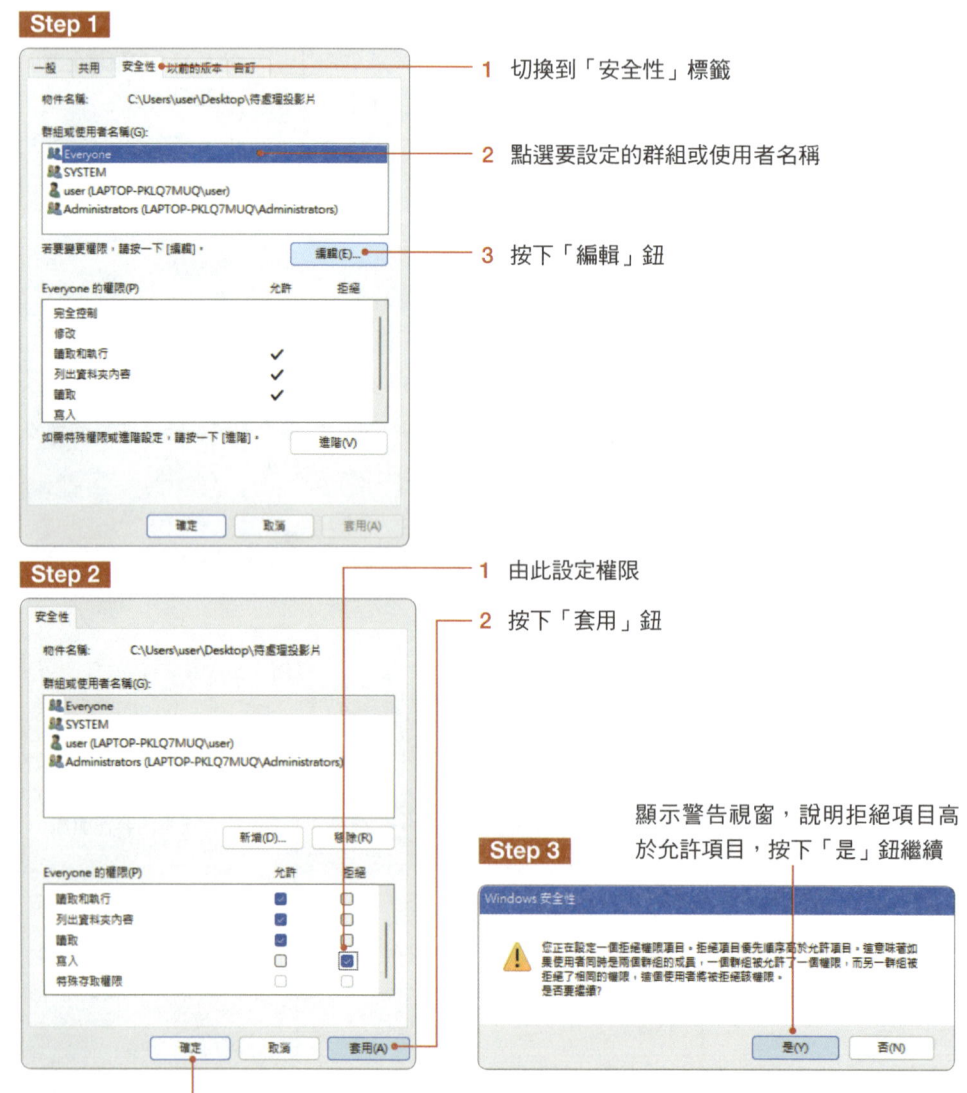

Step 1

1. 切換到「安全性」標籤
2. 點選要設定的群組或使用者名稱
3. 按下「編輯」鈕

Step 2

1. 由此設定權限
2. 按下「套用」鈕

Step 3

顯示警告視窗，說明拒絕項目高於允許項目，按下「是」鈕繼續

Step3 完成後會回到本視窗，再繼續按「確定」鈕離開，即可完成安全性設定。

3-5 Windows 虛擬光碟機的掛接與退出

副檔名為「.iso」的檔案一般稱為「光碟映像檔」，這種檔案是透過某些軟體將整張光碟複製下來，並以「.iso」副檔名的格式儲存在電腦硬碟中。各位應該有種經驗，要在網路上安裝大型應用程式，通常這些軟體研發商會以 ISO 檔案供使用者下載，當各位下載完畢後，必須透過 Windows 11 檔案總管進行掛接，才能以虛擬光碟的型式呈現，接著就可以如同讀取光碟機中的應用程式安裝片，來進行該應用程式的安裝作業。

Step 1

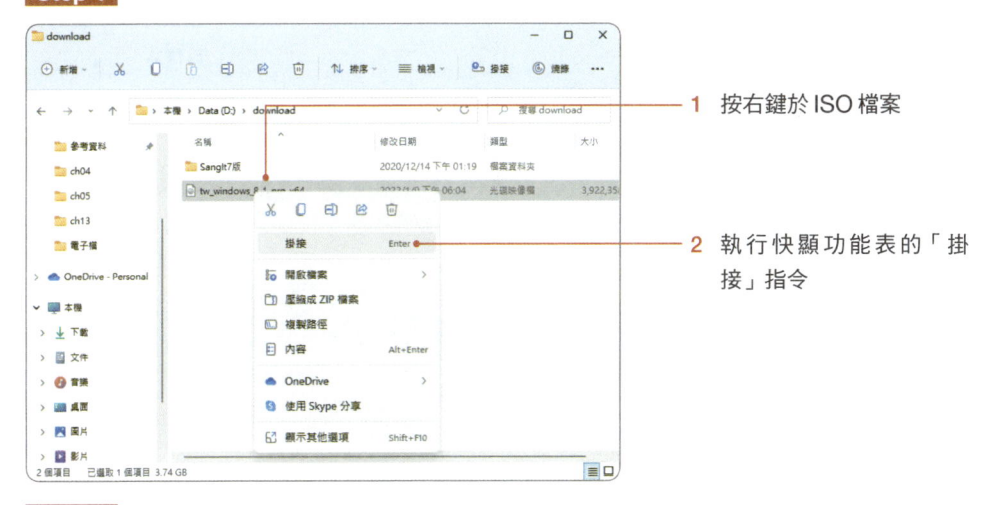

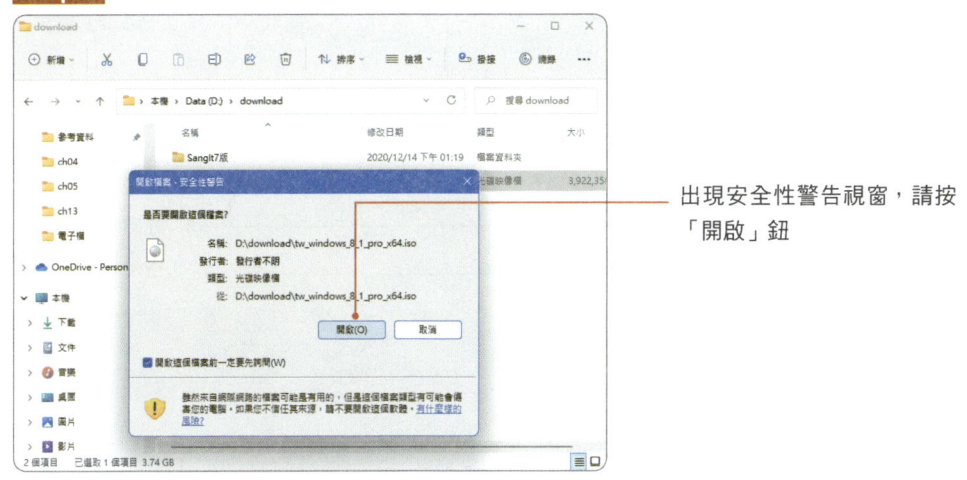

1. 按右鍵於 ISO 檔案
2. 執行快顯功能表的「掛接」指令

Step 2

出現安全性警告視窗，請按「開啟」鈕

3-23

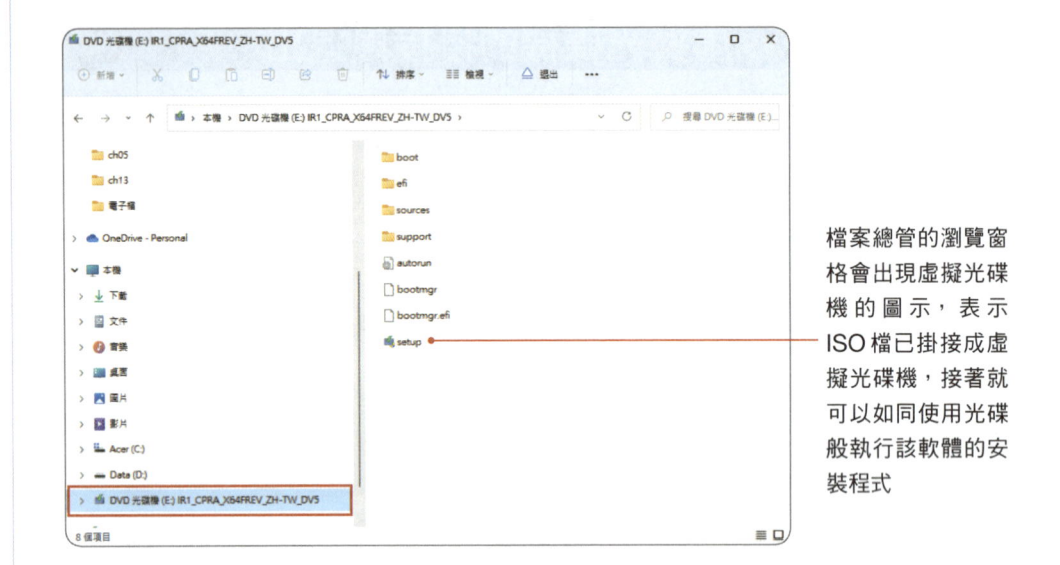

檔案總管的瀏覽窗格會出現虛擬光碟機的圖示，表示 ISO 檔已掛接成虛擬光碟機，接著就可以如同使用光碟般執行該軟體的安裝程式

如果要退出虛擬光碟機，只要在該虛擬光碟機的圖示按右鍵執行快顯功能的「退出」指令即可，如下圖所示：

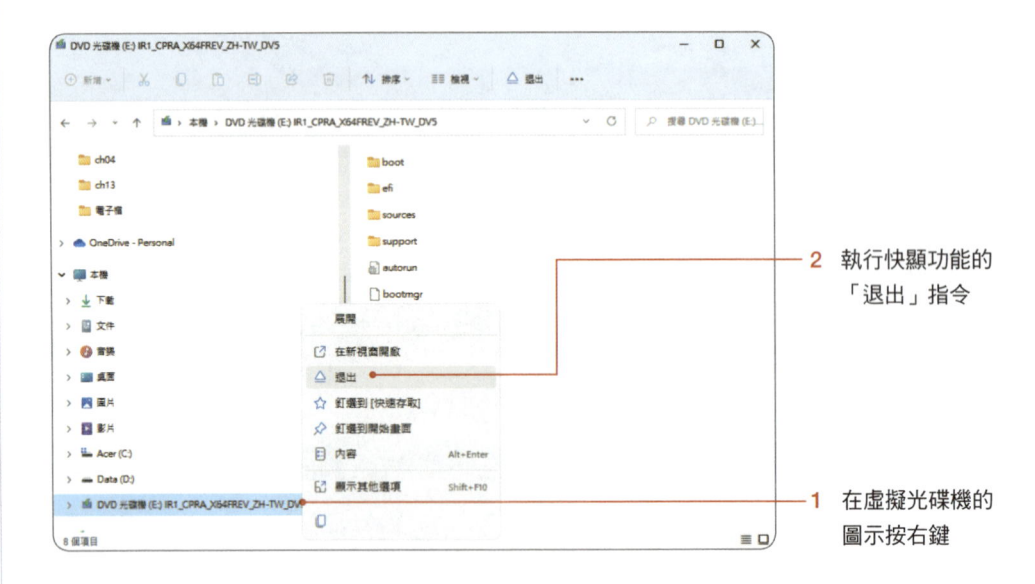

2 執行快顯功能的「退出」指令

1 在虛擬光碟機的圖示按右鍵

CHAPTER
04

包羅萬象
內建程式與
Microsoft Store

在 Windows 系統中有許多內建的應用程式，讓工作和生活變得更輕鬆便利，像是行事曆、郵件、聯絡人等都是您的對外社交好幫手，想要讓家庭生活更歡樂美好，影音多媒體、相機、攝影機、市集、遊戲等家庭娛樂也不可不知，善用這些免費又好用的 App 程式，您就會發現生活真的很美好。

4-1 電子郵件與行事曆

使用電腦來辦公，除了對內的事務外，對外的社交與聯絡也不會少，想要有效管理個人的行程與聯外工作，那麼行事曆的安排、郵件的收發等都得熟悉不可，這一小節先針對這些功能為各位做說明。

4-1-1 郵件帳戶的建立與使用

電子郵件是各位對外聯絡事務最常使用的程式，用以聯絡訊息或傳送檔案。如果您是第一次開啟郵件，或是尚未做任何的郵件帳戶的設定，那麼可依照以下的步驟做設定。

Step 1

在「開始」功能表按下「郵件」圖示

包羅萬象內建程式與 Microsoft Store **04**

Step 2

1. 按下「帳戶」鈕
2. 按下「新增帳戶」

Step 3

- Outlook.com
  Outlook.com、Live.com、Hotmail、MSN
- Office 365
  Office 365、Exchange
- Google
- iCloud
- 其他帳戶
  POP、IMAP
- 進階設定

選擇帳戶的類別，這裡以 Google 帳戶做說明

Step 4

1. 輸入電子郵件地址
2. 按「繼續」鈕

4-3

Step 5

1. 輸入密碼
2. 按下「繼續」鈕

Step 6

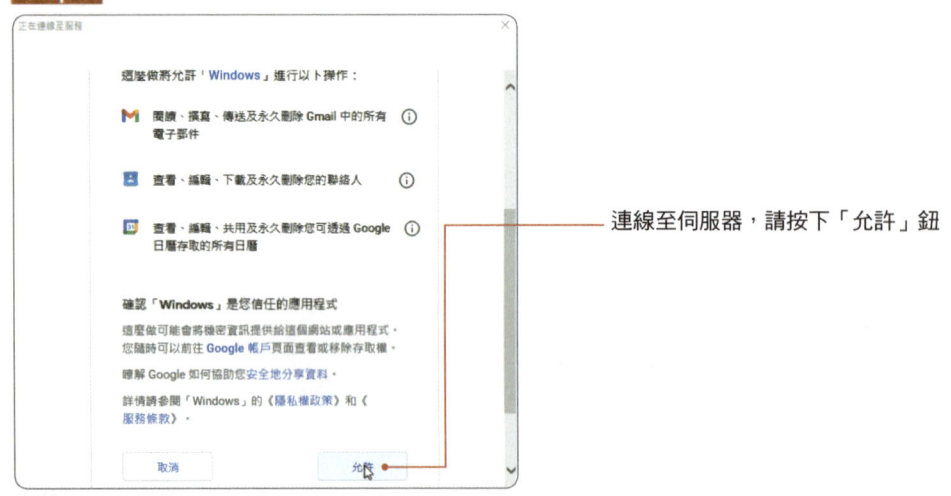

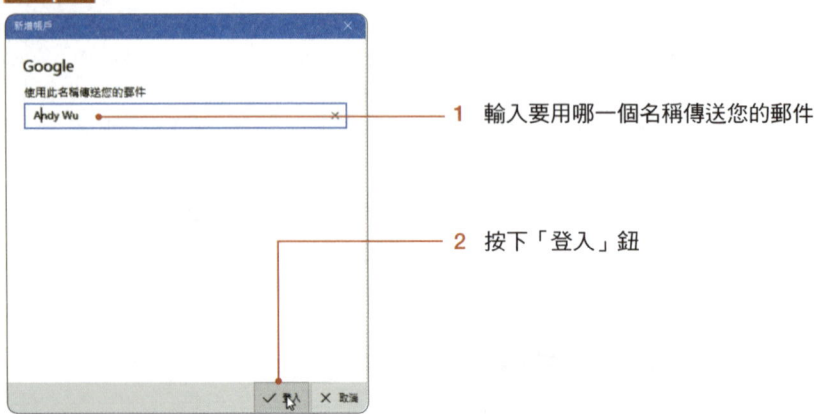

連線至伺服器,請按下「允許」鈕

Step 7

1. 輸入要用哪一個名稱傳送您的郵件
2. 按下「登入」鈕

包羅萬象內建程式與 Microsoft Store **04**

如果還需要新增其他帳戶，請於視窗左上方按下「展開」鈕，再點選「帳戶」，就能在右側彈出的面板中選擇「新增帳戶」。

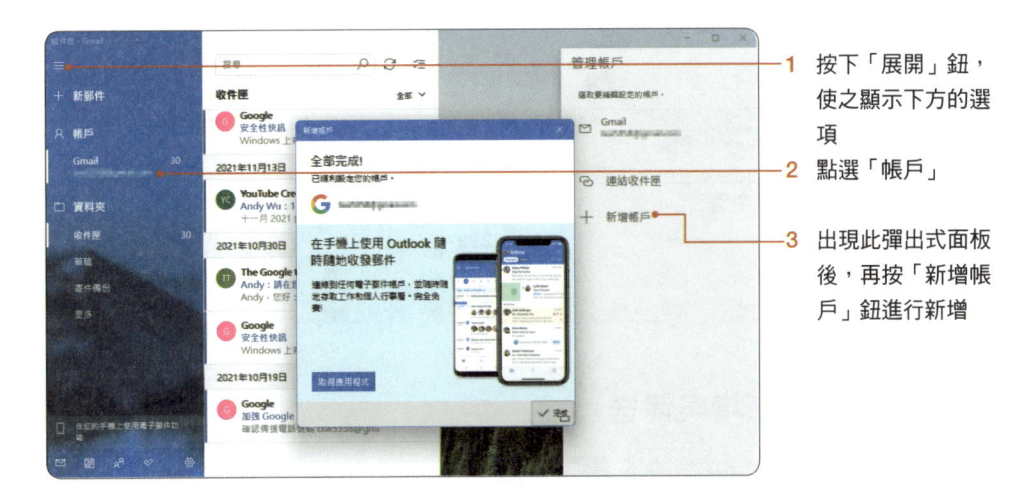

1. 按下「展開」鈕，使之顯示下方的選項
2. 點選「帳戶」
3. 出現此彈出式面板後，再按「新增帳戶」鈕進行新增

若是要查看個人帳戶的信件，點選帳戶名稱即能看到您的收件匣。

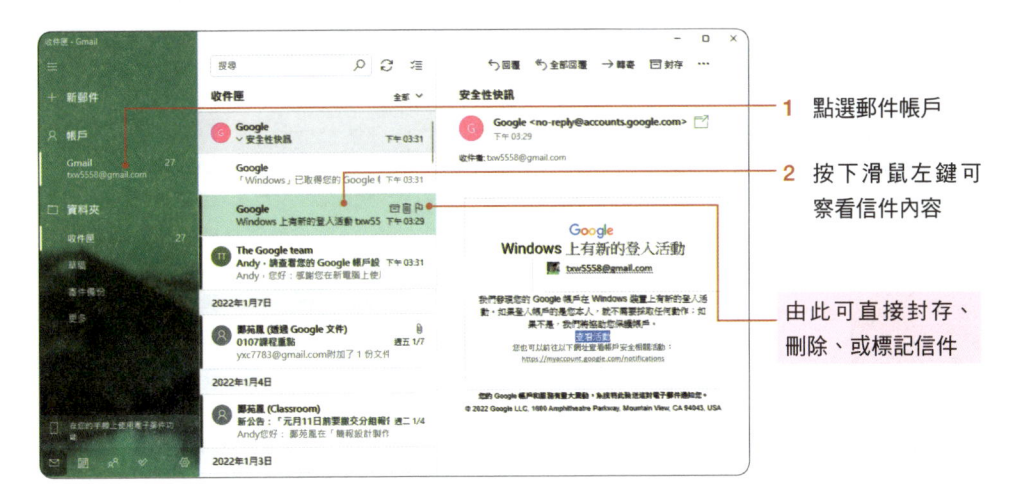

1. 點選郵件帳戶
2. 按下滑鼠左鍵可察看信件內容

由此可直接封存、刪除、或標記信件

4-1-2 郵件個人化設定

針對郵件視窗，各位也可以自行設定喜歡的色彩或背景影像。請按下「切換至設定」鈕，在設定面板中選擇「個人化」的選項，就可以在下面的面板中進行設定。

4-5

2 由「設定」面板切換到「個人化」

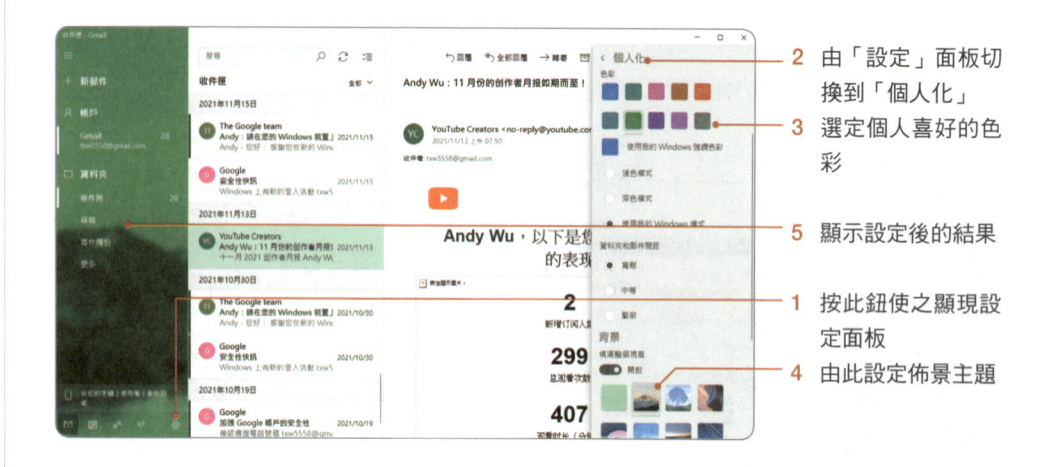

3 選定個人喜好的色彩

5 顯示設定後的結果

1 按此鈕使之顯現設定面板

4 由此設定佈景主題

4-1-3 郵件的新增與傳送

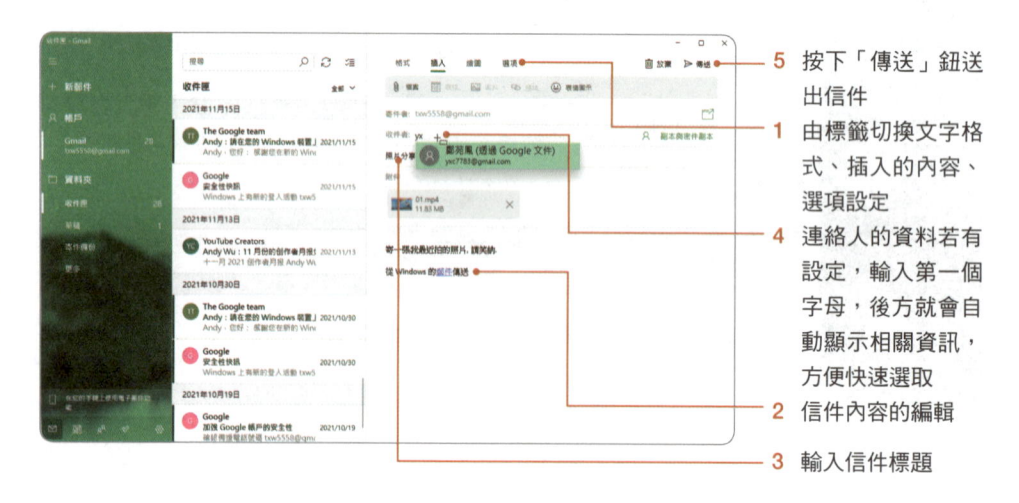

想要新增郵件,在視窗左側按下 ＋新郵件 鈕,即可進入新郵件的畫面,各位可透過「格式」標籤設定文字格式,以「插入」標籤插入表格、圖片、連結、或附加檔案,「選項」標籤則可以做拼字檢查,或信件重要等級的設定。信件編輯完成後,按下右上方的「傳送」鈕即可送出郵件。

5 按下「傳送」鈕送出信件

1 由標籤切換文字格式、插入的內容、選項設定

4 連絡人的資料若有設定,輸入第一個字母,後方就會自動顯示相關資訊,方便快速選取

2 信件內容的編輯

3 輸入信件標題

包羅萬象內建程式與 Microsoft Store **04**

4-1-4 行事曆的使用

行事曆用來管理生活上的大小事情，不管是行程的排定、與他人的約會、家人生日的標記…等，都可靠它來打理。要開啟行事曆請在「郵件」的視窗中按下 🔳 鈕，就能啟動行事曆。行事曆視窗如下：

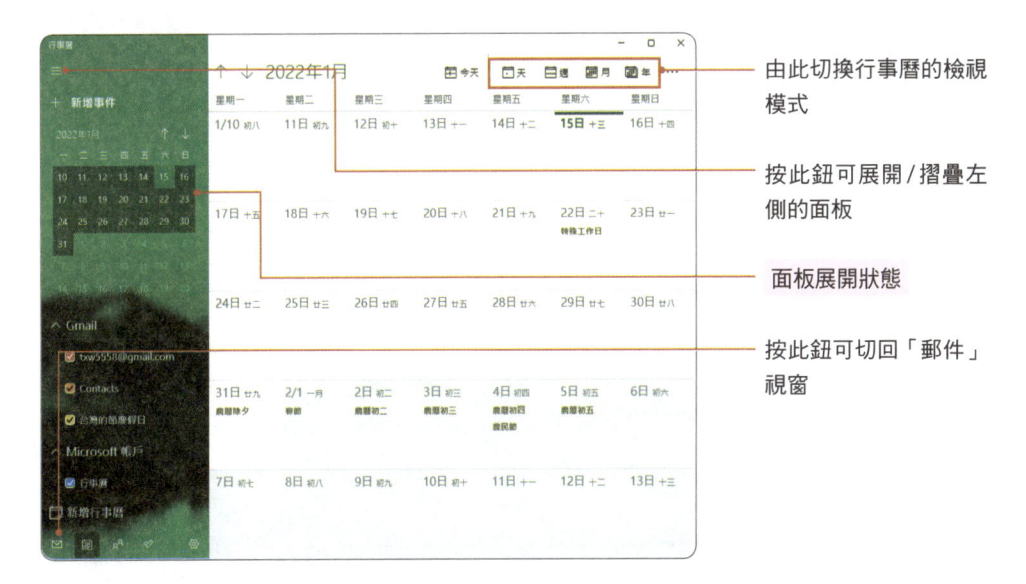

- 由此切換行事曆的檢視模式
- 按此鈕可展開/摺疊左側的面板
- 面板展開狀態
- 按此鈕可切回「郵件」視窗

行事曆上提供「多日」、「工作週」、「週」、「月」等四種檢視方式，「多日」提供 1～6 天的選擇方式，方便各位查看未來幾天的行程或事件。

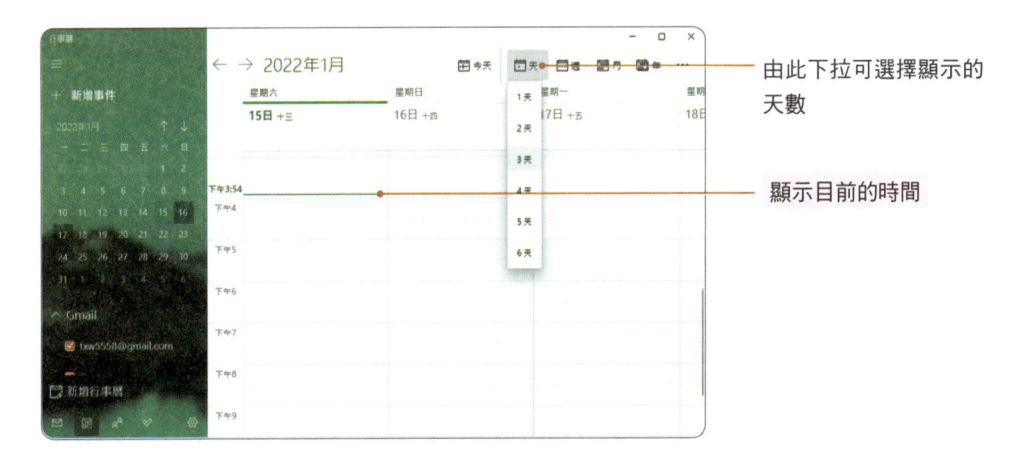

- 由此下拉可選擇顯示的天數
- 顯示目前的時間

4-7

想要新增行程時,請由視窗左側按下 [+ 新增事件] 鈕,就會顯示如下的視窗讓各位輸入事件名稱、位置、開始 / 結束時間、或是要邀請的人。

4 按此鈕儲存事件並關閉

1 輸入事件名稱

2 如有設定多人的郵件信箱,可由此下拉做選擇

3 設定事件的時間、位置、與事件的描述

如果各位需要以電子郵件連絡參與會議的人,可在「邀請人員」的欄位中加入連絡人資訊,它就會自動加到下方的清單中,最後按下「傳送」鈕即可傳送郵件。

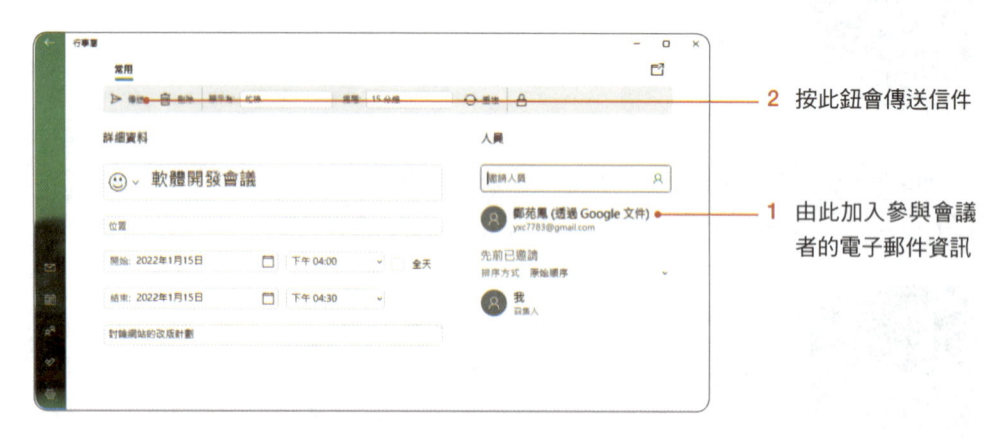

2 按此鈕會傳送信件

1 由此加入參與會議者的電子郵件資訊

除了利用 [+ 新增事件] 鈕來新增行程,直接在月曆上點選日期,也能提供各位快速加入事件名稱、時間、位置等資訊。如圖示:

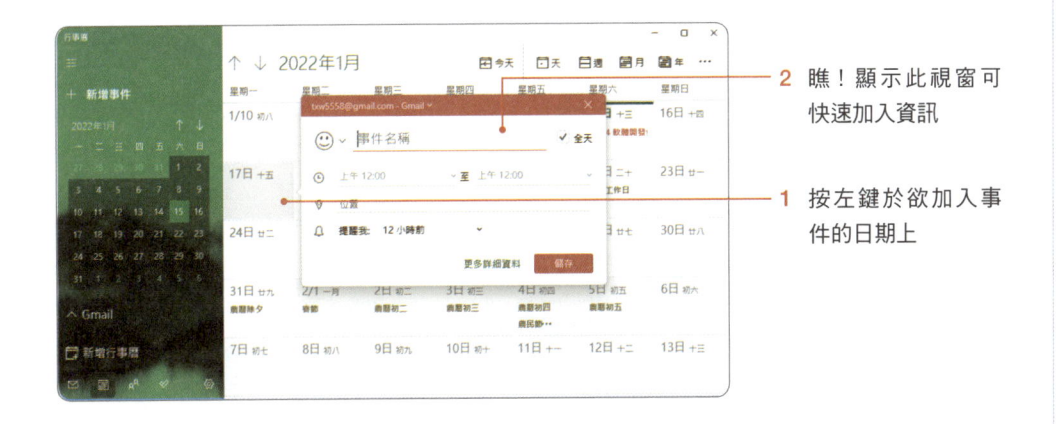

包羅萬象內建程式與 Microsoft Store　**04**

2　瞧！顯示此視窗可快速加入資訊

1　按左鍵於欲加入事件的日期上

4-2 To Do 待辦事項清單和工作管理應用程式

To Do 待辦事項清單和工作管理應用程式，可以協助各位更新您的每日或每週待辦事項清單，我們可以透過幾個簡單的步驟就可以輕鬆管理工作，而且可針對每項工作設定到期日及提醒通知，同時也可將同一天的行程集中到「我的一天」，以掌握每日的工作進度。

4-2-1 新增工作

接下來將示範如何新增工作及設定到期日及提醒通知。這個例子中，您也會學到如何更換佈景及進行印列等工作。首先請按下「開始」鈕執行「To Do」程式：

2　點選「To Do」程式

1　按「開始」鈕

4-9

Windows 11 制霸攻略

接著會進入下圖畫面,會要求使用者登入,請按下「登入」鈕:

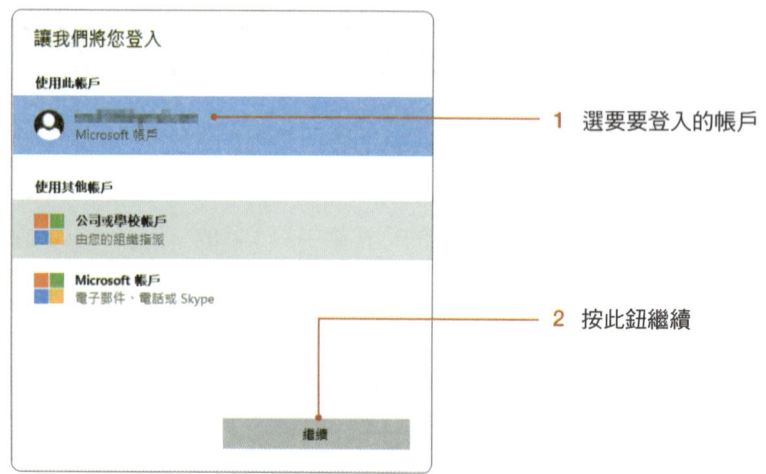

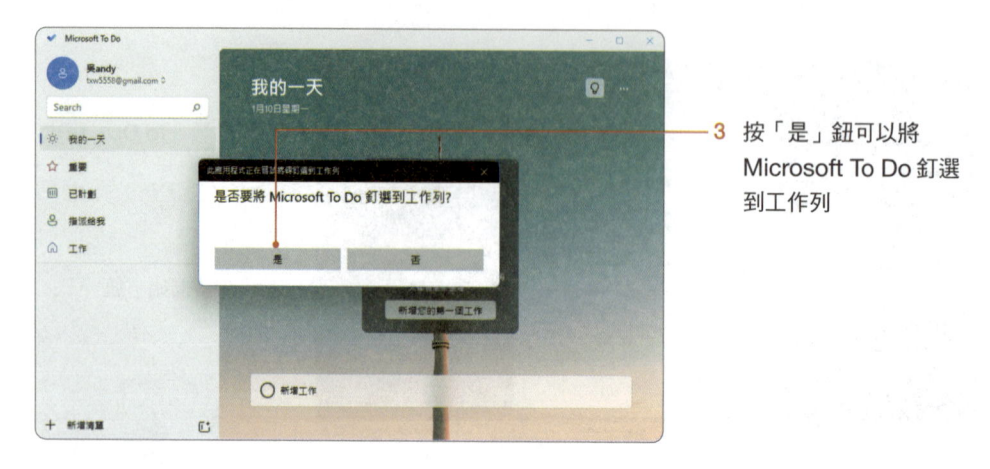

1 選要要登入的帳戶

2 按此鈕繼續

3 按「是」鈕可以將 Microsoft To Do 釘選到工作列

4-10

包羅萬象內建程式與 Microsoft Store　04

接下來就可以新增工作，作法如下：

Step 1

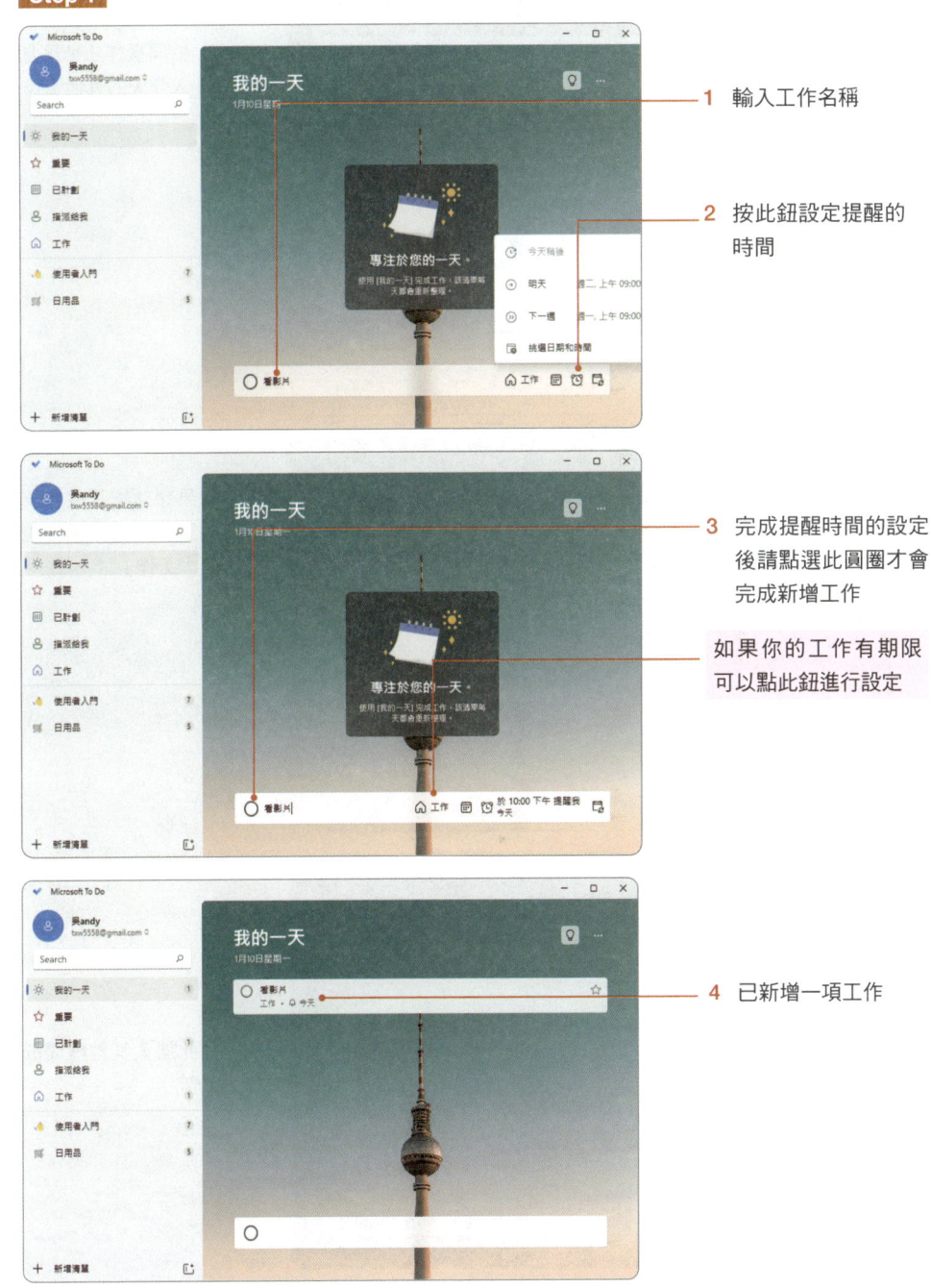

1　輸入工作名稱

2　按此鈕設定提醒的時間

3　完成提醒時間的設定後請點選此圓圈才會完成新增工作

如果你的工作有期限可以點此鈕進行設定

4　已新增一項工作

4-11

5 依同樣作法依序加入今天的其他工作

Step 2

如果想新增不是今天的工作，可以按左側的「工作」

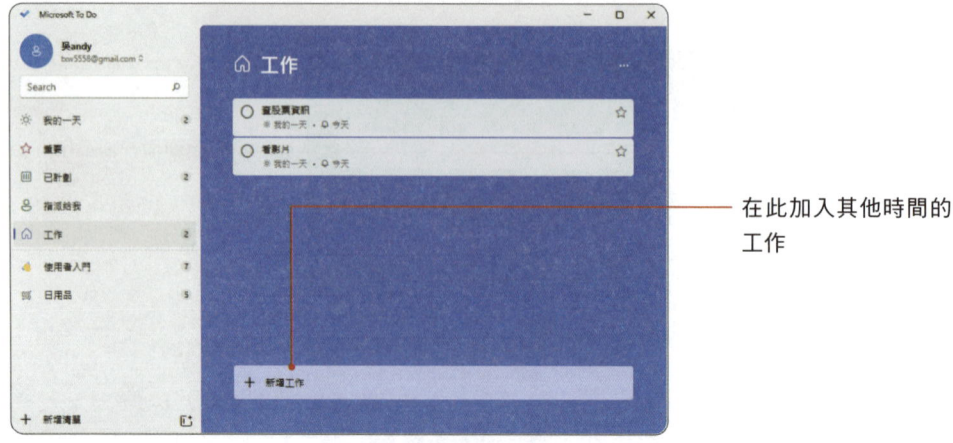

在此加入其他時間的工作

包羅萬象內建程式與 Microsoft Store　**04**

Step 3

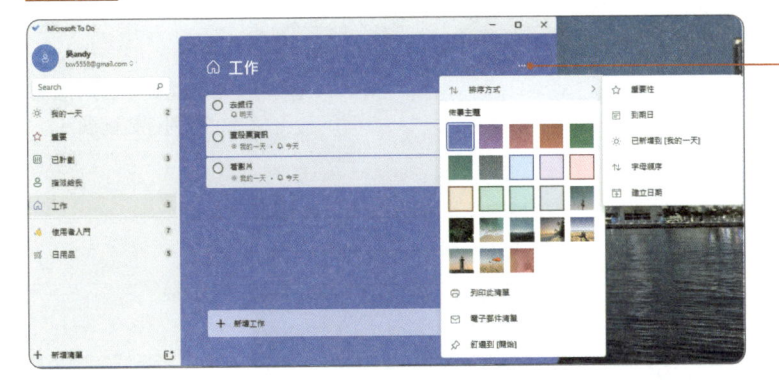

按「…」鈕可以變更佈景主題、列印、釘選到[開始]或是決定排序方式

只要按下喜歡的布景主題,則工作背景立即變更

Step 4

按此鈕可以將該工作標示為重要

4-13

較重要的工作會被排列在較前面

Step 5

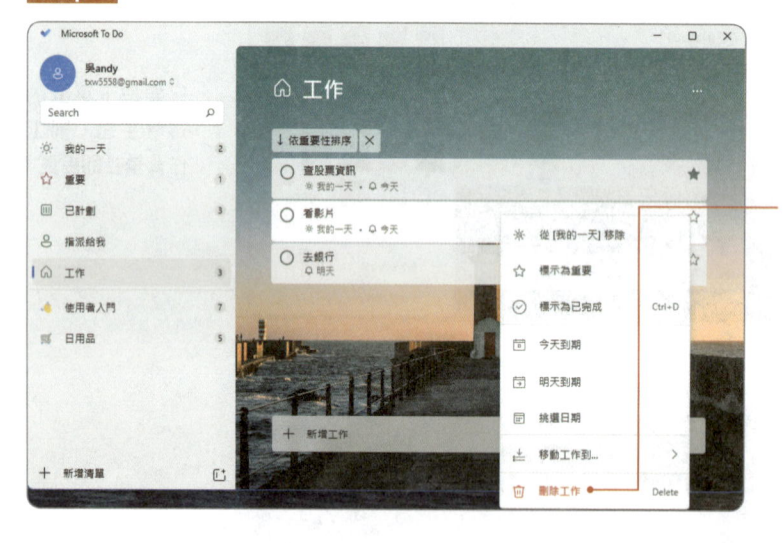

按滑鼠右鍵可以彈出快顯功能表，如果要刪除工作，可以執行「刪除工作」指令即可

4-2-2 建立清單管理工作

另外在工作管理的過程中，如果有性質類似的工作還可以建立清單集中管理，透過這種分門別類的方式來管理工作，不僅管理容易，要搜尋這些工作事項時，還可以從這些已規劃好的主題類別，快速找到自己所需的工作事項。接著示範如何根據工作類型適當命名為特定清單，以利將來管理工作。參考作法如下：

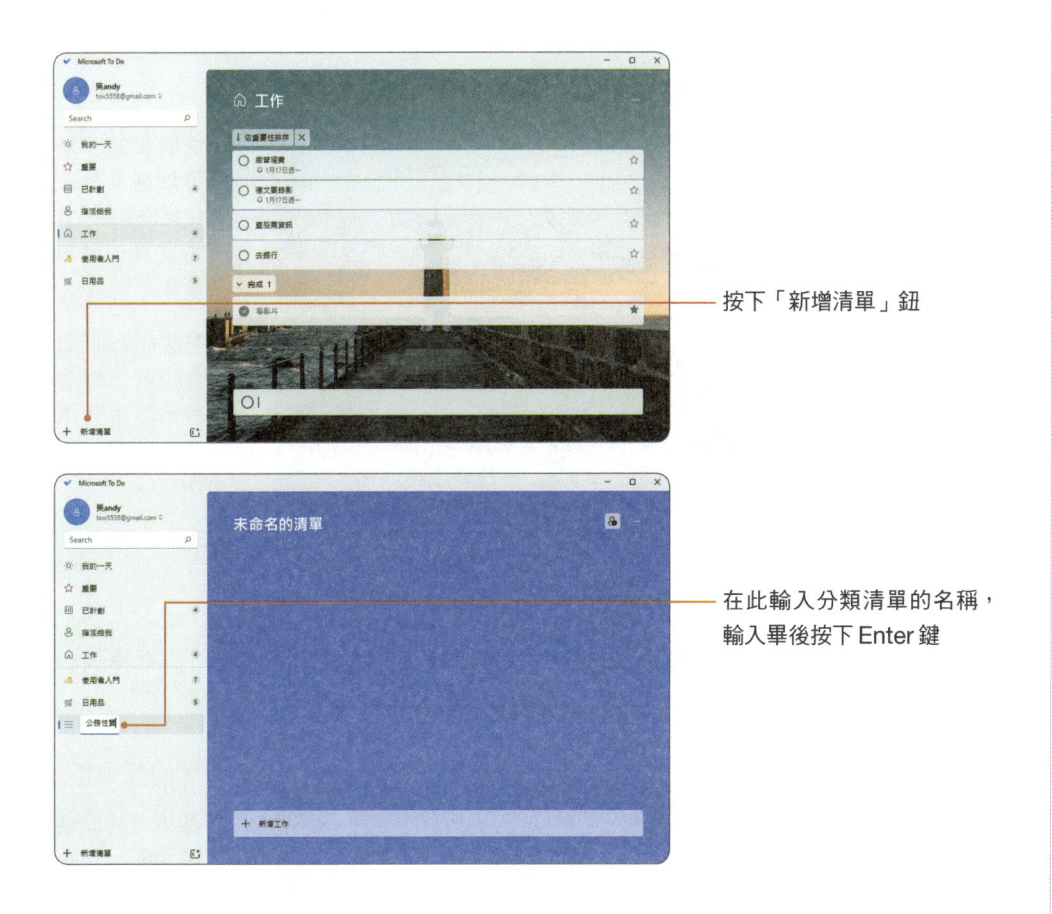

包羅萬象內建程式與 Microsoft Store **04**

　　　　　　　　　　　　　　　　　　　　　按下「新增清單」鈕

　　　　　　　　　　　　　　　　　　　　　在此輸入分類清單的名稱，
　　　　　　　　　　　　　　　　　　　　　輸入畢後按下 Enter 鍵

接著我們可以將「已計劃」的工作移動到新建立的「公務性質」的清單，作法如下：

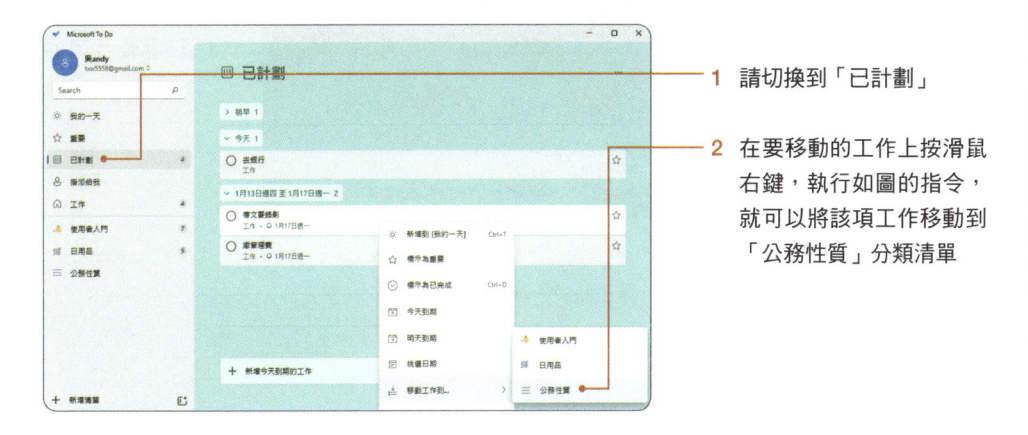

1 請切換到「已計劃」

2 在要移動的工作上按滑鼠右鍵，執行如圖的指令，就可以將該項工作移動到「公務性質」分類清單

4-15

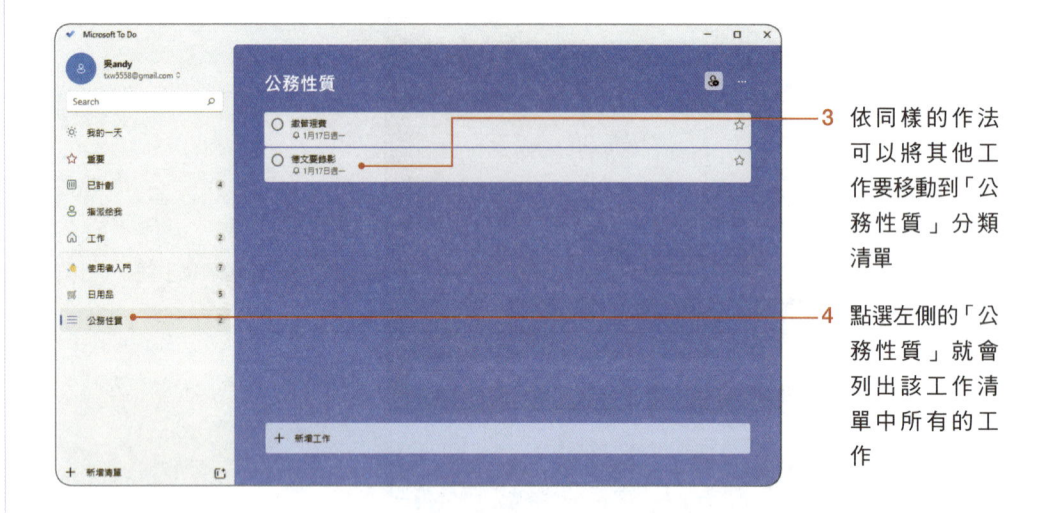

[圖]

3 依同樣的作法可以將其他工作要移動到「公務性質」分類清單

4 點選左側的「公務性質」就會列出該工作清單中所有的工作

4-2-3 分享連結與共用清單

另外，當清單項目較多時，需要其他好友或同事協作完成，我們還可以分享連結與他人共用清單，透過合作的方式共同完成已設定的工作任務。

[圖]

2 按下「共同清單」鈕

1 點選要共用的清單

包羅萬象內建程式與 Microsoft Store **04**

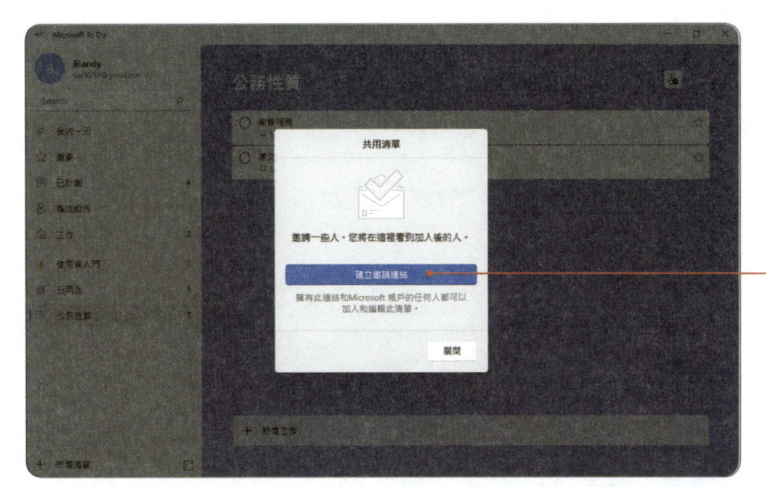

3 點選「建立邀請連結」鈕

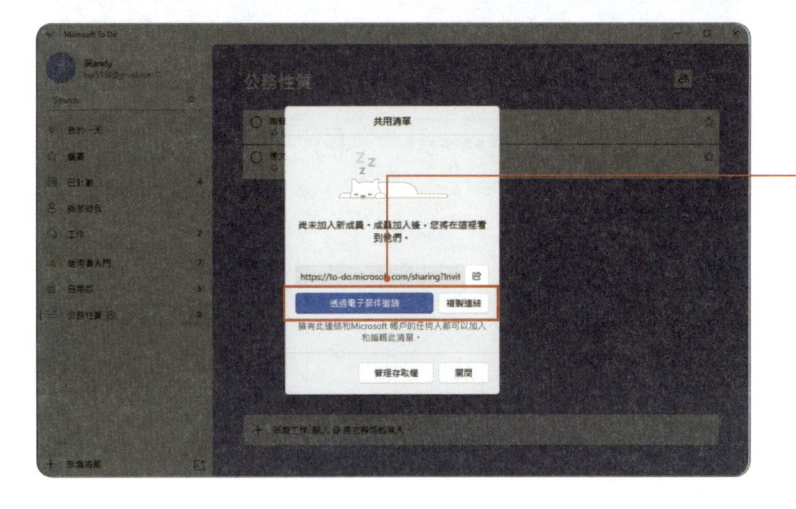

4 可以透過電子郵件邀請或複製連結再貼到要分享的社群軟體或群組

4-2-4 為工作加入檢索標籤

其實我們也可以在新增工作時，在標題後空一格，加入 # 標籤，這樣的作法就是為這項工作加入檢索，如此一來，透過這個已加入的檢索標籤，可以協助各位快速搜尋工作事項。至於如何在新增工作時加入標籤，參考作法如下：

4-17

Windows 11 制霸攻略

Step 1

首先開啟要加入檢索的工作清單,再於標題處輸入「# 標籤」,請注意,標題與 # 符號之間要記得加入一個空白

Step 2

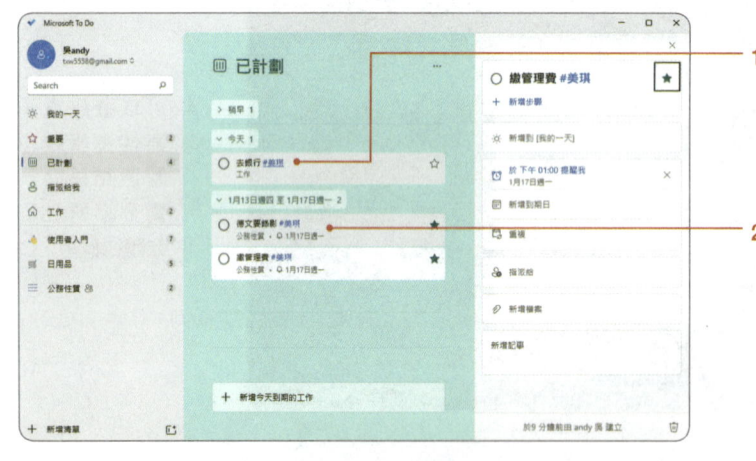

1. 依同樣作法可以在不同的工作中加入要檢索的標籤

2. 當我們按一下「#美琪」標籤時,就會快速檢索有加入「#美琪」標籤的工作列表

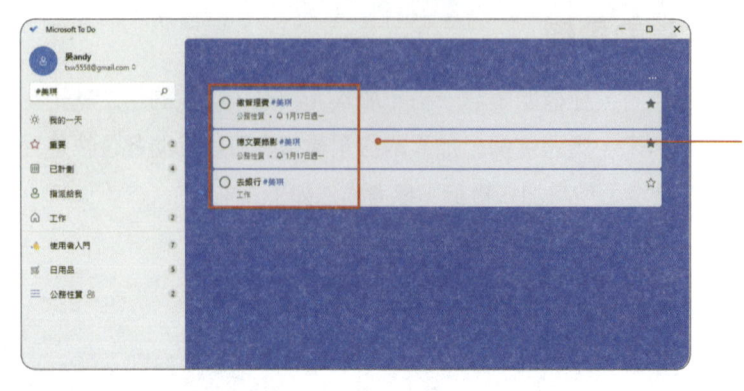

這些都是有在標題名稱後面加入「#美琪」標籤的工作清單

4-18

包羅萬象內建程式與 Microsoft Store **04**

4-3 Microsoft Teams

Microsoft Teams 是微軟推出的通訊和協同運作軟體,它整合了聊天、視訊會議、文件儲存、Office 365 等功能,本單元將實作 Microsoft Teams 常用的功能。

4-3-1 開始使用 Microsoft Teams

當我們啟動 Microsoft Teams 之後,這套軟體系統會自動同步目前已上線的聯絡人,這也包括正在使用行動裝置的聯絡人。

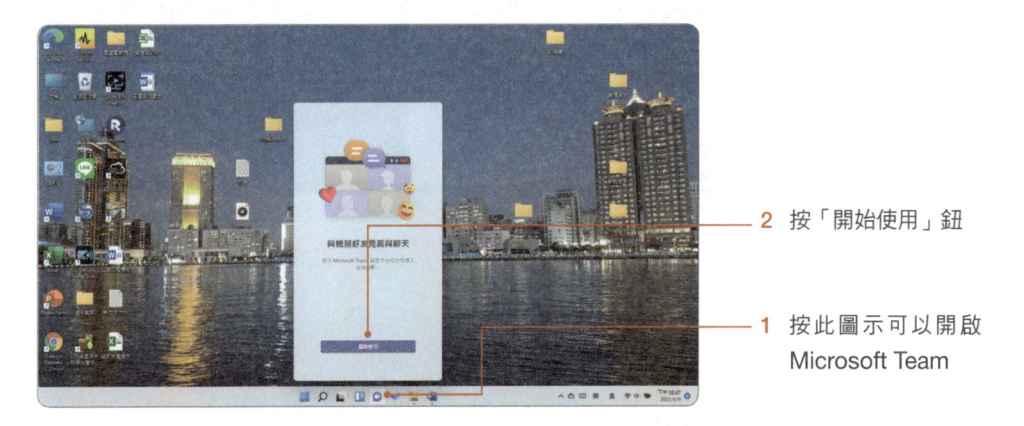

2 按「開始使用」鈕

1 按此圖示可以開啟 Microsoft Team

接下來會同步在 outlook.com 及 skype 上的聯絡人,來尋找各位在 Teams 認識的聯絡人,請勾選核取方塊後,按「現在開始吧」。

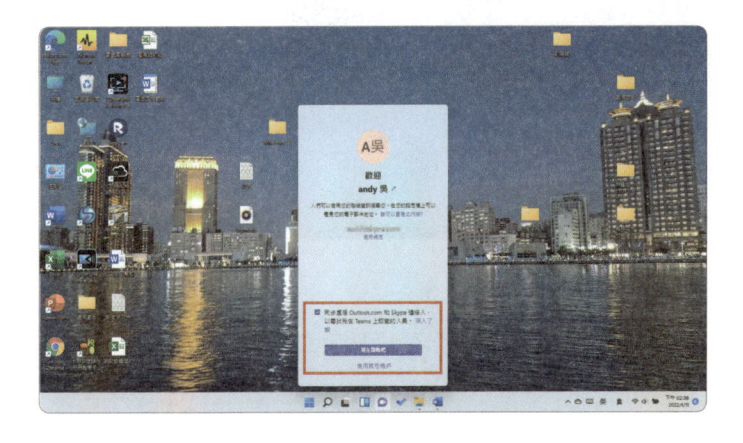

4-19

接著就可以點選「會議」圖示發起會議：

4-3-2 邀請他人加入會議

底下提供 4 種方式可以邀請他人加入會議：

包羅萬象內建程式與 Microsoft Store 04

舉例來說,「透過預設電子郵件共用」會啟動預設的電子郵件程式,接著就可以輸入收件者的電子郵件,再寄信給該人邀請對方加入 Microsoft Teams 會議:

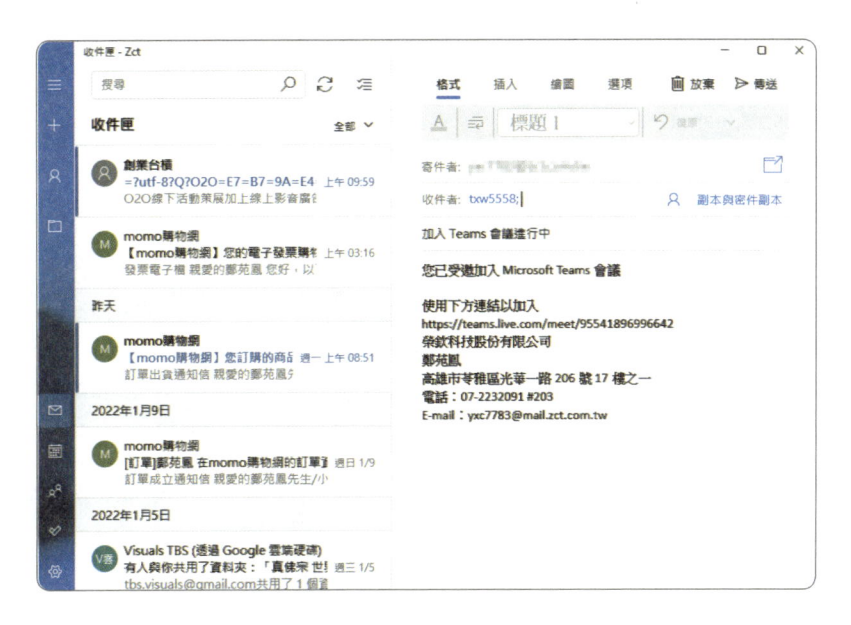

我們也可以透過「複製會議連結」方式,再將該會議連結透過社群軟體邀請他人加入會議:

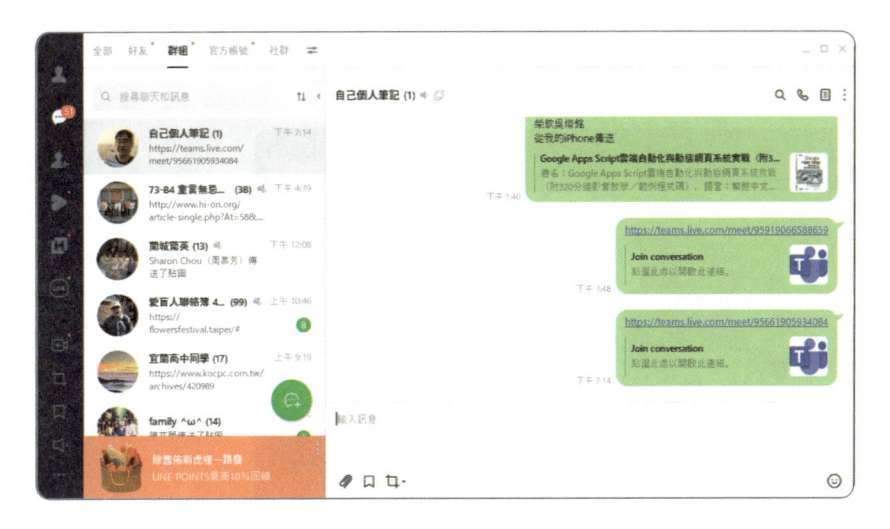

4-21

收到連結的對方就可以點選該連結,並會詢問您如何加入,底下示範「以來賓身分加入」:

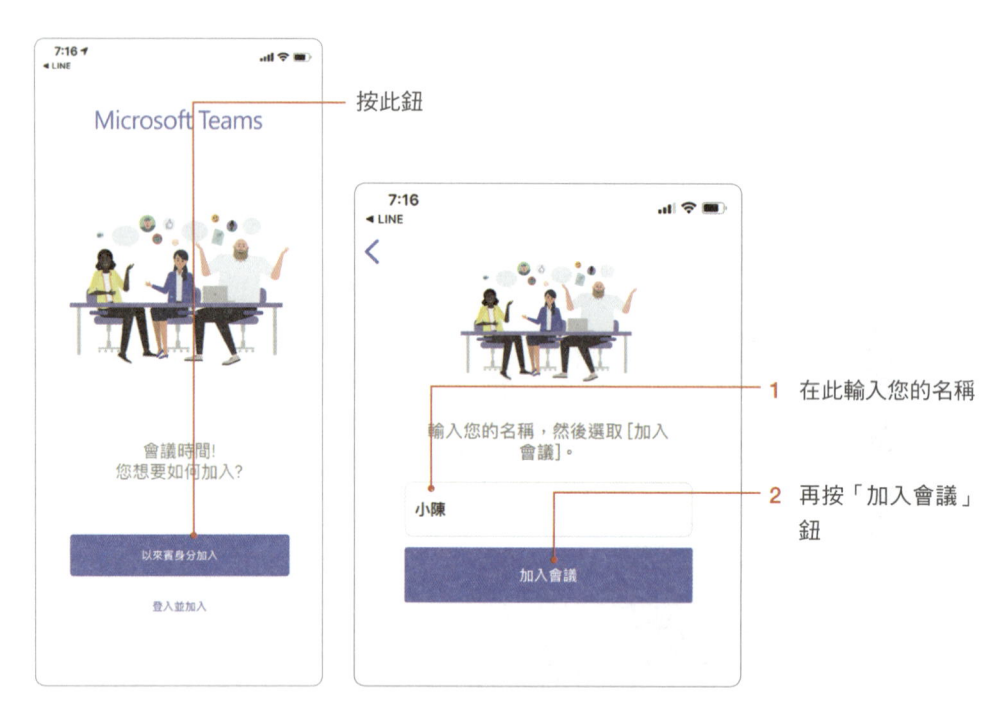

按此鈕

1 在此輸入您的名稱

2 再按「加入會議」鈕

此時主持人的畫面會出現有人要求加入的畫面,只要點「確認」鈕,即可讓該人加入會議:

會出現正在大廳等候的成員,只要按一下打勾即可以同意該人加入會議

包羅萬象內建程式與 Microsoft Store **04**

該人已加入會議

4-3-3 語音及視訊裝置設定

但是如果要在會議中使用語音及視訊通話必須在發起會議前，先行確認麥克風及視訊鏡頭是否開啟且正常運作。如果要進行裝置設定，作法如下：

1 按此鈕

2 執行「裝置設定」指令

4-23

在此可以設定音訊及影片設定

4-3-4 認識會議主持人的權限

另外會議主持人擁有以下的權限：

- 將參與者設為靜音：主持人可以將指定的參與者設為靜音或是將所有人設為靜音。
- 釘選：可以將指定的成員釘選到 Microsoft Teams 軟體視窗的左下方。
- 設為每個人的焦點：把影片設為焦點就像釘選它一樣，讓會議中的每個人都可以看。
- 從會議移除：將指定的成員從正在進行的會議中移出。

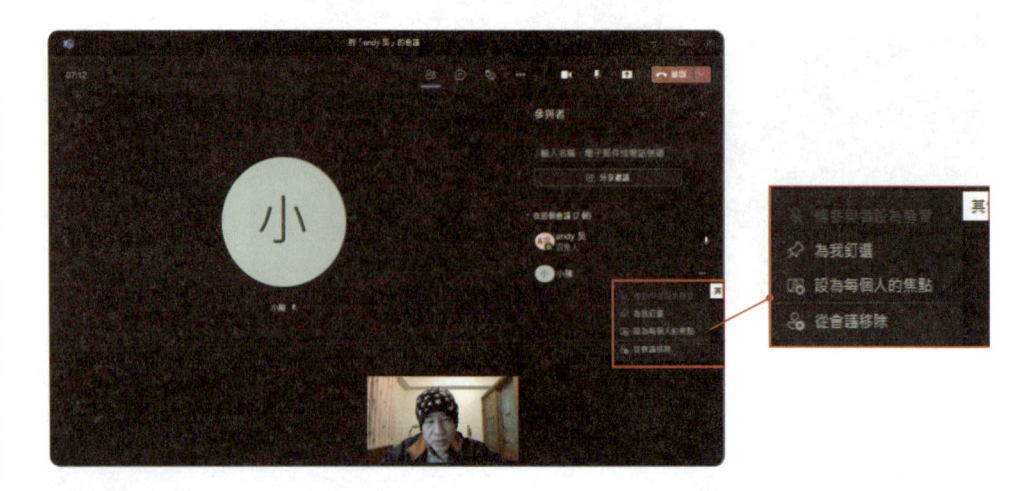

包羅萬象內建程式與 Microsoft Store　**04**

如果使用者打算自己發起會議，您就是會議主持人，通常會議主持人為這場會議的主要講者，因此為了避免發言過程中被干擾，通常主持人會將會議中的所有成員(主持人除外)設定為靜音。

4-3-5　文字訊息與舉手發問

如果在會議的過程中有問題要表達，或有必要與主持人進行簡單的互動，這種情況下，就可以利用聊天的文字訊息傳送方式進行雙方的溝通。

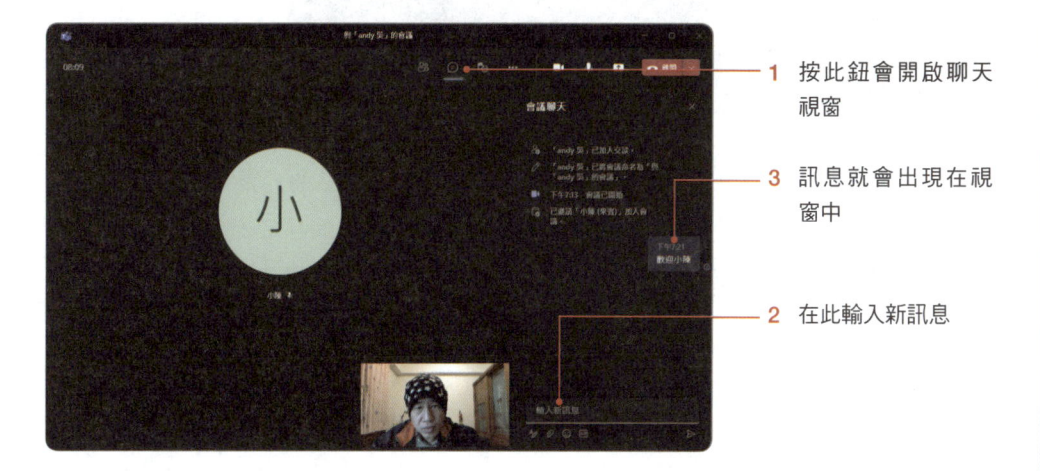

1　按此鈕會開啟聊天視窗

3　訊息就會出現在視窗中

2　在此輸入新訊息

萬一進行過程中網路頻寬不足造成畫面呈現不夠流暢，這種情況下我們還可以將鏡頭關閉，只保留語音來與會議成員進行交談。

按此鈕關閉相機

4-25

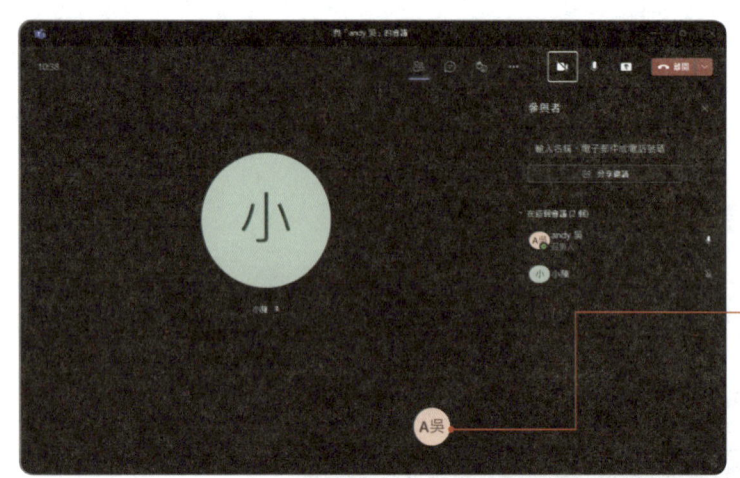

原先相機拍攝的人像不會再顯現了

前面的會議進行方式，如果各位覺得以文字訊息來與主持人進行溝通，不夠即時與真實感，這種情況下也可以考慮再按一次「相機」鈕及取消靜音，以開啟語音及視訊通話功能，直接以電腦的攝影裝置的鏡頭拍攝與會者的真實畫面，直接線上面對面進行交談討論與互動。

另外如果會議進行的過程中，與會者有問題要問主持人，這種情況下必須舉手發問，一旦有人舉手發問，在軟體視窗就可以看到是哪位參與者舉手發問，主持人就可以根據會議進行的現狀，自行判斷再指定特定成員發言。

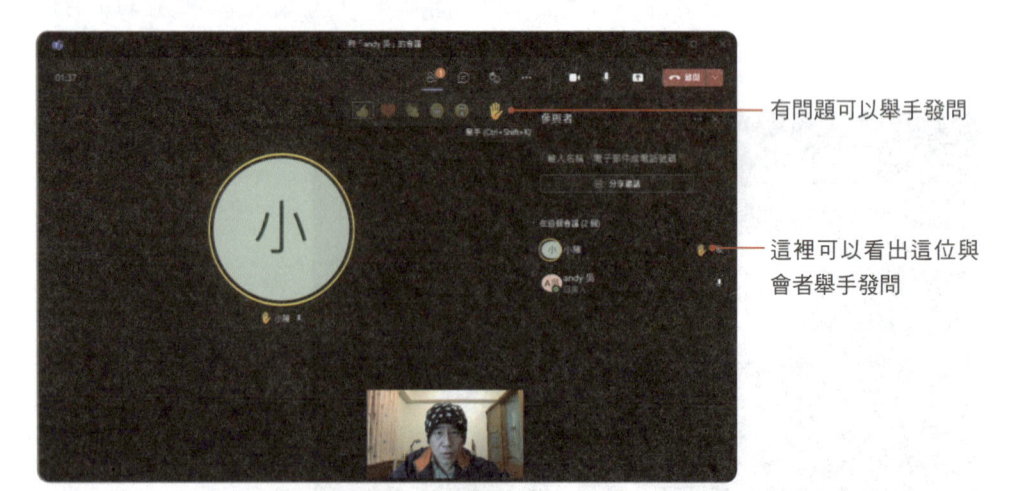

有問題可以舉手發問

這裡可以看出這位與會者舉手發問

4-3-6 暫時離開會議與再次進入

當與會者如果要暫時離開會議,可以參考底下的作法:

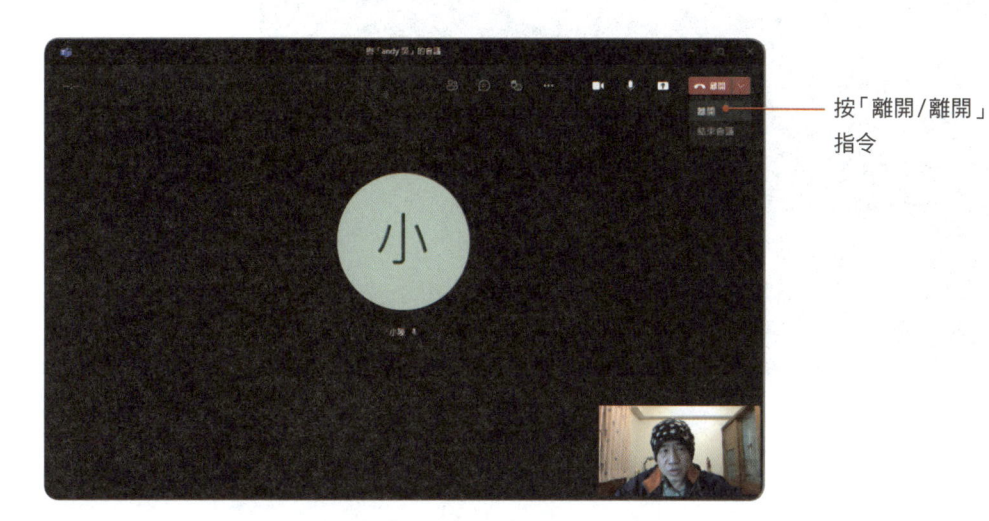

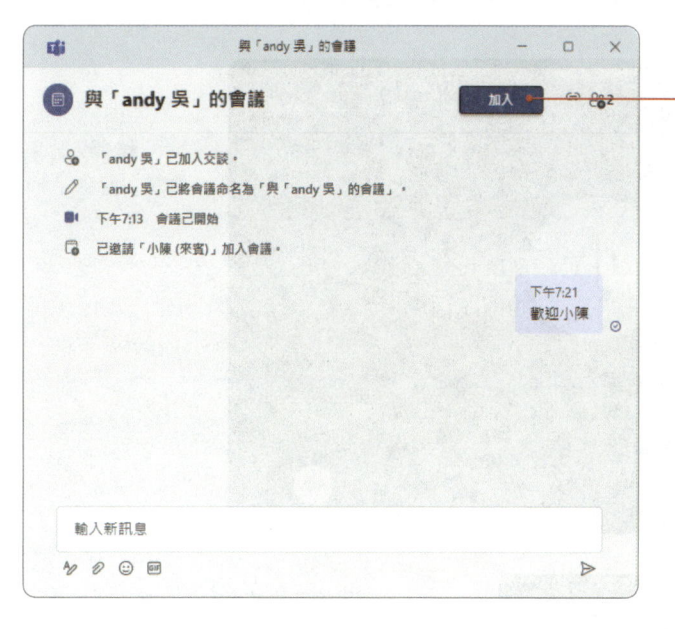

按「離開/離開」指令

如果要再加入只要在聊天視窗中再按「加入」鈕就可以再次進入會議

按下「立即加入」即可

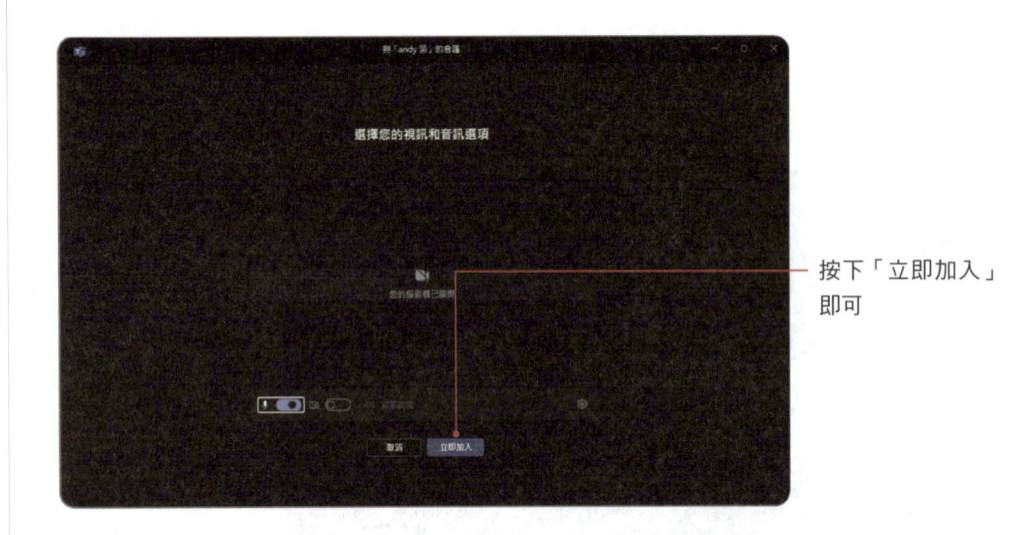

4-3-7 結束會議

如果要結束會議，則是執行下圖中的「結束會議」指令：

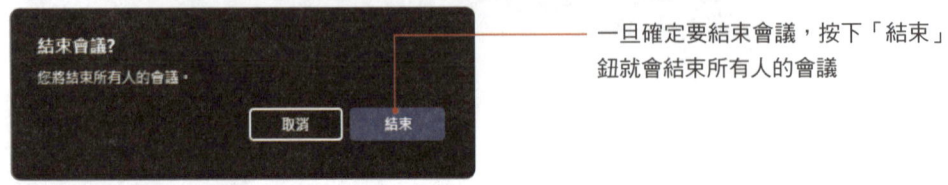

按「離開/結束會議」指令

一旦確定要結束會議，按下「結束」鈕就會結束所有人的會議

4-4 Microsoft Store 的軟體安裝與付費購買

在 Windows 11 重新設計的 Microsoft Store 除了改善速度外，也有了重新設計的介面，根據所收集到的使用者體驗建議，幫助各位使用者更容易找到應用程式或遊戲，來提高使用者有更強的意願來使用 Microsoft Store。另外透過內建 Windows 11 的 Android 子系統運作，主要與亞馬遜旗下 Appstore 軟體市集合作，可讓您的 Windows 11 裝置可以下載安裝執行 Amazon 應用程式商店中的 Android 應用程式。使用者也可以從「Microsoft Store」中免費安裝或付費購買喜歡的應用程式或遊戲。

4-4-1 從 Microsoft Store 安裝免費軟體

要免費安裝應用程式或軟體，只要啟動「市集」程式後，找到有興趣的軟體，就可以按下「安裝」鈕免費使用。

Step 1

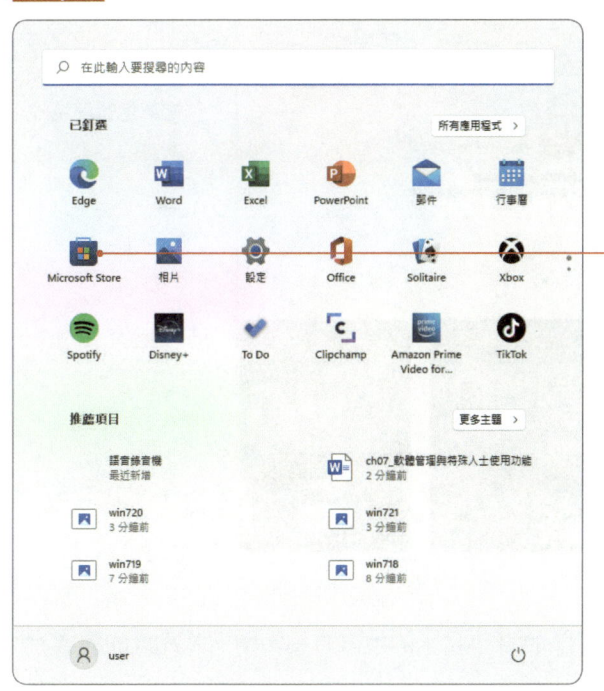

按下「Microsoft Store」的圖示

Step 2

找到有興趣的免費軟體

Step 3

按下「取得」鈕開始進行安裝

安裝之後，就可以在開始功能表的「推薦項目」的地方看到剛剛安裝完成的程式。

包羅萬象內建程式與 Microsoft Store **04**

4-4-2 Microsoft Store 軟體的搜尋

為了方便軟體的搜尋，Microsoft Store 所提供的產品包括了：應用程式、遊戲、電影與電視等分類，可以幫助使用者快速找到自己所需的應用程式。當我們連上 Microsoft Store 首頁會看到熱門免費應用程式、熱門免費遊戲、暢銷遊戲及各種集合等，透過這種有系統的分類，有利使用者快速搜尋。

4-31

另外目前的主要類別有：應用程式、遊戲及電影與電視，每個人可以視自己的需求，分門別類來找到自己所需的軟體品項。下列三圖分別為「應用程式」、「遊戲」、「電影與電視」的示意畫面：

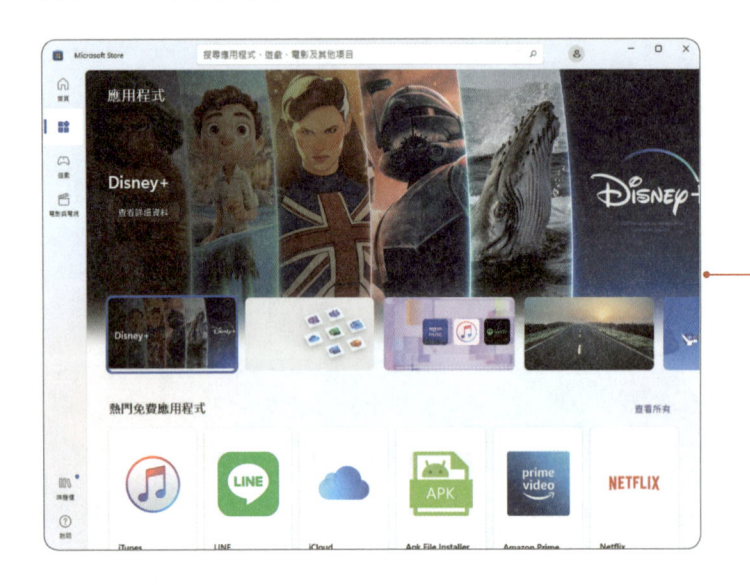

Microsoft Store 所提供的應用程式分類

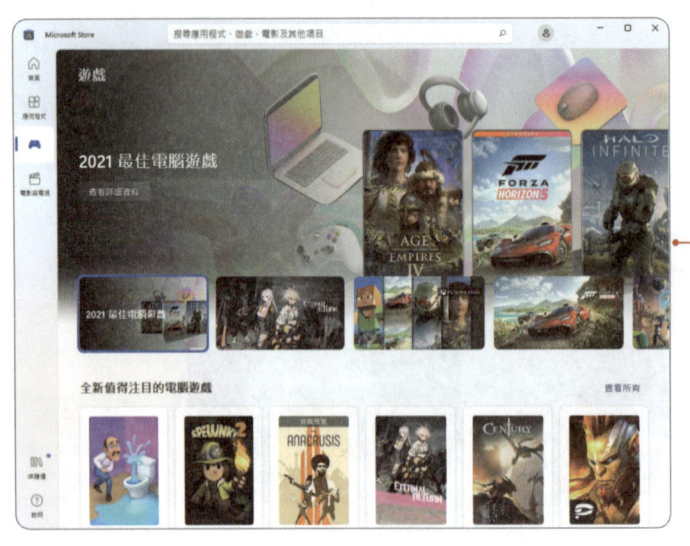

Microsoft Store 所提供的遊戲分類

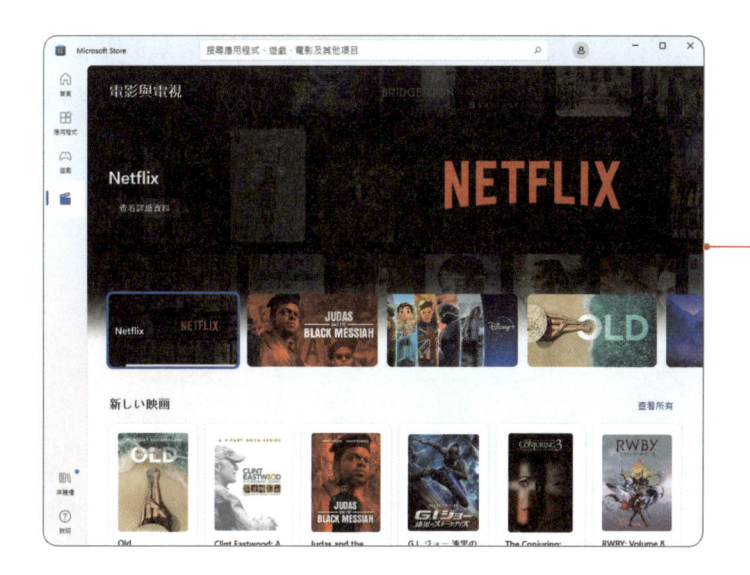

包羅萬象內建程式與 Microsoft Store **04**

Microsoft Store 所提供的電影與電視分類

上述的各種分頁所看到的產品品項都只是該分類的少數項目，如果想要查看更多的應用程式或遊戲，只要在該分類頁面中按下「查看所有」就可以瀏覽更加完整的應用程式或遊戲。例如下圖是在「應用程式」分類的頁面中按下「查看所有」所產生的畫面，我們還可以在下圖中展開篩選器，就可以再依不同的下拉清單選項去進行篩選。

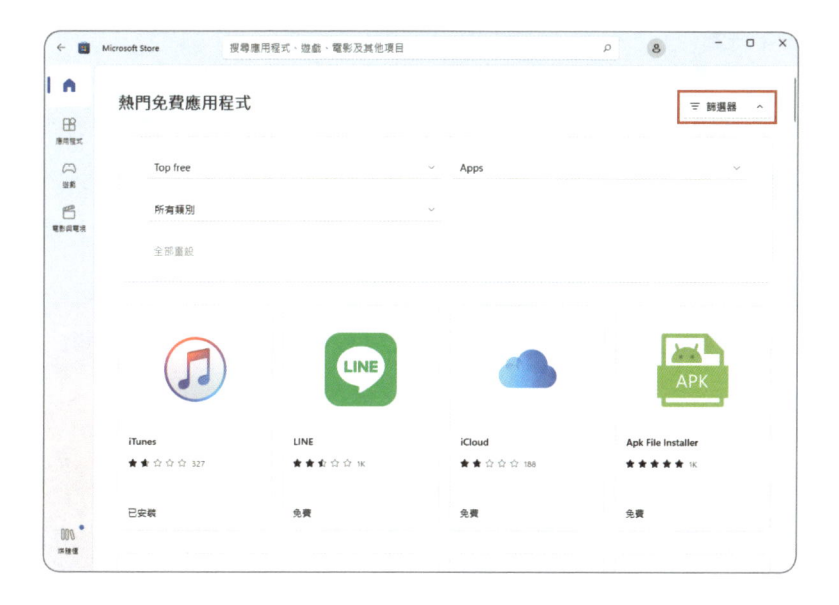

上圖中可以看出目前提供三種篩選分類,如果各位試著點開各種篩選分類的下拉式三角形,會分別看到如下列三個選單的細項,如此一來各位就可以更進一步篩選自己想要找尋的應用程式或遊戲。

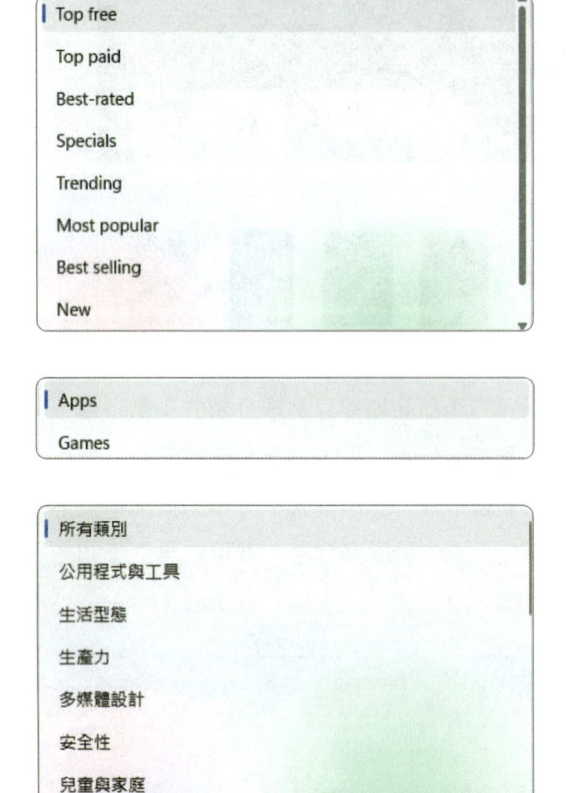

```
Top free
Top paid
Best-rated
Specials
Trending
Most popular
Best selling
New
```

```
Apps
Games
```

```
所有類別
公用程式與工具
生活型態
生產力
多媒體設計
安全性
兒童與家庭
社交
```

另外在「媒體櫃」頁面則提供各位看出在該部電腦有哪些應用程式已下載,又哪些程式需要下載與更新,例如下圖按下「更新」鈕後,就會接續進行安裝該應用程式或遊戲。

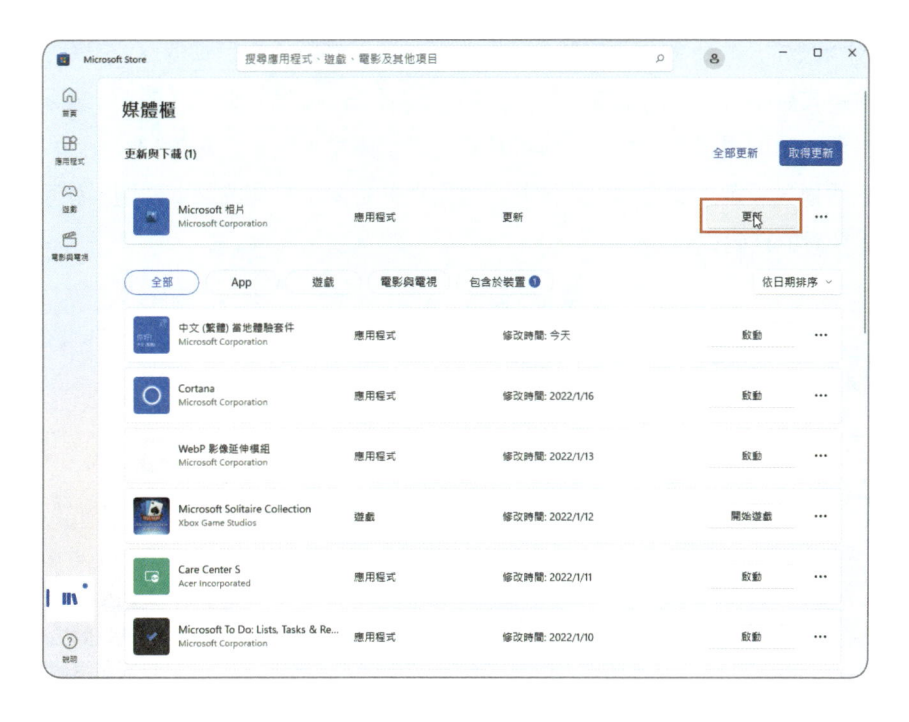

包羅萬象內建程式與 Microsoft Store **04**

目前 Microsoft Store 應用程式的更新動作在預設的情況下會自動進行，如果您想要將應用程式自動更新功能關閉，可以在 Microsoft Store 首頁點選「帳戶」圖示，並從所出現的功能清單中，點選「應用程式設定」指令，就會進入在 Microsoft Store 的「應用程式設定」的畫面，只要將「應用程式更新」右側的開關關閉，就可以取消原先預設的自動更新。

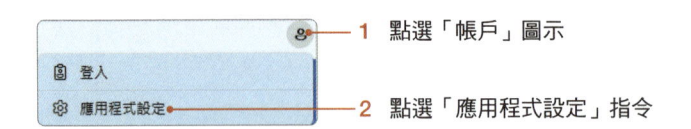

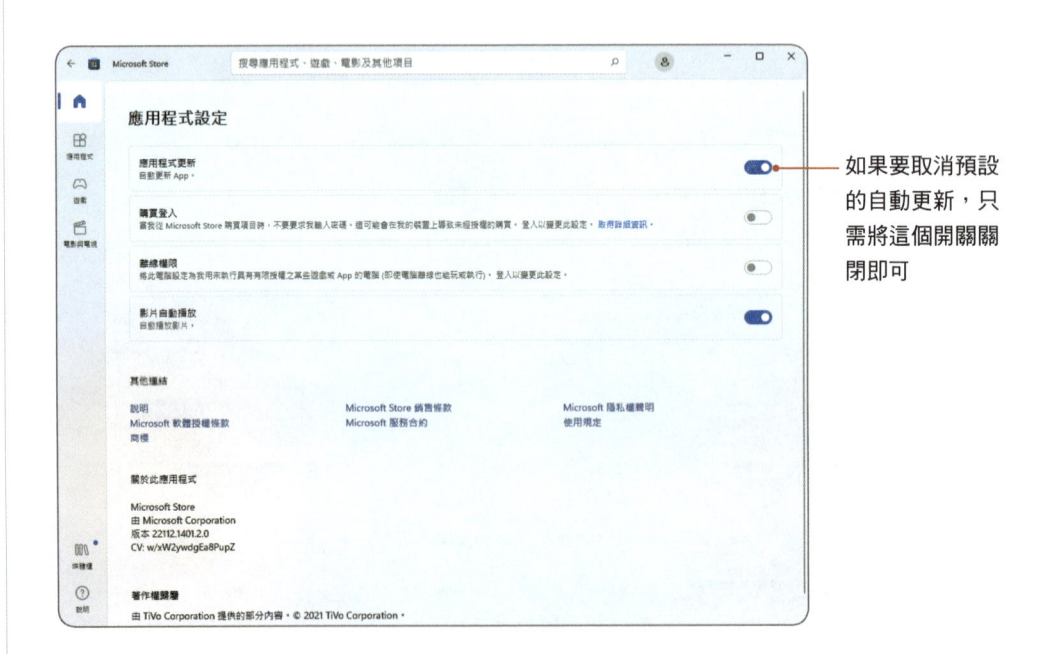

1 點選「帳戶」圖示

2 點選「應用程式設定」指令

如果要取消預設的自動更新，只需將這個開關關閉即可

4-4-3 從 Microsoft Store 付費購買軟體

市集中也有一些是需要付費購買後才可以使用的軟體，一般付費的方式有兩種：一種是透過個人的信用卡購買，只要輸入持卡人的姓名、卡號、有效期限的月份 / 年份、地址、城市、郵遞區號、國家、統一編號等資訊，就可以依照精靈的指示完成購買的程序；另一種則是透過 PayPal 付款，購買者在輸入帳戶資料後，經過驗證程

包羅萬象內建程式與 Microsoft Store **04**

序,即可購買軟體,對於跨國的線上購物來說,PayPal 的交易方式只需電子郵件和密碼,顯得更簡單安全。其付費購買軟體的程序大致如下:

Step 1

點選要付費的軟體圖示

Step 2

點選其價格鈕

4-37

Step 3

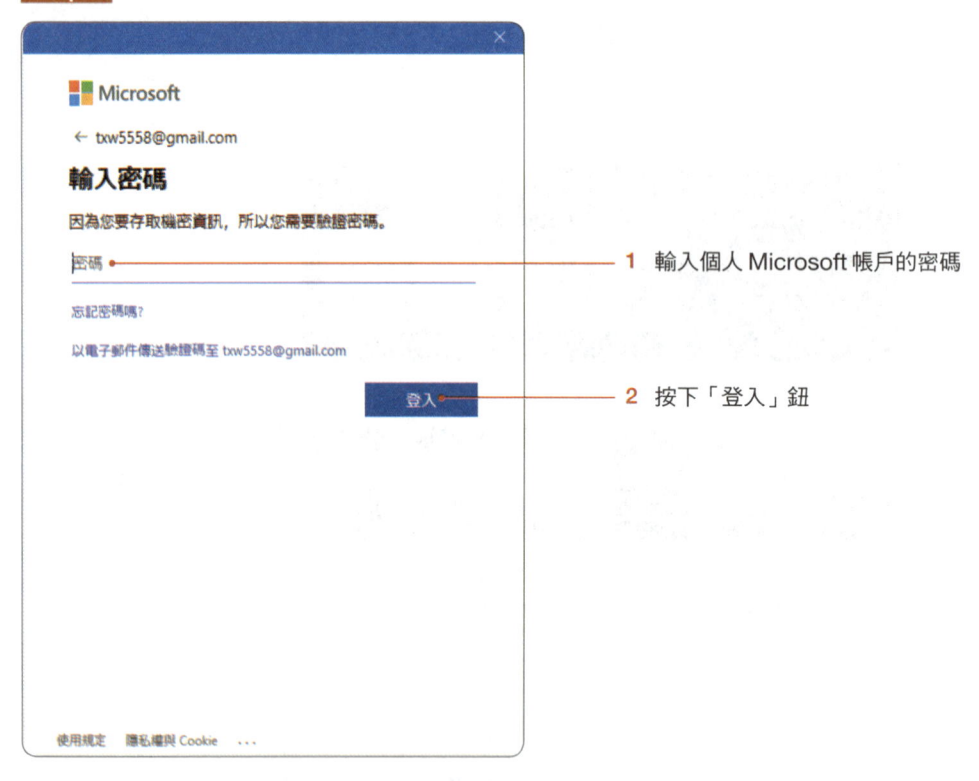

1. 輸入個人 Microsoft 帳戶的密碼
2. 按下「登入」鈕

接著就可以新增付款方式，再選擇您要的付費方式，並依照精靈指示完成付費的步驟。

CHAPTER
05
控制台設定與應用程式

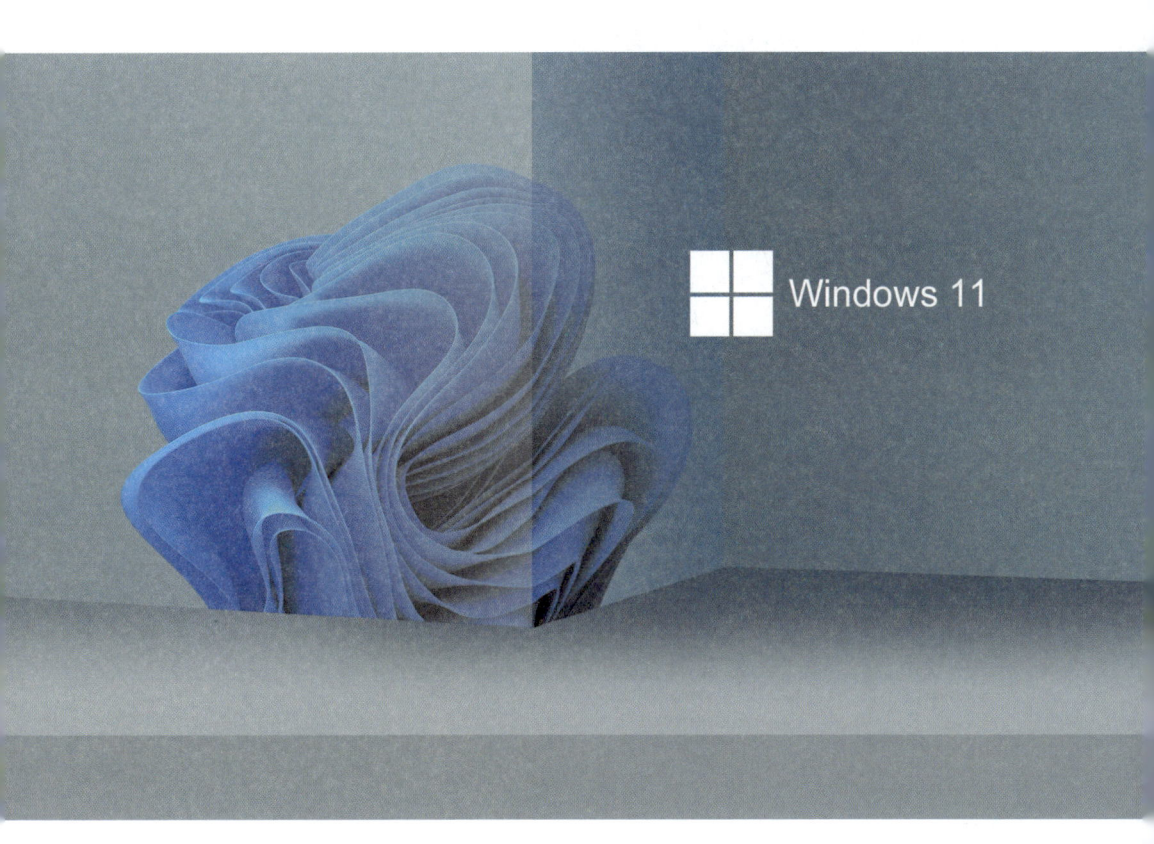

這一章節主要針對控制台與附屬應用程式的相關功能做說明，諸如：字型、輸入法、語系的新增、時間日期、時區設定、顯示器設定等，以及其他應用程式做說明，讓這些看似小細節卻有大大作用的功能，也能輕鬆做控制。增添工作上的便利性。

5-1 字型與輸入法

電腦上想要輸入文字或做文書編排，輸入法的設定與字型的安裝就顯得很重要，因此這裡先針對此二部分做說明。

5-1-1 安裝字型

想要編輯的文件能夠擁有特殊又漂亮的文字，那麼字型的安裝可就不能少。雖然 Windows 內建有各種的字型，不過大多是英文字型，想要使用特殊的中文字體，那麼可以在坊間購買一些合法的字型片，諸如：華康字型，文鼎字型等，然後再將喜歡的字型安裝到電腦中。

字型的安裝很簡單，各位在字型片「FONT」資料夾中就可以看到各種字型的圖示，按右鍵於喜歡的字型，執行「安裝」指令就可搞定。

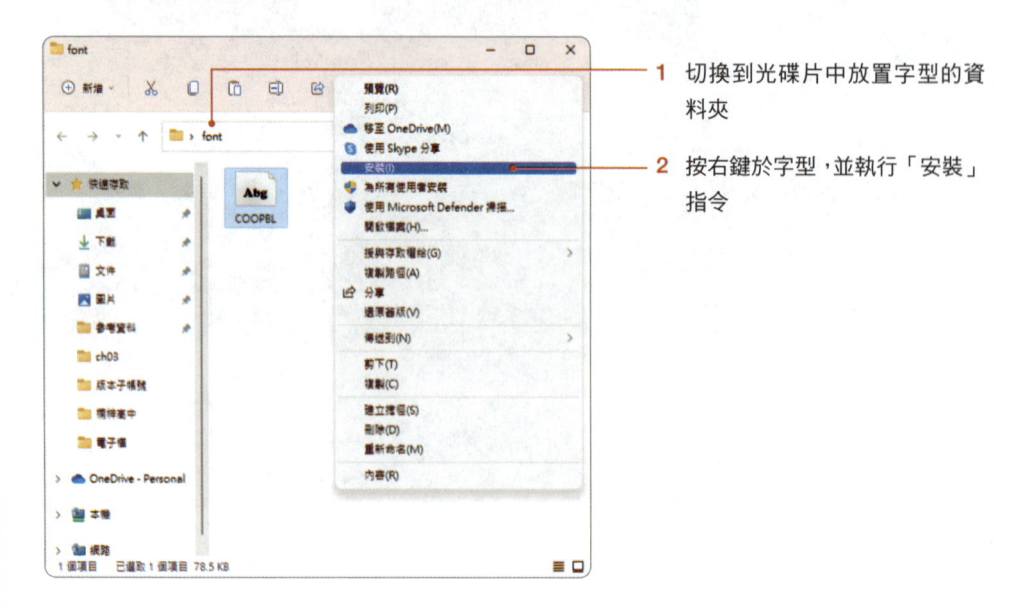

1 切換到光碟片中放置字型的資料夾

2 按右鍵於字型，並執行「安裝」指令

想要查看字型是否有安裝成功，可以由檔案總管切換到 C 磁碟底下的「Windows/Fonts」的資料夾中查看。

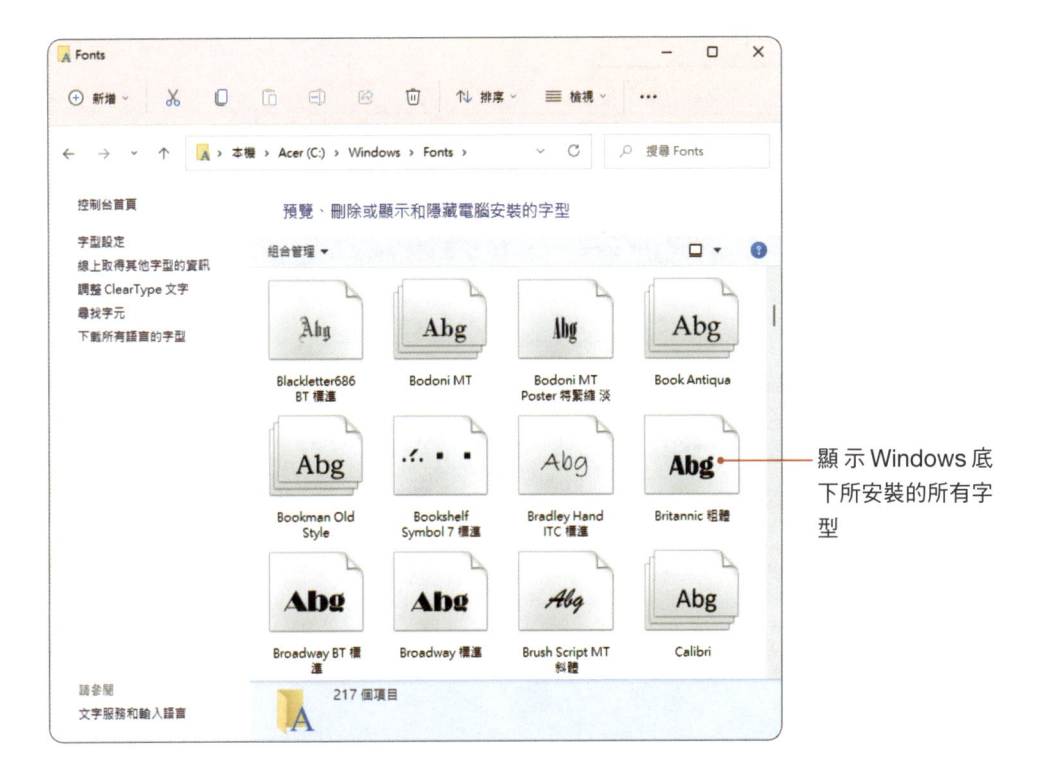

顯示 Windows 底下所安裝的所有字型

當各位安裝好字型，那麼在任何文書處理或繪圖軟體中，就可以在「字型」功能中找到所安裝過的字型。

5-1-2 安裝中文輸入法

中文輸入的方式有很多種，舉凡：微軟注音、倉頡、大易、速成…等，都有不同的喜好者。想要將習慣使用的輸入法安裝到電腦上，可透過以下方式做設定。

Step 1

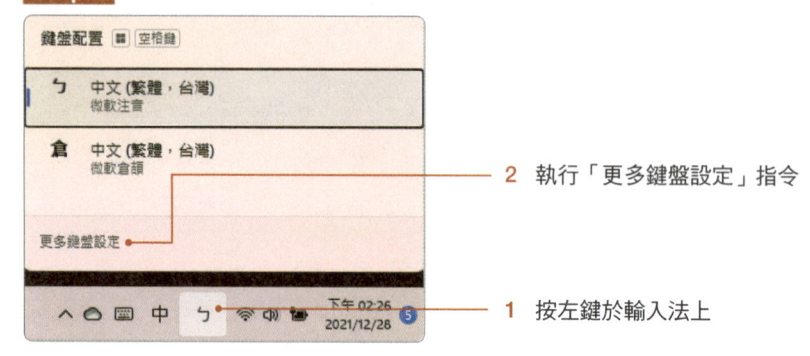

2 執行「更多鍵盤設定」指令

1 按左鍵於輸入法上

Step 2

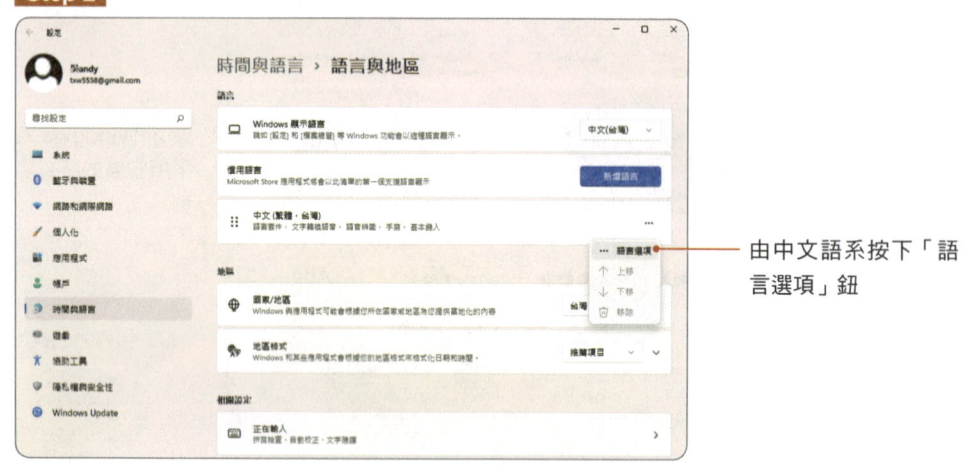

由中文語系按下「語言選項」鈕

Step 3

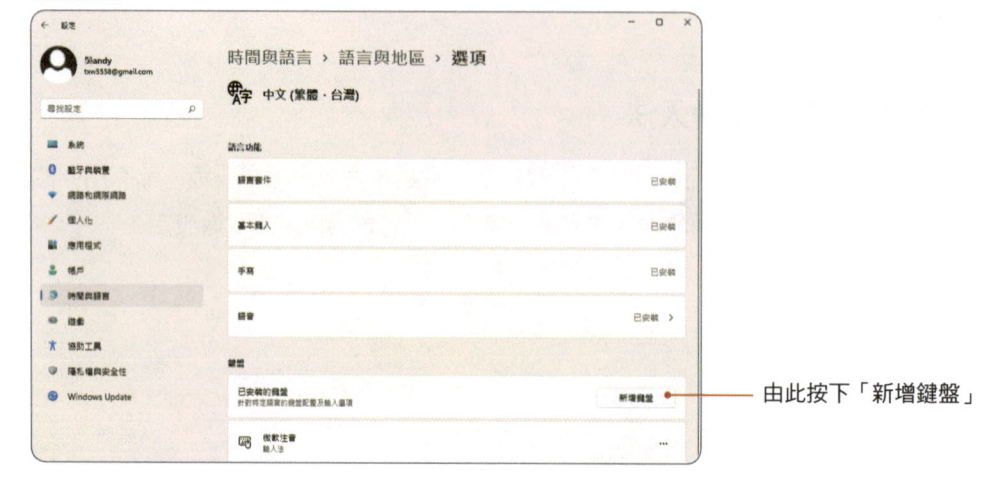

由此按下「新增鍵盤」

控制台設定與應用程式 05

Step 4

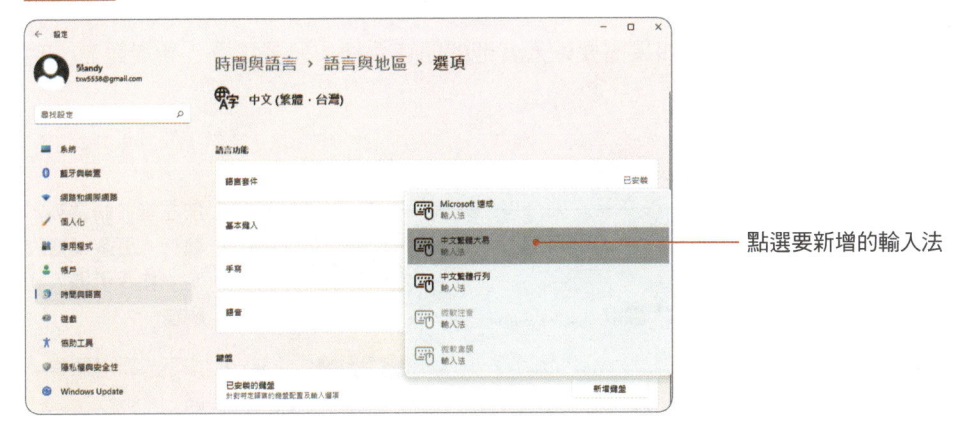

點選要新增的輸入法

Step 5

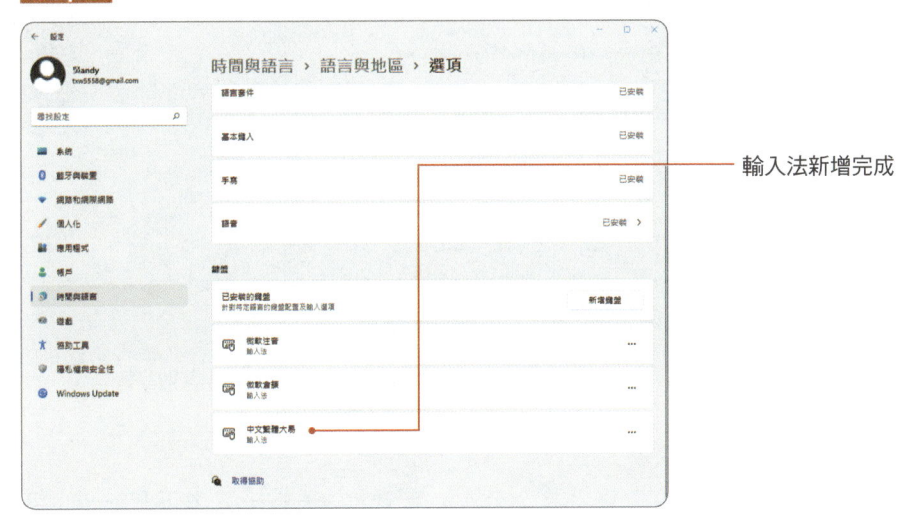

輸入法新增完成

設定之後，按下輸入法的圖示鈕，即可進行輸入法的切換。

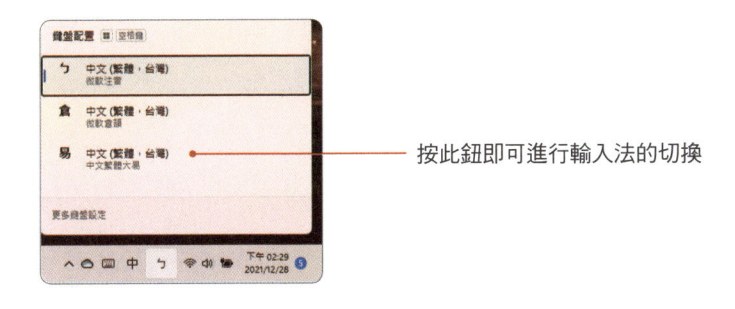

按此鈕即可進行輸入法的切換

5-5

5-1-3 新增語言

不同國家有不同的語言,如果需要輸入其他的語言系統,只要透過「新增語言」功能就能新增。

Step 1

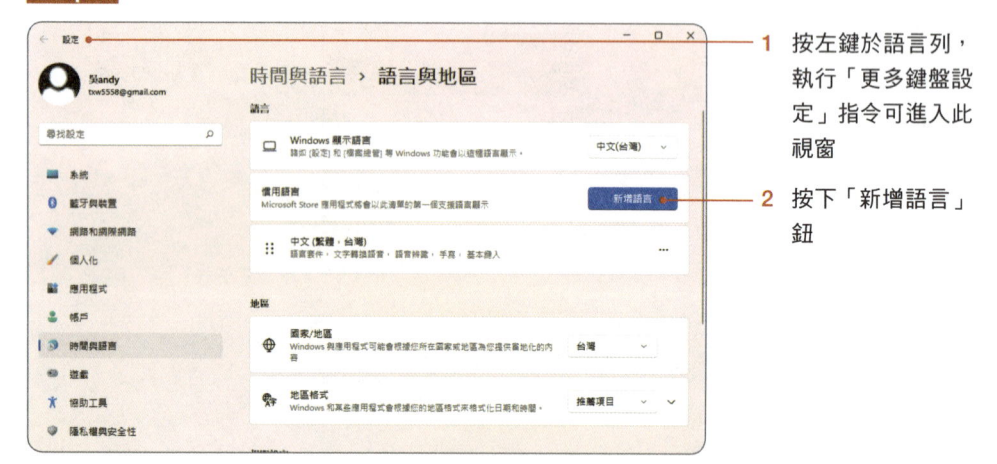

1 按左鍵於語言列,執行「更多鍵盤設定」指令可進入此視窗

2 按下「新增語言」鈕

Step 2

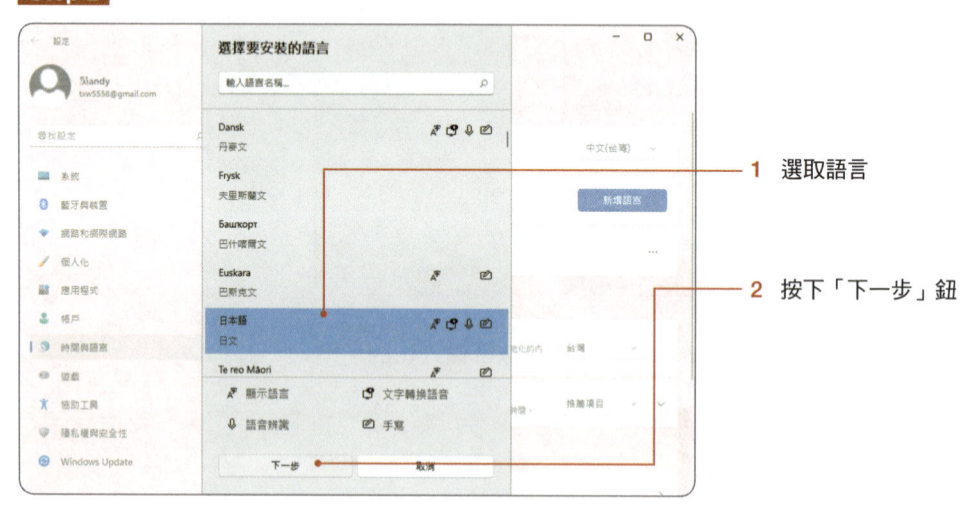

1 選取語言

2 按下「下一步」鈕

控制台設定與應用程式　05

Step 3

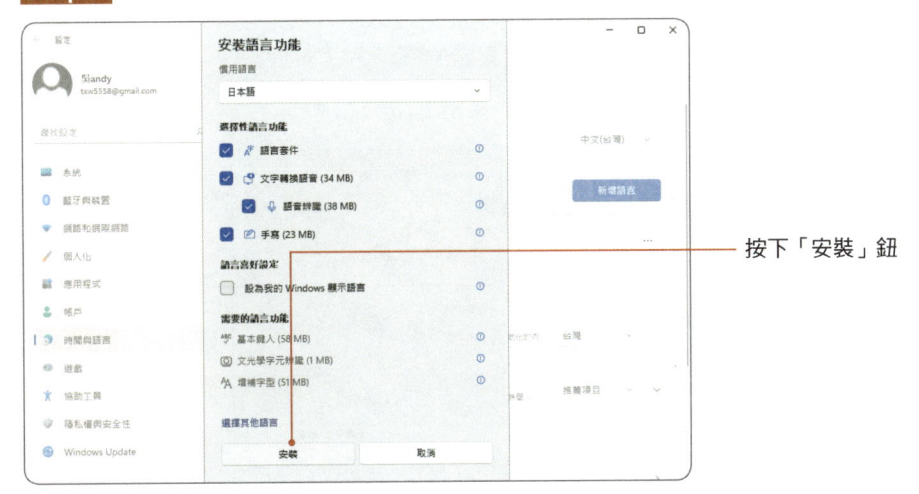

按下「安裝」鈕

Step 4

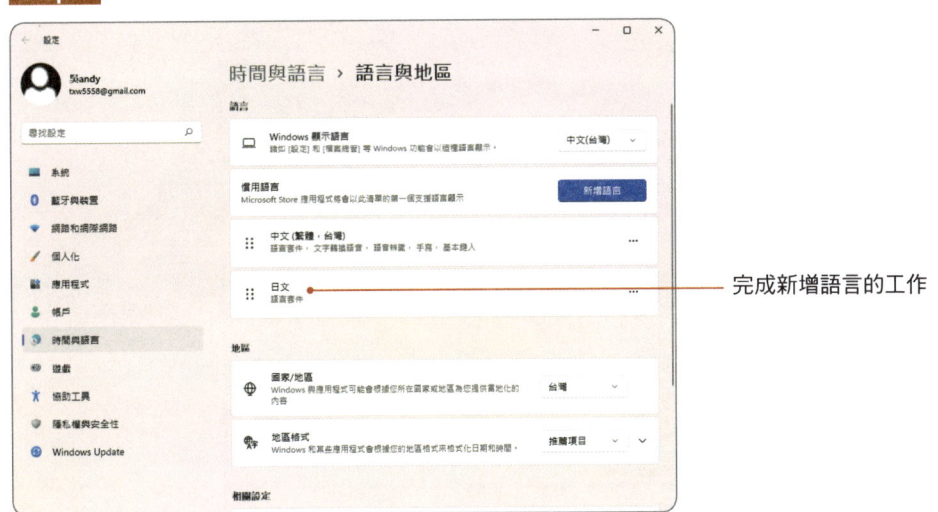

完成新增語言的工作

5-2　日期 / 時間與時區

日期和時間通常顯示在電腦的右下方，以簡要方式顯示，方便使用者可以知道正確的時間。但因工作區域的關係，若需變更時區或想知道其他時區的時間，那麼這一小節將會告訴你如何做設定。

5-2-1 變更日期和時間格式

對於日期和時間的格式,也可以自行設定喜歡的顯示方式。

Step 1

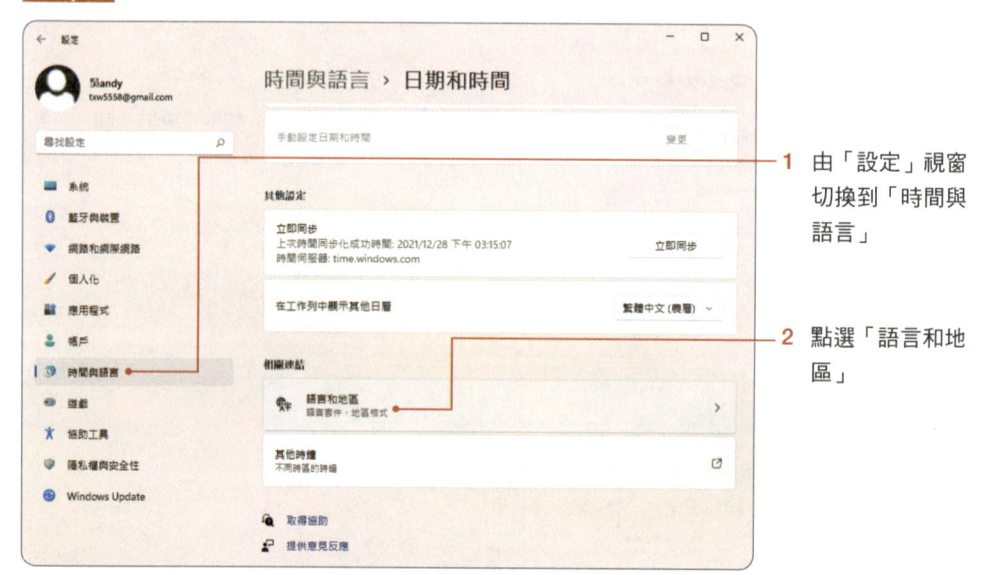

1 由「設定」視窗切換到「時間與語言」

2 點選「語言和地區」

Step 2

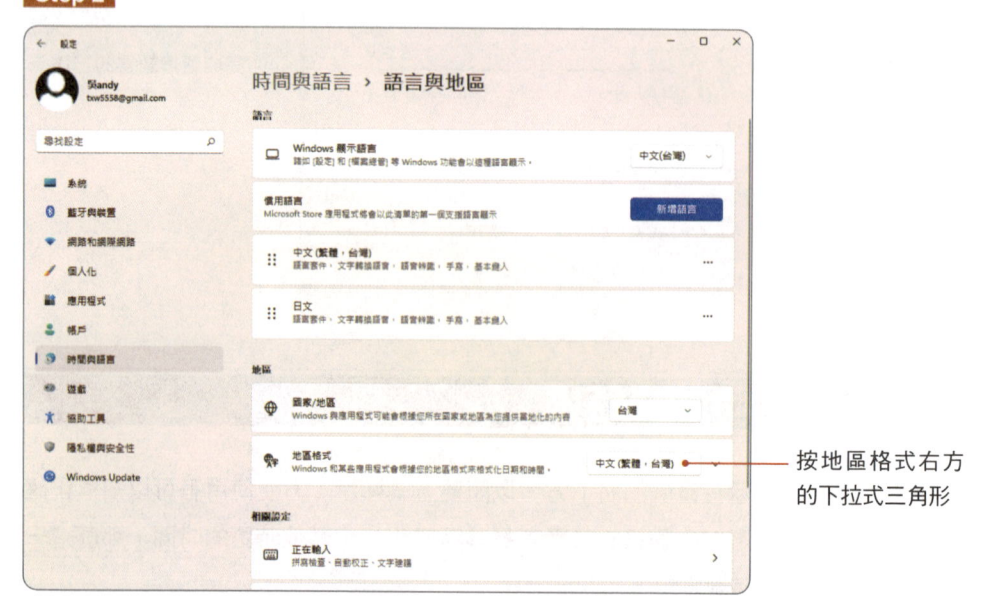

按地區格式右方的下拉式三角形

5-8

控制台設定與應用程式 05

Step 3

按「變更格式」鈕

Step 4

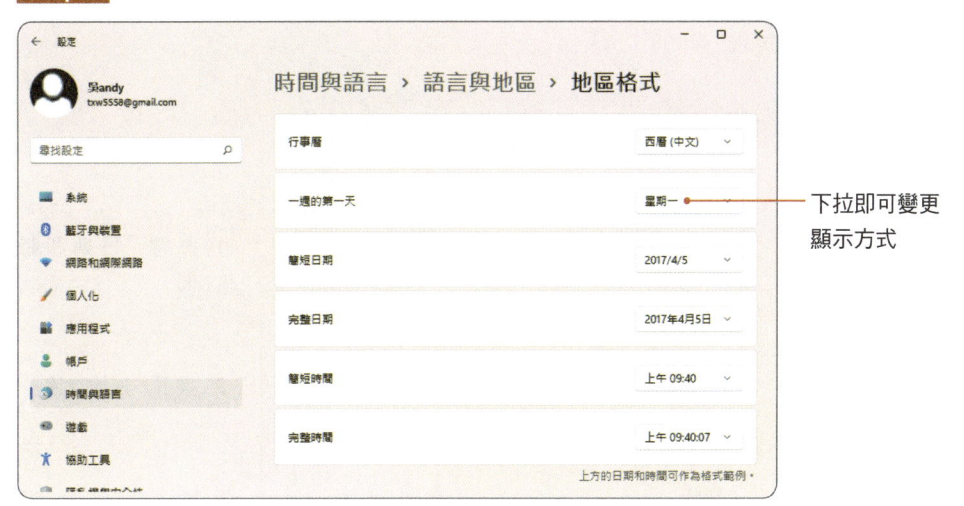

下拉即可變更顯示方式

設定完成按下右下角的日期時間,就可以看到變更的結果。

5-9

5-2-2 新增不同時區的時鐘

因為業務關係，想要知道外國客戶所在的當地時間，也可以在電腦上新增不同時區的時鐘。

Step 1

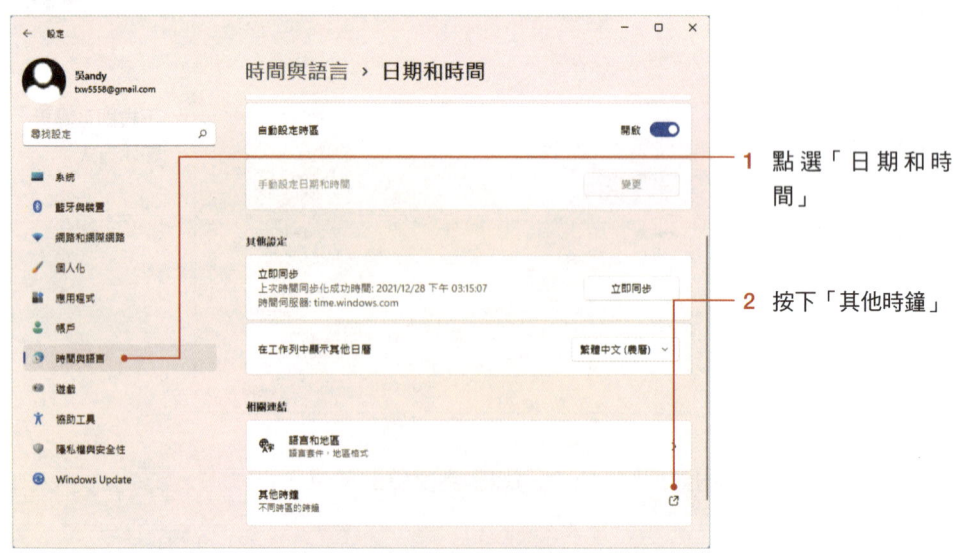

1. 點選「日期和時間」
2. 按下「其他時鐘」

控制台設定與應用程式　05

Step 2

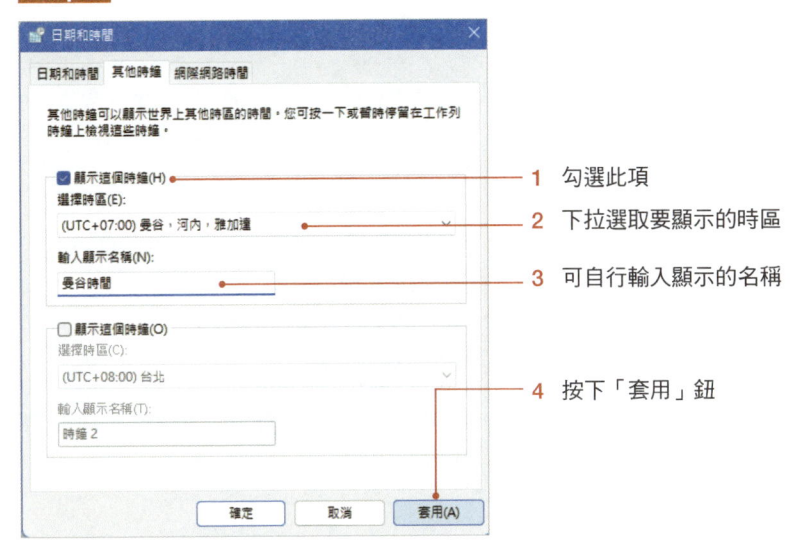

1. 勾選此項
2. 下拉選取要顯示的時區
3. 可自行輸入顯示的名稱
4. 按下「套用」鈕

設定完成，按下視窗右下角的日期時間，就會看到所新增的時鐘了。

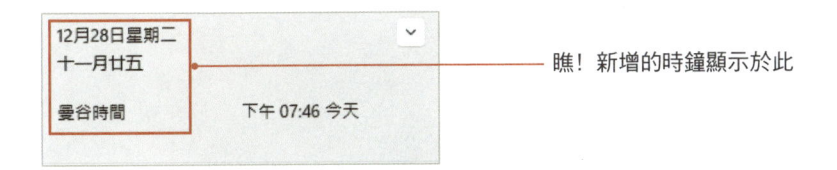

瞧！新增的時鐘顯示於此

5-3 顯示器設定

顯示器又稱為螢幕，是一種輸出裝置，用來顯示目前所編輯的工作內容。通常透過控制台即可控制顯示器的方向、解析度、色彩校正、或是文字大小的調整，透過各種的設定，就可以讓螢幕顯示最適合您使用的視覺效果。

5-3-1 調整顯示器方向與比例

想要自訂個人的顯示器效果，在桌面上按右鍵並執行「顯示設定」指令，即可進入顯示器的設定視窗。

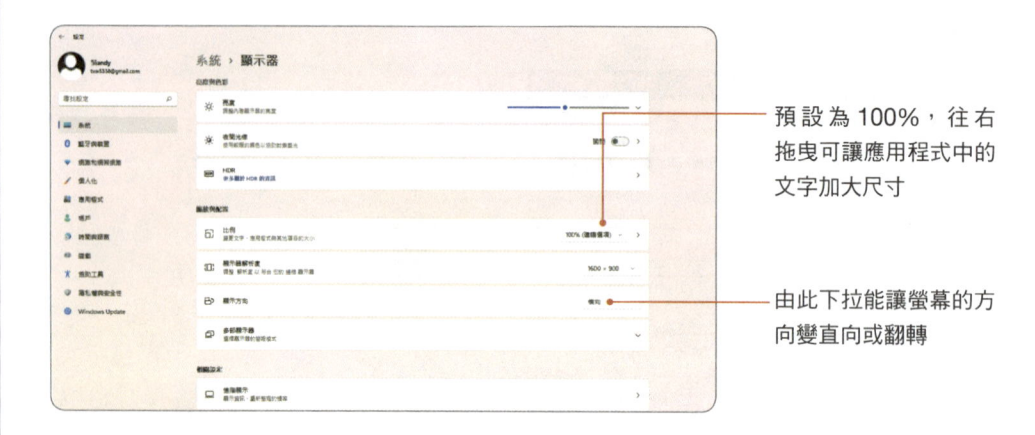

[截圖說明]
- 預設為 100%，往右拖曳可讓應用程式中的文字加大尺寸
- 由此下拉能讓螢幕的方向變直向或翻轉

如果各位覺得顯示器太小，以至於螢幕上的文字看起來很吃力，變更比例就可以得到不錯的效果。若是使用平板電腦，也可以透過「方向」的功能來翻轉螢幕。

- 解析度調整

  每一個顯示器都有一個最佳的解析度，不過仍允許使用者根據個人喜好自行調整成寬螢幕或標準螢幕的比例。

- 亮度與色彩

  其中亮度可以調整顯示器的亮度。

5-3-2 進階顯示設定

在上圖的視窗中若按下「進階顯示」，使用者便可進行顯示器進階相關設定的調整。

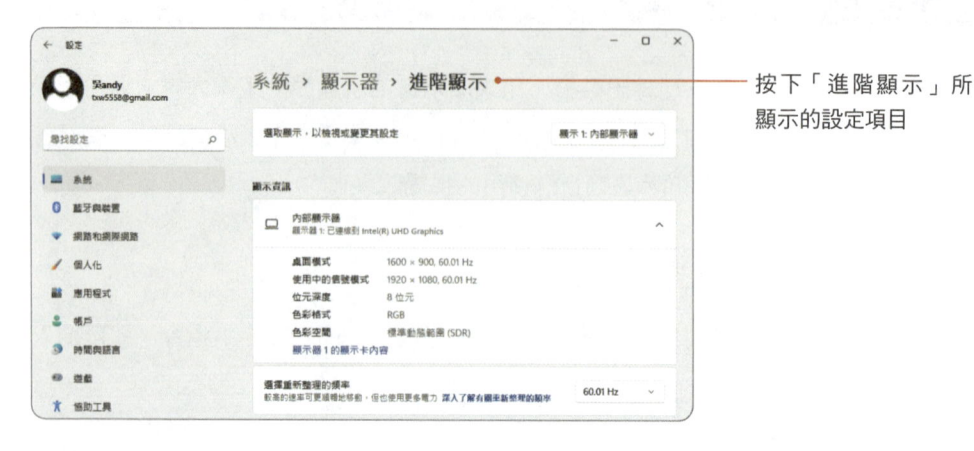

[截圖說明]
- 按下「進階顯示」所顯示的設定項目

5-4 其他應用程式

Windows 11 有許多實用應用程式，這些應用程式都可以透過搜尋功能快速找到。此處僅介紹幾個比較特別又好用的功能，各位也可以嘗試使用看看。

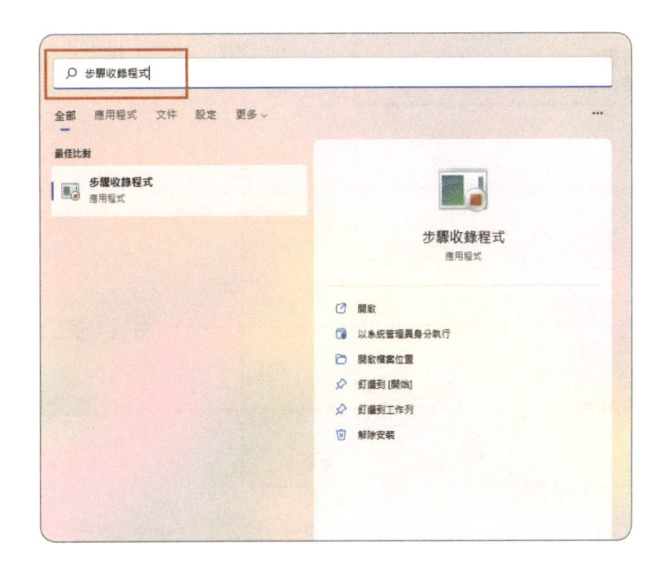

5-4-1 步驟收錄程式

「步驟收錄程式」用來收錄使用者在電腦上操作的步驟，不過它不是製作成影片檔，而是擷取螢幕畫面。除了畫面擷取外，它還會自動加入文字說明，並詳實描述剛剛所操作的動作。這樣的功能，對於經常在教授他人操作技巧的老師或達人來說，應該相當實用。

比較不一樣的地方是，完成的檔案是一個壓縮檔 (*.zip)，解壓縮的檔案為 MHTML 文件 (*.mht)，利用瀏覽器即可讀取檔案，讓閱覽者可以檢視已收錄的步驟，或是以投影片方式檢閱收錄步驟。

「步驟收錄程式」的使用介面相當簡單，各位可以先設定檔案輸出的位置，接著按下「開始收錄」鈕進行軟體的操作，完成時再按下「停止收錄」鈕就可搞定。

■ 設定輸出格式與檔名

Step 1

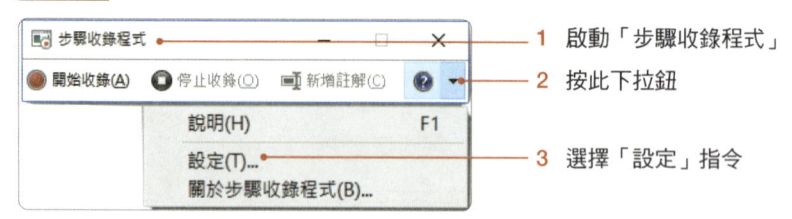

1 啟動「步驟收錄程式」
2 按此下拉鈕
3 選擇「設定」指令

Step 2

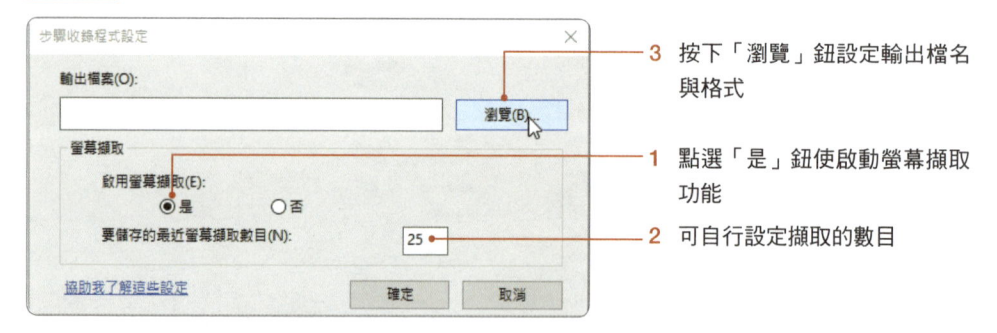

3 按下「瀏覽」鈕設定輸出檔名與格式
1 點選「是」鈕使啟動螢幕擷取功能
2 可自行設定擷取的數目

Step 3

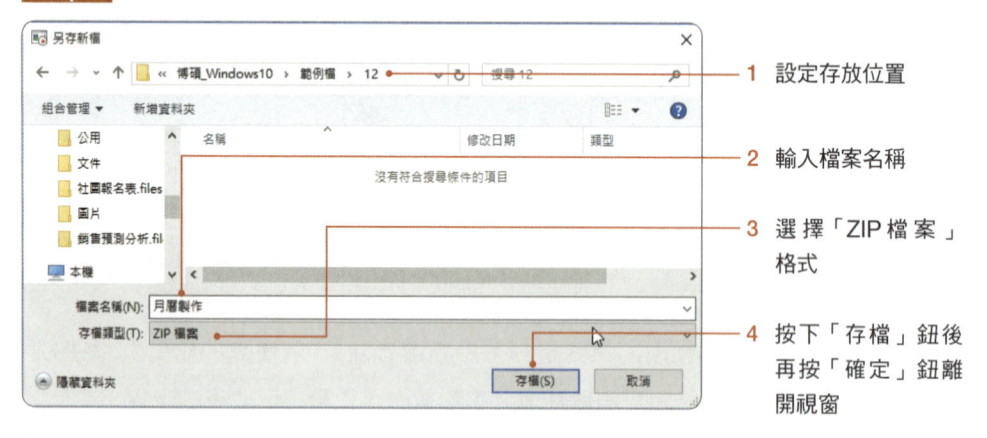

1 設定存放位置
2 輸入檔案名稱
3 選擇「ZIP 檔案」格式
4 按下「存檔」鈕後再按「確定」鈕離開視窗

■ 開始步驟收錄

Step 1

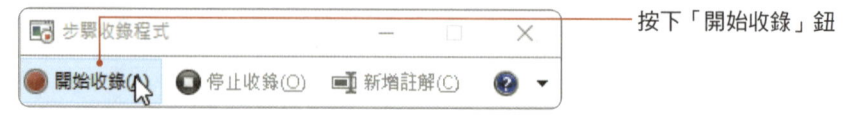

按下「開始收錄」鈕

5-14

控制台設定與應用程式 **05**

Step 2

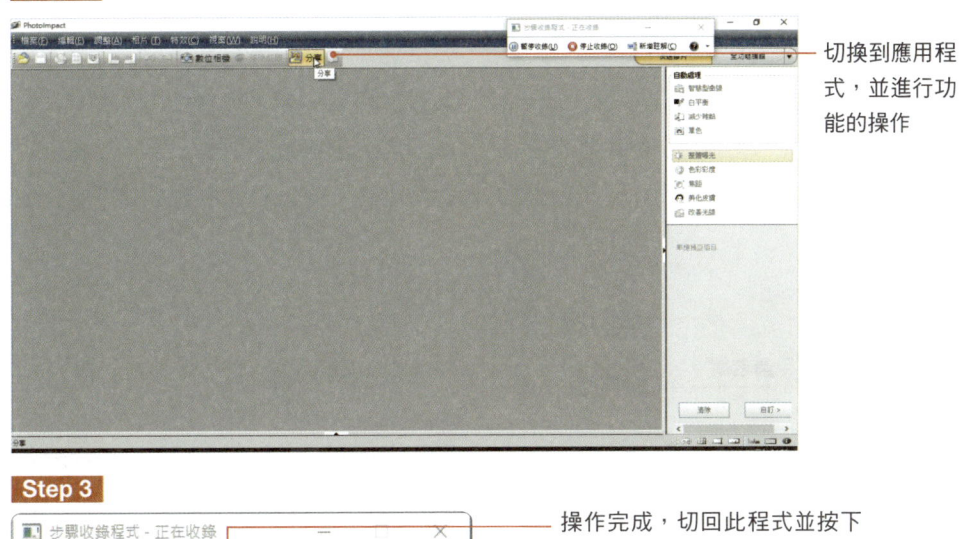

切換到應用程式，並進行功能的操作

Step 3

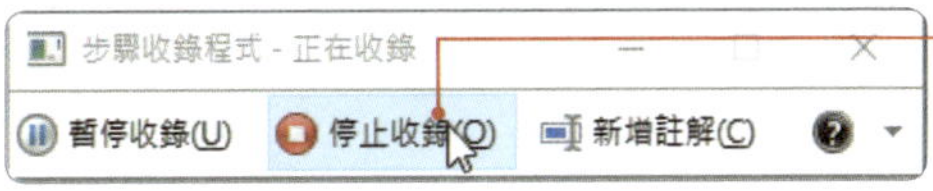

操作完成，切回此程式並按下「停止收錄」鈕

完成後在指定的資料夾中就會看到壓縮檔，按右鍵執行「解壓縮至此」，再按滑鼠兩下開啟檔案，就能看到所收錄的內容。

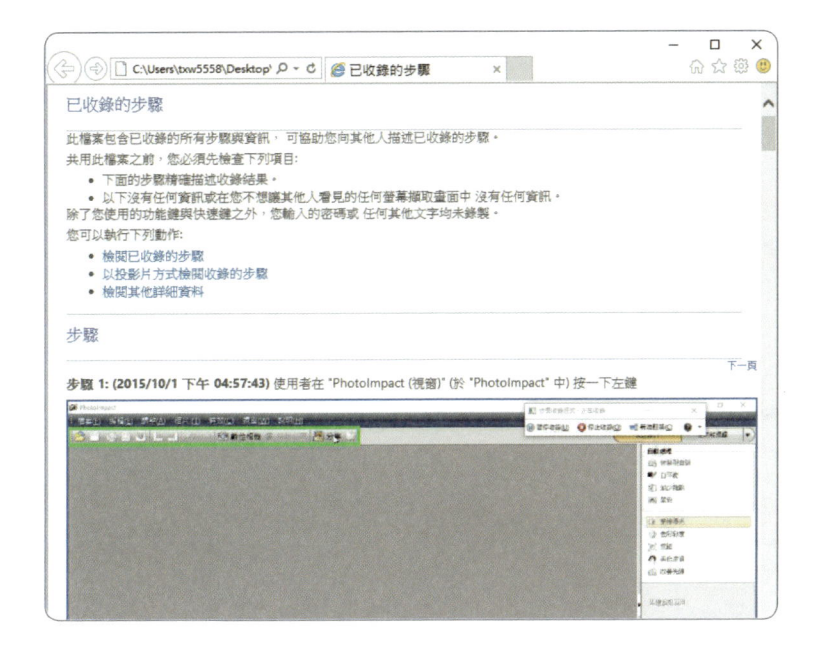

5-15

5-4-2 自黏便箋

很多人的辦公桌上都會放上自黏的便條紙,方便隨時記錄今天需要完成的工作事項或重要訊息,然後貼在電腦螢幕上,以便隨時提醒自己。如果你會使用附屬應用程式中的「自黏便箋」,它會自動在電腦桌面上新增一個空白便箋,讓各位輸入訊息,要新增或刪除便箋,也都相當方便。學會使用它,那麼買便利貼的錢就可以省下來了!

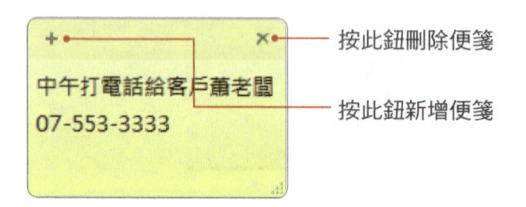

── 按此鈕刪除便箋
── 按此鈕新增便箋

5-4-3 剪取工具

「剪取工具」具有擷取畫面和塗鴉的功能,它可以讓使用者以長方形、視窗、全螢幕或任意剪取的方式擷取畫面,也有提供螢光筆與畫筆功能可以標記重點與寫字,完成的畫面能儲存成 PNG、GIF、JPEG、或是 MHT 的單一網頁檔,也可以列印下來,或是直接以郵件方式傳送給他人。利用這項功能作為雙方溝通的橋樑,將會更精確有效果。

Step 1

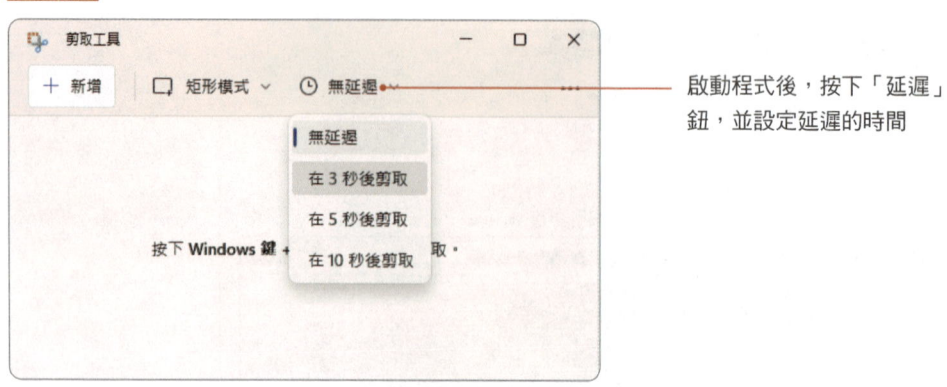

啟動程式後,按下「延遲」鈕,並設定延遲的時間

控制台設定與應用程式 **05**

Step 2

2 按「新增」鈕

1 程式後方先開啟想要擷取的畫面

Step 3

畫面變半透明狀況時，拖曳出想要剪取的區域範圍

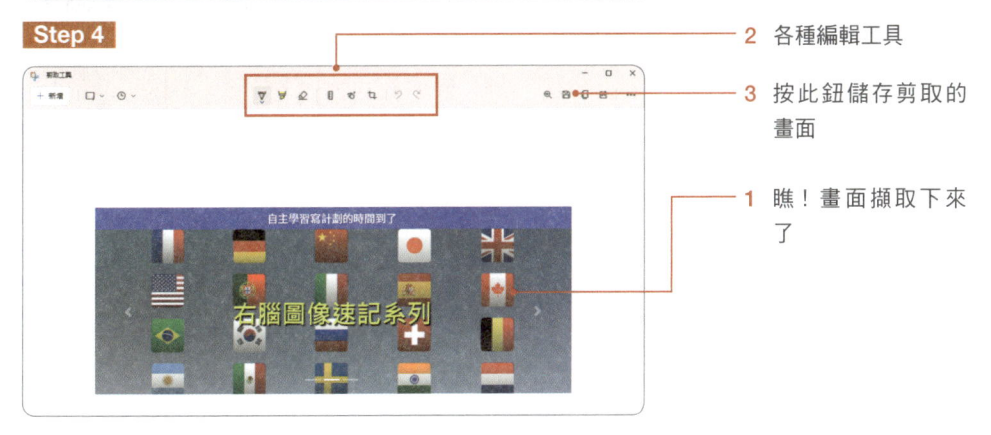

Step 4

2 各種編輯工具

3 按此鈕儲存剪取的畫面

1 瞧！畫面擷取下來了

5-17

內建的「剪取工具」使用者只需按下鍵盤的「Windows 鍵 + Shift + S」鍵盤快速鍵，就可以立即使用螢幕截圖功能，它提供四種不同的截圖功能，分別是長方形剪取、手繪多邊形剪取、視窗剪取以及全螢幕剪取。

除了抓取螢幕內容來編輯，並且在截取畫面完成後，使用者還可以進一步使用內建的繪圖功能來編輯你所截取好的圖片，對那些希望可以在截圖上加上註解的使用者非常地方便。

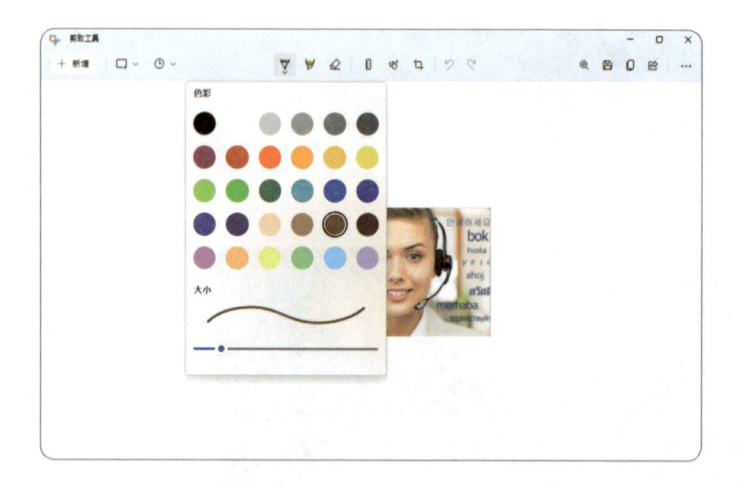

而經過編輯後的檔案還可以儲存或列印出，也可以複製到剪貼簿再貼上到其他文件之中，使用其他應用程式開啟或分享

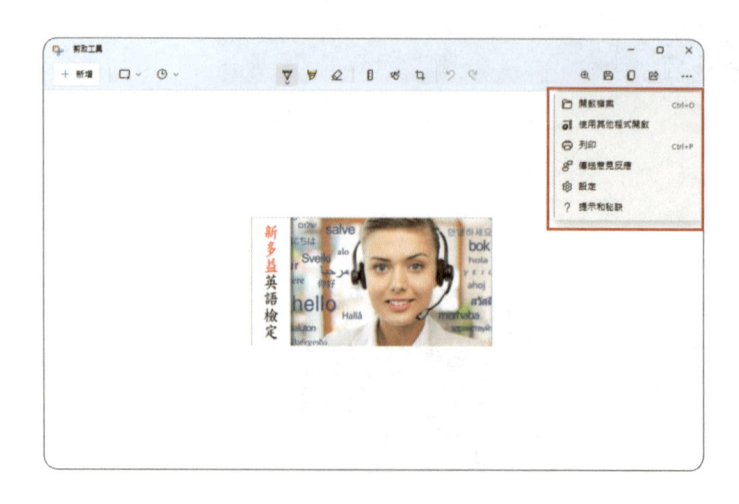

5-4-4 小畫家

小畫家也是 Windows 系統內建的程式，可以輕鬆利用文字、筆刷、形狀等工具，為圖片加入簡單的文字、筆觸或形狀。此外，也可以調整圖片的大小或扭曲程度，對於簡單的圖文編輯，自動動手做也相當的方便。啟動「小畫家」程式後，執行「檔案 / 開啟舊檔」指令就可以將使用的圖片開啟於視窗中。

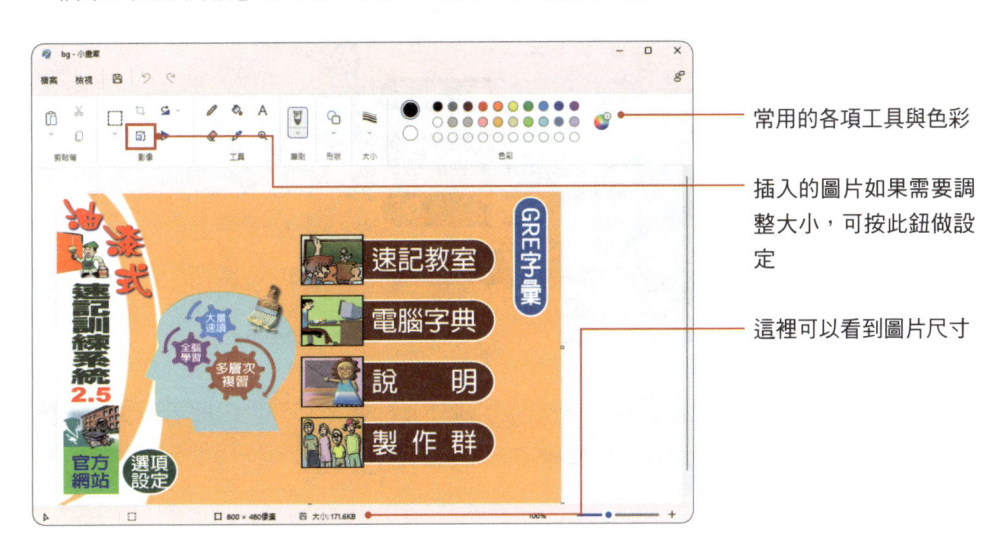

要加入文字，由「檢視」標籤按下 A 鈕，再到圖片上按下左鍵，即可輸入所要的文字內容，可自行設定文字的格式與色彩。

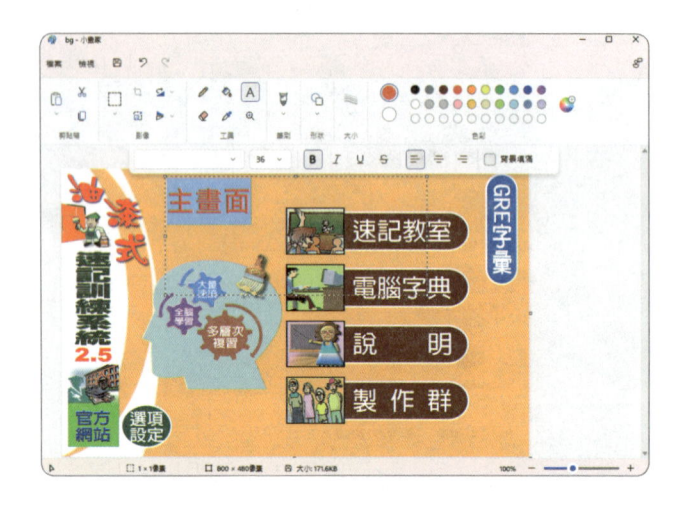

小畫家中的「筆刷」與「形狀」也提供如圖所示的各種筆刷與形狀，可輕鬆刷出線條或畫出造型。

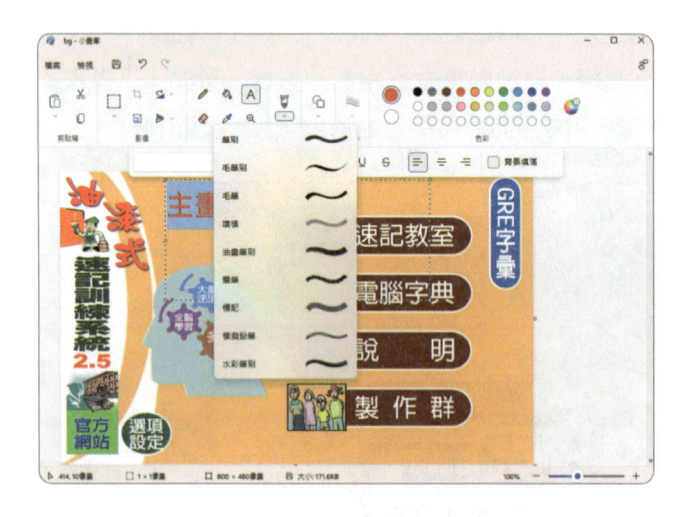

完成的畫面除了能夠儲存成 PNG、JPG、BMP、GIF 等格式外，也能以電子郵件傳送給他人，或是設定成桌面背景自我欣賞，相當的實用。

CHAPTER
06

相簿管理與
影片編輯

身處數位化時代，很多影像都數位化，尤其是智慧型手機在手，走到哪裡就拍到哪裡，如果怕手機中的相片越來越多使得手機空間不夠，加上以往收藏的相片，想要好好的管理你的話，那麼就可以利用 Windows 的「相片」功能來加以管理相簿與相片，這一章節我們就來認識「相片」功能，因為它除了管理你的相片相簿外，還可以快速將相簿變成影片檔甚至進行影片編輯，也可以將製作的影片分享給親朋好友喔！

6-1 相片匯入

Windows 的「相片」功能允許你將本機電腦中資料夾匯入，也可以透過手機或相機、隨身碟等裝置中的相片匯入至「相片」中進行管理。如果要匯入裝置中的相片，只要將裝置透過 USB 連接線連接至電腦，再從「開始」鈕選擇「相片」功能，即可進行匯入的動作。

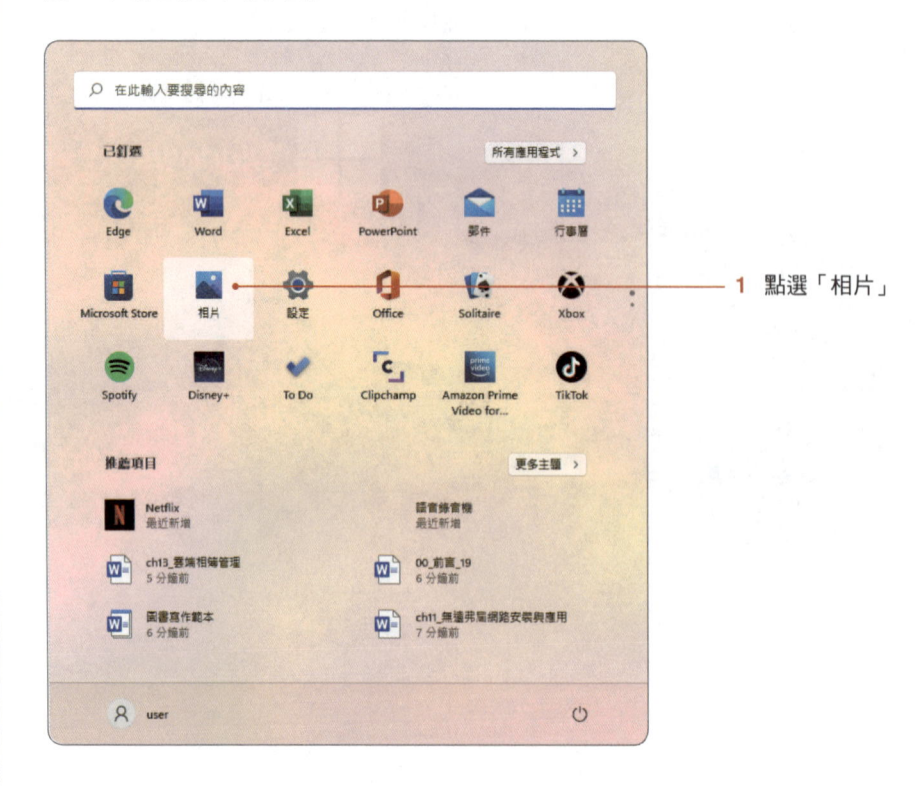

1 點選「相片」

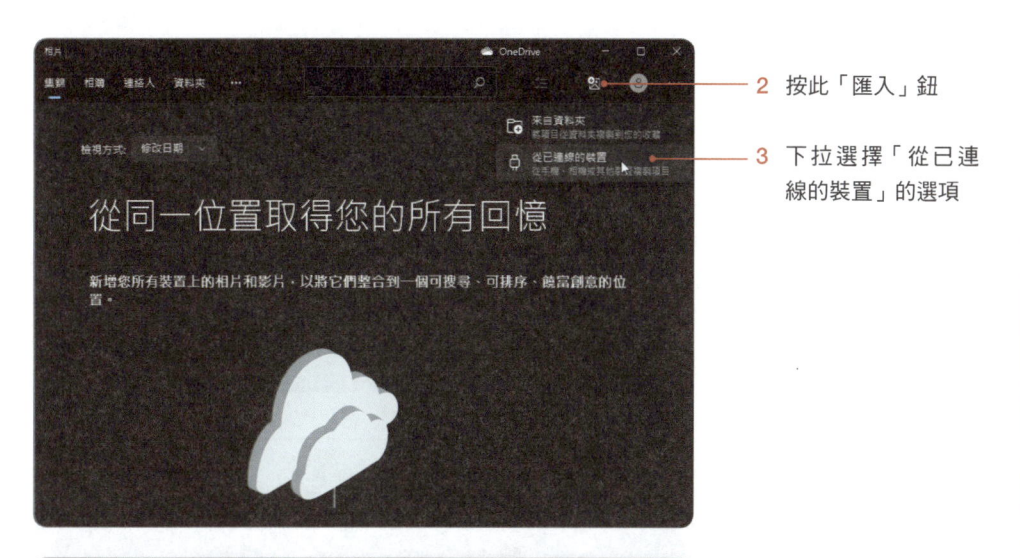

相簿管理與影片編輯 **06**

2 按此「匯入」鈕

3 下拉選擇「從已連線的裝置」的選項

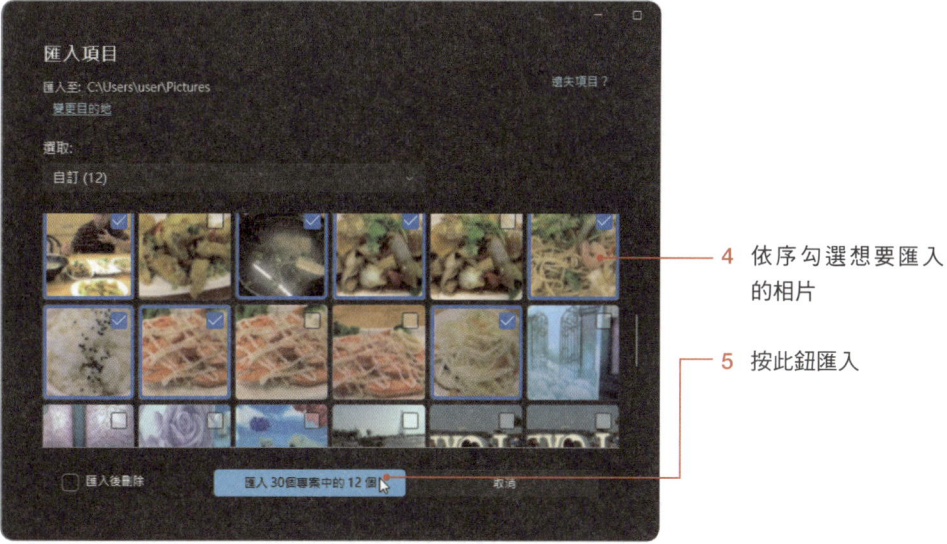

4 依序勾選想要匯入的相片

5 按此鈕匯入

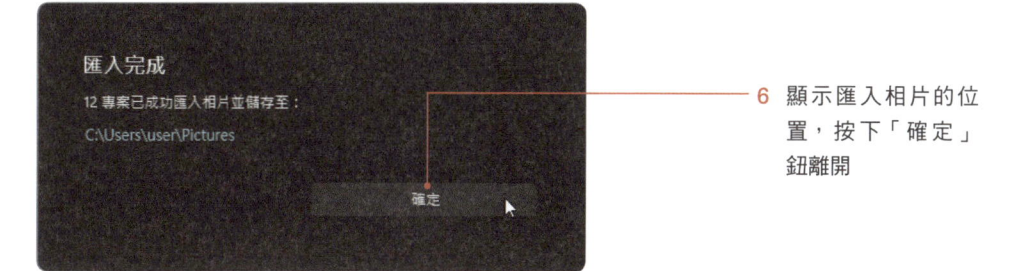

6 顯示匯入相片的位置，按下「確定」鈕離開

6-3

透過這樣的方式，匯入的相片就儲存在電腦桌面上的「User」 📁 資料夾中。你也可以直接按滑鼠兩下於「User」資料夾，然後點選「圖片」資料夾，就可以看到剛剛匯入的圖片。

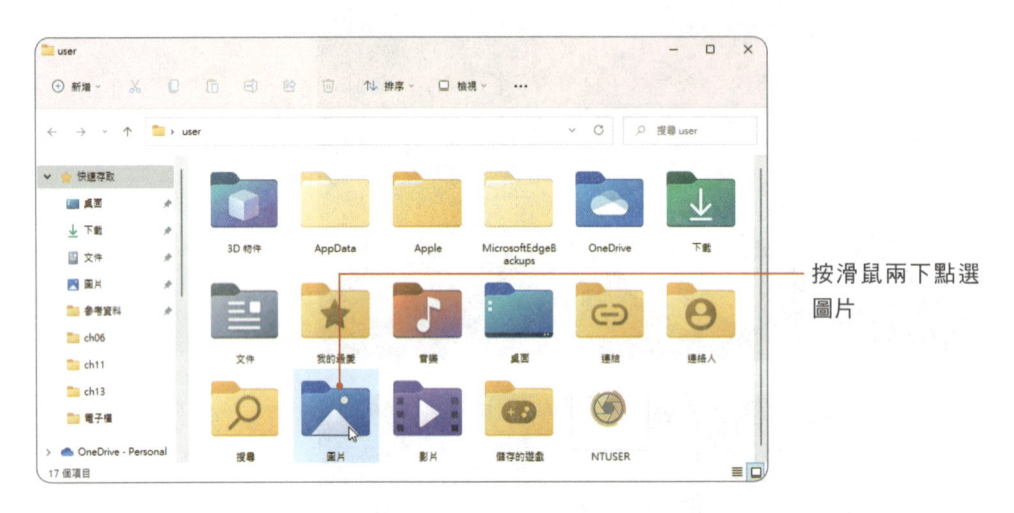

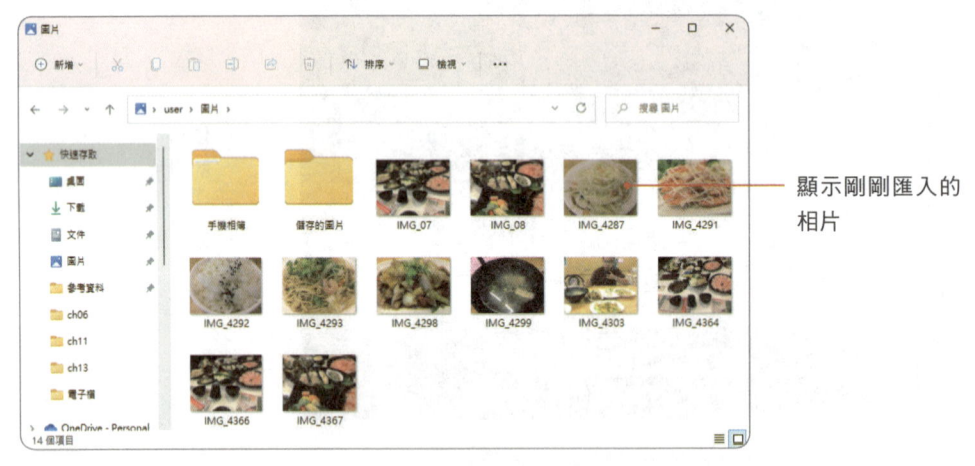

→ 按滑鼠兩下點選圖片

→ 顯示剛剛匯入的相片

如果是手機中的相片，利用 USB 連接線連接至電腦後，有的會出現選單詢問此次將手機與電腦連接是純粹做充電之用，或是將手機當作一個硬碟裝置，這時候只要選擇將它當作是外接式硬碟，接著就可以利用檔案總管切換到手機存放的相片資料夾，以拖曳方式就可以將手機中的相片複製到「圖片」資料夾中。

相簿管理與影片編輯 **06**

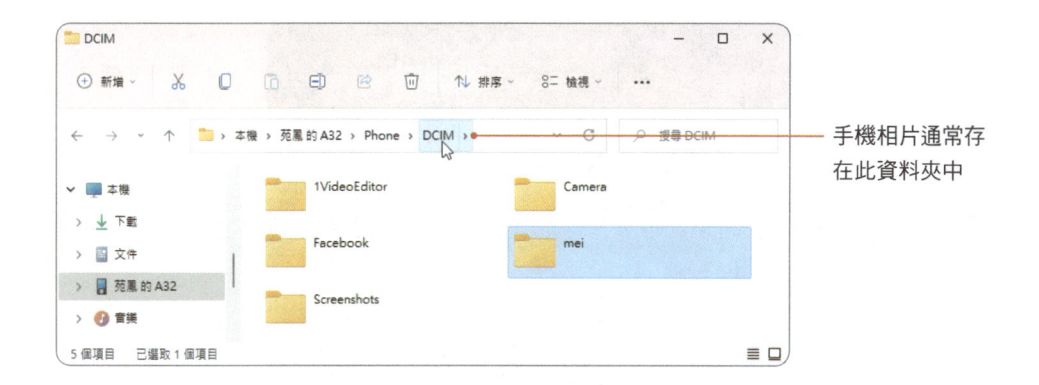

手機相片通常存在此資料夾中

6-2 相簿的建立與管理

當匯入的相片越來越多時，為了將來能夠快速的尋找想要的相片，最好是分門別類來管理。Windows 的「相片」功能提供了「相簿」功能，可以有效率的幫您管理相片。建立相簿後，如果後續還有同類型的相片，也可以輕鬆的加入到相簿裡。

6-2-1 建立新相簿

要將同類型的相片建立成相簿，請由「開始」鈕選擇「相片」功能，並切換到「相簿」標籤，如下圖所示：

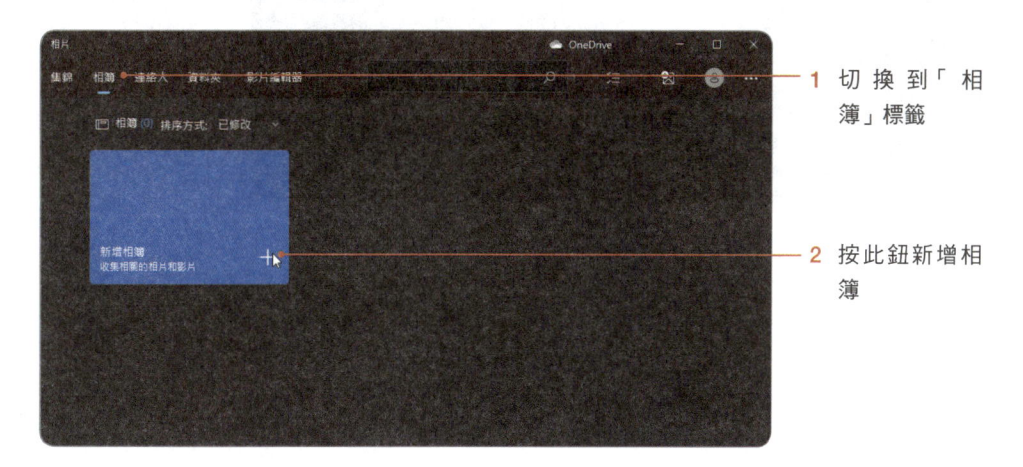

1 切換到「相簿」標籤

2 按此鈕新增相簿

6-5

4 按下「建立」鈕

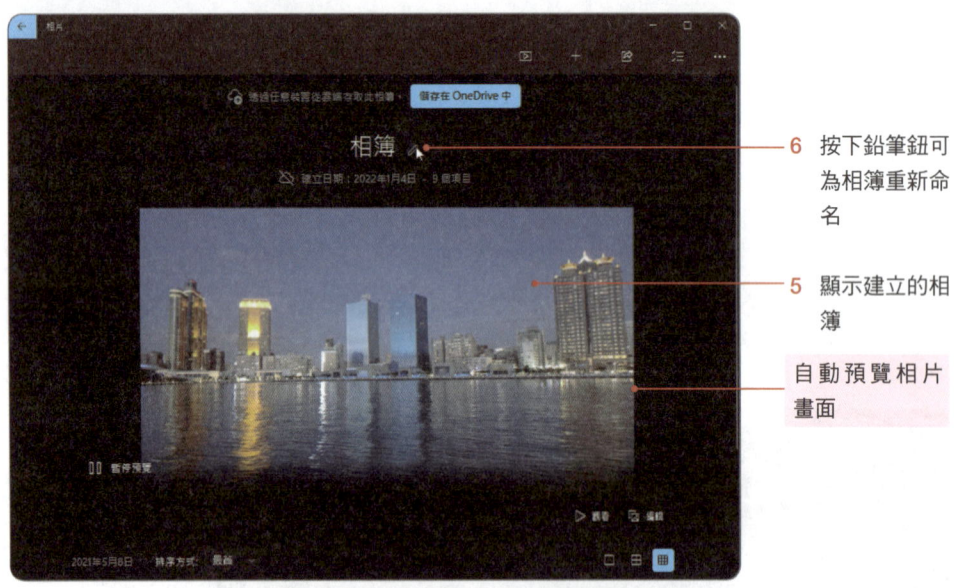

3 勾選同類型的相片

6 按下鉛筆鈕可為相簿重新命名

5 顯示建立的相簿

自動預覽相片畫面

6-2-2 現有相簿中新增相片

建立相簿後，如果後來有匯入同類型的相片，各位也可以快速知道那些相片尚未加入到相簿中。要在現有相簿中新增相片的方式如下：

相簿管理與影片編輯 **06**

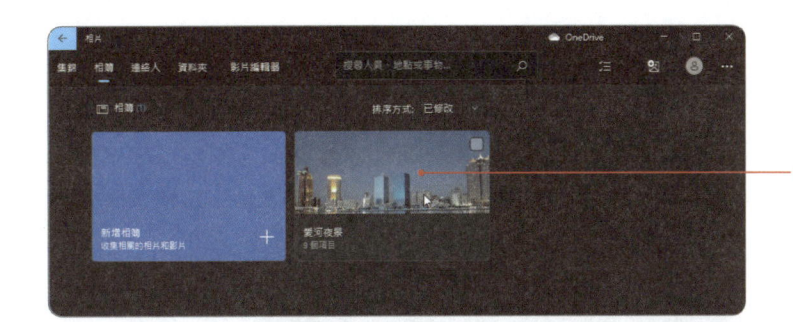

1 點選要新增相片的相簿

2 按「+」鈕新增相片或影片

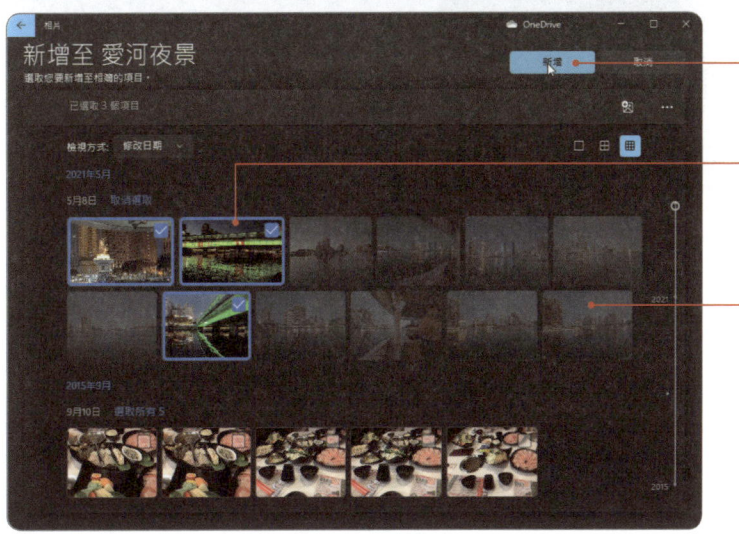

4 按下「新增」鈕

3 點選要加入的相片

未加入的相片縮圖清晰,已加入的相片顯示灰色,易於辨識

6-7

6-2-3 從相簿中刪除相片

相簿中的相片通常都會依序顯示在預覽視窗的下方,如果有發現雷同的相片或是拍的不好的相片,可在勾選後由上方按下「從相簿移除」 鈕來將相片移除。要注意的是,相片只是從相簿中移除,但仍然存放在「User」資料夾中,不會影響到當初匯入的相片。

6-2-4 刪除相簿

已建立的相簿如果想要刪除,只要勾選相簿後從右上角按下「刪除」 鈕即可刪除相簿,同樣地刪除相簿不會刪除內含的相片或影片,相片影片仍存放在「User」資料夾中。

相簿管理與影片編輯 **06**

2 按此鈕刪除相簿

1 勾選相簿

6-3 相片的編輯與應用

利用 Windows「相片」功能所建立的相簿，各位還可以針對這些相片影片進行旋轉、編輯影像、繪圖、刪除、加到我的最愛、加入 3D 效果、加入動畫文字…等編輯動作，或是設定成背景／鎖定畫面、投影片…等效果。

想要編輯相片，請在相簿下方點選要編輯的相片縮圖，即可進入相片並看到編輯的各項工具。

1 在相簿下方點選要編輯的相片

6-9

3 按下此鈕還有更多的選擇

2 顯示編輯工具列

6-3-1 編輯與美化相片

編輯工具列上的「編輯影像」鈕，除了提供裁切、旋轉、外觀比例調整外，還可以透過濾鏡美化相片，或是進行光線、色彩、清晰度、暈影、紅眼的調整，讓你的相片可以呈現最美的視覺效果，這裡就來看一下它的使用技巧。

2 出現編輯工具列時，點選「編輯影像」鈕

1 在相片上按點一下

相簿管理與影片編輯　06

3 下拉可以調整影像比例

4 點選「篩選」鈕

6 由此調整濾鏡密度

5 選定想套用的濾淨效果

7 按下「調整」鈕

8 調整清晰度和暈影程度

9 按此鈕儲存複本，或下拉選擇「儲存」指令

6-11

編輯的畫面如果想要蓋過原先的畫面,請下拉選擇「儲存」指令,如果選擇「儲存複本」,則是在「User」資料夾中另存修改後的畫面,相簿中仍是存放原先尚未邊修過的相片喔!

6-3-2 將喜歡的相片加到我的最愛

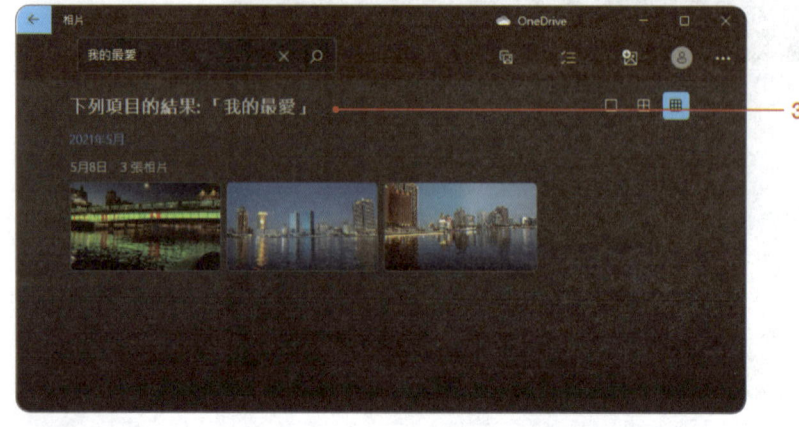

在相簿中總有幾張自己特別喜歡的相片,在你瀏覽或編輯的過程中,各位就可以順道按下「加到我的最愛」 鈕,以此方式蒐集喜愛的照片,屆時要找這些相片就變得容易許多,因為按下「查看所有我的最愛」 鈕就可以一次看到所有最喜愛的相片了。

1 按下此鈕可將相片加到我的最愛

2 按下此鈕查看所有我的最愛

3 顯示所有我的最愛的相片

6-3-3 將相片設成桌面背景

對於喜歡的相片也可以將它設成電腦的桌面，這樣每天使用電腦時就可以擁有美好的心情。請在編輯工具列上按下右側的「查看更多」 鈕，再下拉選擇「設定成／設成背景」指令就可搞定。

6-3-4 將相簿輸出成影片檔

利用 Windows 的「相片」功能所建立的相簿，也可以輕鬆加入背景音樂，讓相簿快速變成影片檔的格式，這樣就可以將你的快樂或心情故事分享給親朋好友。要將相簿輸出成 mp4 影片檔的方式如下：

1 點選相簿

Windows 11 制霸攻略

2 按下「編輯」鈕編輯相簿

3 按下「背景音樂」鈕，使出現「選取背景音樂」的面板

4 按此鈕可試聽音樂

5 選定音樂後，勾選此項可讓影片與音樂節拍同步

6 按此鈕完成音樂設定

6-14

相簿管理與影片編輯 06

8 按「完成影片」鈕匯出成影片檔

7 按「播放」鈕可觀看影片效果

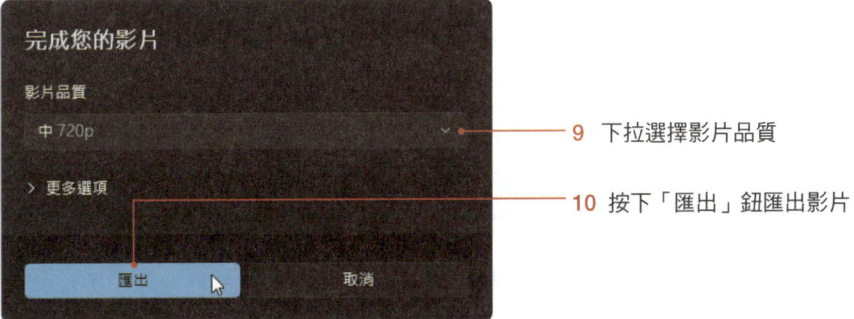

9 下拉選擇影片品質

10 按下「匯出」鈕匯出影片

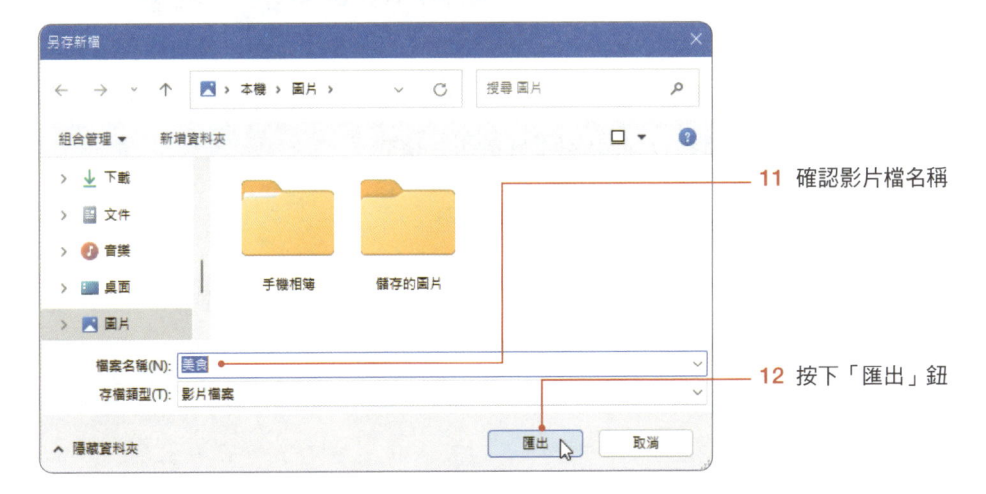

11 確認影片檔名稱

12 按下「匯出」鈕

6-15

13 影片檔完成囉！

剛剛我們只是為相簿加入背景音樂便輸出成影片檔格式，事實上 Windows 所提供的影片編輯功能還不只這樣，下面的小節我們將介紹「相片」功能中的「影片編輯器」，讓各位不需要視訊剪輯軟體也可以輕鬆進行影片的創作。

6-4 影片編輯器

看過相片的管理與應用技巧後，接著我們來學習如何利用「影片編輯器」來編輯影片。現今世代人人隨手必備智慧型手機，手機儼然成為攝錄影的最佳利器，甚至連語音的錄製也能透過手機直接處理。手機中的相片、影片、語音等素材便是編輯影片的素材，各位只要利用影片編輯器將相片／影片等素材串接起來，加入簡單的轉場效果和美妙的音樂，就可以輸出成 MP4 的影片格式。

6-4-1 新增影片專案

進行視訊影片的剪輯時，每個影片的編輯稱之為「專案」，進行專案設計之前，最好先將可能會使用到的素材集結在同一個資料夾中，再進行專案的製作。

相簿管理與影片編輯 06

將可能會使用到的素材先整理在同一個資料夾中

由「開始」功能表開啟「相片」功能,切換到「影片編輯器」的標籤,就可以按下「新的影片專案」鈕新增專案。

1 點選「影片編輯器」標籤

2 按下「新的影片專案」鈕

3 輸入影片名稱

4 按下「確定」鈕

6-17

[圖示：影片編輯畫面] — 5 進入影片編輯畫面

6-4-2 匯入相片／影片素材

進入影片編輯畫面後,因為尚未加入任何的素材,所以裡面空無一物。接下來各位可以「從這部電腦」、「來自我的集錦」、「來自網路」等來源方式來匯入素材,其中的「來自我的集錦」便是前面小節所介紹的相簿功能,此處我們以「從這部電腦」的來源方式來做說明。

[圖示：新增來源選單]
1 按下「新增」鈕
2 下拉選擇「從這部電腦」指令

6-18

相簿管理與影片編輯 **06**

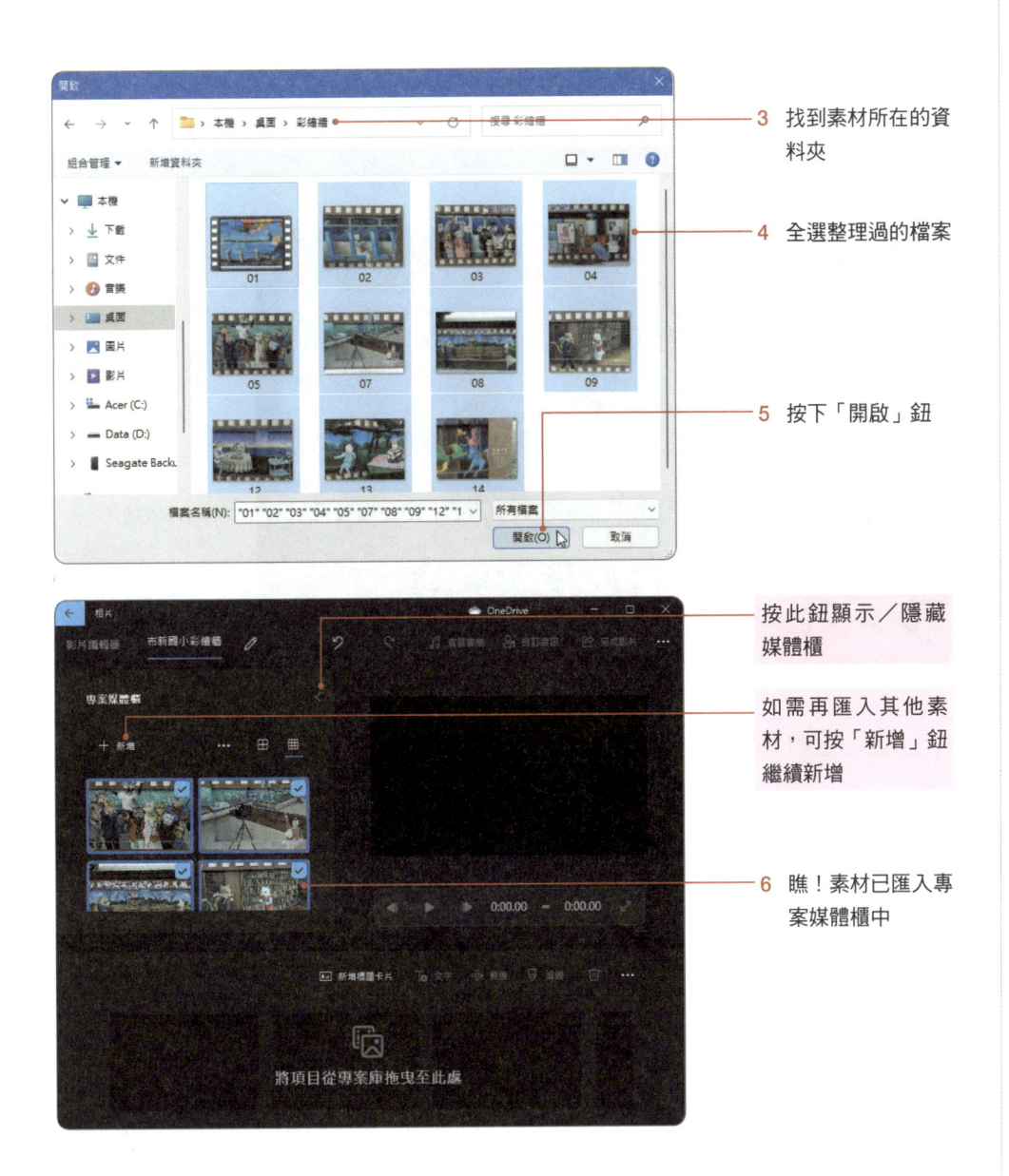

3 找到素材所在的資料夾

4 全選整理過的檔案

5 按下「開啟」鈕

按此鈕顯示／隱藏媒體櫃

如需再匯入其他素材，可按「新增」鈕繼續新增

6 瞧！素材已匯入專案媒體櫃中

6-4-3 以時間軸編排素材順序

將相片／影片素材匯入到「專案媒體櫃」後，接下來就是在下方的時間軸進行排列串接，以便決定素材出現的先後順序。如果你有故事腳本，可依腳本構思來排列素材。

6-19

串接時只要由「專案媒體櫃」中選定素材,將素材縮圖拖曳到時間軸中的小方塊中即可,已加入的素材縮圖會在左上角顯示折角的效果,方便各位知道那些素材是否已經被加入至時間軸。

- 有折角表示素材已加入
- 有此符號表示為影片素材
- 未有折角表示素材尚未加入

6-4-4 變更素材顯示比例

在拍攝素材,因為螢幕顯示的比例不同,有時拍攝的畫面是 4:3 的比例,有時拍攝的 16:9 的畫面,兩種不同比例的畫面放在一起,會讓畫面周圍顯示黑框的效果,如下圖所示:

16:9 螢幕畫面 　　　　　　4:3 螢幕畫面

相簿管理與影片編輯 **06**

如果你的專案裡同時存在兩種不同比例的素材，可以透過時間軸上方的「移除或顯示黑框」⬚ 鈕來加以統一畫面。

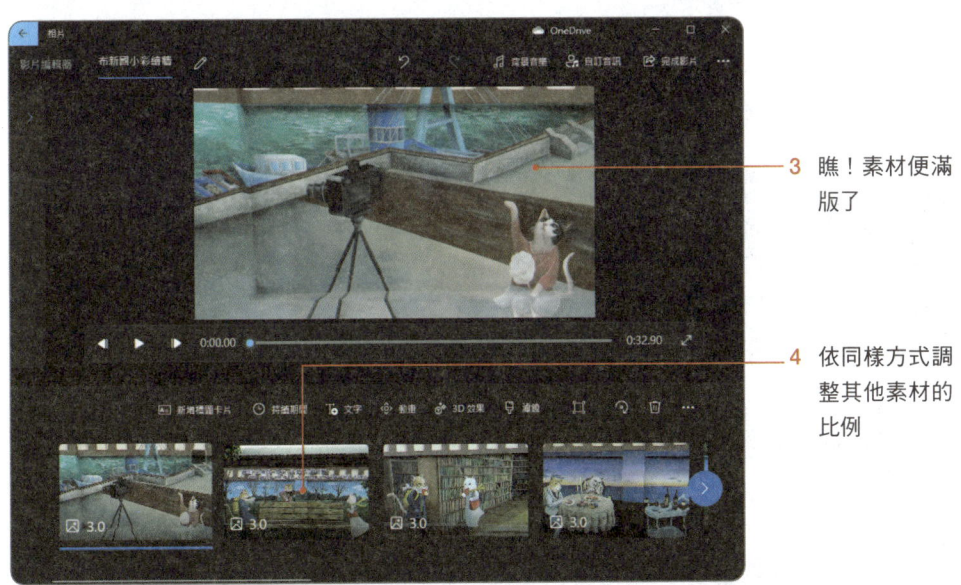

此素材左右出現黑底

2 按此鈕，下拉選擇「移除黑邊」

1 點選素材

3 瞧！素材便滿版了

4 依同樣方式調整其他素材的比例

6-21

6-4-5 設定素材持續時間

在預設狀態下,相片素材的停留時間為 3 秒,如果希望延長該素材的持續時間,可在時間軸上方按下「持續時間」鈕,再設定想要的時間長度。

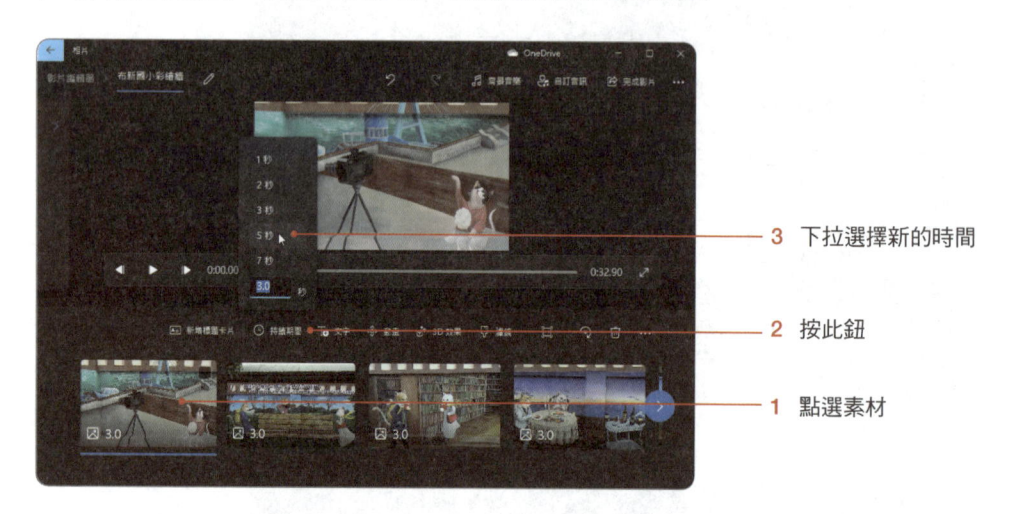

3 下拉選擇新的時間
2 按此鈕
1 點選素材

6-4-6 新增標題卡片

為了讓觀賞者可以清楚知道影片的主題,各位可以考慮「新增標題卡片」,透過 Windows 預設的範本,快速為影片的標題片設定背景色彩、文字樣式和版面配置。

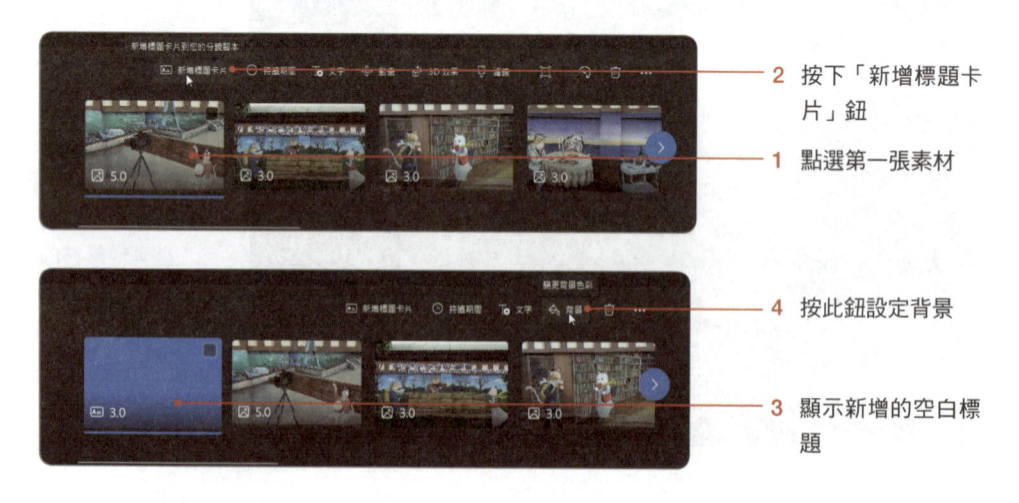

2 按下「新增標題卡片」鈕
1 點選第一張素材

4 按此鈕設定背景
3 顯示新增的空白標題

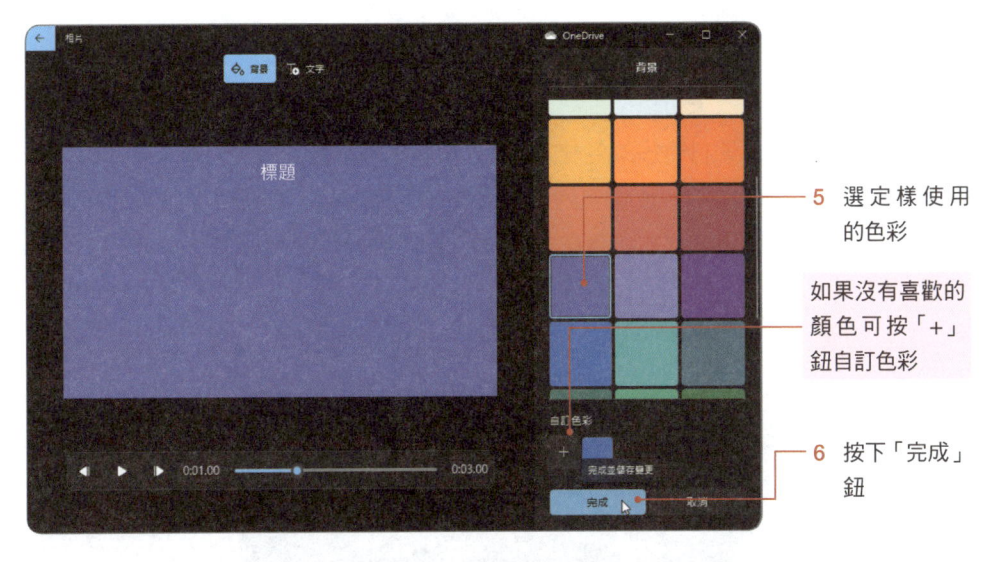

相簿管理與影片編輯　06

5　選定樣使用的色彩

如果沒有喜歡的顏色可按「+」鈕自訂色彩

6　按下「完成」鈕

7　按下「文字」鈕

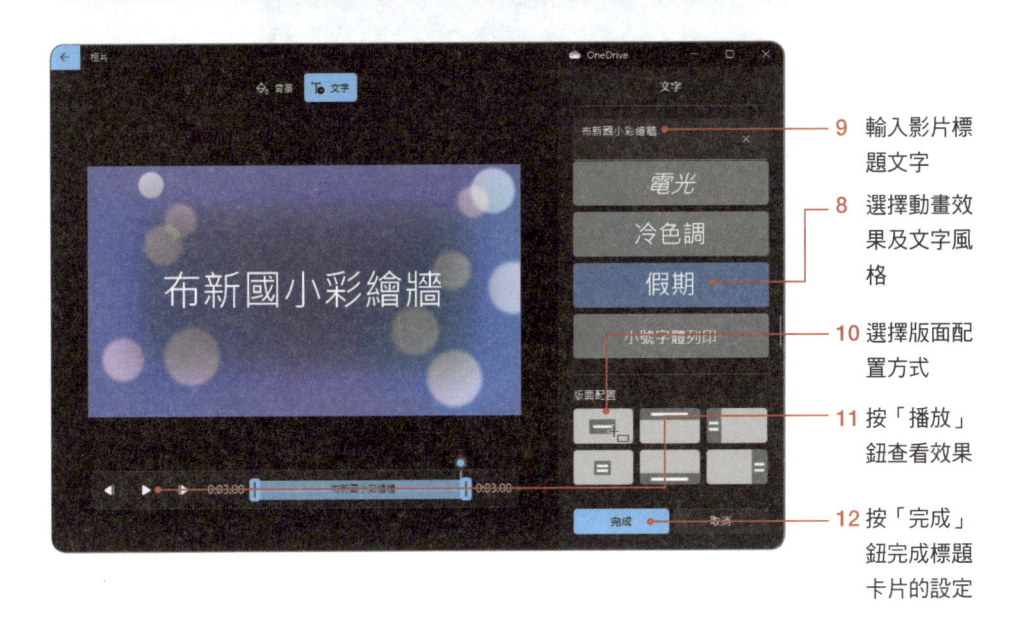

9　輸入影片標題文字

8　選擇動畫效果及文字風格

10　選擇版面配置方式

11　按「播放」鈕查看效果

12　按「完成」鈕完成標題卡片的設定

6-23

6-4-7 加入動畫、3D 效果及濾鏡

對於加入的素材，各位還可以個別為素材加入「動畫」、「3D 效果」及「濾鏡」等效果。「動畫」是指素材位移的各種方式，「3D 效果」提供火光閃耀、五彩碎紙噴泉、火光四射、十字光芒、水中氣泡…等各種的立體特效，而「濾鏡」功能可以改變和美化相片的色調，各位可以依照素材選擇適用的特效。

■ 加入動畫

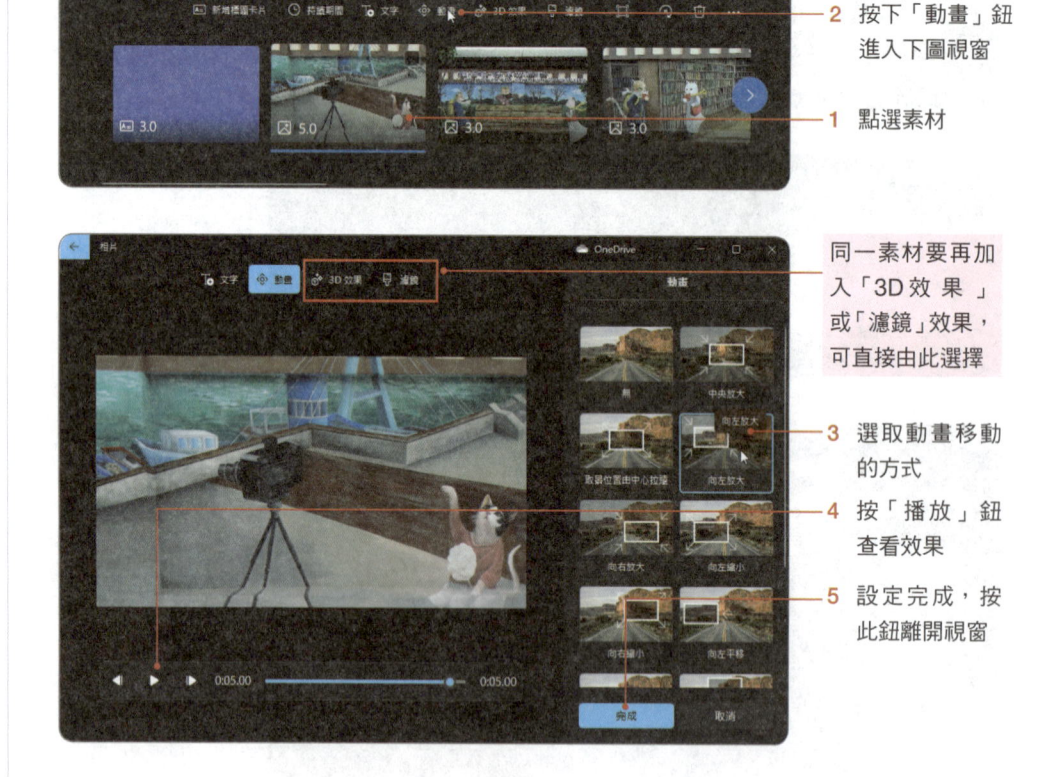

1 點選素材
2 按下「動畫」鈕進入下圖視窗

同一素材要再加入「3D 效果」或「濾鏡」效果，可直接由此選擇

3 選取動畫移動的方式
4 按「播放」鈕查看效果
5 設定完成，按此鈕離開視窗

■ 3D 動畫

3D 效果會因為選擇的效果而顯是不同的設定屬性，另外，同一個畫面可同時套用多個效果，各位可自行嘗試看看。

相簿管理與影片編輯 **06**

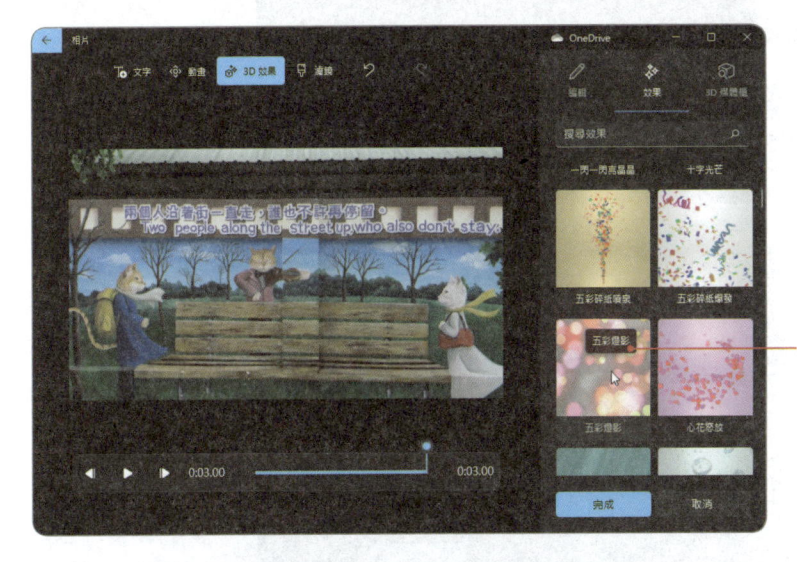

2 按下「3D 效果」鈕進入下圖視窗

1 點選素材

3 由「效果」處選擇想要使用的 3D 效果

4 調整音量大小

5 按「播放」鈕預覽效果

6 按此鈕完成設定

6-25

■ 濾鏡

2 按此鈕加入濾鏡
1 點選素材

3 選擇喜歡的濾鏡色調
4 按此鈕完成設定

6-4-8 影片片段的修剪／分割與速度調整

剛剛使用的「文字」、「動畫」、「3D 效果」、「濾鏡」等功能都是針對相片素材進行編輯，如果你編輯的是影片素材，則可以進行修剪、分割、與速度的調整。

2 按此進行修剪
按此進行分割
1 選取影片片段

相簿管理與影片編輯　**06**

選擇「修剪」可以將前後不要的地方刪除，而「分割」則是將影片依照你指定的位置分割成兩個，此處我們以「修剪」做示範。請按下「修剪」鈕進入下圖視窗。

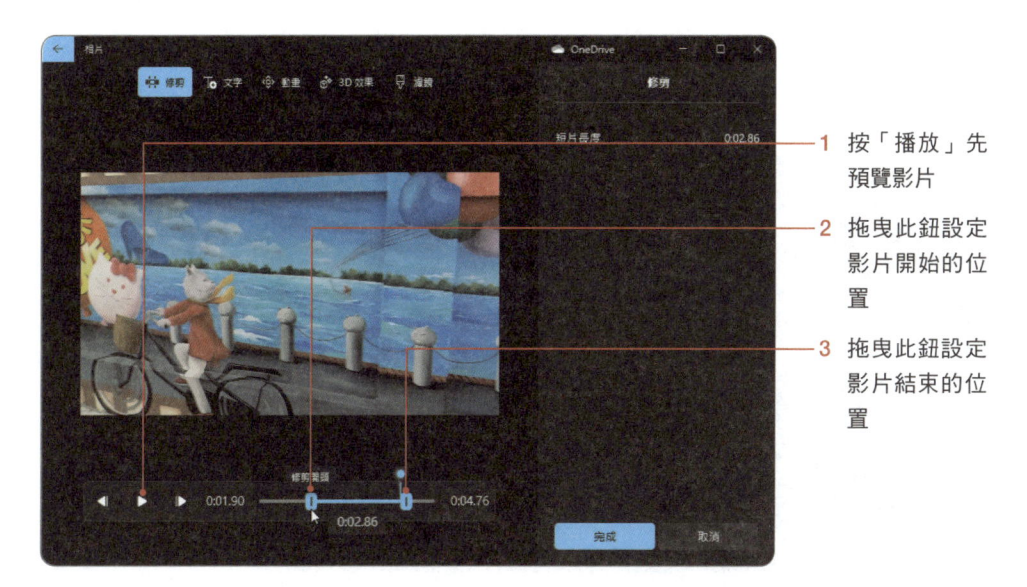

1　按「播放」先預覽影片

2　拖曳此鈕設定影片開始的位置

3　拖曳此鈕設定影片結束的位置

如果需要變更影片素材的播放速度，可按下「速度」鈕，然後再透過滑鈕控制速度的快慢。

6-27

6-4-9 加入背景音樂

影片順序編輯完成後，接著就是加入好聽的音樂，各位可以在視窗上方按下「背景音樂」鈕，就有各種的美妙音樂供你選擇，還可以讓音樂自動配合影片的長度進行調整。

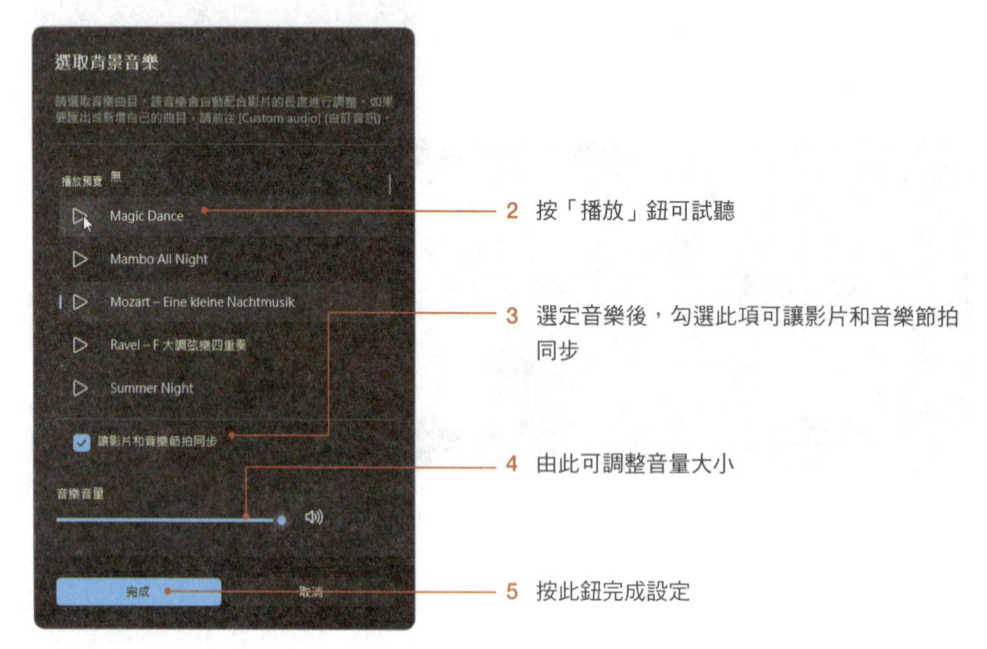

1 按下「背景音樂」鈕

2 按「播放」鈕可試聽

3 選定音樂後，勾選此項可讓影片和音樂節拍同步

4 由此可調整音量大小

5 按此鈕完成設定

6-4-10 完成影片輸出

當你完成影片的串接並加入背景音樂後，最後的工作就是輸出影片，讓你製作的影片可以與親朋好友分享。請在視窗右上角按下「完成影片」鈕，設定輸出品質、檔名與位置，就可以匯出成 mp4 的影片格式。

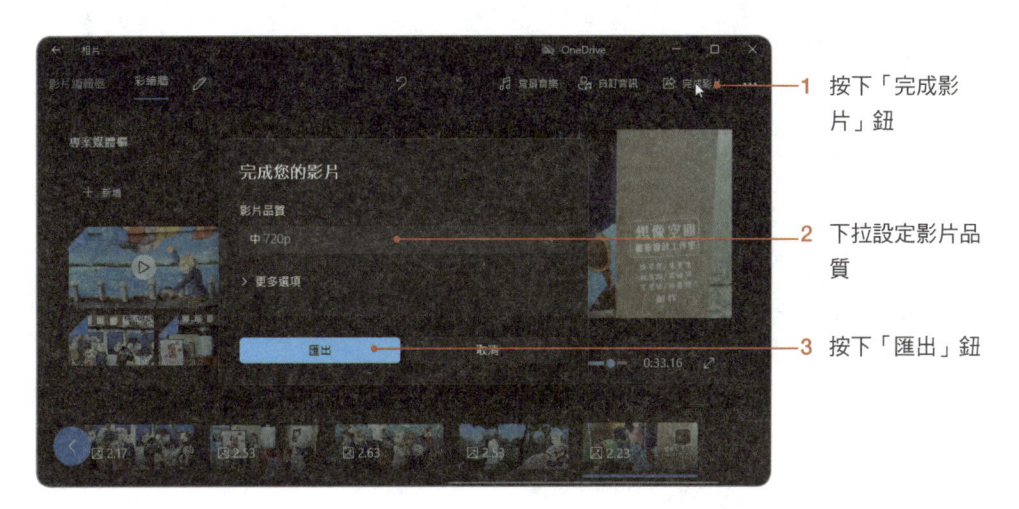

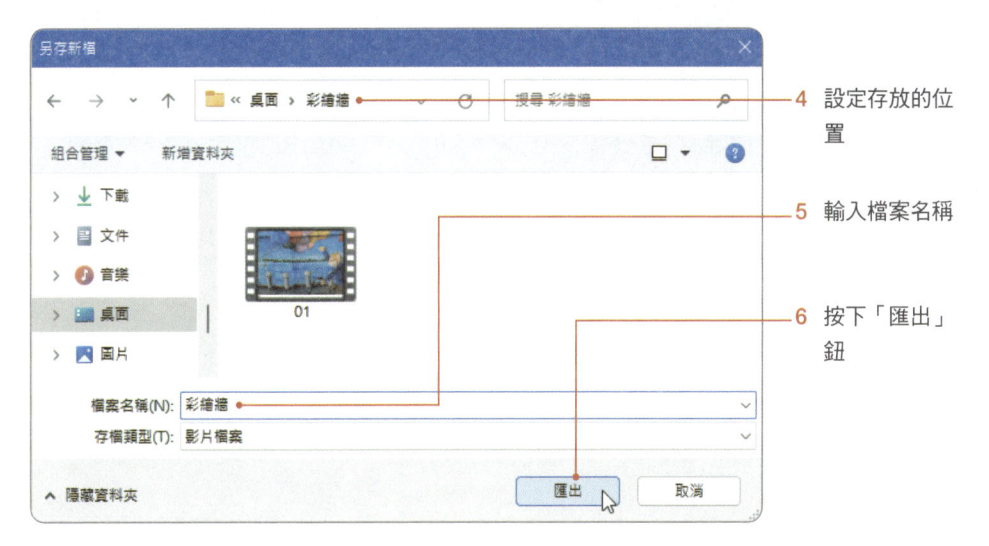

1 按下「完成影片」鈕

2 下拉設定影片品質

3 按下「匯出」鈕

4 設定存放的位置

5 輸入檔案名稱

6 按下「匯出」鈕

稍待一下，就會自動播放完成的影片

限於篇幅的關係，有關相片管理與影片的編輯技巧就介紹到這裡，相信各位熟悉這章所介紹的功能，就可以輕鬆運用個人的相片來製作影片。

CHAPTER

07

使用者帳戶管理

帳戶是登入系統的主要方式，透過使用者帳戶的管理與控制，即可確保系統的安全，也可以限制或管理使用者的權限。我們知道在安裝 Windows 11 的過程中，會有許多設定工作需要進行，然而其中也會要求有建立帳戶的步驟，就是在該安裝 Windows 11 的電腦中所建立的帳戶，通常稱之為「本機帳戶」，這個帳戶被授權使用本機電腦資源的權限，我們可以利用「本機帳戶」來登入電腦，這個帳戶就是我們一般所稱的系統管理員 (Administrator)。

7-1 帳戶管理

現代人依賴電腦的比例很高，不管是收發信件、觀看影片、聽音樂、查資料、打報告…等都離不開電腦，但一個家庭每個人都擁有個人電腦並不容易，在家人合用一部電腦的情況下，又希望每個人都能擁有自己喜歡的工作環境與桌面，那麼帳戶管理就顯得相當重要。此一小節就先針對帳戶的新增、帳戶類型的變更、以及登入原則等功能做說明，讓一台電腦也能化身成為多部電腦。

7-1-1 新建使用者帳戶

Windows 11 預設的狀態只有一個本機帳戶，也就是系統管理員，本機帳戶擁有管控本機所有的設定。如果想要在此電腦中新增其他的使用者帳戶，可透過以下方式來新增。

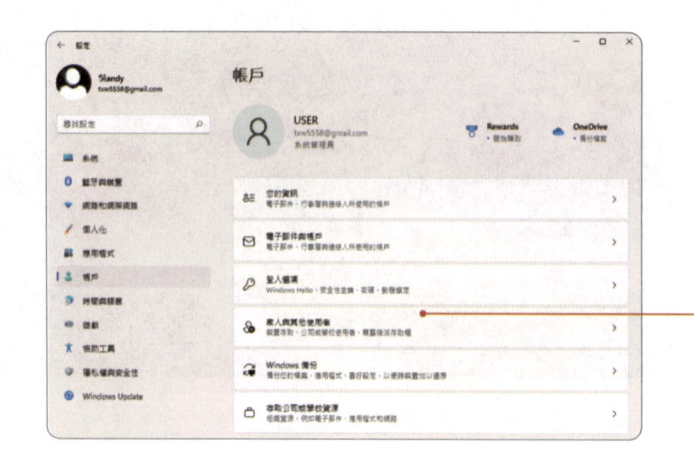

1 按此「家人與其他使用者」

使用者帳戶管理 **07**

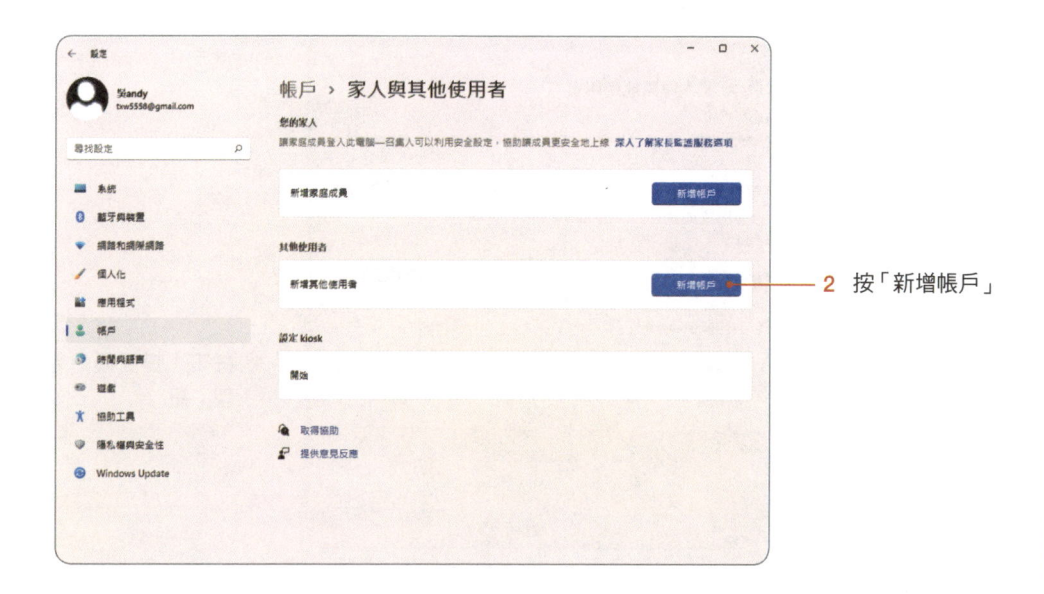

2 按「新增帳戶」

3 輸入該新增人員的 Microsoft 帳號

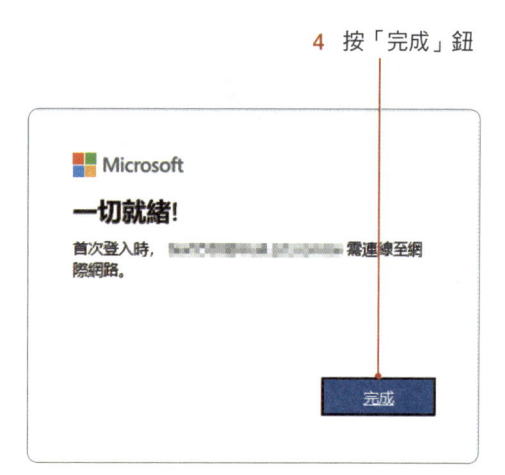

4 按「完成」鈕

7-1-2 變更帳戶類型

依照上面的步驟設定完成後，在「使用者帳戶」的視窗中就可以看到新增的使用者名稱了，剛剛新增的使用者是屬於 Windows 11 的「標準使用者」，而本機帳戶則是屬於「系統管理員」，如果想將帳戶類型做更換，可透過以下方式做設定。

7-3

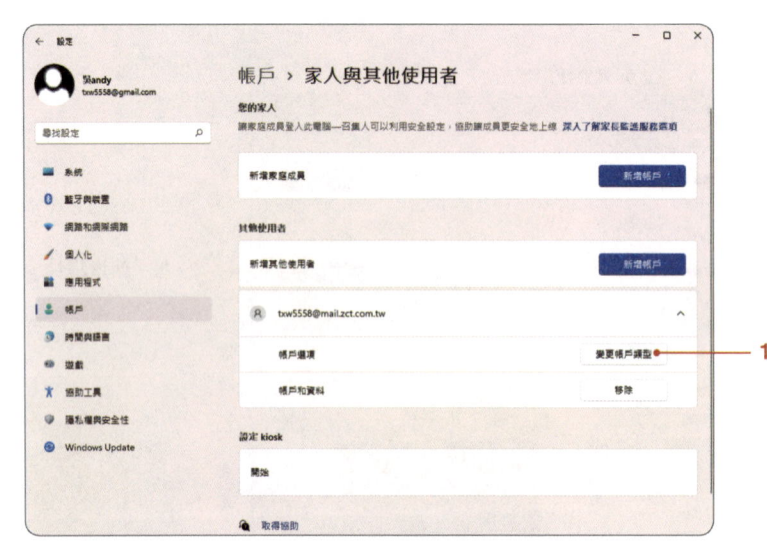

1 按下「變更帳戶類型」鈕

2 將帳戶類型由「標準使用者」變更為「系統管理者」

3 按下「確定」鈕離開

4 使用者的權限已變更完成

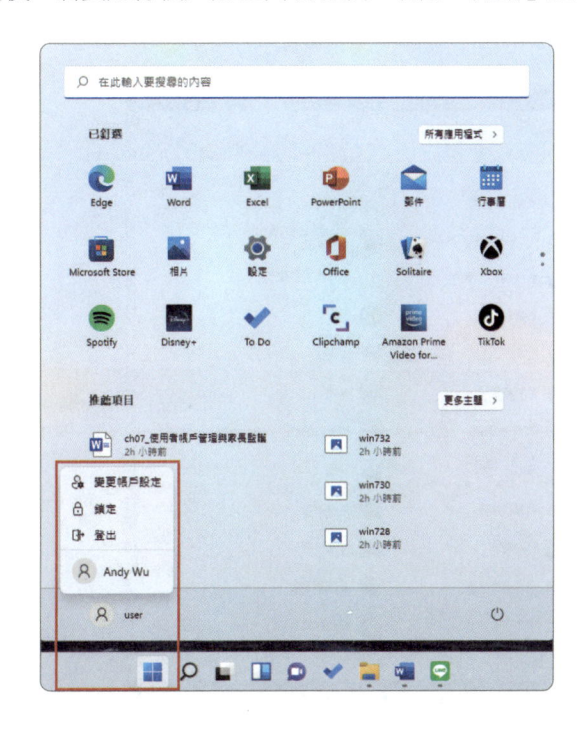

使用者設定完成後，若要進行帳戶的登出或切換，利用「開始」選單即可進行。

常見的帳戶類型有「系統管理員 (Administrator)」及「標準」兩種。系統管理員 (Administrator) 可以進行本機電腦其他使用者帳號的管理工作，包括新增其他帳戶、更改帳戶名稱、變更密碼及刪除帳戶等使用者帳戶的各種管理工作。另外系統管理員可以變更安全性設定、安裝軟體和硬體、存取電腦上的所有檔案。

以「標準」帳戶類型登入電腦時，該使用者取得不具備系統管理權限的標準帳戶。可以使用本機電腦上大部份的軟體，其權限可以變更無關系統安全性的設定，也沒有權限去變更其他使用者的權限。因此建議除了系統管理者之外，要新增其他使用者時，就授予該使用者帳戶類型為「標準」即可。

另外還有一種可以供臨時登入使用的來賓 (Guest) 帳號類型，這個帳戶預設是停用，其主要的權限是登入網際網路，但不能存取電腦中的個人檔案，這種類型平時沒什麼機會用到，在此就不再詳述。

另外我們也可以透過「控制台」去進行使用者帳戶的管理工作，這些工作包括為使用者帳戶進行改名的動作、變更帳戶類型、刪除帳戶、或設定密碼等工作。

1 點選「使用者帳戶」

2 點選「管理其他帳戶」

3 選擇要變更的使用者

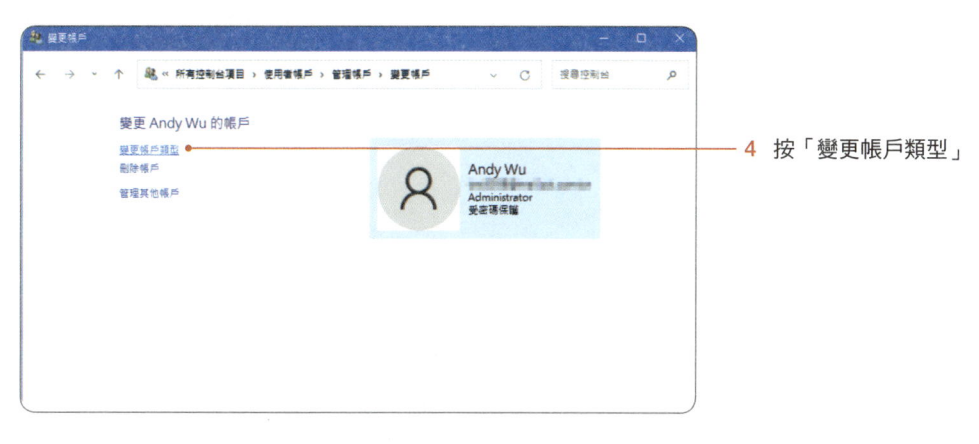

使用者帳戶管理 **07**

4 按「變更帳戶類型」

5 此例筆者選擇「標準」

6 按「變更帳戶類型」鈕完成帳戶類型的變更動作

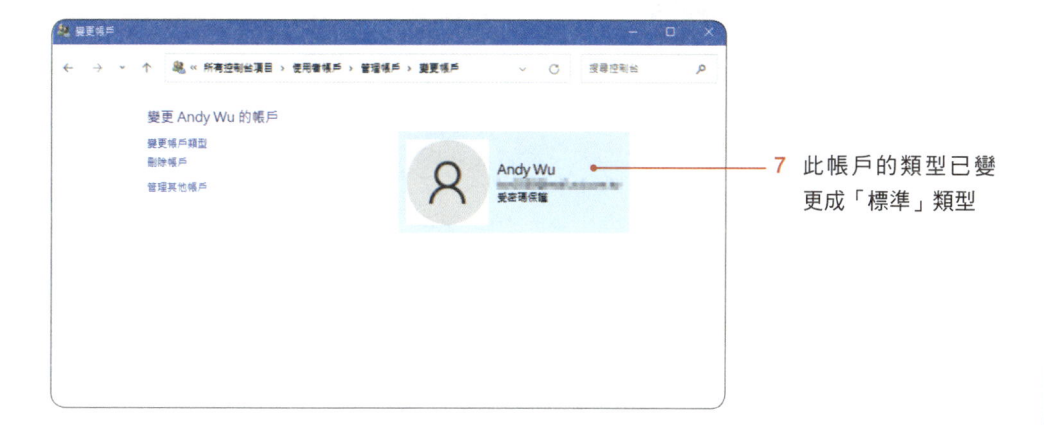

7 此帳戶的類型已變更成「標準」類型

7-1-3 調整電腦登入原則及密碼

如果您要變更登入選項，可以在「設定」頁面，切換到「帳戶 / 登入選項」，如下圖所示：

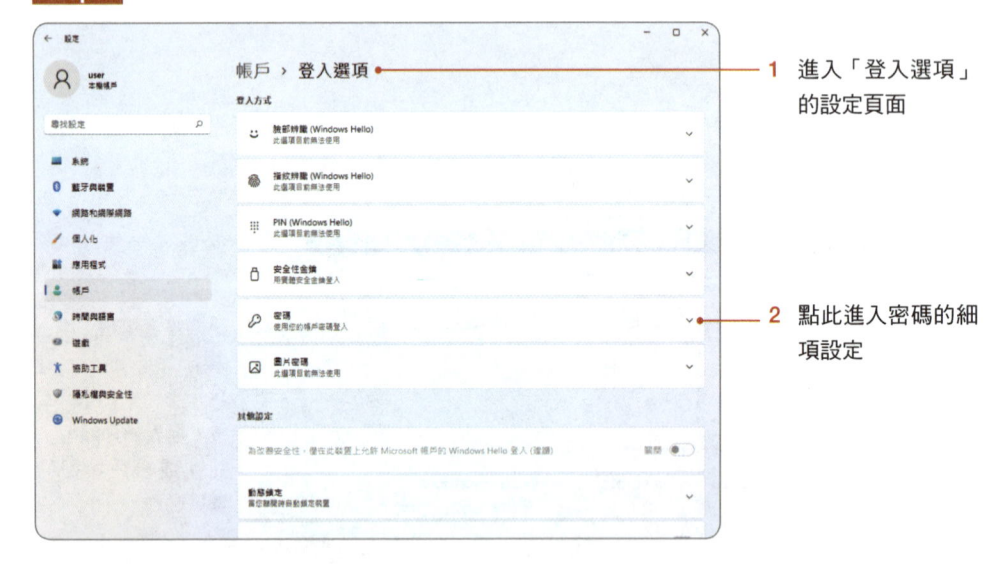

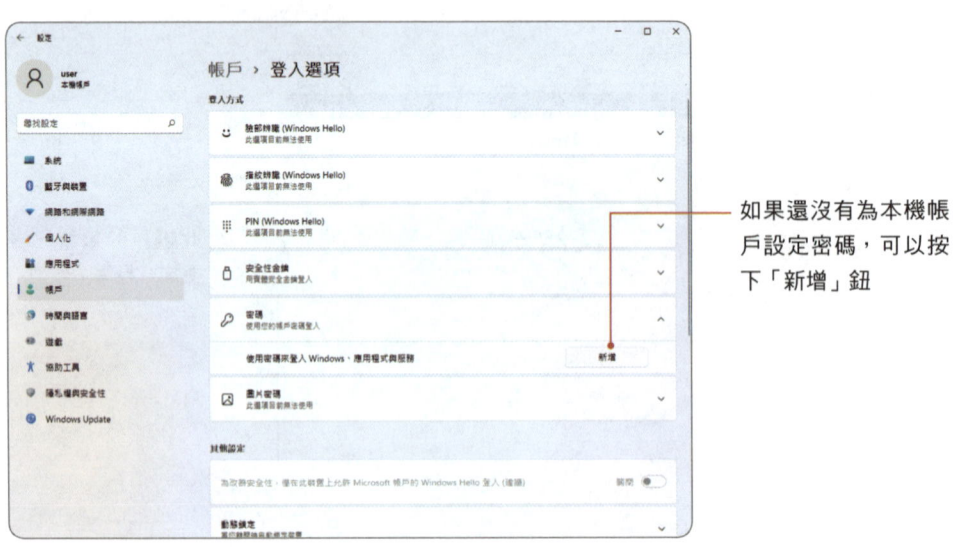

Step 1

1. 進入「登入選項」的設定頁面
2. 點此進入密碼的細項設定

如果還沒有為本機帳戶設定密碼，可以按下「新增」鈕

7-8

使用者帳戶管理　**07**

Step 2

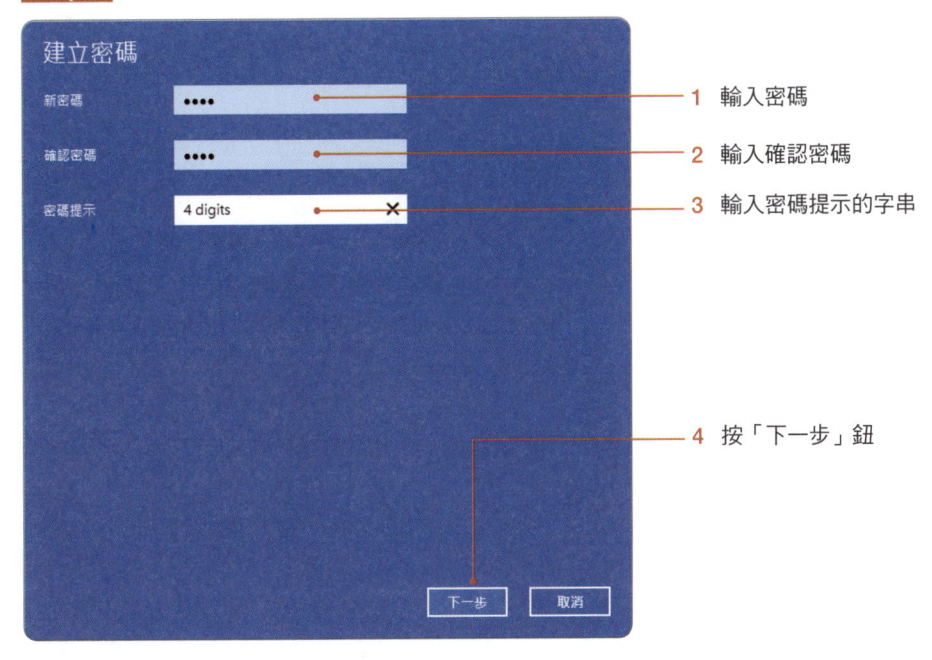

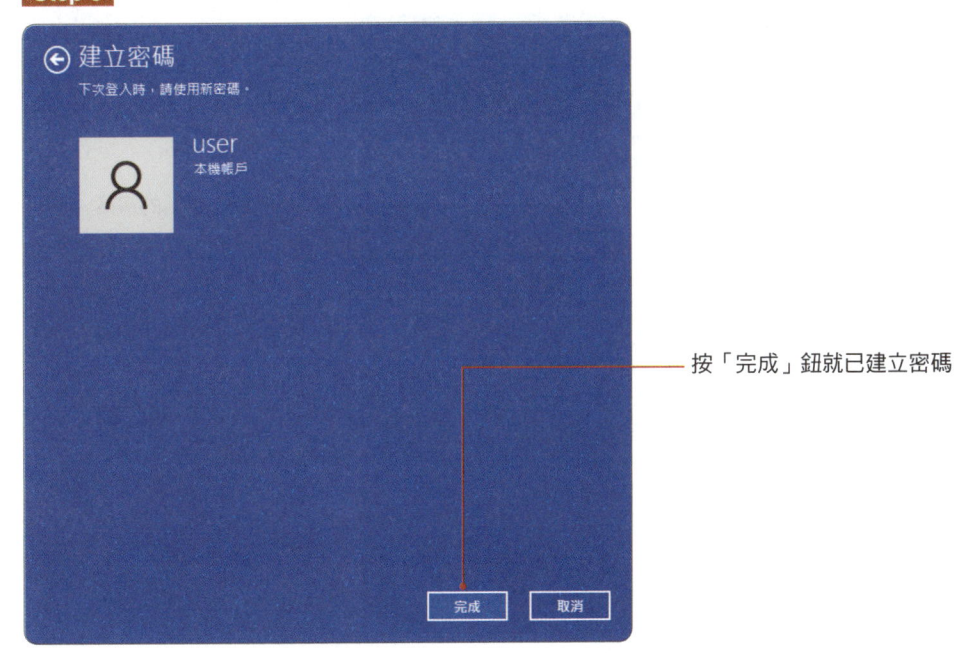

建立密碼
新密碼
確認密碼
密碼提示　4 digits

1　輸入密碼
2　輸入確認密碼
3　輸入密碼提示的字串

4　按「下一步」鈕

下一步　取消

Step 3

⬅ 建立密碼
下次登入時，請使用新密碼。

user
本機帳戶

按「完成」鈕就已建立密碼

完成　取消

7-9

如果要變更密碼，作法如下：

Step 1

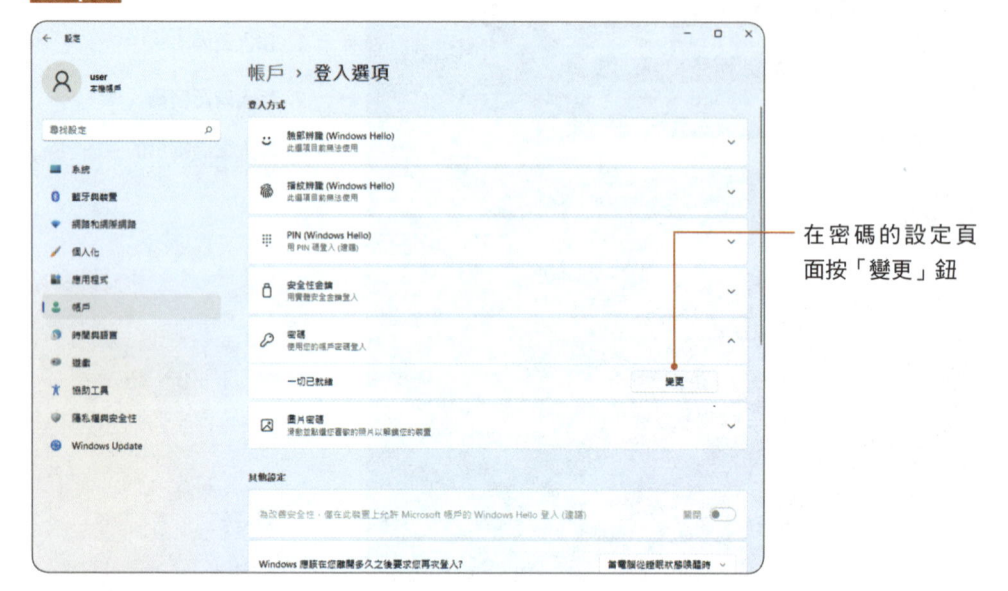

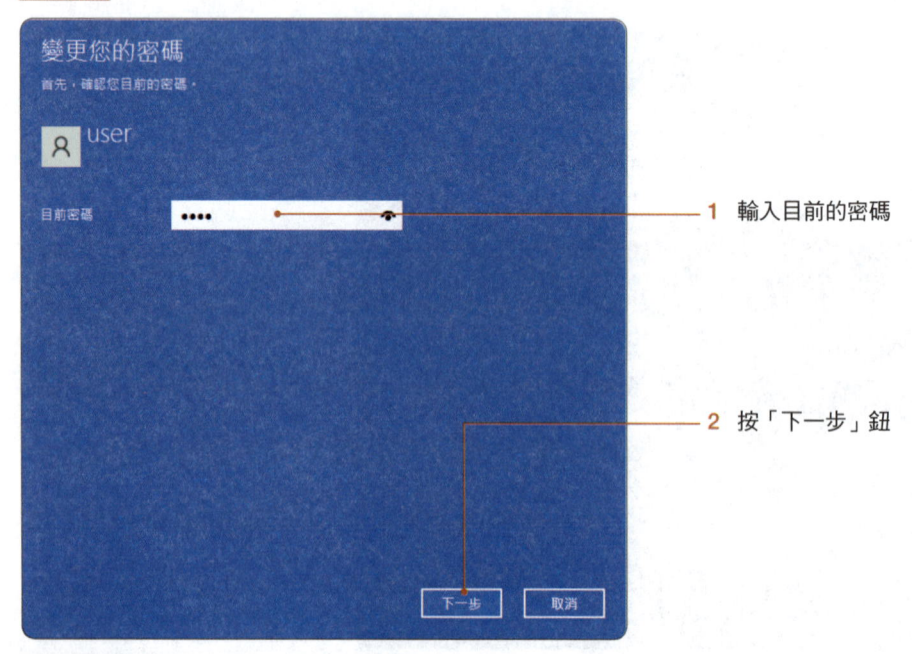

在密碼的設定頁面按「變更」鈕

Step 2

1 輸入目前的密碼

2 按「下一步」鈕

使用者帳戶管理 **07**

Step 3

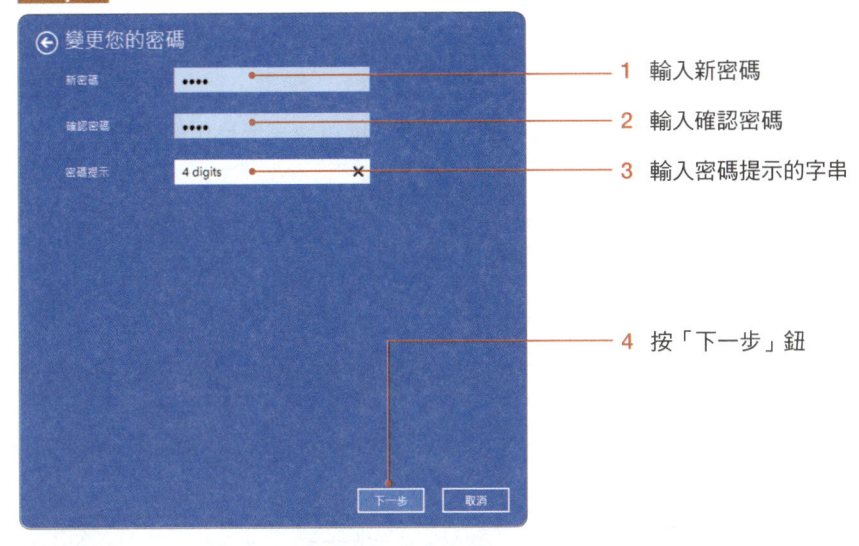

變更您的密碼

1 輸入新密碼
2 輸入確認密碼
3 輸入密碼提示的字串
4 按「下一步」鈕

Step 4

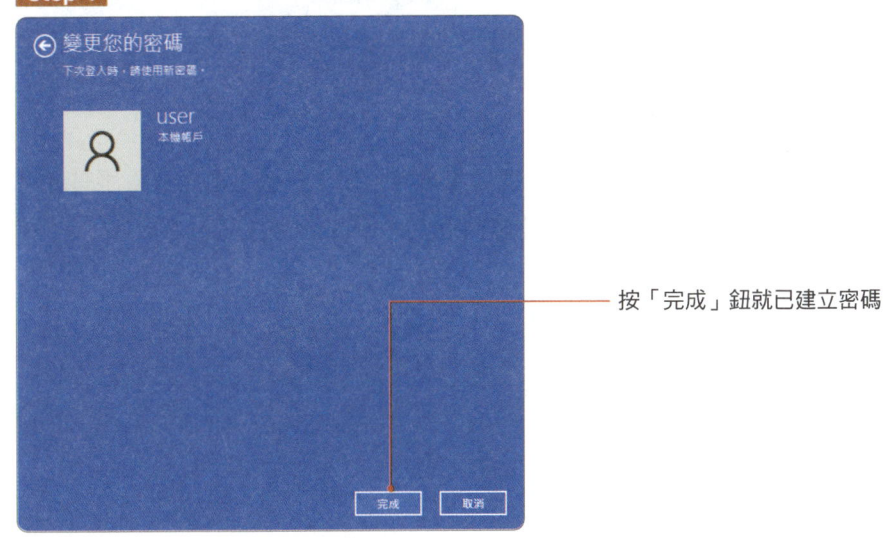

變更您的密碼
下次登入時,請使用新密碼。

user
本機帳戶

按「完成」鈕就已建立密碼

7-2 裝置的同步設定

不管各位是使用 PC 電腦、平板或手機,只要使用微軟帳戶,就可以讓所有的裝置中的佈景主題、網頁瀏覽器設定、密碼、語言喜好…等都設定為同步,也可以自由

7-11

選擇要同步的部分。這是因為使用微軟帳戶登入時，它會將您的個人設定和喜好儲存於雲端，所以當您有做同步設定時，其他裝置也就能同步從雲端讀取設定。要設定同步的功能，不過要先進行身份驗證，當在下圖按下「驗證」鈕，可以要求系統寄發驗證碼到你的郵件信箱，之後取得驗證碼之後，就可以完成身份的驗證。

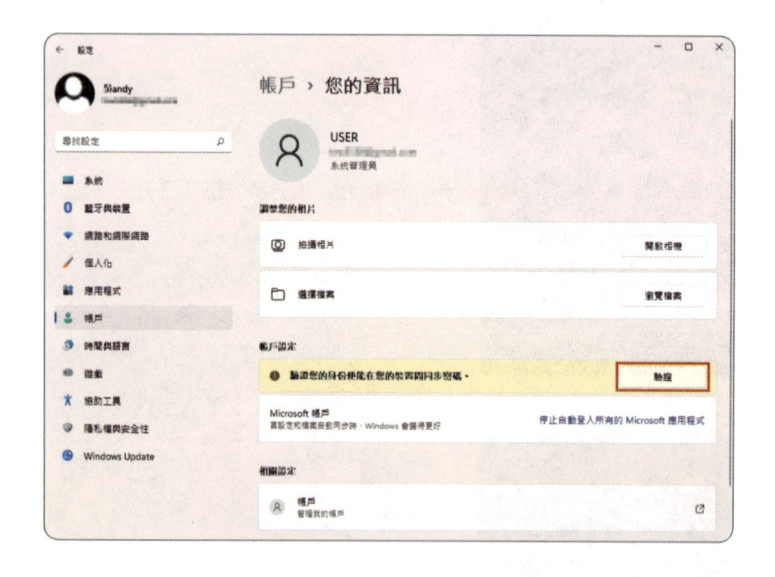

之後只要以 Microsoft 帳戶登入時，就會同步資料，如果要停止自動登入所有應用程式，只要參考下圖指示，就可以達到這項目的。

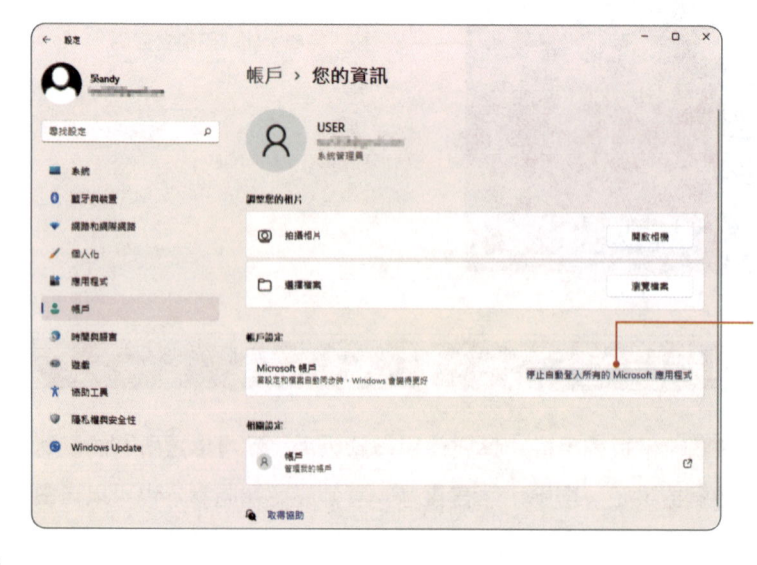

按此鈕，可以停止自動登入所有應用程式

7-3 使用者帳戶控制設定

「使用者帳戶控制」簡稱為 UCA(User Access Control, UAC)，它是一種機制，其主要功能是防止他人在沒有經過授權的情況下變更您的電腦，它的作法是：當電腦執行到可能潛藏會影響電腦作業的動作或指令，就必需要您的授權或密碼才能執行該項工作。底下為 UAC 四種警告訊息：

■ **Windows 需要您的授權才能繼續作業**

表示所執行的功能或程式，會影響到電腦其他使用者的 Windows 功能或程式，因此需要取得管理者的授權，才可以執行該程式或功能。

■ **程式需要您的授權才能繼續**

這個警告訊息的出現表示目前要執行的程式不屬於 Windows 的程式，需要您的授權才可以執行。不過它擁有的有效數位簽章會指出其名稱及發行者，有助於確定這是您要執行的程式。

■ **無法辨識的程式想要存取您的電腦**

這是一種無法辨識的程式，也就是說，它沒有發行者的有效數位簽章可確定該程式及其本身宣稱之程式的程式。這個警告訊息並不代表這個程式一定有執行上的問題，因為一些早期舊版的合法程式就沒有簽章，如果您確定這個程式為您信任管道所取得的程式，執行它就可以降低對電腦造成傷害的風險。

■ **此程式已被封鎖**

表示此程式已被系統管理員封鎖，不允許該程式在您的電腦上執行，除非告知系統管理員，並請求解除封鎖該程式，才可以執行該程式。

當各位電腦有連上網路，經常會有一些應用程式想嘗試安裝軟體或變更我的電腦，對於不熟悉的網路或系統，最好還是小心些，各位可以透過以下的方式來防止有害程式變更您的電腦。

Windows 11 制霸攻略

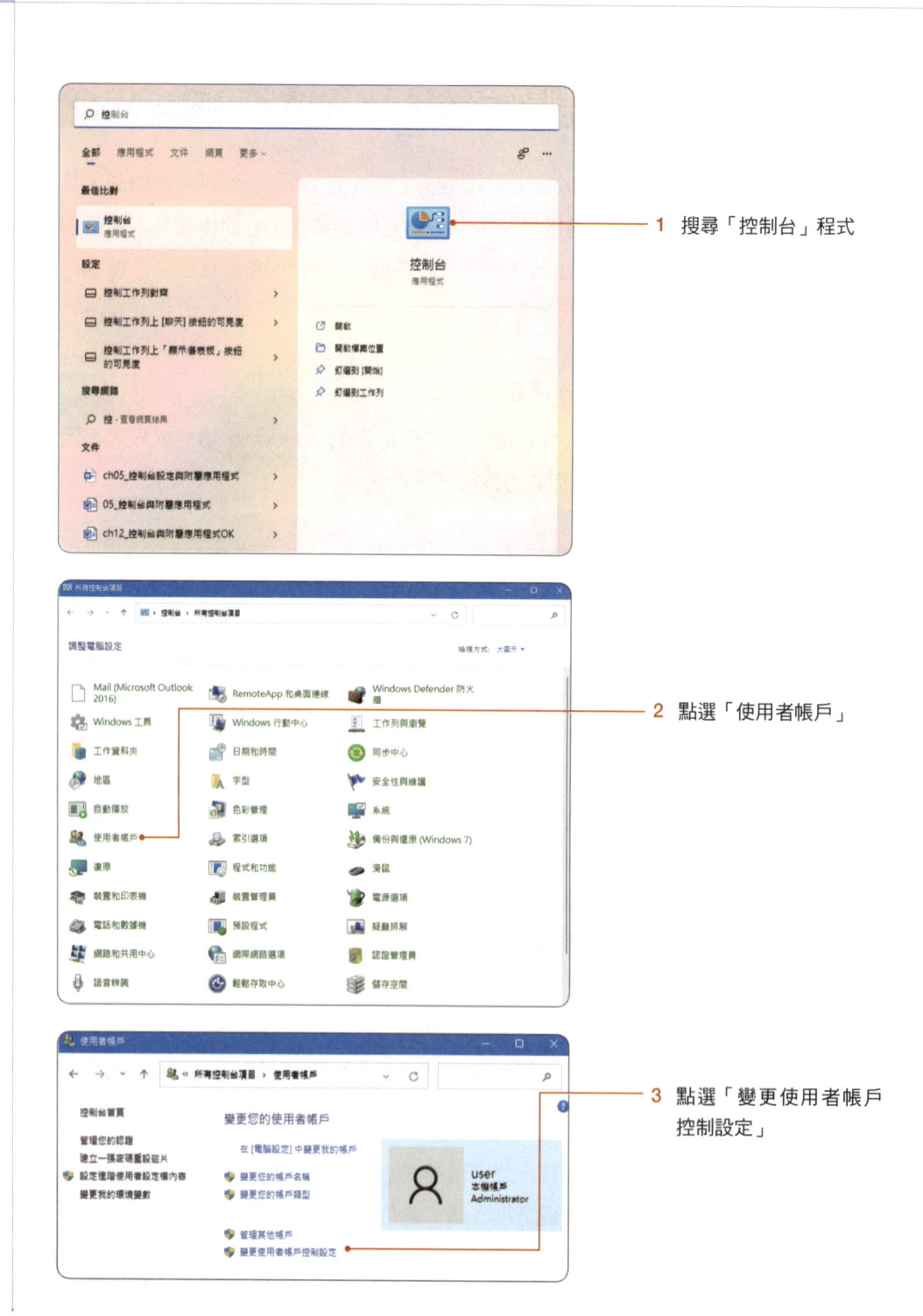

1 搜尋「控制台」程式

2 點選「使用者帳戶」

3 點選「變更使用者帳戶控制設定」

使用者帳戶管理 **07**

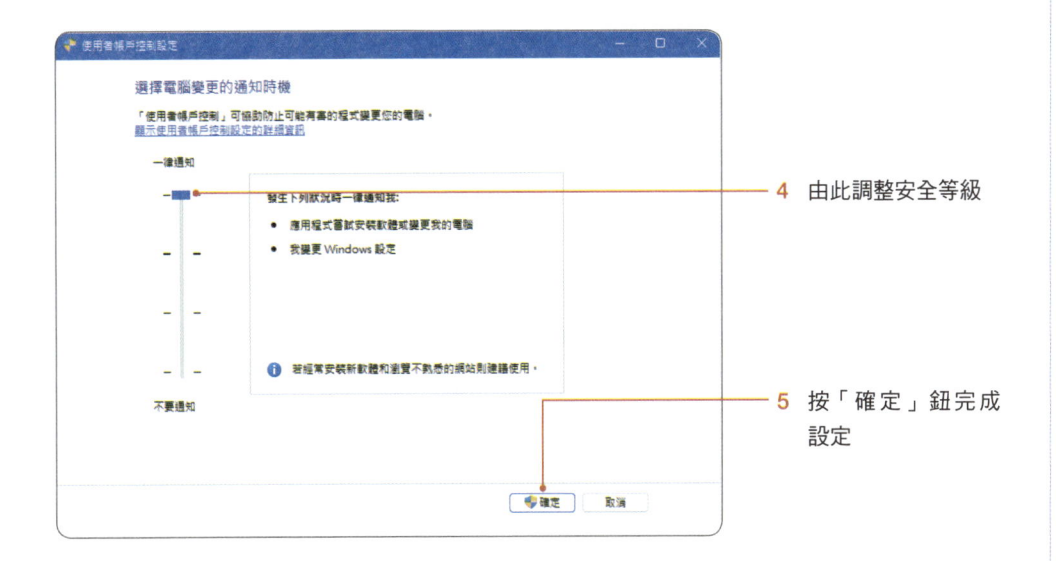

4 由此調整安全等級

5 按「確定」鈕完成設定

使用者帳戶控制設定的等級共有如下四種：

■ 發生狀況時一律通知

當 Windows 以外的程式想對 Windows 設定進行需要系統管理員權限的變更時，一律顯示通知。如果各位經常安裝新軟體或是經常瀏覽不熟悉的網站，則建議選擇此項。

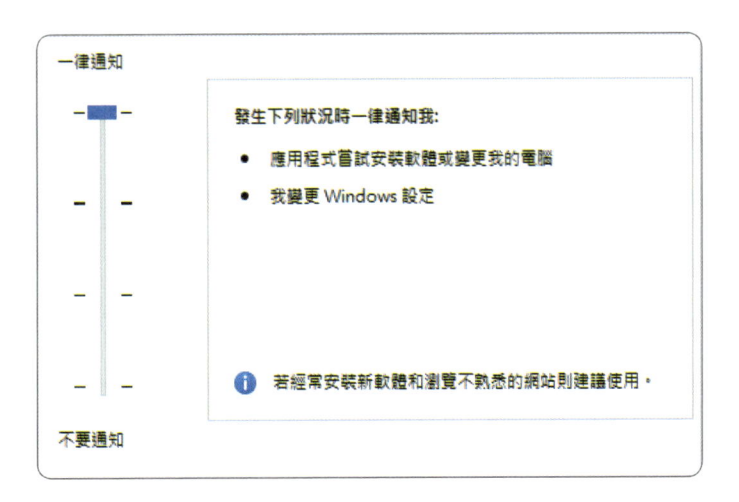

7-15

■ 只在應用程式嘗試變更我的電腦時才通知我 (預設值)

這是預設的選項，當程式想對電腦進行需要系統管理權限的變更前做通知，若是變更 Windows 設定則不會通知。若各位使用熟悉的程式並經常瀏覽熟悉的網站，則可以選用此預設值。

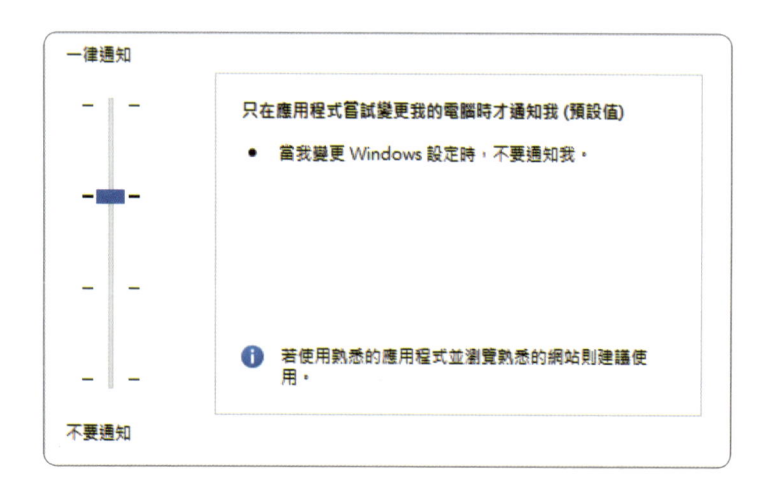

■ 應用程式嘗試變更我的電腦時才通知我 (不要將桌面變暗)

基本上與前項的設定相同，但是不會以安全桌面的方式通知。如果有惡意的程式在電腦上執行，就會有安全上的風險，所以不建議使用。

使用者帳戶管理 07

■ 不要通知

當應用程式嘗試安裝軟體或變更我的電腦,都不要通知我。設定此項時,等於停用 UAC 的機制,因此不建議使用。

```
一律通知
         發生下列狀況時,不要通知我:
         • 應用程式嘗試安裝軟體或變更我的電腦
         • 我變更 Windows 設定



         ⓘ 不建議。
不要通知
```

Note

CHAPTER

08 | 軟體管理與協助工具

這裡除了介紹軟體的新增、變更、移除外，同時也會針對特殊人士的使用功能做說明，讓各位在管理軟體或使用時，都能輕鬆上手。

8-1 軟體的新增

不管是辦公軟體、影像繪圖、視訊、音訊、程式…等各種軟體，想要使用它就必須將軟體先安裝到個人電腦中才能使用，早期軟體以光碟片為主，購買正版軟體時會得到一組序號，安裝過程中輸入序號即可永久使用。現在的很多應用程式則是直接透過網路作下載安裝，只要登入為會員可試用軟體 30 天，軟體公司透過帳號可以了解會員使用的情況。

傳統軟體大都以光碟片方式呈現，而軟體是由程式設計所撰寫的原始碼編譯而成，一般都會製作成 Autorun.exe 的格式，讓光碟片一放入光碟機時就自動啟動。如果沒有自動啟動程式，也可以自行打開光碟的資料夾，然後執行「SetUp.exe」執行檔，就可以依照精靈的指示進行安裝。

近年來，由於軟體的功能越做越好，往往一片光碟片無法容納的下，而且軟體廠商為了打擊盜版，同時降低製作的成本，現在都紛紛透過帳號來控管軟體使用情形，所以透過網路下載安裝軟體也變得很普遍，通常只要上網登入為會員，不管是試用或是要購買軟體，都可以直接透過網路來進行。

很多軟體廠商都是透過官方網站來讓一般大眾來試用或購買軟體，通常輸入個人姓名與電子郵件資料，即可進行下載

軟體管理與協助工具 **08**

8-2 解除 / 變更已安裝的軟體

一般傳統的軟體在安裝後，通常都會顯示在「所有應用程式」當中，所以如果確定不再使用，就可以到「應用程式和功能」去做解除或變更的動作。由於作業系統改為圖形介面後，很多人都不知道如何開啟程式集，因此這裡跟各位作說明。

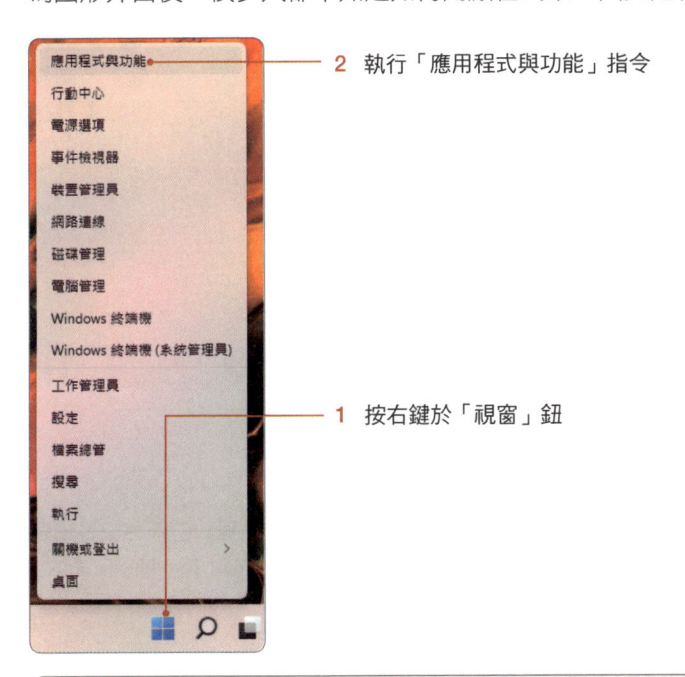

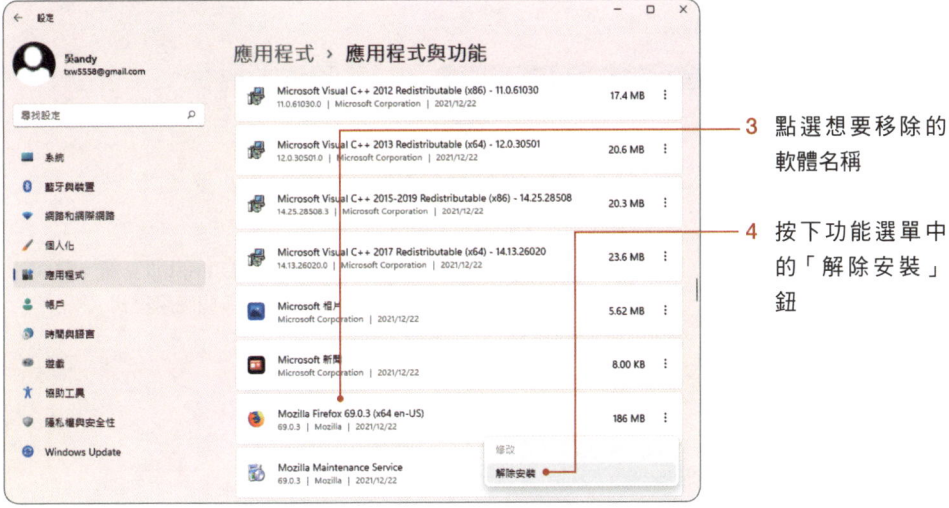

1 按右鍵於「視窗」鈕

2 執行「應用程式與功能」指令

3 點選想要移除的軟體名稱

4 按下功能選單中的「解除安裝」鈕

8-3

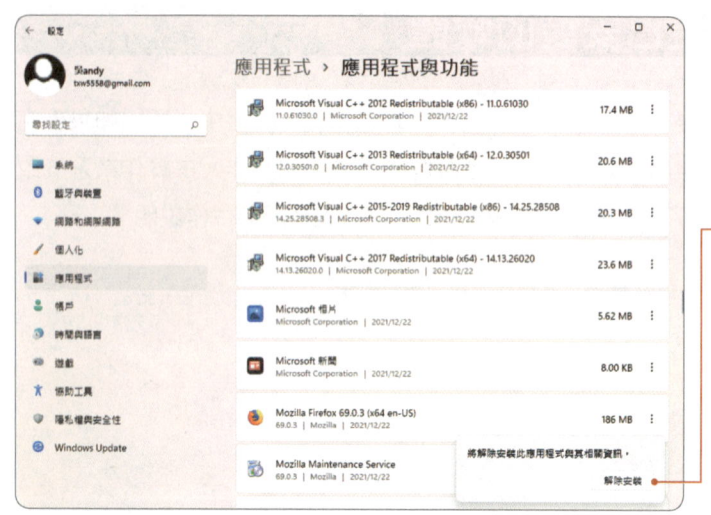

5 再次確認是否要解除安裝該應用程式，如果是，請再按下「解除安裝」鈕

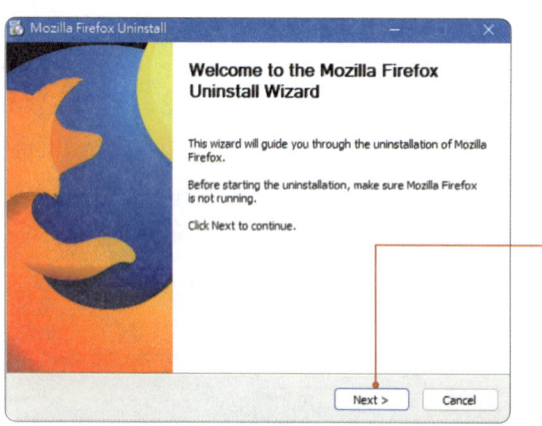

6 出現該應用程式的解除安裝精靈程式，請依指示按「Next」鈕

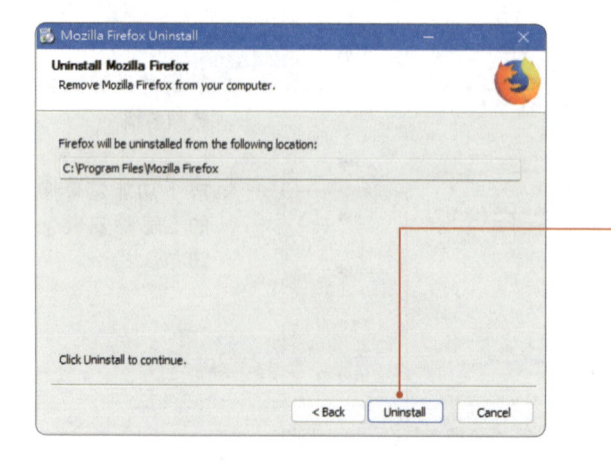

7 接著按「Uninstall」鈕，就可以解除安裝這個應用程式

軟體管理與協助工具　08

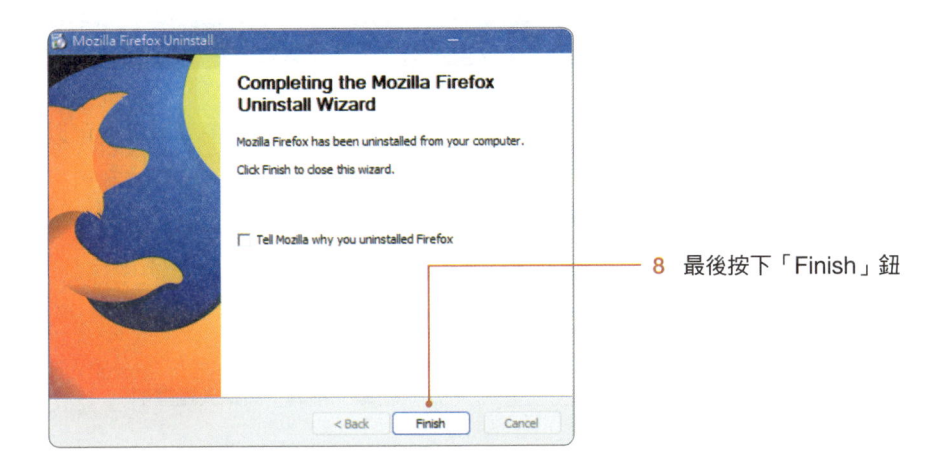

8　最後按下「Finish」鈕

除了可以作解除安裝的動作外，也可以作變更或修護的處理。請參考下面的示範：

Step 1

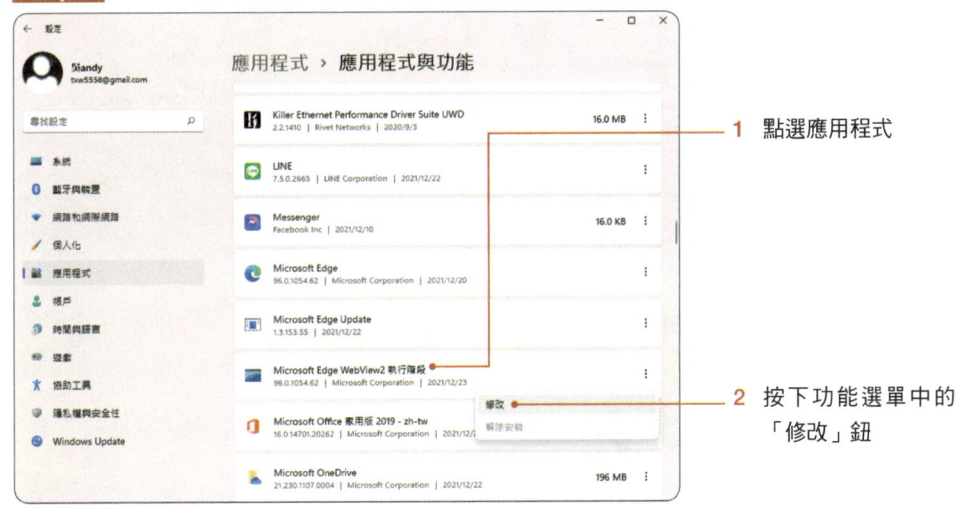

1　點選應用程式

2　按下功能選單中的「修改」鈕

Step 2

按此鈕即可開始修復程式

8-5

8-3 設定程式關聯性

Windows 檔案的附檔名主要是讓使用者可以判斷檔案的類別，同一種檔案格式可以在不同的應用程式被開啟，像是 *.bmp、*.pcx、*.tiff…等圖像格式，都可以利用相片程式或繪圖程式來開啟。如果您希望某個副檔名能優先以某一特定程式來開啟，那麼可透過以下方式做設定。

Step 1

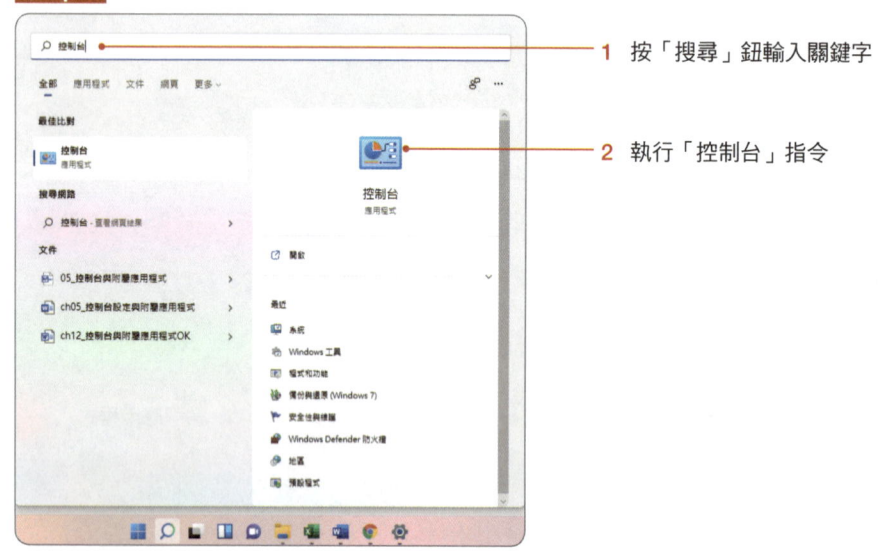

1. 按「搜尋」鈕輸入關鍵字
2. 執行「控制台」指令

Step 2

點選「預設程式」

軟體管理與協助工具 **08**

Step 3

點選此項目

Step 4

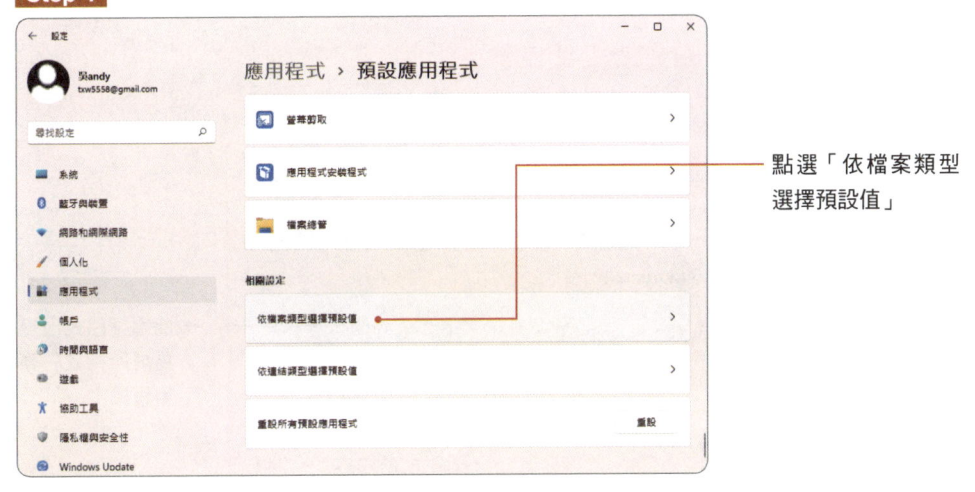

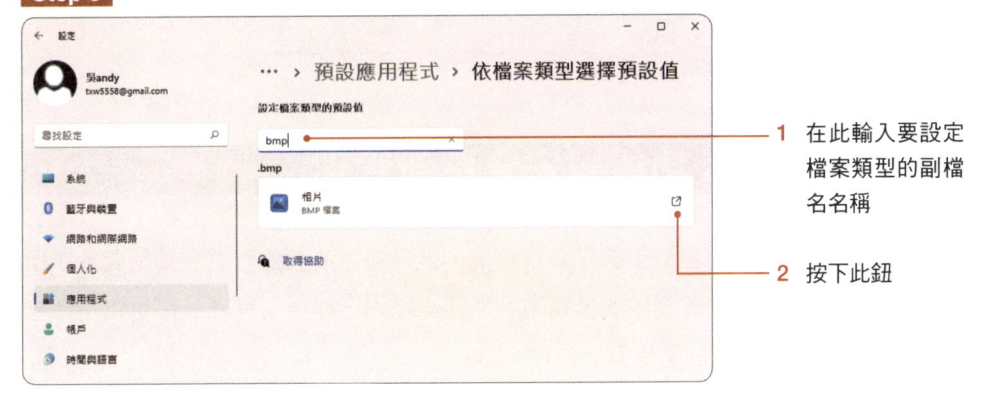

點選「依檔案類型選擇預設值」

Step 5

1 在此輸入要設定檔案類型的副檔名名稱

2 按下此鈕

8-7

Step 6

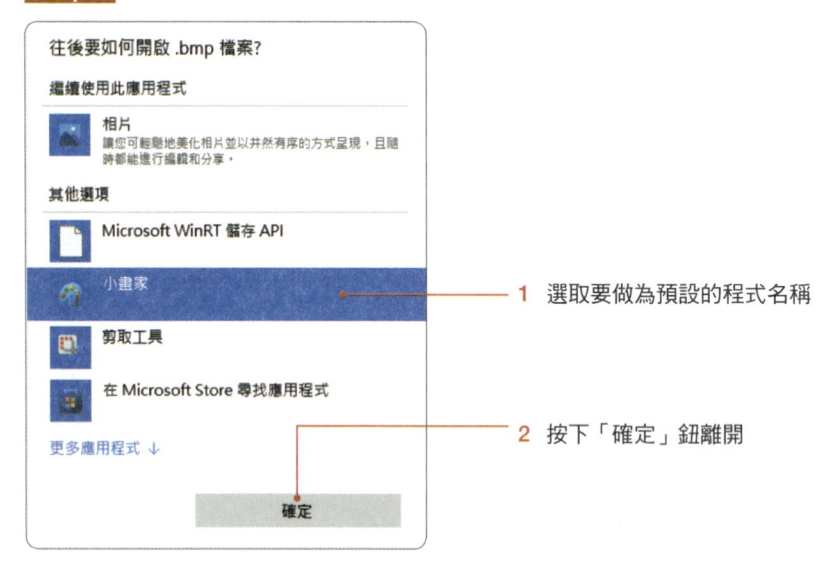

1 選取要做為預設的程式名稱

2 按下「確定」鈕離開

Step 7

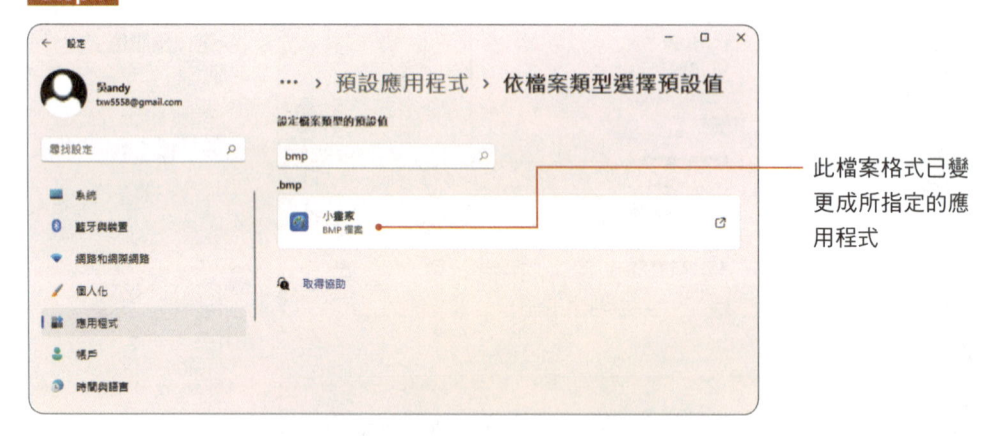

此檔案格式已變更成所指定的應用程式

8-4 Windows 功能與安全更新管理

Windows 11 在安裝時已經安裝了許多功能，但是並非所有的程式全部都開放，所以想要知道哪些功能有被開啟或被關閉，又哪些程式已經更新完成，都可以透過控制台上的「程式和功能」來查看。

8-4-1 開啟 / 關閉 Windows 功能

請開啟「控制台」指令後,將顯現如下視窗。

Step 1

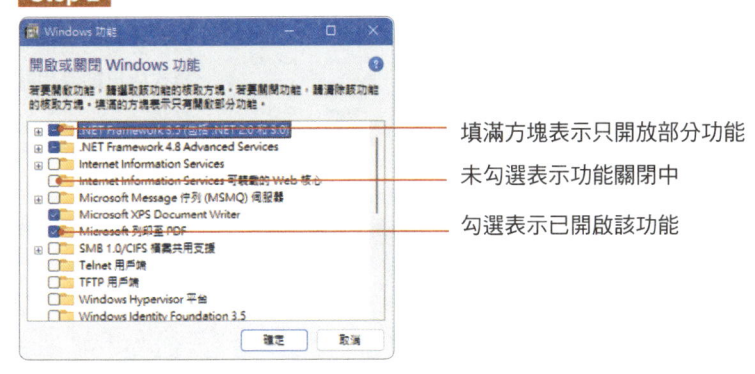

再按下「程式和功能」的圖示

點選「開啟或關閉 Windows 功能」

Step 2

填滿方塊表示只開放部分功能

未勾選表示功能關閉中

勾選表示已開啟該功能

8-9

關閉的功能若要啟動，只要勾選前面的核取方塊，再按下「確定」鈕就可搞定。

8-4-2 檢視已安裝的更新

若要檢視 Windows Update 網站上那些程式已更新安裝，那麼請按下「更新記錄」。

Step 1

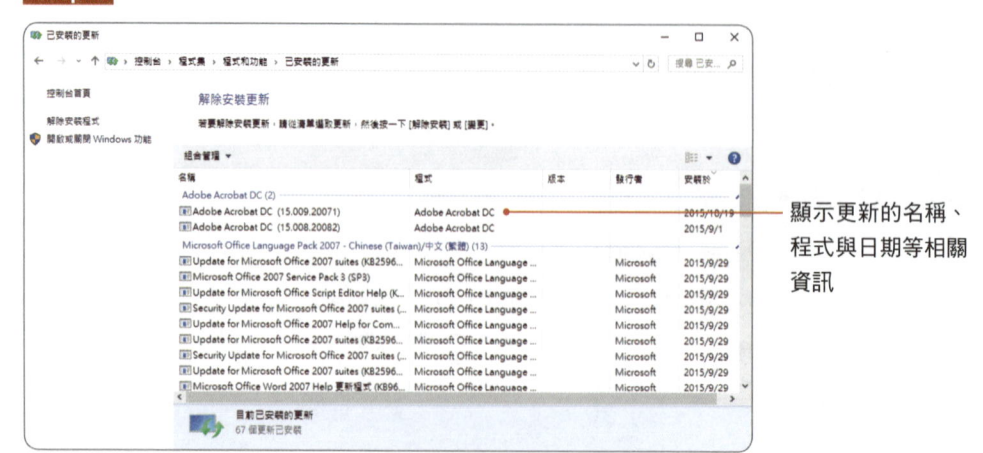

點選此項

Step 2

顯示更新的名稱、程式與日期等相關資訊

8-5 實用的協助工具

針對視力較弱的特殊人士,現在也可以透過系統的調整,讓他們也能輕鬆使用電腦。另外如果您習慣以螢幕小鍵盤來輸入中文或標點符號,這裡提供一些小技巧供各位做參考。

8-5-1 高對比顯示文字

視力較弱的人可能沒辦法看清楚螢幕上的文字,可以透過「設定」的「協助工具」功能來調高螢幕上的對比效果。

Step 1

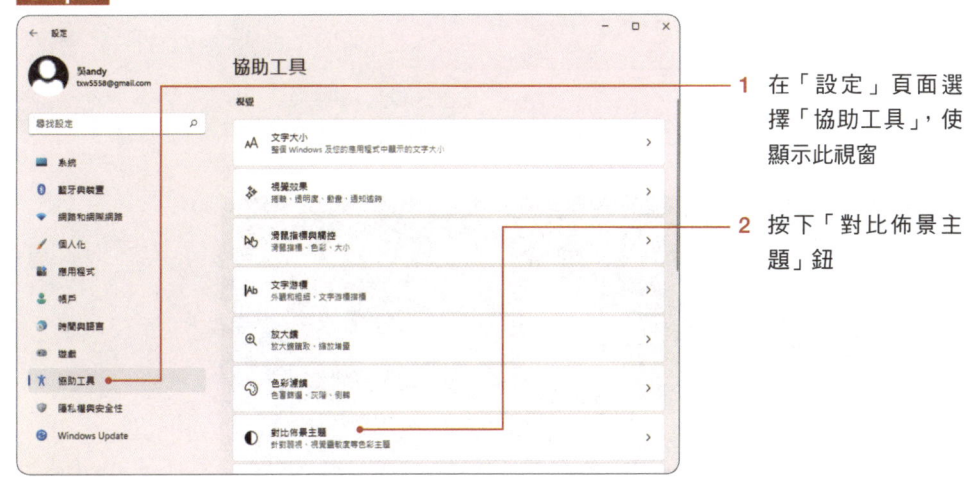

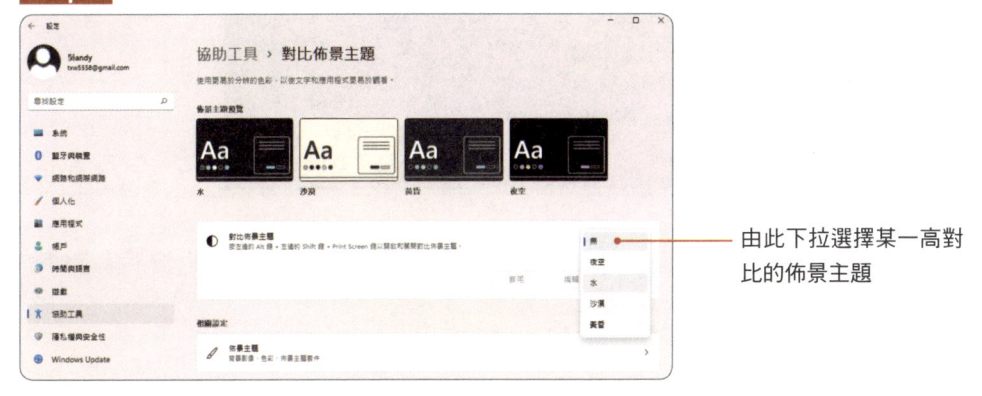

1. 在「設定」頁面選擇「協助工具」,使顯示此視窗
2. 按下「對比佈景主題」鈕

Step 2

由此下拉選擇某一高對比的佈景主題

Step 3

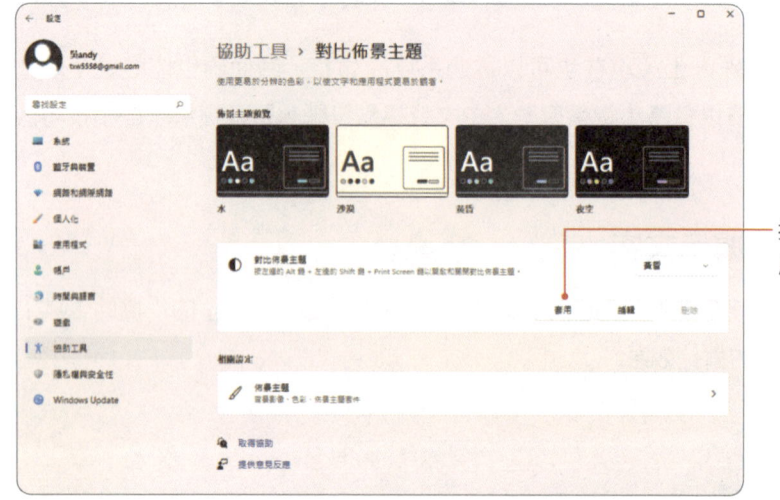

按下「套用」鈕套用效果

按下「套用」鈕後並稍待一下，螢幕就會呈現如下的高反差效果。

針對所選擇的高對比效果，如果覺得哪個顏色對比不夠明顯，也可以按下「編輯」自行做更換，如下圖所示：

軟體管理與協助工具 08

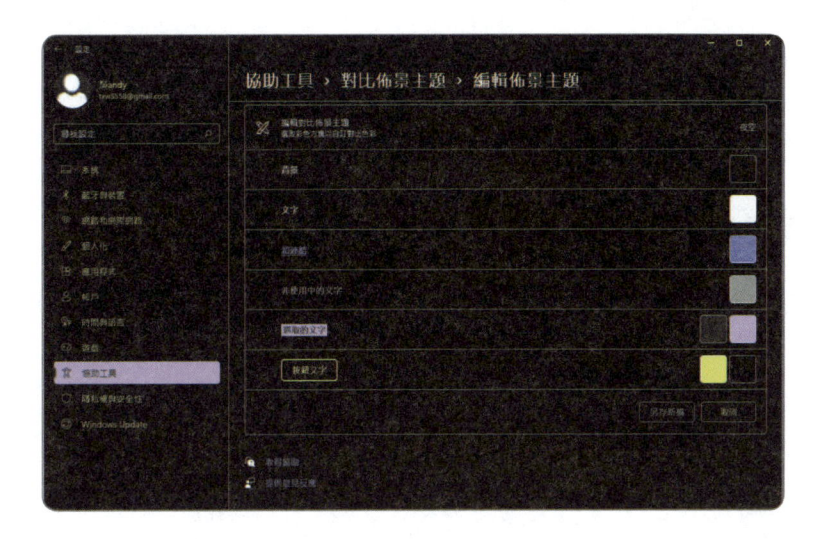

8-5-2 放大鏡放大螢幕

「放大鏡」功能主要在放大螢幕的比例，除了可以設定放大的比例外，還可以選擇檢視全螢幕或是以透鏡來局部檢視。

Step 1

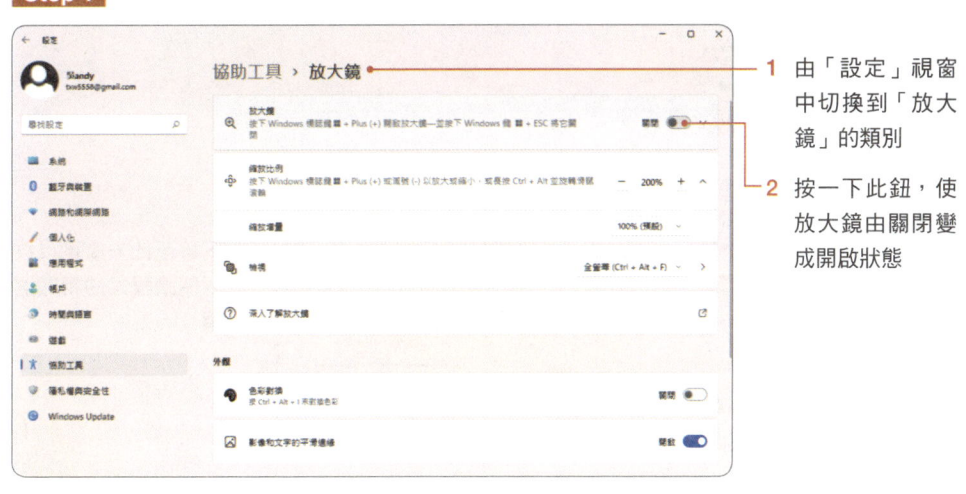

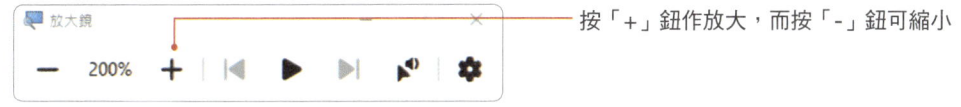

1 由「設定」視窗中切換到「放大鏡」的類別

2 按一下此鈕，使放大鏡由關閉變成開啟狀態

Step 2

按「+」鈕作放大，而按「-」鈕可縮小

8-13

接下來各位就會發現螢幕上的畫面變大，當滑鼠靠近螢幕周圍，就會自動平移畫面，如果想要關閉放大鏡功能，只要按下快速鍵「win」+「Esc」鍵即可，如果想要再次啟動放大鏡，也可以按快速鍵「win」+「+」鍵即可。

8-5-3 朗讀程式的提醒

如果覺得放大鏡功能與高對比都不太適合，那麼還有「朗讀程式」的功能，它可以提供語音提示，讓視力有問題者也可以輕鬆存取電腦上的資料。

Step 1

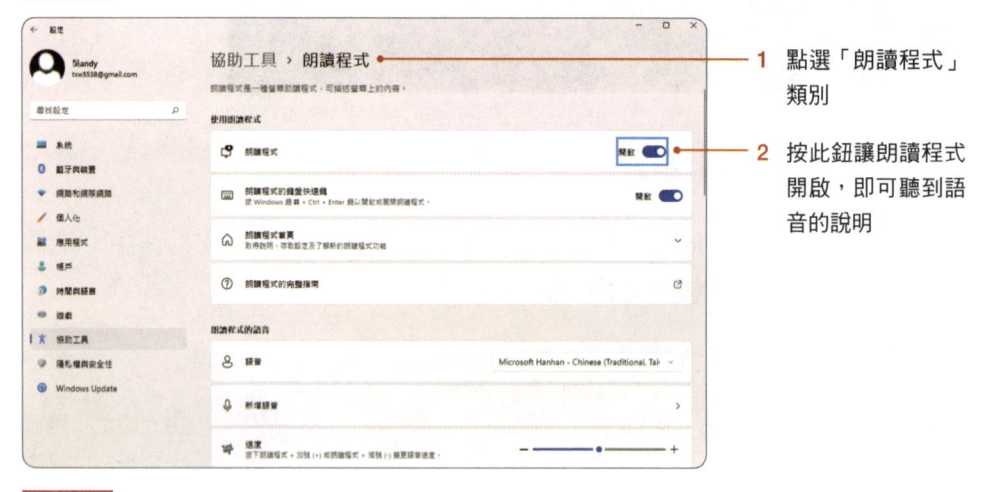

1 點選「朗讀程式」類別

2 按此鈕讓朗讀程式開啟，即可聽到語音的說明

Step 2

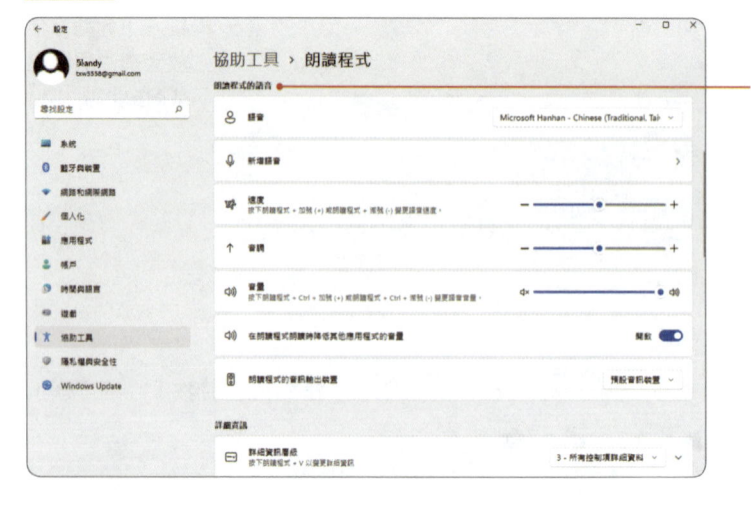

下移至此，還可以控制朗讀程式的相關選項

8-5-4 語音控制電腦

在 Windows 11 系統中，除了使用傳統的輸入方式來操作電腦外，現在也能夠使用語音來操控電腦，雖然目前的技術還不夠完善，但將來一定會越來越好。語音辨識主要是透過使用者的聲音來啟動程式、開啟功能表、按一下按鈕和螢幕上的其他物件，也可以將文字聽寫成文件，或是撰寫 / 傳送電子郵件，只要是使用鍵盤或滑鼠可以完成的事項，都可以透過使用者的聲音來完成。

要設定語音辨識功能，那麼可以透過「設定」的「協助工具」，就可以看到「語音辨識」的功能。如圖示：

Step 1

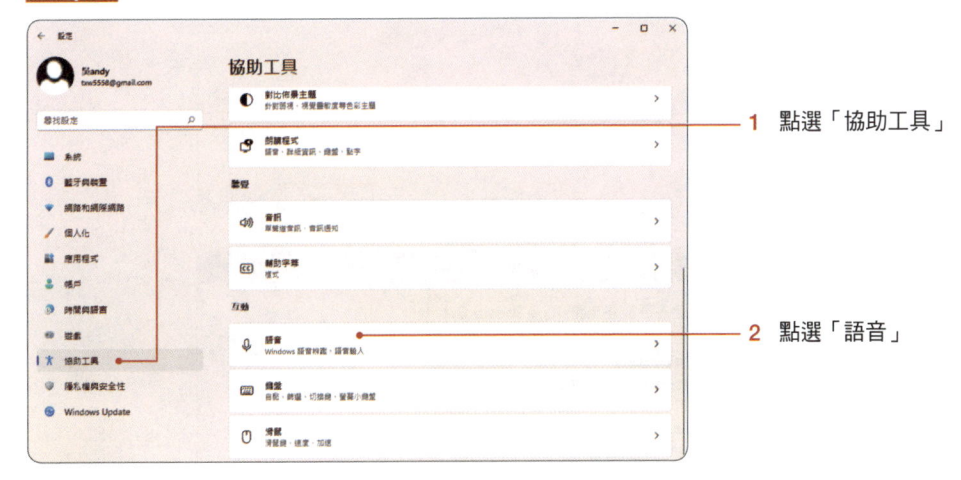

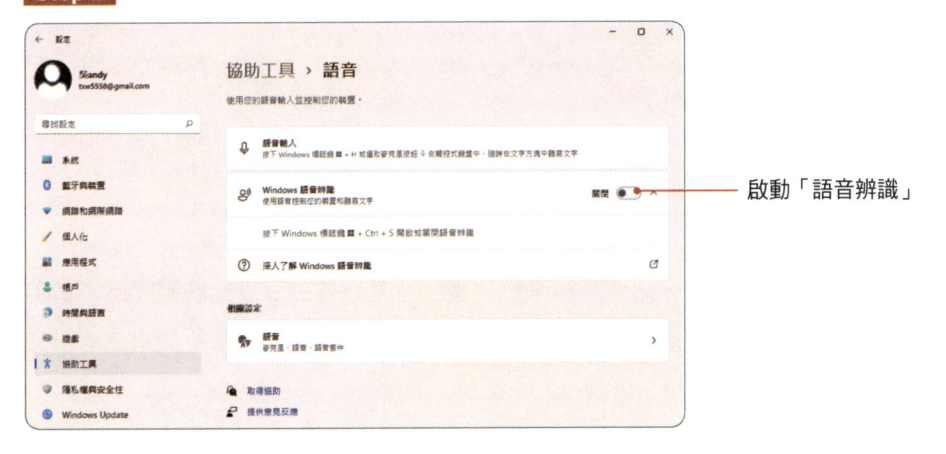

1 點選「協助工具」
2 點選「語音」

Step 2

啟動「語音辨識」

8-15

接下來的一連串設定步驟,就是要讓語音辨識系統能夠慢慢熟悉使用者的聲音。請先按下「啟動語音辨識」功能,接著會看到說明文字,告訴各位語音辨識系統所能提供的服務有哪些。

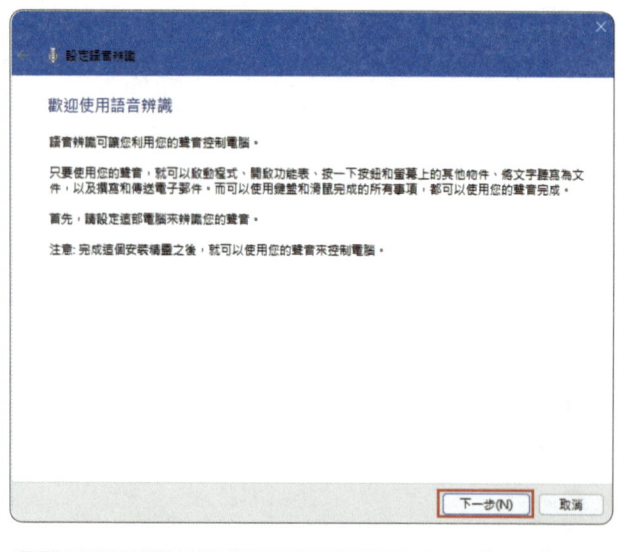

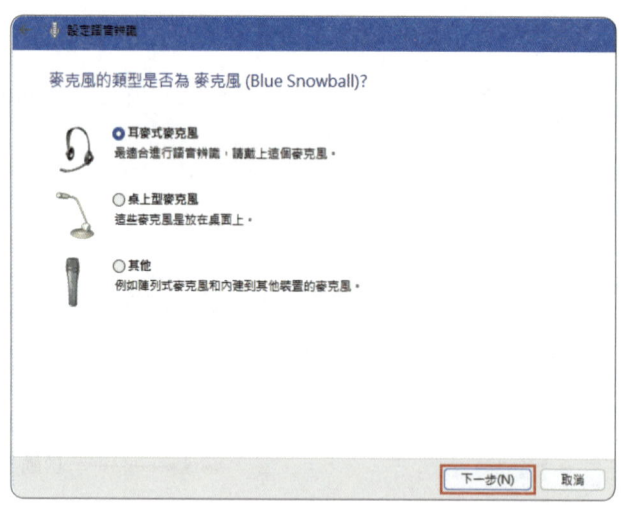

緊接著就是麥克風的設定,語音辨識系統建議各位最好選擇耳麥式的麥克風,當各位依照指示調整好麥克風的位置後,請對著麥克風大聲地唸出系統所要求的一段文字,如圖示:

除了麥克風的設定外，精靈還會要求各位繼續設定語音辨識，以便改善語音辨識的準確度，讓電腦能夠熟悉您所要求的命令。設定完成後，各位就會在桌面上方看到如圖的面板。想要使用或關閉語音辨識功能，可按「Ctrl」+「視窗」鈕來控制。

8-5-5 螢幕小鍵盤

如果各位習慣以螢幕小鍵盤來輸入中文或標點符號，除了可以透工作列設定的方式來將螢幕小鍵盤開啟，也可以使用「Win+Ctrl+O」的快速鍵開啟。底下為開啟螢幕小鍵盤的操作方式：

Step 1

在工作列按滑鼠右鍵，再點選「工作列設定」

Step 2

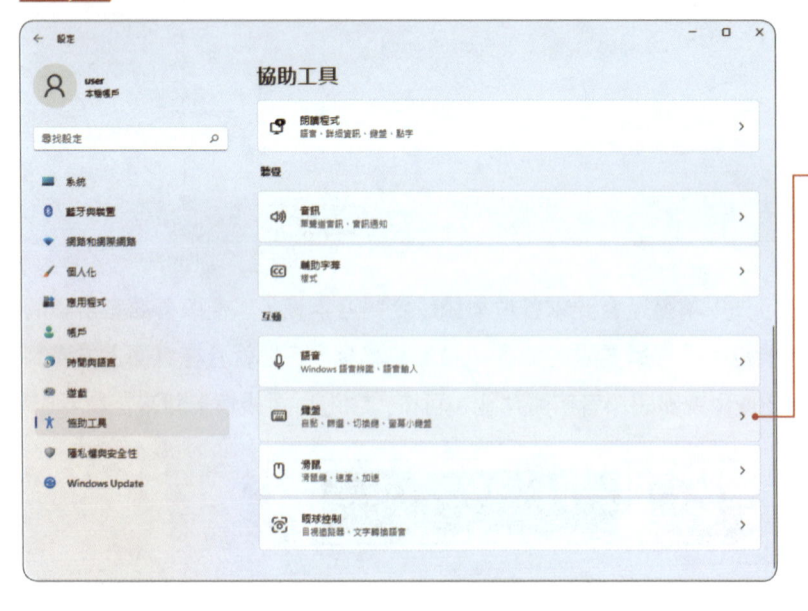

展開「鍵盤」設定選項

軟體管理與協助工具 **08**

Step 3

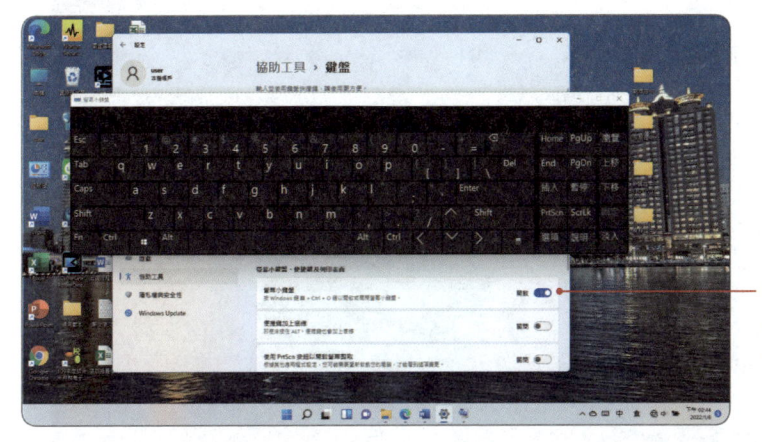

將「螢幕小鍵盤」開啟，就可以在桌面上出現螢幕小鍵盤

8-5-6 使用 PrtScn 按鈕以開啟螢幕剪取

另外如果您希望也可以透過 PrintScreen 鍵來抓取螢幕畫面，也要記得在設定「協助工具」時，開啟「使用 PrtScn 按鈕以開啟螢幕剪取」。

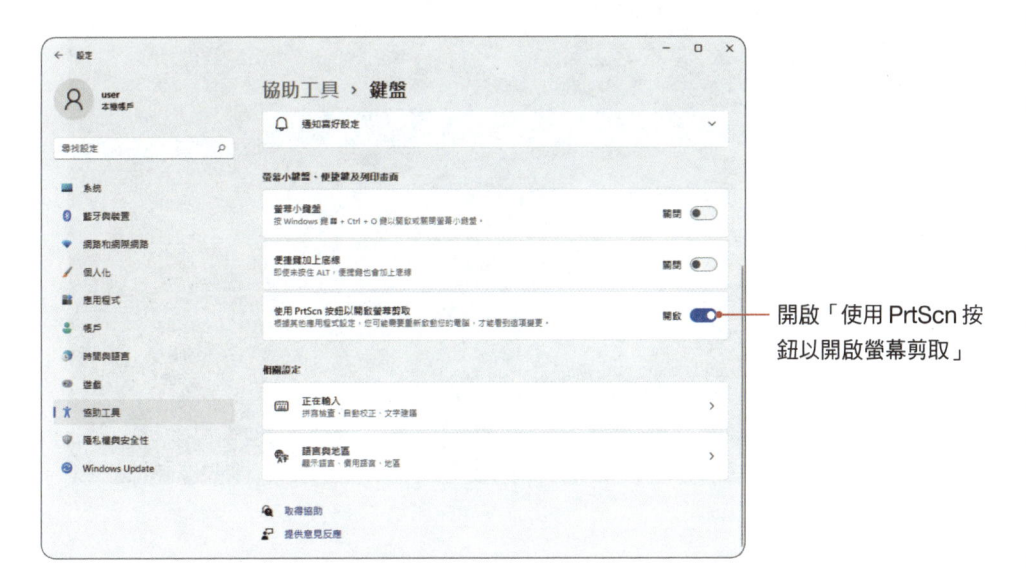

開啟「使用 PrtScn 按鈕以開啟螢幕剪取」

共有 4 種擷取模式：「長方形」、「手繪多邊形」、「視窗」、「全螢幕」。

下圖為「手繪多邊形」的擷取方式：

CHAPTER

09

一手掌握裝置新增與設定

硬體的設施相當多，要正確使用各項硬體裝置，必須妥善安裝及設定，以前在 Windows XP 的 32 位元作業系統時代，大部份的驅動程式都是 32 位元，至於 64 位元的 Windows 7、Windows 8、Windows 11 平台上，就必須使用 64 位元的驅動程式。在 PC 上，驅動程式程式通常以 DLL 檔案的形式出現。對硬體開發商而言，Windows 11 平台提供各種新工具及技術，可幫助硬體商開發安裝 Windows 11 各種裝置通用的驅動程式。本章將介紹如何在 Windows 11 新增硬體，並同時會談到裝置管理員的角色及功能。

9-1 認識驅動程式

驅動程式（driver）是一種硬體與軟體間溝通的特定功能的程式，簡單來說，驅動程式是可以讓安裝在電腦的硬體正常運作。驅動程式通常包括該硬體如何和電腦傳輸資料、資料格式如何設定或初始化及如何中斷…等，在電腦作業系統安裝過程中，常會需要安裝各種硬體的驅動程式，例如：晶片組、顯示卡或音效卡等，其實作業系統內含許多硬體的驅動程式，當作業系統遇到無法辨識的硬體，就必須安裝該硬體的驅動程式。在購買硬體的隨附光碟會包含驅動程式，您也可以在硬體製造商網站上搜尋下載或直接執行該裝置的最新版本驅動程式。您可以設定自動更新驅動程式，也可以手動方式安裝。

9-1-1 自動取得最新的驅動程式和軟體

Windows Update 會針對您的硬體裝置檢查新版的驅動程式，然後自動安裝它們。只要保持 Windows Update 開啟，就可以讓您的裝置持續正常運作。如果要變更選擇更新安裝的方式，則請在「Windows Update」的「進階選項」的頁面中進行設定：

一手掌握裝置新增與設定 **09**

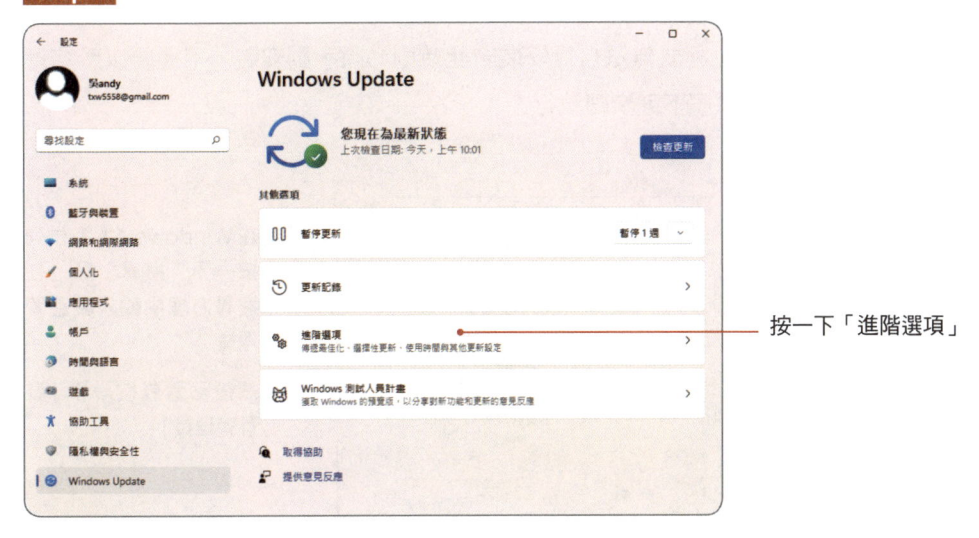

Step 1

（Windows Update 設定畫面截圖）

按一下「進階選項」

Step 2

（Windows Update 進階選項畫面截圖）

此頁面可以設定 Windows Update 的進階選項

9-3

9-1-2 手動安裝驅動程式

如果從網站下載的驅動程式無法自行安裝，此時則必須手動安裝，不過要以系統管理員身分登入，才能依照下列步驟執行：

Step 1

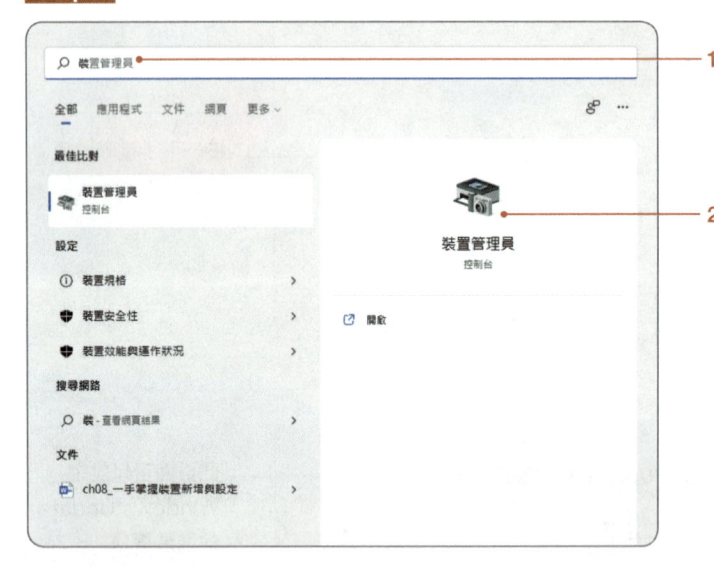

1 在 Windows 11 工作列按一下「搜尋」鈕，在搜尋方塊中輸入裝置管理員

2 然後點選或按一下 [裝置管理員]。

Step 2

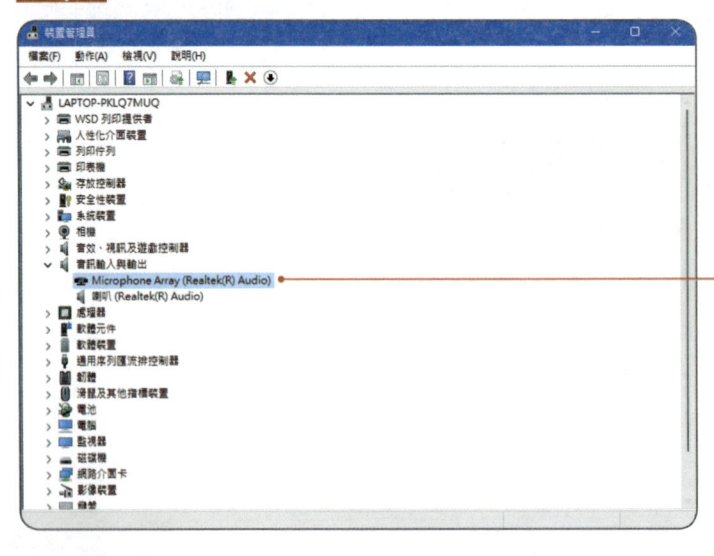

在硬體類別清單中，展開裝置所屬的類別，然後點選兩下所需的裝置。例如，如果要查看「音訊輸入與輸出」，按一下「音訊輸入與輸出」，然後按兩下麥克風名稱。

Step 3

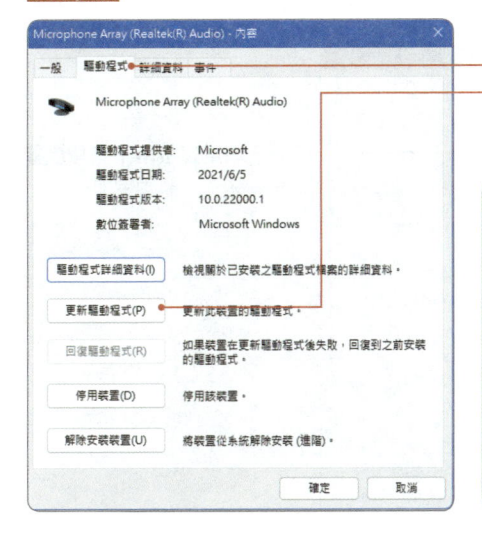

1. 點選或按一下 [驅動程式] 索引標籤
2. 再點選或按一下 [更新驅動程式]，然後遵循指示操作。

> **Tip**
>
> **經數位簽署的驅動程式內含數位簽章**
>
> 經數位簽署的驅動程式內含數位簽章，它是一種電子安全標記，可以指出軟體的發行者，以及驅動程式簽署之後是否遭人竄改。如果驅動程式已由發行者簽署，且該發行者的身分已由憑證授權單位確認，就能夠確信驅動程式來自該發行者且沒有遭到任何變更。

9-2 裝置管理員

裝置管理員的主要功能是用來管理電腦系統中的各項裝置，在裝置管理員中可以清楚看出硬體是否正常運作？要開啟裝置管理員，請在搜尋方塊中輸入「裝置管理員」，然後點選「裝置管理員」就可以開啟「裝置管理員」視窗：

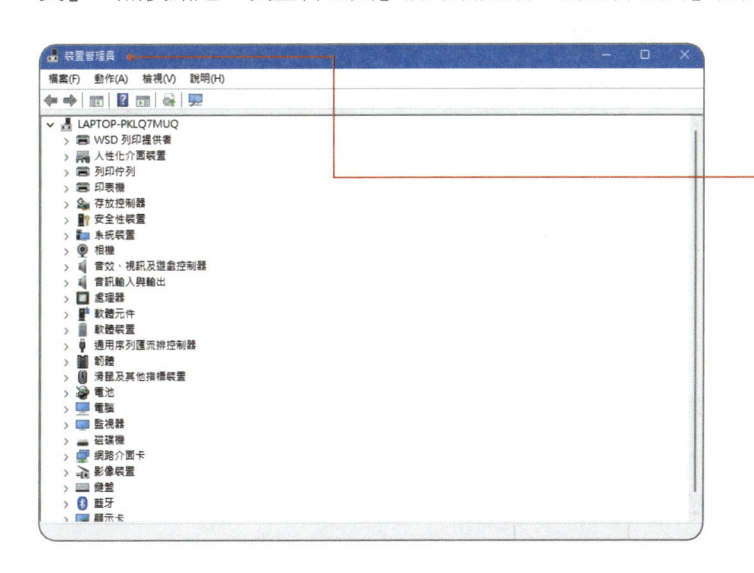

在開始鈕右側的搜尋方塊中輸入「裝置管理員」，然後點選「裝置管理員」就可以開啟此視窗

用滑鼠按兩下某個裝置類別,將它展開。如下圖外觀:

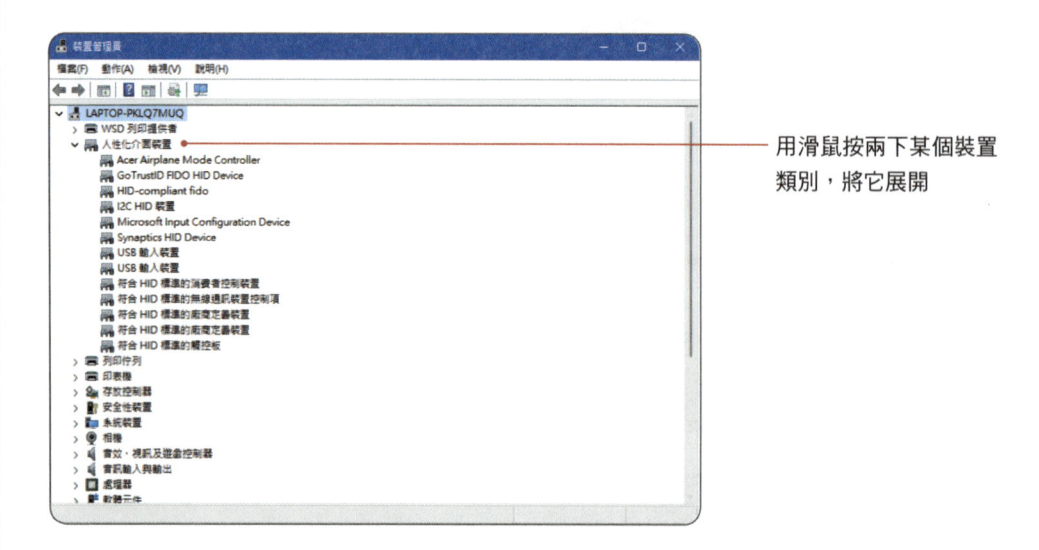

用滑鼠按兩下某個裝置類別,將它展開

如果出現黃色警告圖示表示該裝置無法正常運作,可以在裝置按滑鼠右鍵,於所產生的快顯功能表中執行更新驅動程式,以修復該裝置使其恢復正常運作,如果無法成功更新驅動程式,在快顯功能表的指令中,也可以將該裝置停用,以避免造成系統不穩定的現象。另外,如果要查看該裝置的詳細資料,也可以該裝置按滑鼠右鍵,並執行「內容」指令即可。

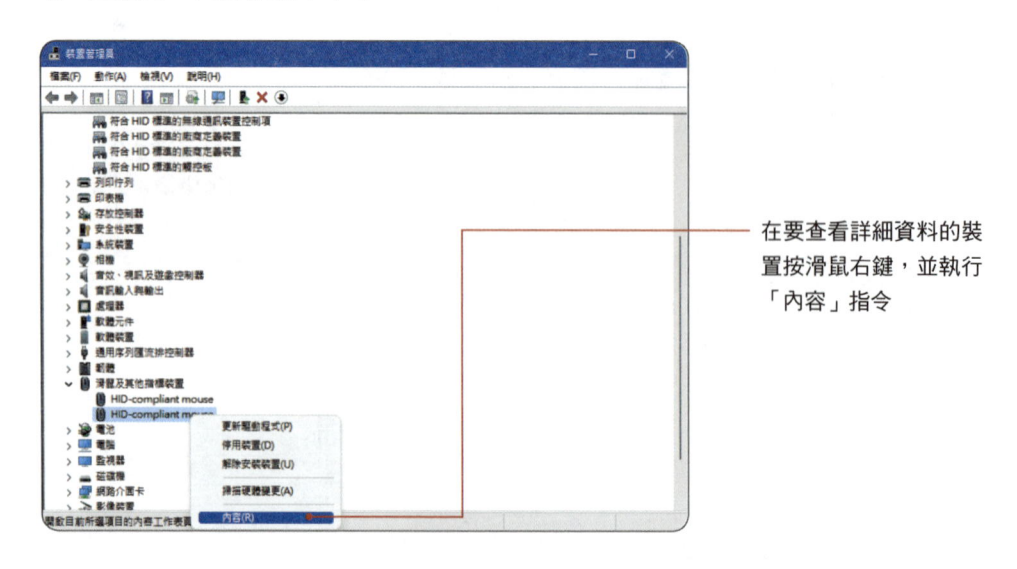

在要查看詳細資料的裝置按滑鼠右鍵,並執行「內容」指令

9-3 新增印表機與裝置

要新增印表機與掃描器請進入「控制台」，底下為新增本機印表機的操作示範，在進行印表機的驅動程式安裝前，請確信印表機已正確連接到接上桌上型電腦或筆記型電腦，完整新增印表機過程如下：

Step 1

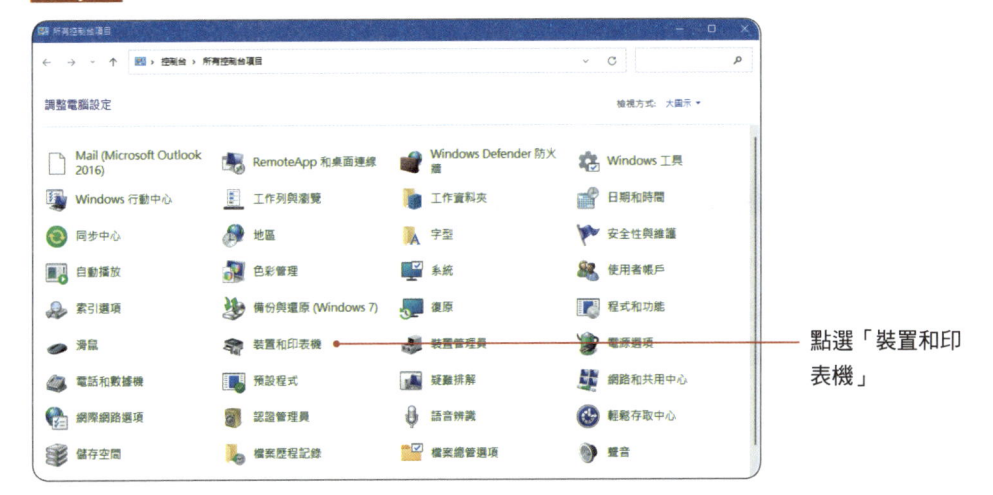

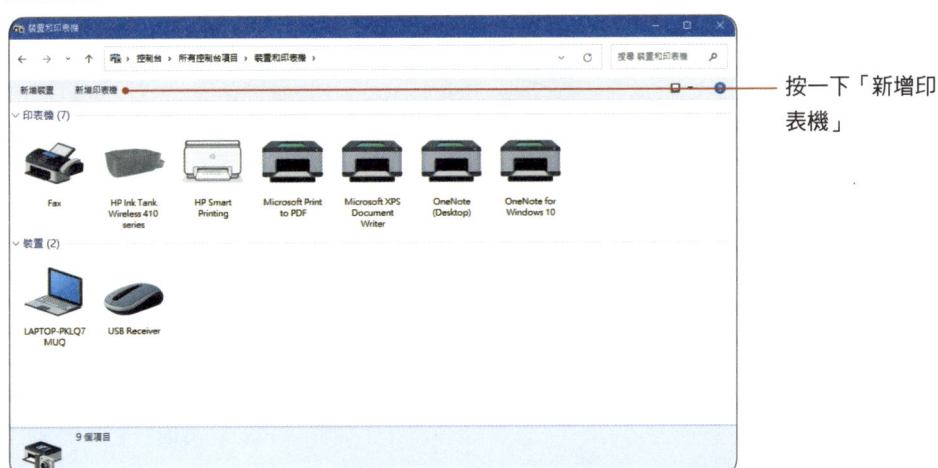

點選「裝置和印表機」

Step 2

按一下「新增印表機」

Windows 11 制霸攻略

Step 3

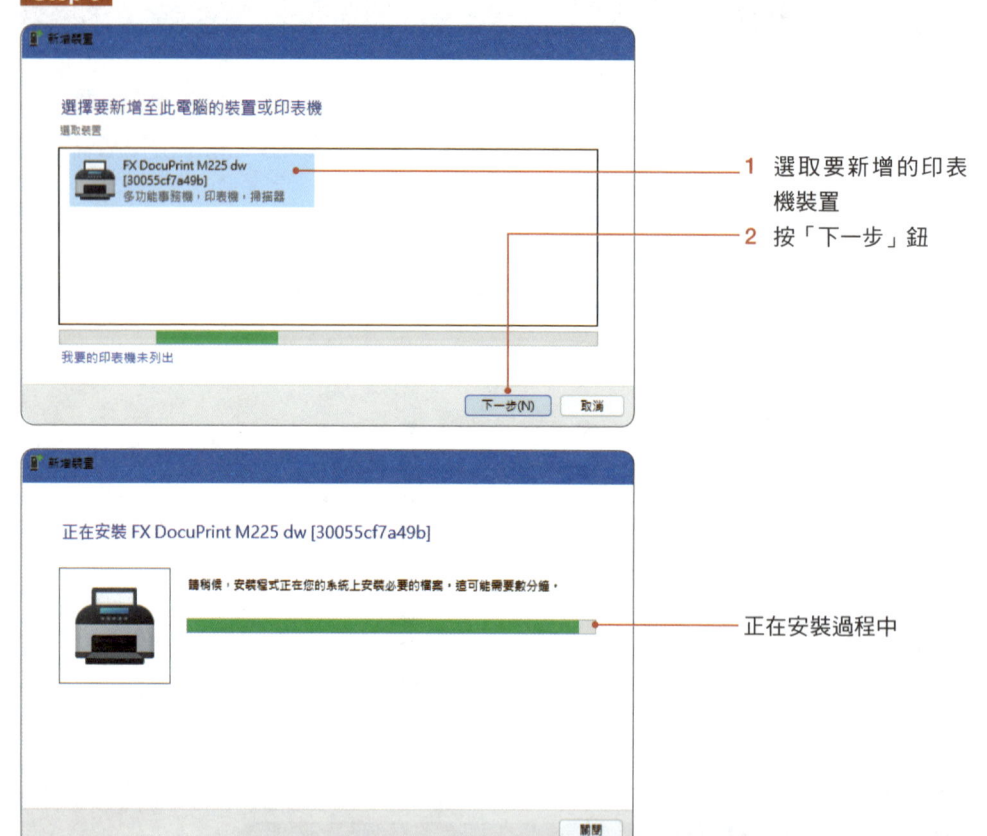

1. 選取要新增的印表機裝置
2. 按「下一步」鈕

正在安裝過程中

Step 4

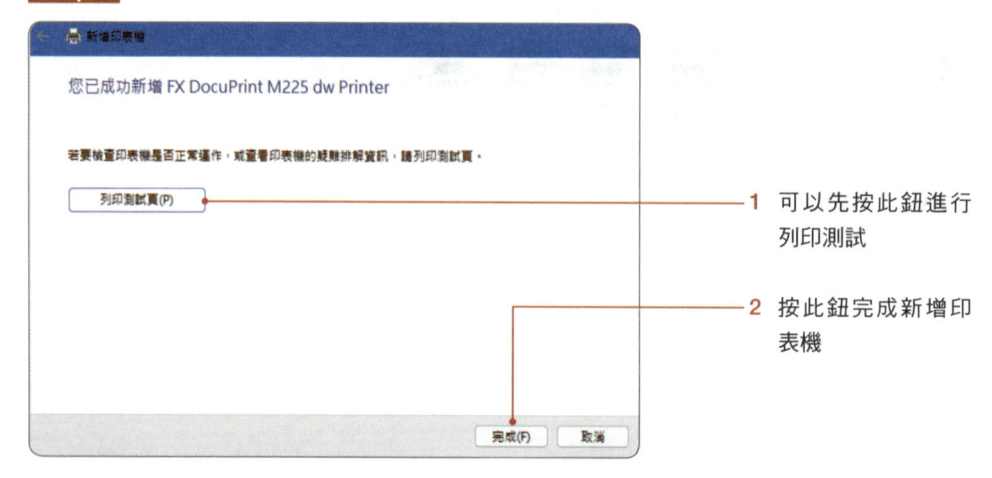

1. 可以先按此鈕進行列印測試
2. 按此鈕完成新增印表機

一手掌握裝置新增與設定 **09**

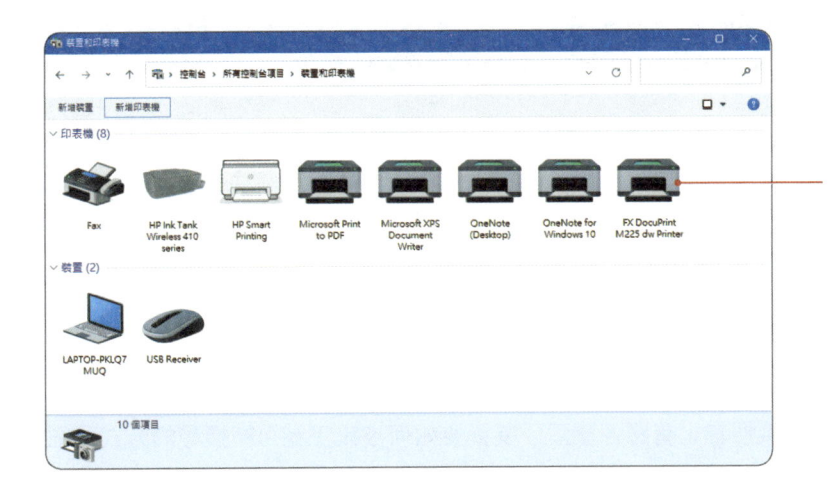

在此視窗可以看到已新增的印表機圖示

同理如果要新增連線的裝置，只要在下圖中按下「新增裝置」鈕，接著會出現搜尋到的裝置，接著點選要連線的裝置(例如：數位電視)，之後再依畫面指示說明進行操作。如果要移除裝置，請點選裝置名稱後，按下「移除裝置」。

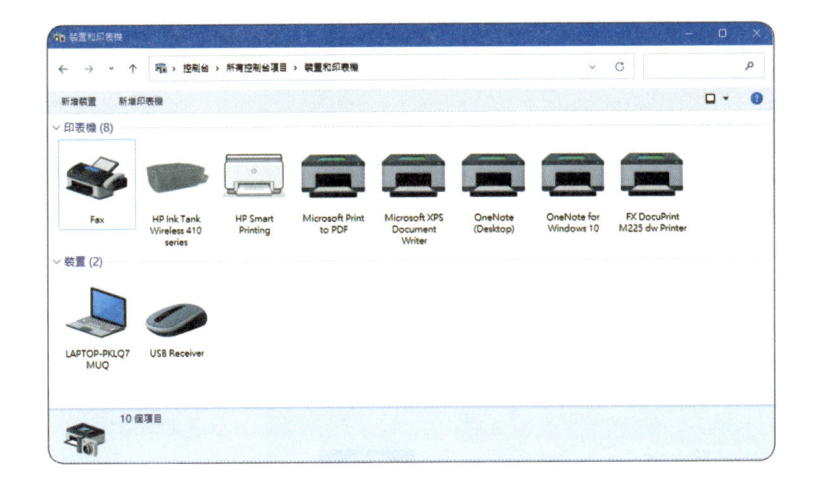

9-9

9-4 管理藍牙裝置

藍牙（Bluetooth）是一種無線技術標準，可以將各種無線裝置與您的電腦搭配使用，在短距離間交換資料，以形成個人區域網路，首先將您的藍牙裝置與電腦配對開始。

9-4-1 連線到藍牙裝置

要在 Windows 11 連線到藍牙裝置，首先請確定藍牙裝置（例如藍牙耳機、喇叭、手機）已啟動且可供搜尋，有關各種藍牙裝置要如何被設定為可被搜尋的方式，則視您所使用的藍牙裝置，請查看裝置或製造商的官方網站來了解如何設定。

如果您電腦上的藍牙尚未開啟，在 Windows 11 作業系統想要開啟電腦上的藍牙，請先進入「設定/藍牙與裝置」頁面，並開啟您電腦上的藍牙，接著如果您要連線某一已啟動且可供搜索的藍牙裝置，其作法如下：

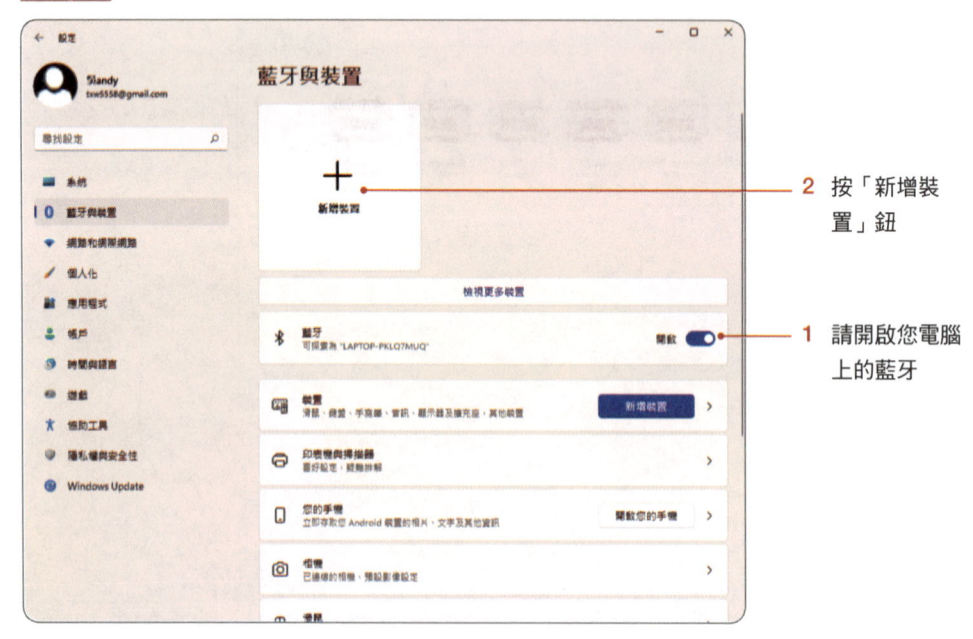

Step 1

2 按「新增裝置」鈕

1 請開啟您電腦上的藍牙

一手掌握裝置新增與設定　09

Step 2

新增裝置

新增裝置

選擇您要新增的裝置類型。

* 藍牙
  滑鼠、鍵盤、筆、音訊裝置、控制器等等

* 無線顯示器或擴充座
  使用 Miracast 的無線監視器、電視或電腦，或無線擴充座

* 所有其他裝置
  Xbox 控制器含 Xbox 無線介面卡、DLNA 和其他裝置

取消

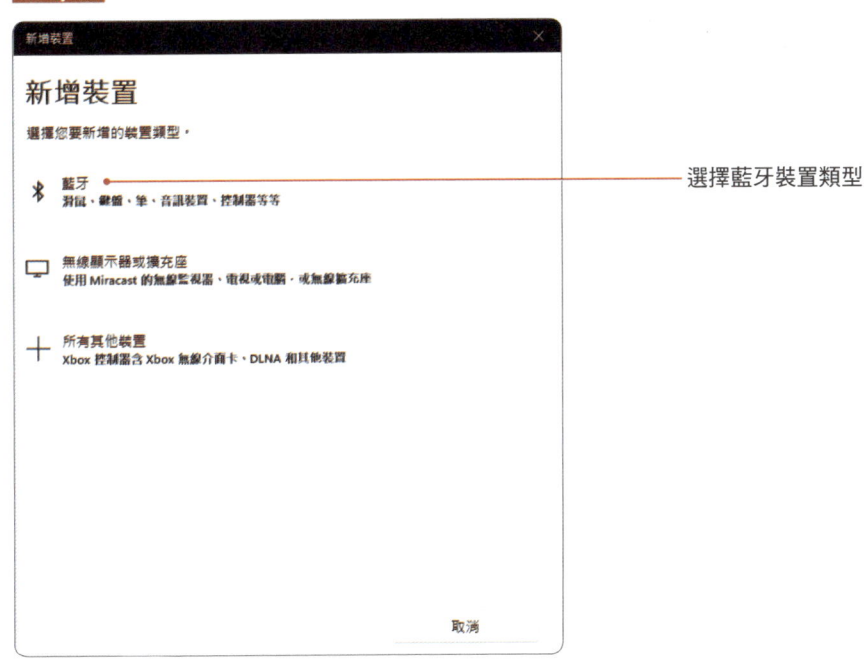

── 選擇藍牙裝置類型

Step 3

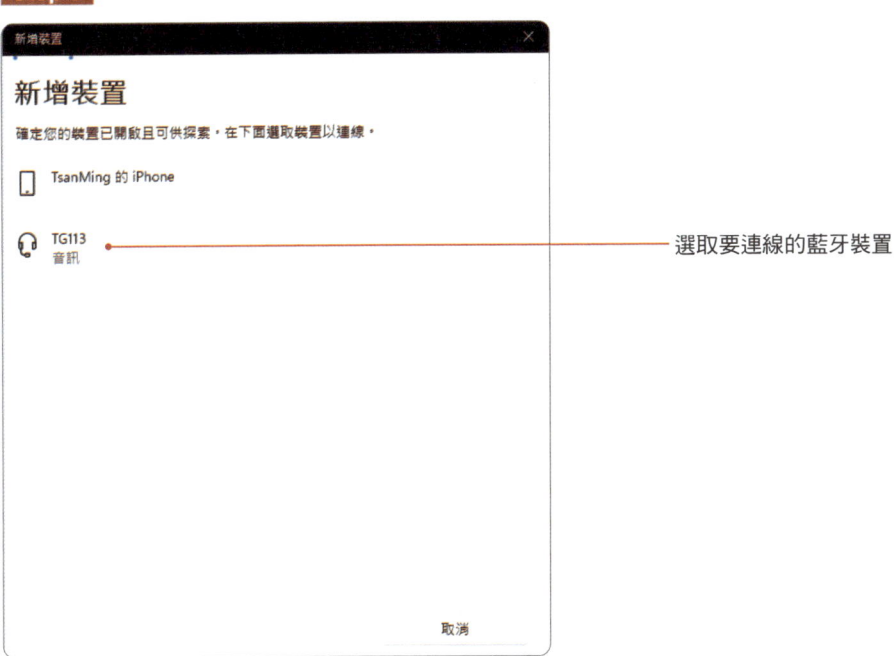

新增裝置

新增裝置

確定您的裝置已開啟且可供探索。在下面選取裝置以連線。

* TsanMing 的 iPhone

* TG113
  音訊

取消

── 選取要連線的藍牙裝置

9-11

Step 4

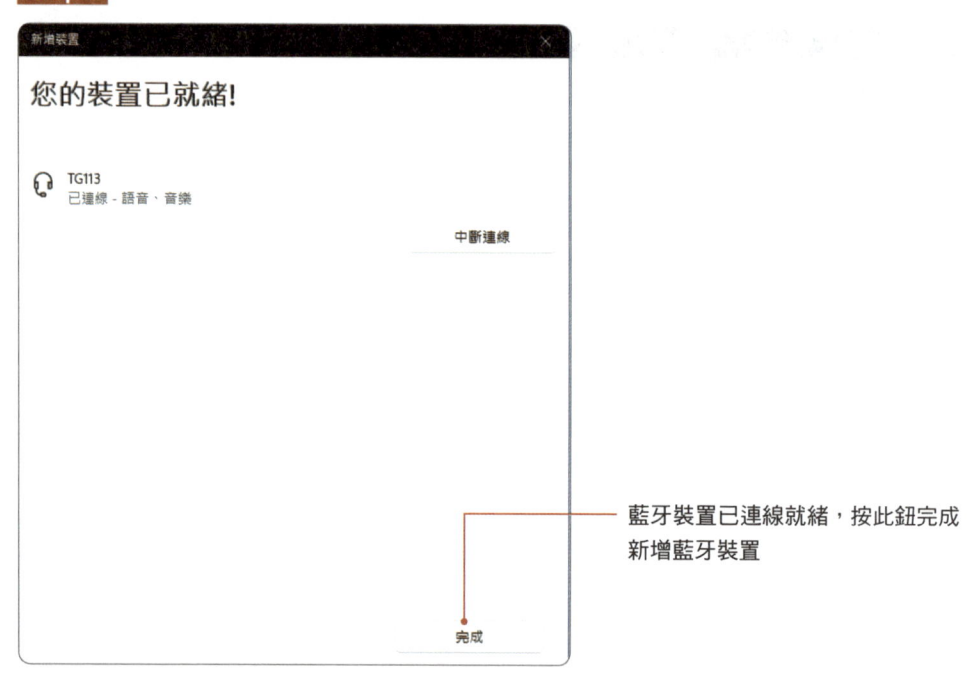

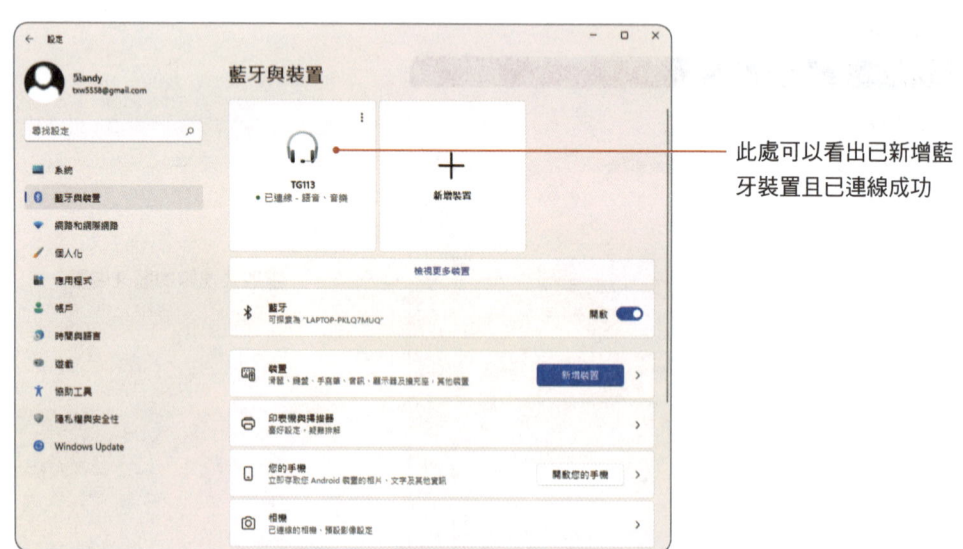

藍牙裝置已連線就緒，按此鈕完成新增藍牙裝置

此處可以看出已新增藍牙裝置且已連線成功

只要您的藍牙裝置和電腦在彼此連線範圍內，且都已開啟藍牙功能時，通常它們會隨時自動連線。

9-4-2 移除藍牙裝置

要移除裝置的方法如下,請先進入「設定 / 藍牙與裝置」頁面:

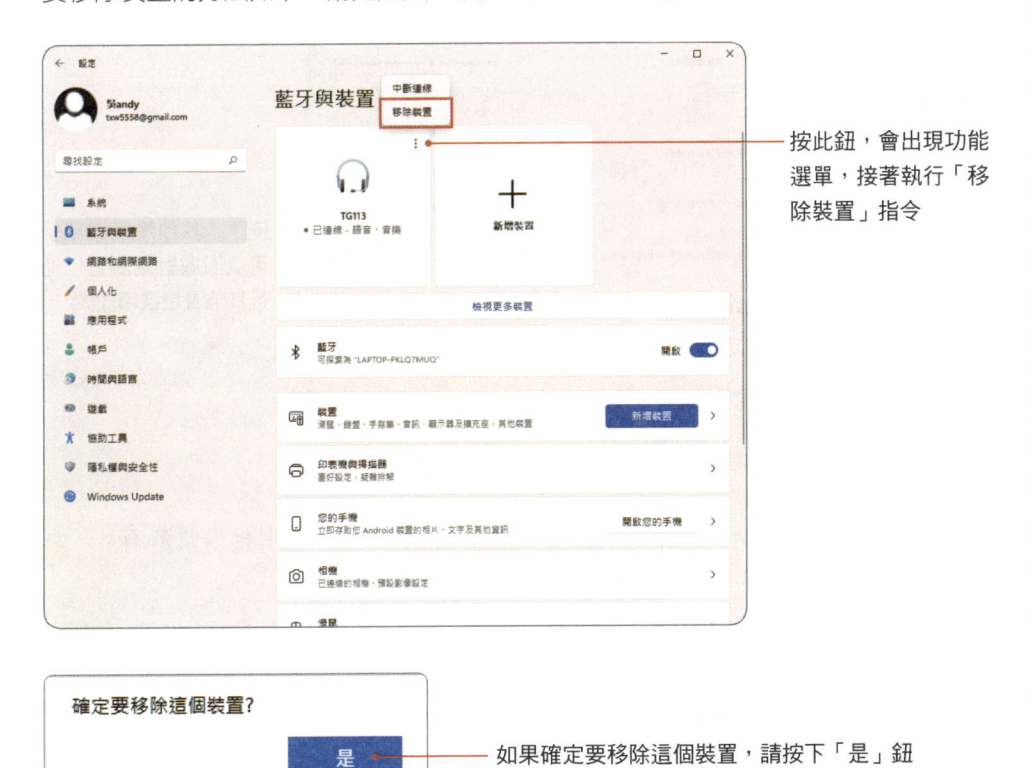

按此鈕,會出現功能選單,接著執行「移除裝置」指令

如果確定要移除這個裝置,請按下「是」鈕

9-5 滑鼠與觸控板

要進行滑鼠與觸控板的設定請移至「開始」按鈕 >「設定」>「藍牙與裝置」,然後選取「滑鼠」頁面。

9-5-1 滑鼠設定

滑鼠設定頁面,可以設定選取主要按鈕、滾動滑鼠滾輪的結果、選擇一次要捲動的行數、觸控板…等設定,如下圖所示:

Windows 11 制霸攻略

按下「其他滑鼠選項」可以開啟對話視窗，進行其他滑鼠選項設定

除了上述的設定項目外，如果還要進行其他設定，則請按下「其他滑鼠選項」，會進入下圖的對方視窗，底下為各索引標籤頁面的摘要說明：

- 按鈕索引標籤頁面

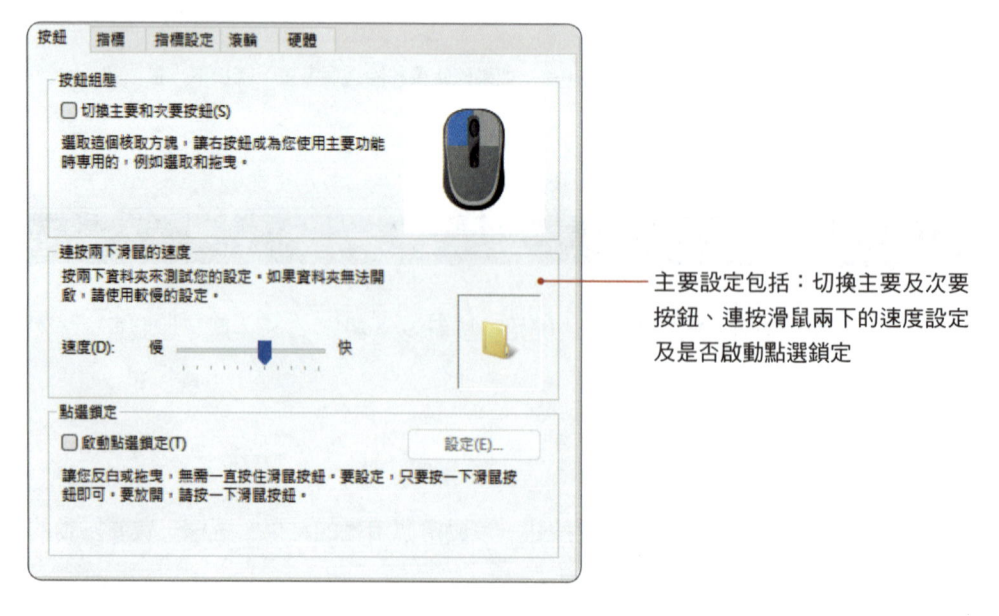

主要設定包括：切換主要及次要按鈕、連按滑鼠兩下的速度設定及是否啟動點選鎖定

9-14

- 「指標」索引標籤頁面

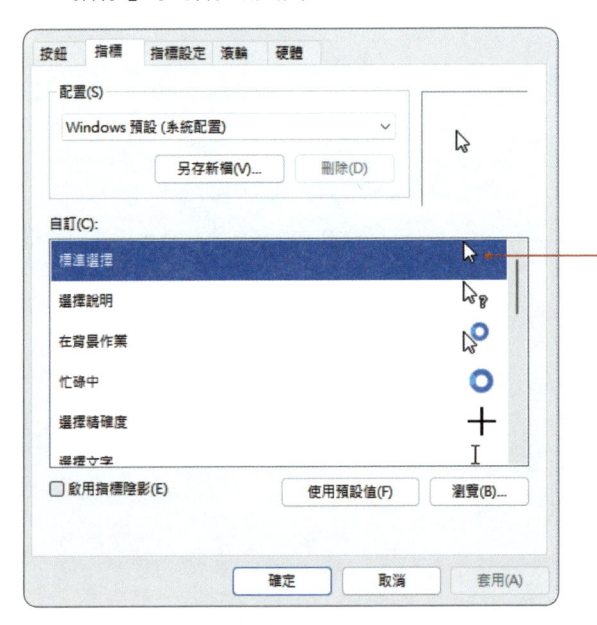

主要設定包括各種作業狀態下的指標外觀設定及是否啟動指標陰影

- 「指標設定」索引標籤頁面

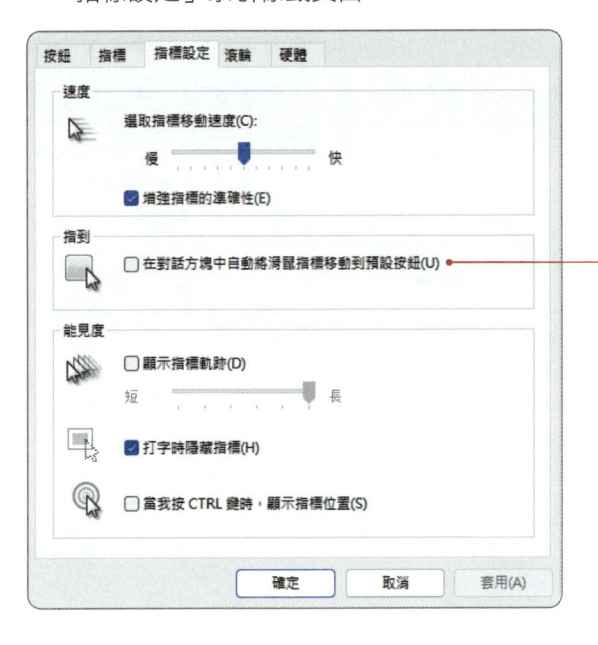

此頁面包括指標移動速度的設定、在對話方塊中是否自動將指標移動到預設按鈕及指標軌跡的設定

9-15

- 「滾輪」索引標籤頁面

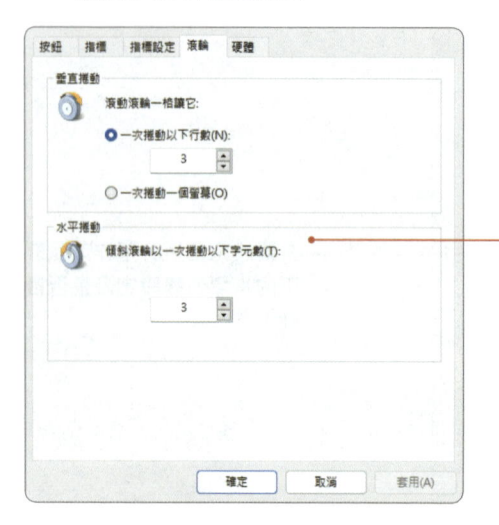

可以設定滾輪垂直捲動及水平捲動的相關移動方式

9-5-2 手寫筆與觸控板

多點觸控 (Multi-touch) 是一種可以讓使用者透過數根手指在觸控面板的顯示器完成圖像應用控制的輸入技術。要使用多點觸控技術，除了必須配備觸控面板，還要搭載可辨認多於一點同時觸控的軟體，，例如：Windows 11 作業系統。如果要設定觸控板，請移至「開始」按鈕 >「設定」>「藍牙與裝置」，然後選取「觸控板」頁面，可以讓您進一步設定與校正觸控板。

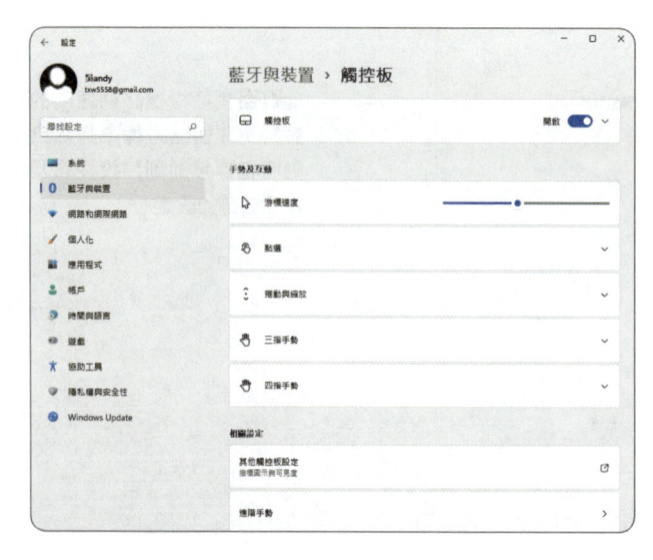

一手掌握裝置新增與設定 **09**

如果要設定手寫筆,請移至「開始」按鈕 >「設定」>「藍牙與裝置」,然後選取
「手寫筆與 Windows Ink」頁面,可以讓您進一步設定與校正手寫筆。

9-6 自動播放

自動播放可以選擇當您在電腦放入不同類型的數位媒體時所要執行的動作。例如,
您可以選擇要使用哪一種數位媒體播放機來播放 CD。 您也可以設定當插入抽取式
磁碟機的自動播放設定選項:

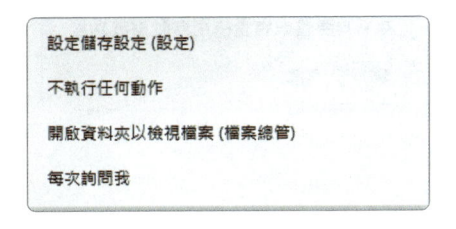

要開啟「自動播放」的設定,請按一下「開始」按鈕右側的「搜尋 Windows」鈕,
在搜尋方塊中輸入自動播放,然後按一下 「自動播放設定」,就會進入下圖的設定
視窗:

9-17

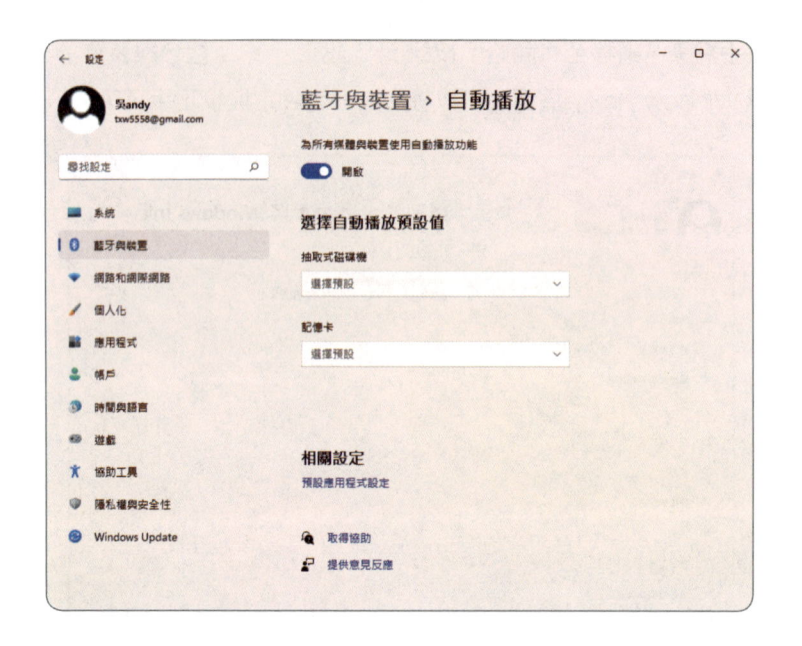

若要開啟「自動播放」，請開啟「為所有媒體與裝置使用自動播放功能」功能設定。

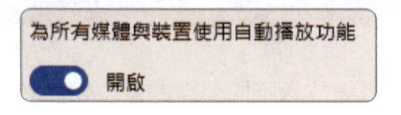

若要關閉「自動播放」，請關閉「為所有媒體與裝置使用自動播放功能」設定。

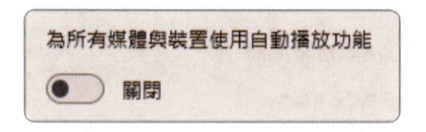

CHAPTER 10

防微杜漸
電腦更新與
系統安全

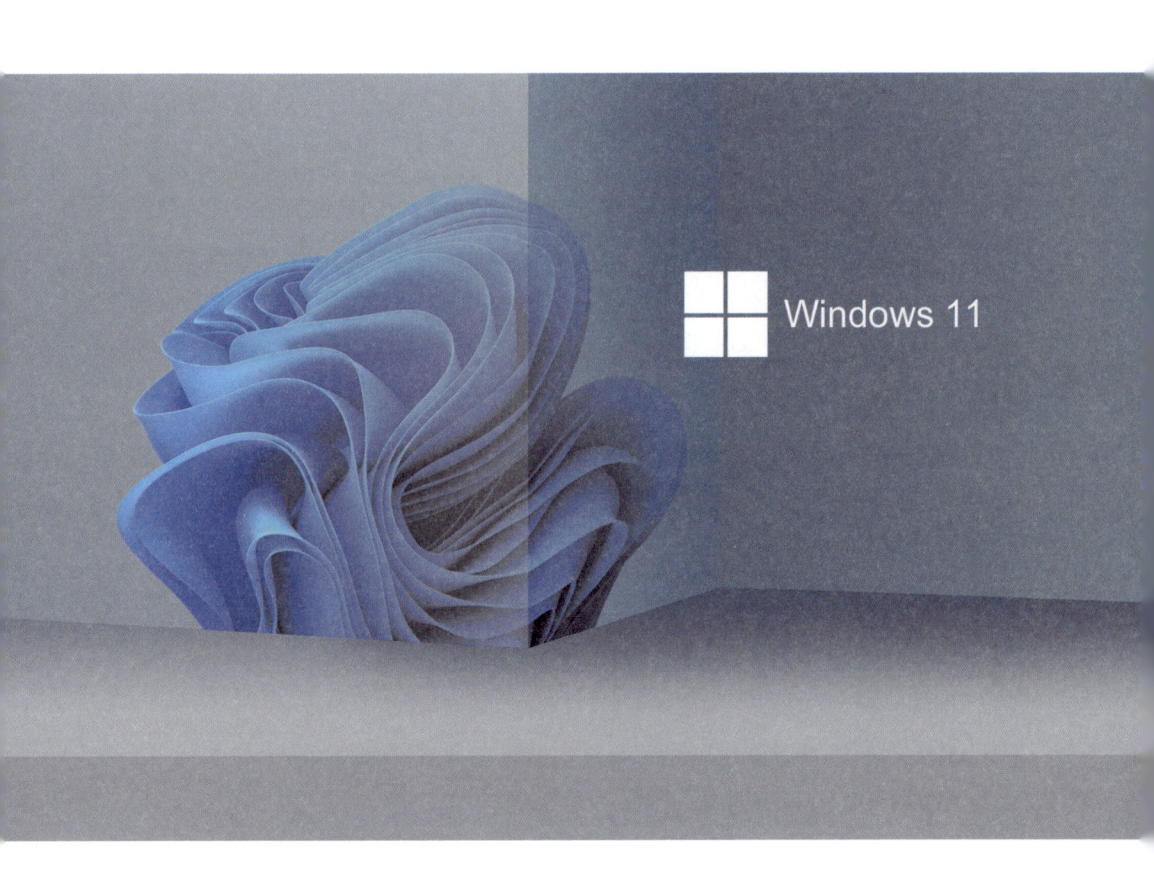

隨著網路的逐漸盛行,除了帶給人們許多的方便外,也帶來許多安全上的問題,例如駭客、電腦病毒、網路竊聽、隱私權侵犯等。當我們可以輕易取得外界資訊的同時,相對地外界也可能進入電腦與網路系統中。在這種門戶大開的情形下,對於商業機密或個人隱私的安全性,都將岌岌可危。因此如何在 Windows 11 做好網路安全的維護,將是本章討論的重點。

10-1 病毒與駭客的威脅

駭客 (hacker) 是專門侵入他人電腦,並且進行破壞的行為的人士,其目的可能竊取機密資料或找出該系統防護的缺陷。大部份的駭客是藉由 Internet 侵入對方主機,接著可能偷窺個人私密資料毀壞網路更改或刪除檔案、上傳或下載重要程式攻擊「網域名稱伺服器」(DNS) 等等。再加上隨著 24 小時寬頻上網 (always-on) 的普及,讓使用者隨時處於連線狀態,更製造了駭客入侵的可能機會。

電腦病毒 (Computer Virus) 是一種具有對電腦內部應用程式或作業系統造成傷害的程式;它可能會不斷複製自身的程式或破壞系統內部的資料,例如刪除資料檔案、移除程式或摧毀在硬碟中發現的任何東西。由於網路的快速普及與發展,電腦病毒可以很輕易地透過網路連線來侵入使用者的電腦,以下列出目前常見的病毒感染途徑:

- 隨意下載檔案。
- 透過電子郵件或附加檔案傳遞。
- 使用來路不明的儲存媒體。
- 瀏覽有病毒的網頁。

如果您的電腦出現以下症狀,可能就是不幸感染電腦病毒:

1	電腦速度突然變慢、停止回應、每隔幾分鐘重新啟動,甚至經常莫名其妙的當機。
2	螢幕上突然顯示亂碼,或出現一些古怪的畫面與播放奇怪的音樂聲。
3	資料無故消失或破壞,或者按下電源按鈕後,發現整個螢幕呈現一片空白。
4	檔案的長度、日期異常或 I/O 動作改變等。
5	出現一些警告文字,告訴使用者即將格式化你的電腦,嚴重的還會將硬碟資料給殺掉或破壞掉整個硬碟。

對於電腦病毒的分類,並沒有一個特定的標準,只不過會依發病的特徵、依附的宿主類型、傳染的方式、攻擊的對象等各種方式來加以區分,我們將病毒分類如下:開機型病毒、巨集型病毒、檔案型病毒、千面人病毒、電腦蠕蟲、特洛伊木馬、網路型病毒、邏輯炸彈病毒、殭屍網路病毒、Autorun 隨身碟病毒。要確保做好病毒的防護,最好可以每隔一段時間就進行防護更新,作法如下:

Step 1

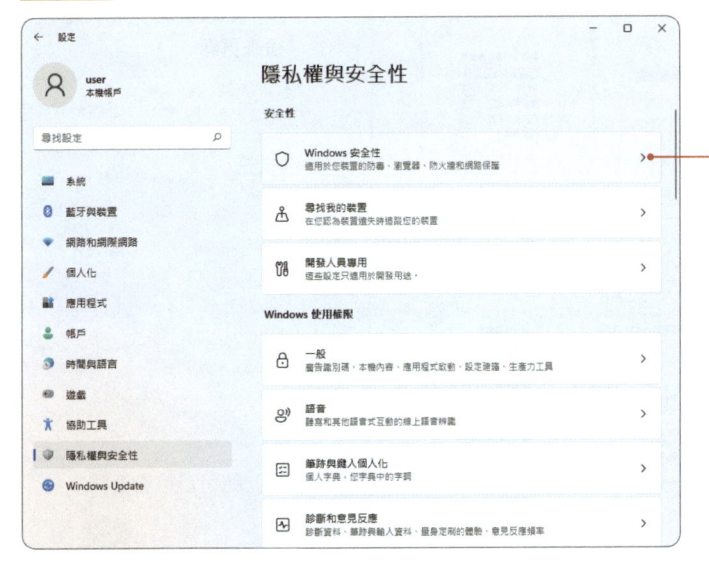

先開啟「隱私權與安全性」的設定頁面,按此進入下一層「Windows 安全性」的設定頁面

Step 2

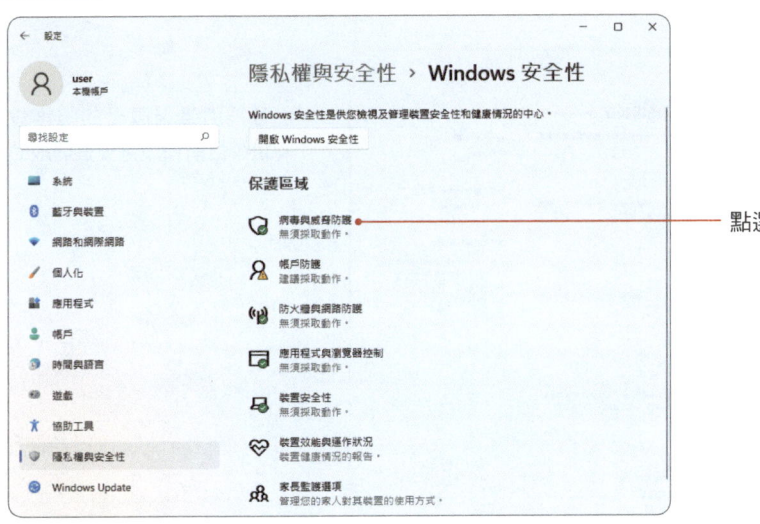

點選「病毒與威脅防護」

10-3

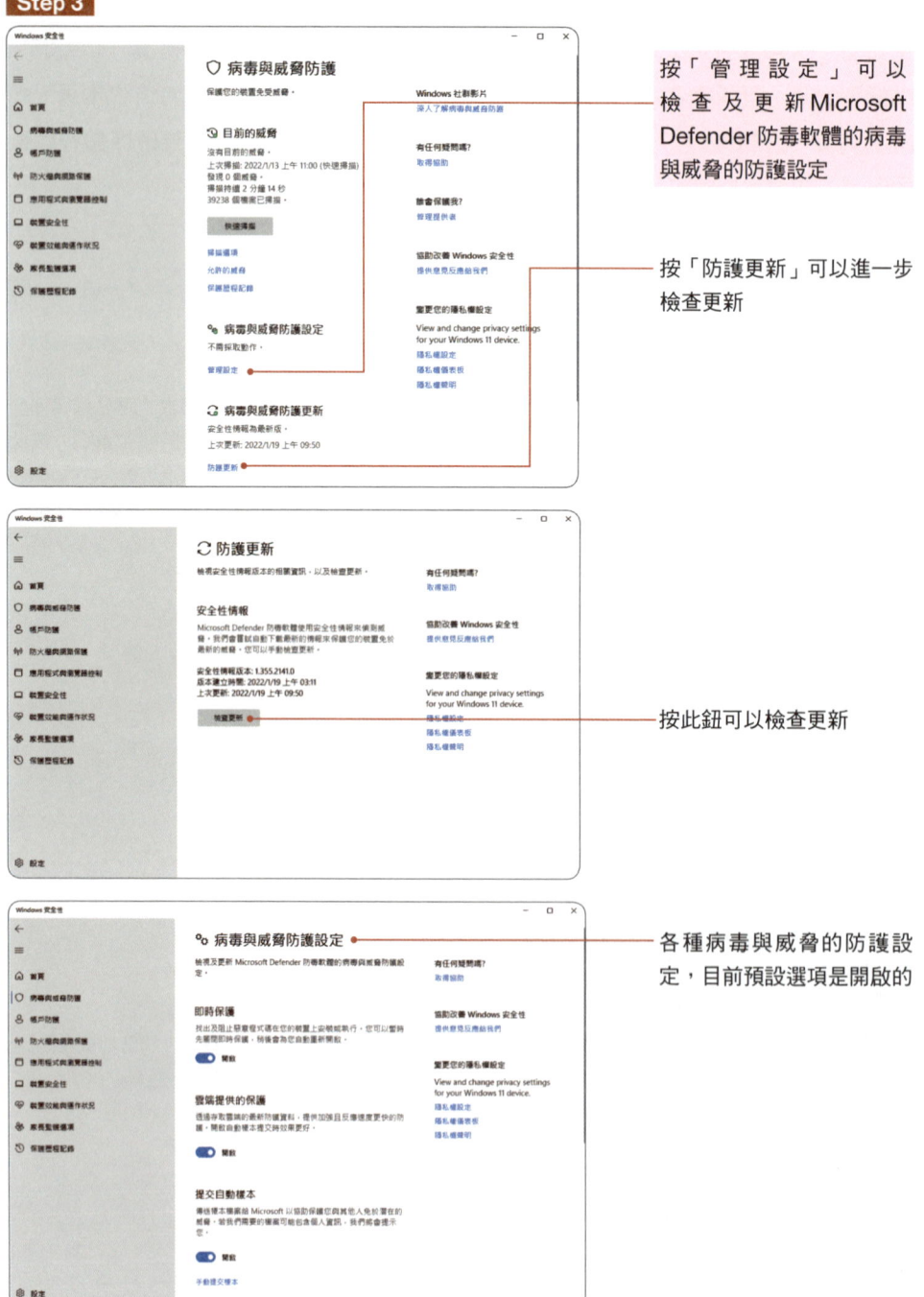

Windows 11 制霸攻略

Step 3

按「管理設定」可以檢查及更新 Microsoft Defender 防毒軟體的病毒與威脅的防護設定

按「防護更新」可以進一步檢查更新

按此鈕可以檢查更新

各種病毒與威脅的防護設定，目前預設選項是開啟的

10-4

10-2 防火牆的基本防護

早期防火牆是以硬體型式出現,但現在由於網際網路的使用人數大增,現在許多防火牆都是軟體方式呈現,其實建立防火牆的主要目的,是防止外來程式入侵我們的電腦系統。首先我們先了解如何進入「控制台」,這裡提供兩種方法供各位參考:

1

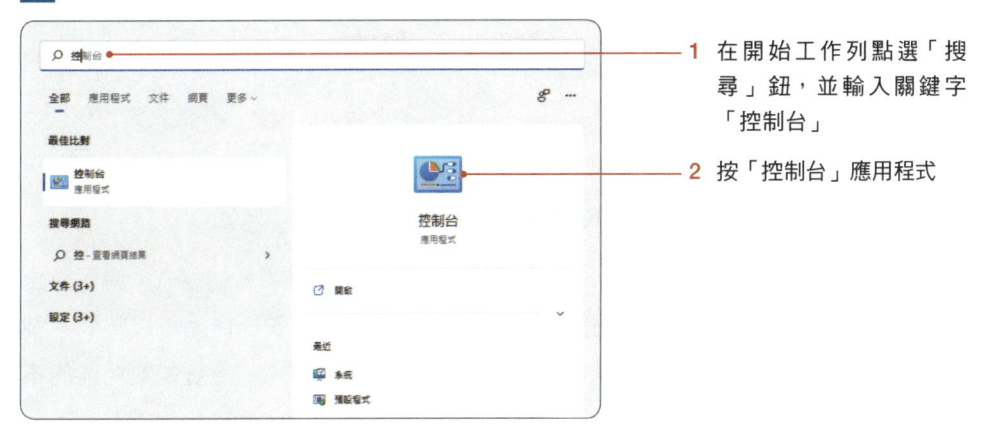

1 在開始工作列點選「搜尋」鈕,並輸入關鍵字「控制台」

2 按「控制台」應用程式

2

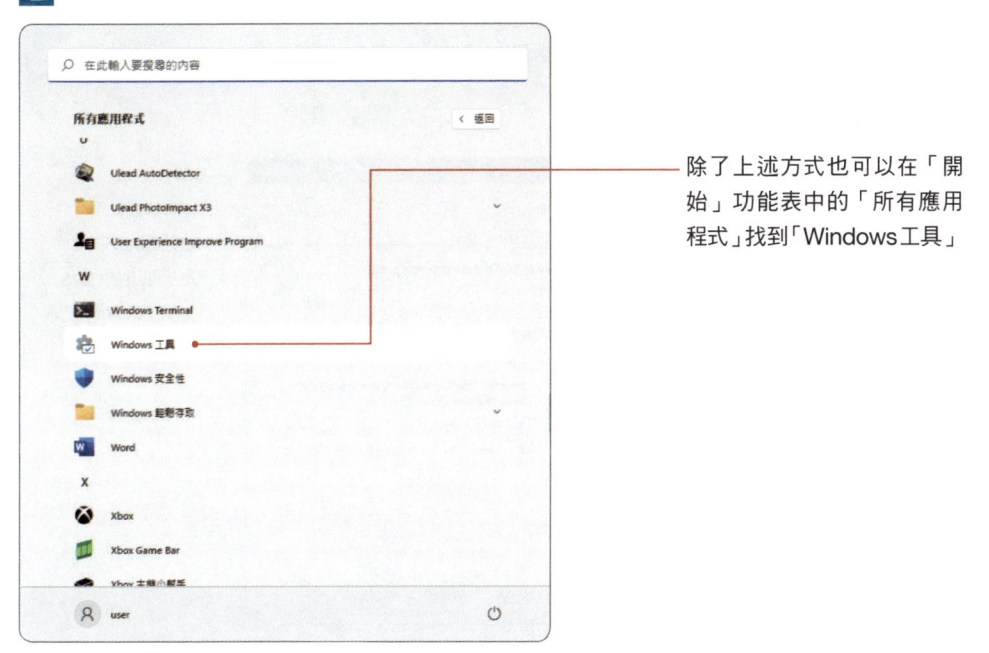

除了上述方式也可以在「開始」功能表中的「所有應用程式」找到「Windows工具」

此處也可以啟動「控制台」應用程式

10-2-1 開啟或關閉 Windows 防火牆

防火牆會過濾從網際網路進入您電腦的資訊，並封鎖有潛在威脅的程式。為了防止外來程式的入侵，一般建議將防火牆開啟，以確保電腦在安全性上可以得到某種程度的保護。但是防火牆也會擋掉一些合法安裝的應用程式，而造成其功能的不完備，如果想暫時關閉 Windows 防火牆，可以在「控制台」視窗找到「Windows Defender 防火牆」項目，或是於搜尋方塊並輸入「Windows Defender 防火牆」然後選取「Windows Defender 防火牆」以進入「Windows Defender 防火牆」視窗，如下圖所示：

於控制台中進入「Windows Defender 防火牆」

在上圖中按一下左側的「開啟或關閉 Windows Defender 防火牆」文字連結，會進入下圖的「自訂設定」視窗，在這個視窗中，就可以為「私人網路」或「公用網路」設定 Windows 防火牆的開啟與關閉。

1 此處可以設定 Windows Defender 防火牆的開啟與關閉

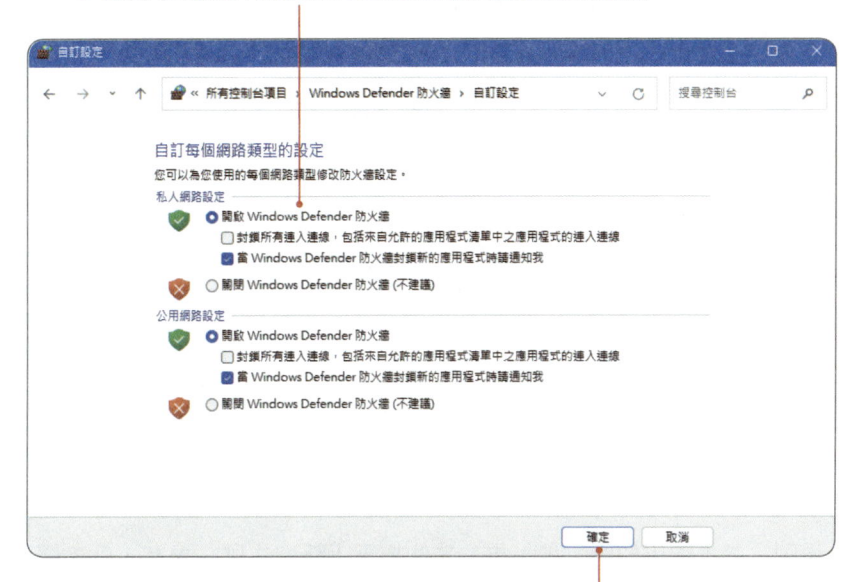

2 設定好每個網路類型後，最後按下「確定」鈕

在上圖視窗中的「Windows Defender 防火牆」下方有兩個核取方塊，通常會勾選「當 Windows Defender 防火牆封鎖新的應用程式時請通知我」。

10-2-2 允許應用程式

在「Windows Defender 防火牆」視窗左側有「允許應用程式或功能通過 Windows Defender 防火牆」文字連結，用滑鼠點選後，就會進入「允許的應用程式」視窗。下圖中的核取方塊有被勾選，表示允許通過 Windows 防火牆，否則會將該程式阻擋在外。如果在程式列表中沒有找到要允許通過的程式，則可以在下圖視窗中按下「允許其他應用程式」鈕，來指定所要放行程式的路徑。

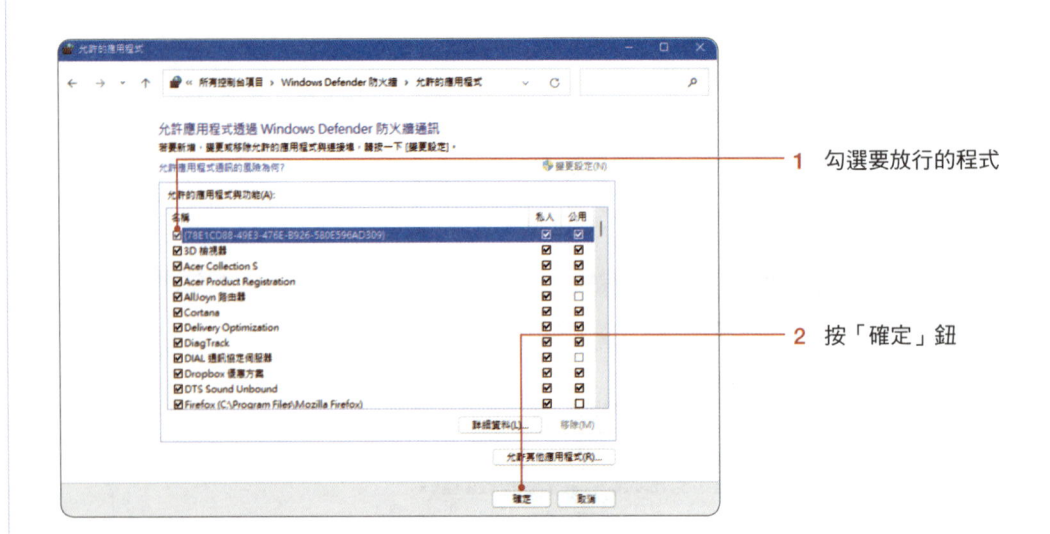

[畫面示意圖]

1 勾選要放行的程式

2 按「確定」鈕

10-2-3 新增防火牆規則

除了預設的防火牆規則外，使用者也可以透過防火牆的「進階設定」來新增輸入或輸出規則，規則的建立過程是以精靈的方式來引導，所以操作過程不會有太大問題，各位可以試著新增一個輸入規則或輸出規則，只要在下圖左側先點選要新增「輸入規則」或「輸出規則」後，再於右側按下「新增規則」連結，就會開啟新增輸出 (或輸入) 規則精靈，只要遵循其引導操作，就可以輕鬆建立新的規則。

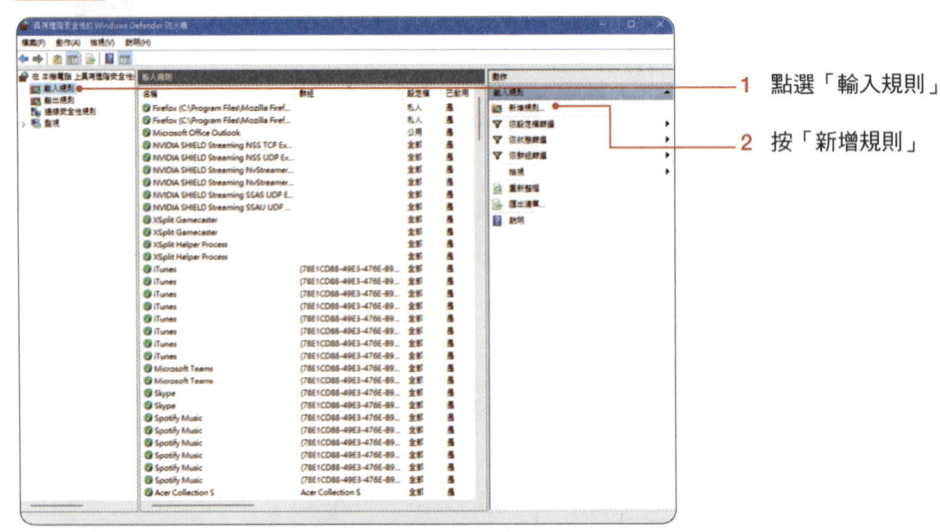

Step 1

1 點選「輸入規則」

2 按「新增規則」

Step 2

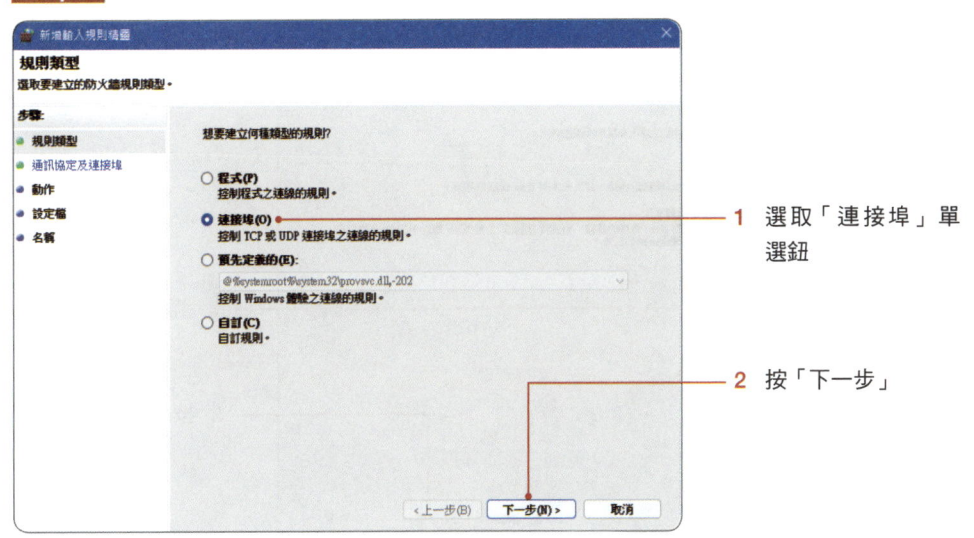

1 選取「連接埠」單選鈕

2 按「下一步」

Step 3

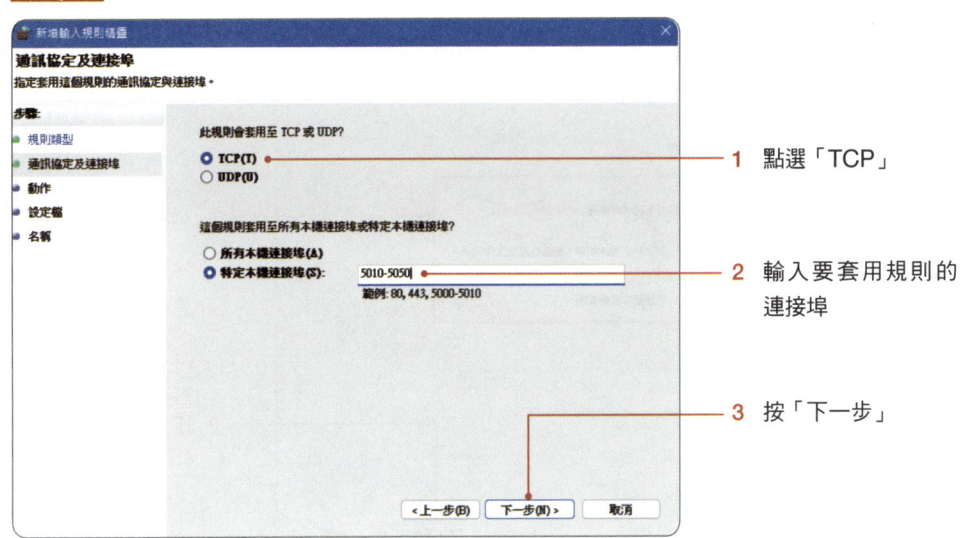

1 點選「TCP」

2 輸入要套用規則的連接埠

3 按「下一步」

Step 4

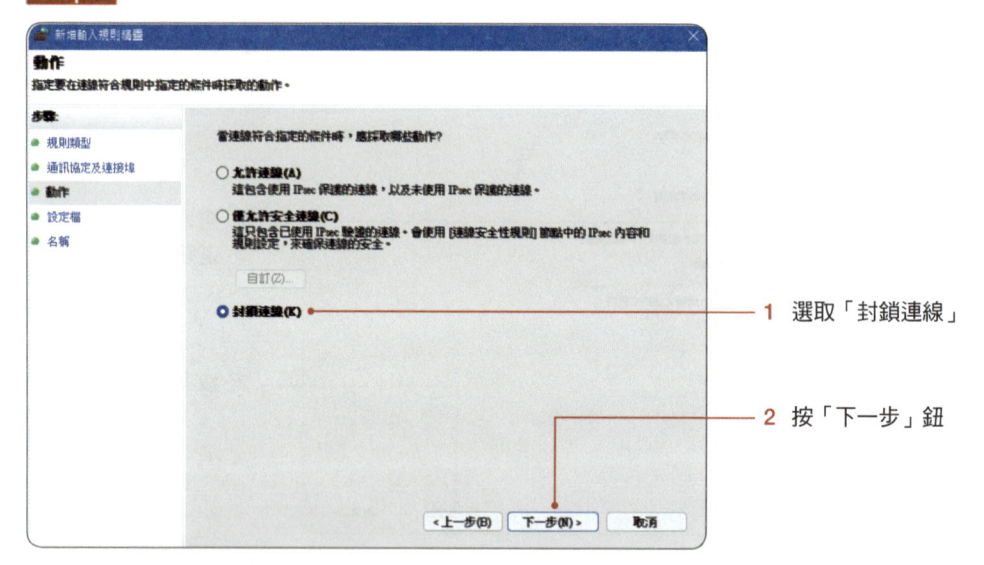

1. 選取「封鎖連線」
2. 按「下一步」鈕

Step 5

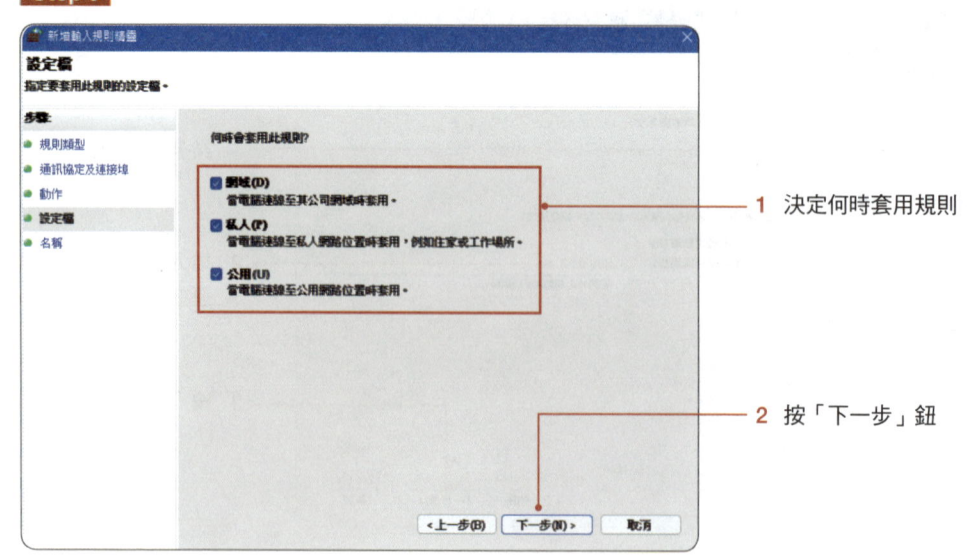

1. 決定何時套用規則
2. 按「下一步」鈕

Step 6

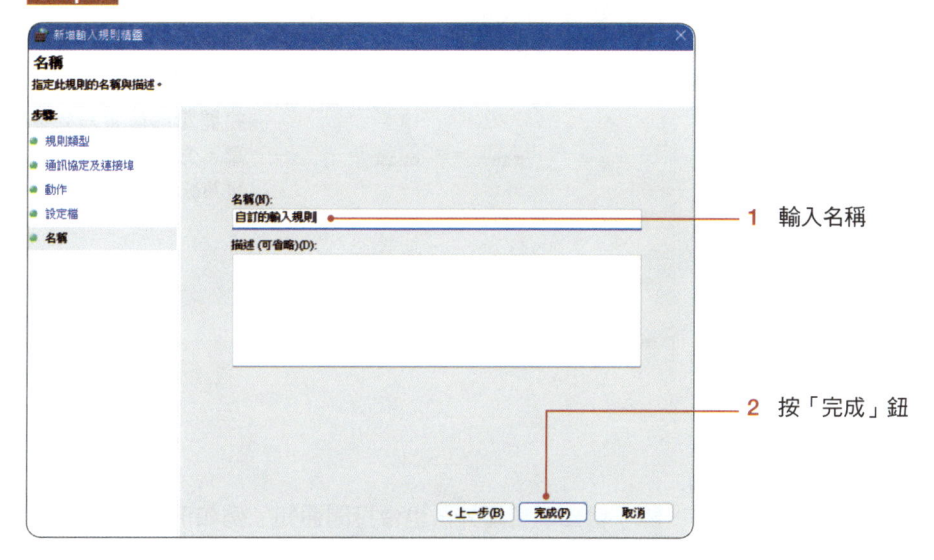

1 輸入名稱

2 按「完成」鈕

Step 7

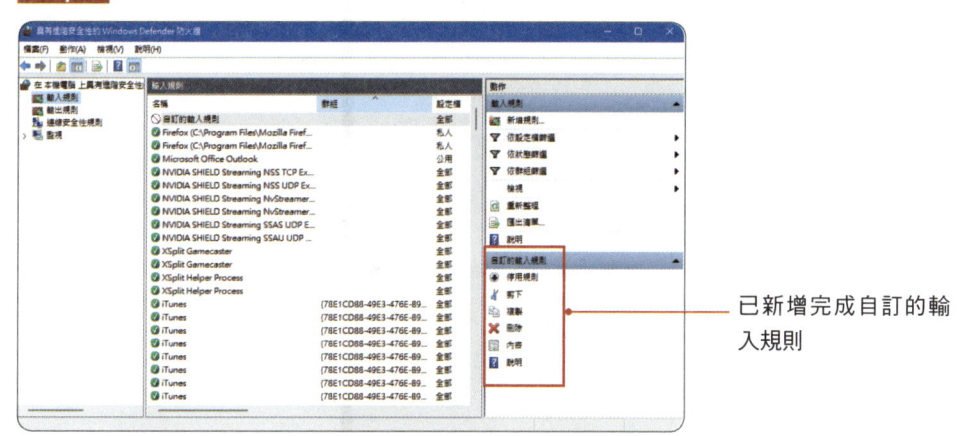

已新增完成自訂的輸入規則

10-3 電腦裝置設定選單

我們可以利用快速鍵「Win」+「A」打開日常經常需使用的電腦裝置設定選單。

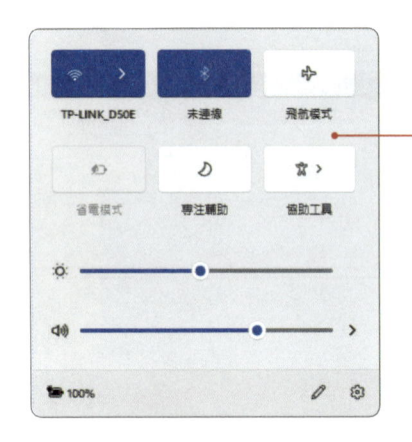

按快速鍵 Win+A 可以打開電腦裝置設定選單,方便各位進行各種系統設定

10-3-1 打開通知

點選工作列右側的時間區,除了會出現日曆外,也會打開通知。例如下圖:

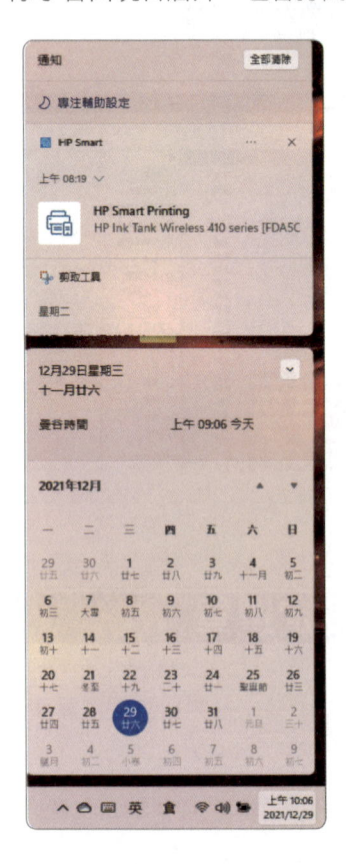

10-3-2 變更通知設定

利用快速鍵「Win」+「A」打開日常經常需使用的電腦裝置設定選單，接著按下「所有設定」鈕：

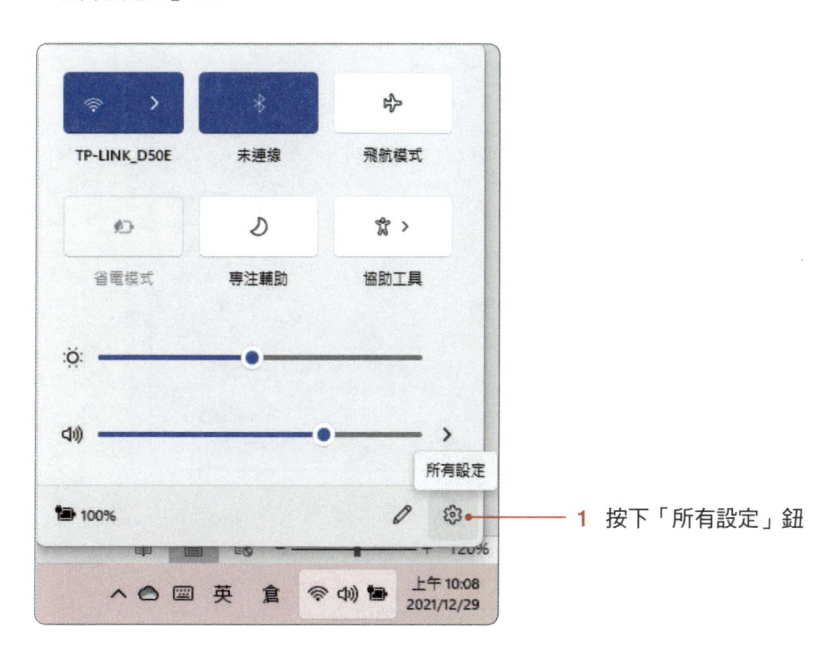

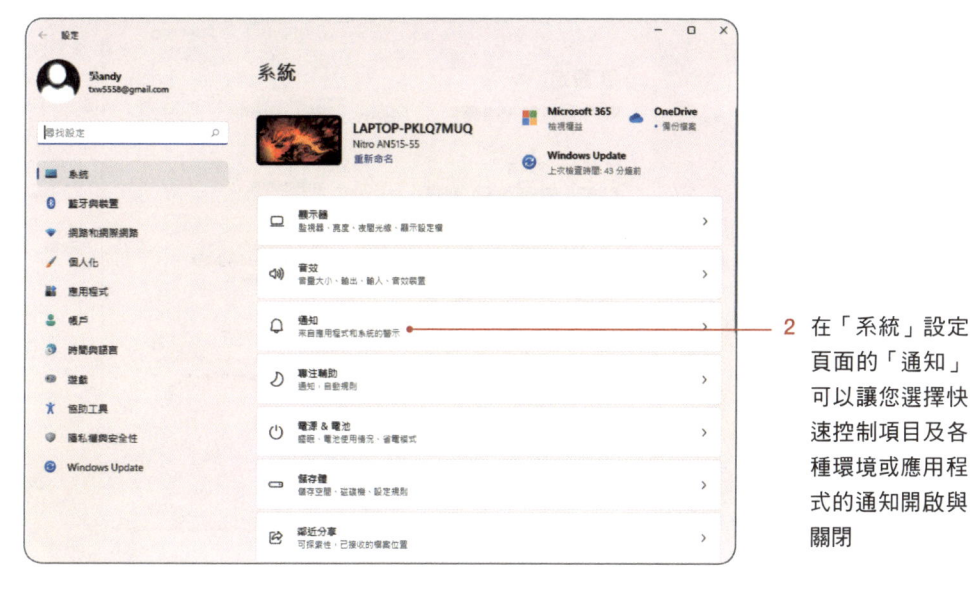

1 按下「所有設定」鈕

2 在「系統」設定頁面的「通知」可以讓您選擇快速控制項目及各種環境或應用程式的通知開啟與關閉

10-13

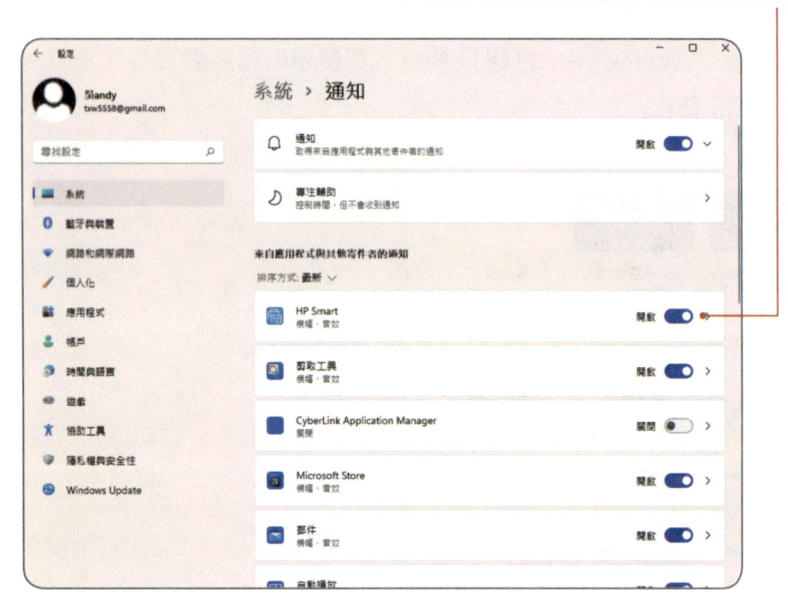

3 此處可細部決定要顯示哪些應用程式的通知

10-3-3 病毒與威脅防護通知

在「Windows 安全性」的「設定」視窗可以管理您的安全性及通知設定。

防微杜漸電腦更新與系統安全

在「安全性提供者」頁面可以管理「防毒軟體」、「防火牆」、「網路保護」等應用程式服務，以保護您的裝置。

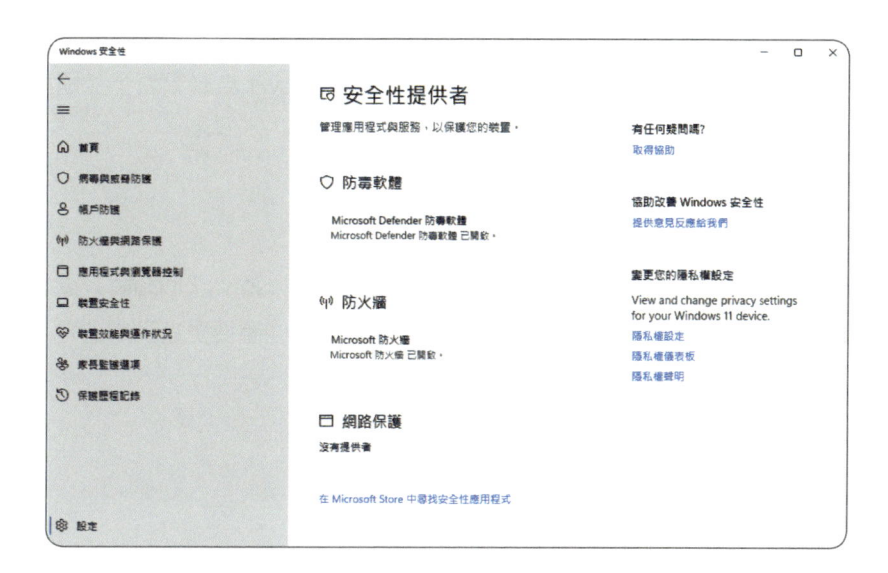

在「通知」頁面可以管理「病毒與威脅防護通知」及「帳戶防護通知」，您可以指定需要的通知資訊。

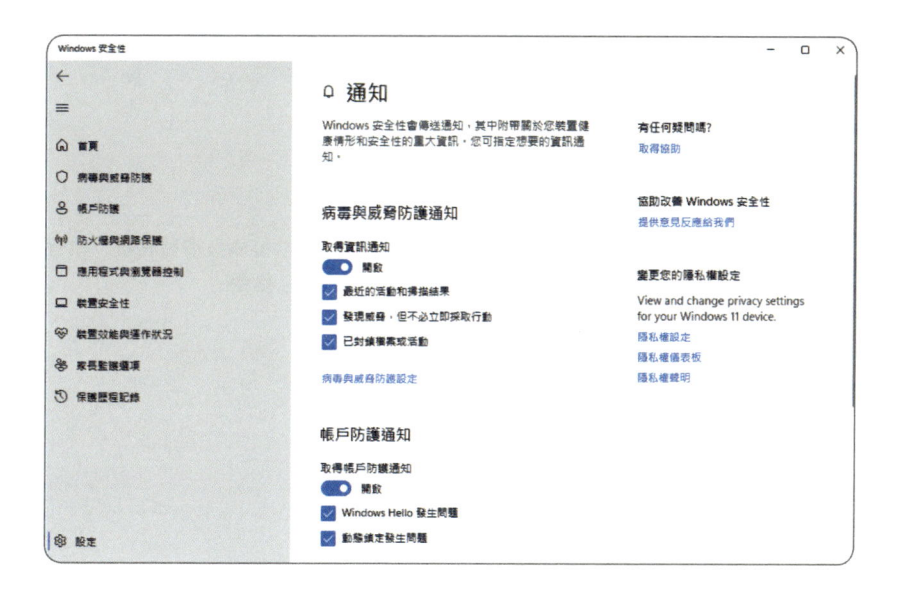

10-4 更新與安全性

Windows 的安全性更新可以確保個人隱私及電腦安全，以免除不必要的外界惡意程式的威脅。要取得安全性更新最好的方法是啟動 Windows 自動更新，並隨時可以接收安全性問題的通知。

10-4-1 Windows Update

當電腦系統設定了自動更新，就不再需要檢查更新。Windows Update 只要微軟發布重要修正或驅動程式的更新時，就會自動幫忙安裝這些重要更新到您的電腦，要將 Windows Update 設定為自動更新，其作法如下：

Step 1

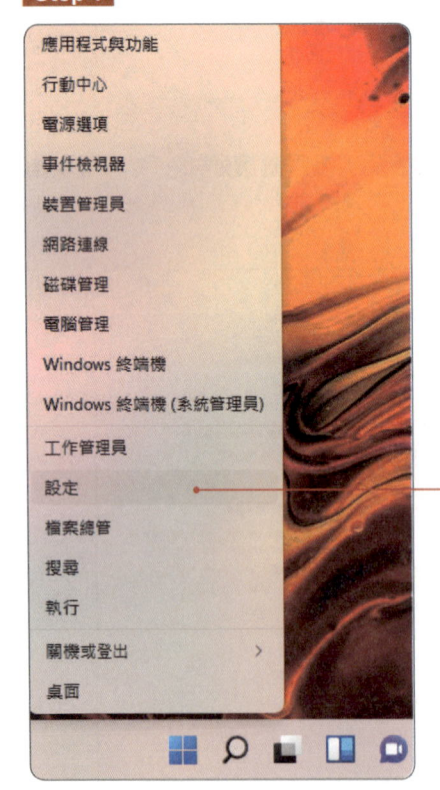

在「開始」功能表按滑鼠右鍵，執行快顯功能表「設定」指令

防微杜漸電腦更新與系統安全 10

Step 2

按一下「檢查更新」鈕就會開始尋找電腦的最新更新

開始檢查更新

10-17

Step 3

找到更新下載中

這個畫面可以看到安裝更新的進度

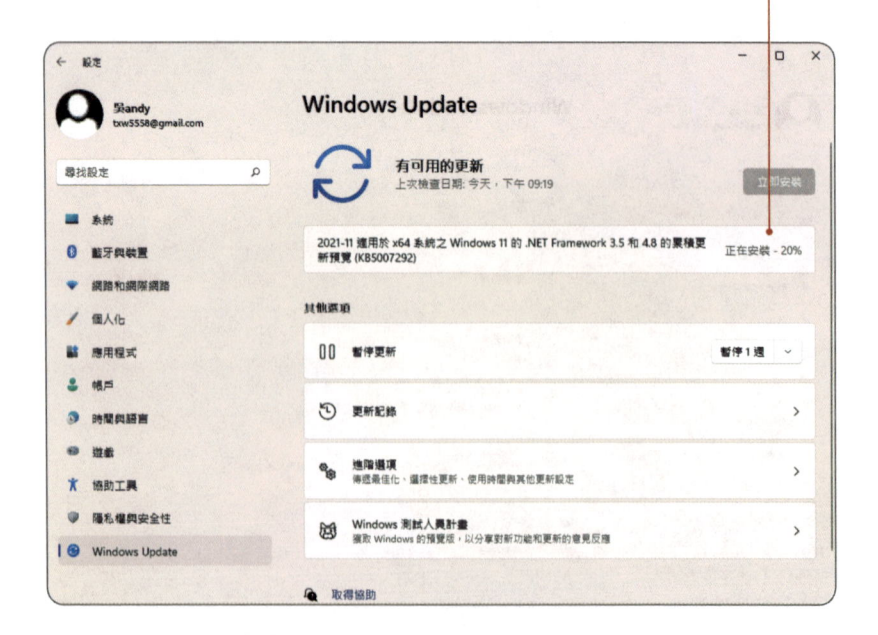

Step 4

更新完成後可以按此鈕立即重新啟動

10-4-2 檢查更新記錄

如何知道已經安裝哪些更新以及安裝時間呢？請在上圖「進階選項」中按一下「檢視更新記錄」，就可以看到各個時間點的更新記錄。

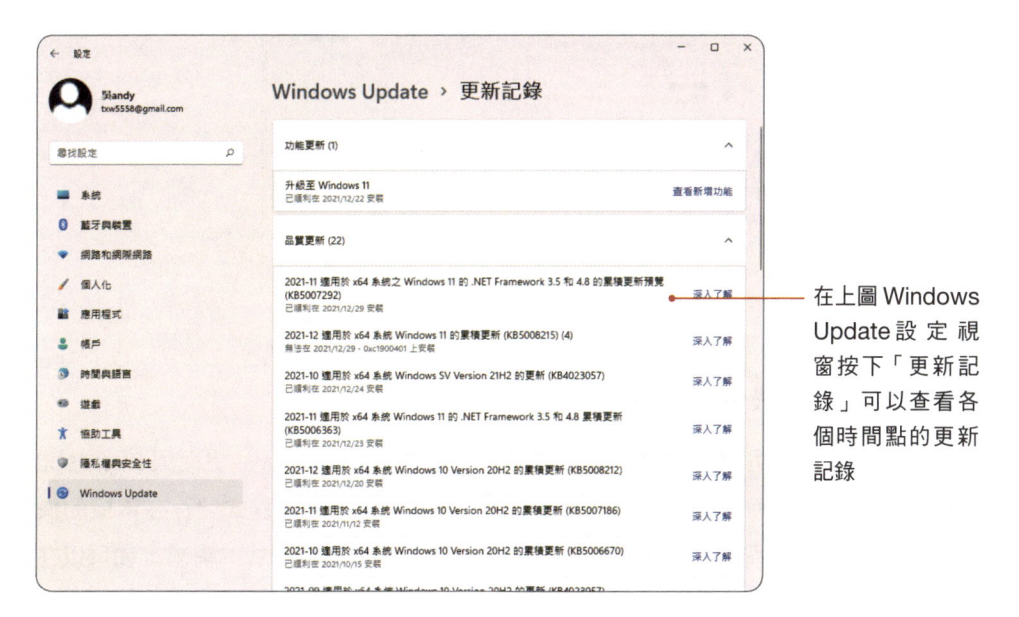

在上圖 Windows Update 設定視窗按下「更新記錄」可以查看各個時間點的更新記錄

10-4-3 Windows Update 進階選項

為了確保電腦的安全性，通常建議使用者設定自動安裝更新，您可以設定 Windows 自動安裝建議的更新，或只安裝重要更新。重要更新通常和系統的安全性及可靠性改善有關，而建議的更新則是可安裝、可不安裝，它幫忙解決較不影響電腦正常運作的問題，安裝了這些建議的更新，可以有效增進電腦使用的方便性或操作性。

各位應該有一種深刻的經驗，當您在執行重要工作時，如果背景程式在進行軟體更新，頓時電腦會變得非常慢，嚴重影響到要操作的指令或工作。因此，如果您不想自動安裝更新，可以設定當電腦有適用的更新時通知您，這樣就可以根據自己的時間及需求，自行下載和安裝。這些選擇更新安裝的方式，可以在「Windows Update」的「進階選項」的頁面中進行設定。

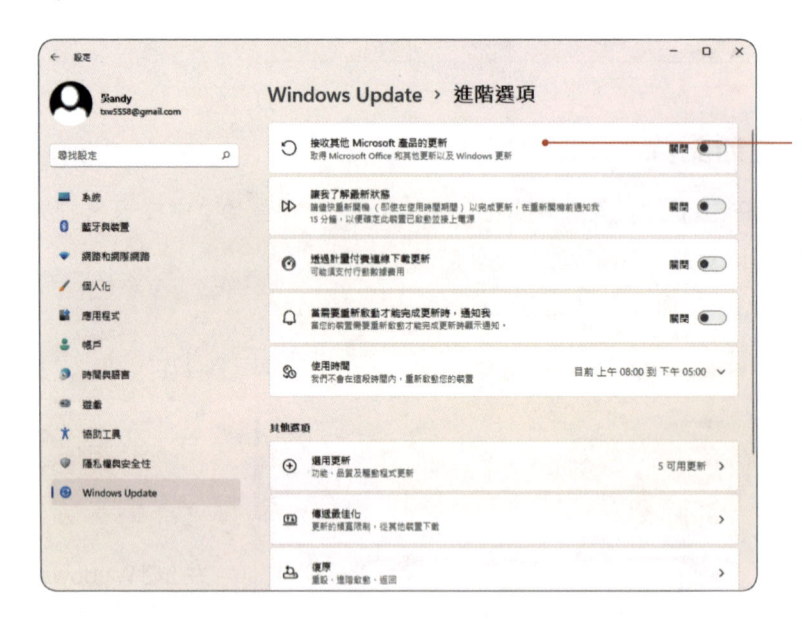

在上圖 Windows Update 設定視窗按下「進階選項」可以進入此設定頁面

10-4-4 傳遞最佳化

傳遞最佳化的優點可以在安全無虞的情況下，快速取得 Windows 更新與 Microsoft Store 應用程式。傳遞最佳化的原理就是將下載的更新或應用程式儲存在本機的快取 (cache)，當其他區域網路的電腦有相同的更新程式或應用程式的需求，就可以在

防微杜漸電腦更新與系統安全　10

檔案共用之下，透過點對點的傳輸與別人的電腦進行分享，以達到快速更新傳遞的需求。傳遞最佳化預設是開啟的，但是傳遞最佳化會佔用到你的網路頻寬及硬碟空間。從下列的操作步驟，各位就可以查看目前的「傳遞最佳化檔案」所佔用的硬碟空間大小。

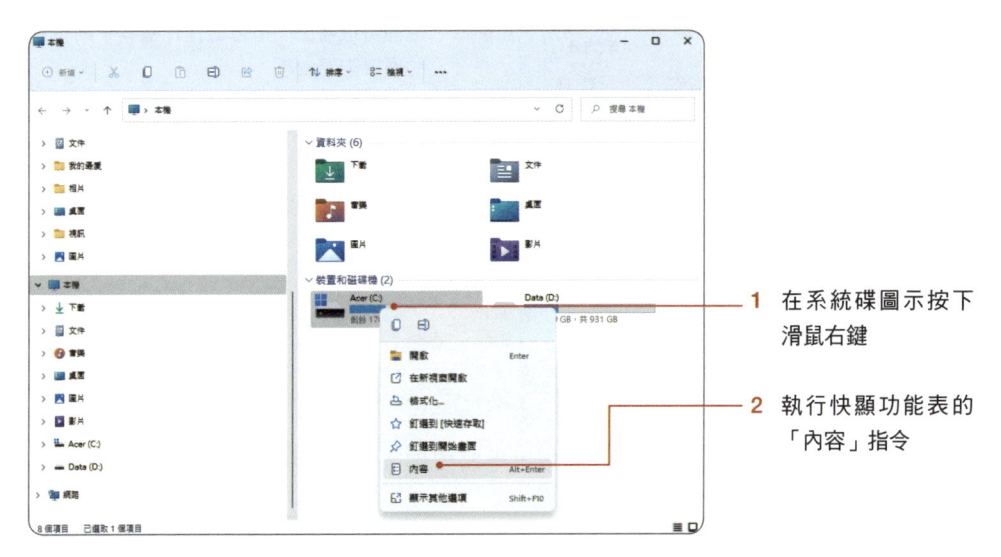

1 在系統碟圖示按下滑鼠右鍵

2 執行快顯功能表的「內容」指令

3 按下「磁碟清理」鈕

10-21

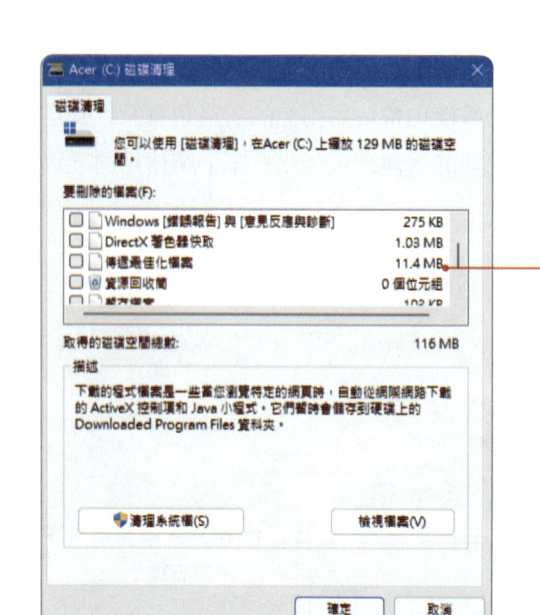

這裡可以看出「傳遞最佳化檔案」所佔用的硬碟空間大小

如果想節省網路頻寬及硬碟空間，可以考慮將傳遞最佳化的功能關閉。作法如下：

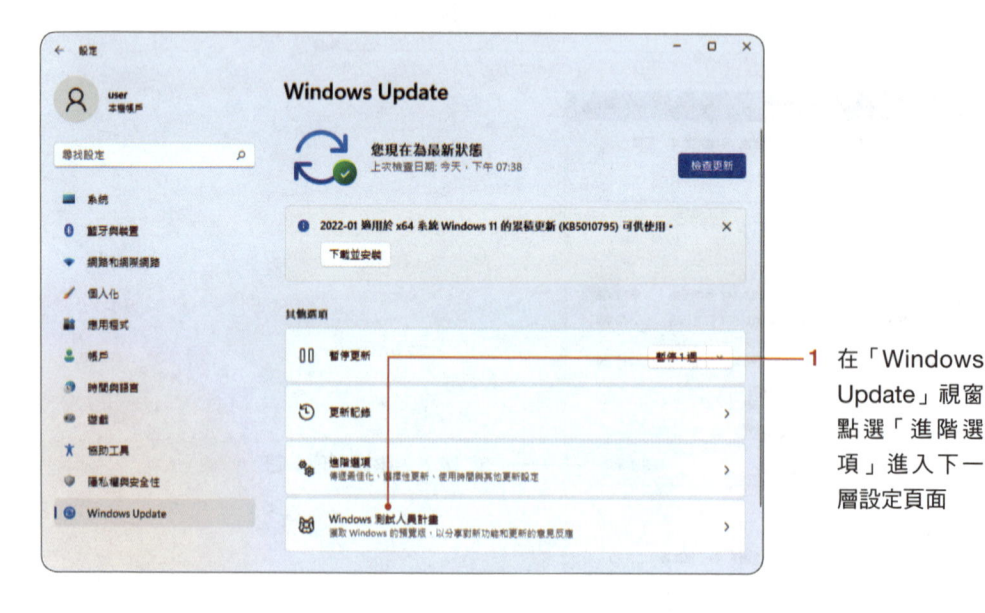

1 在「Windows Update」視窗點選「進階選項」進入下一層設定頁面

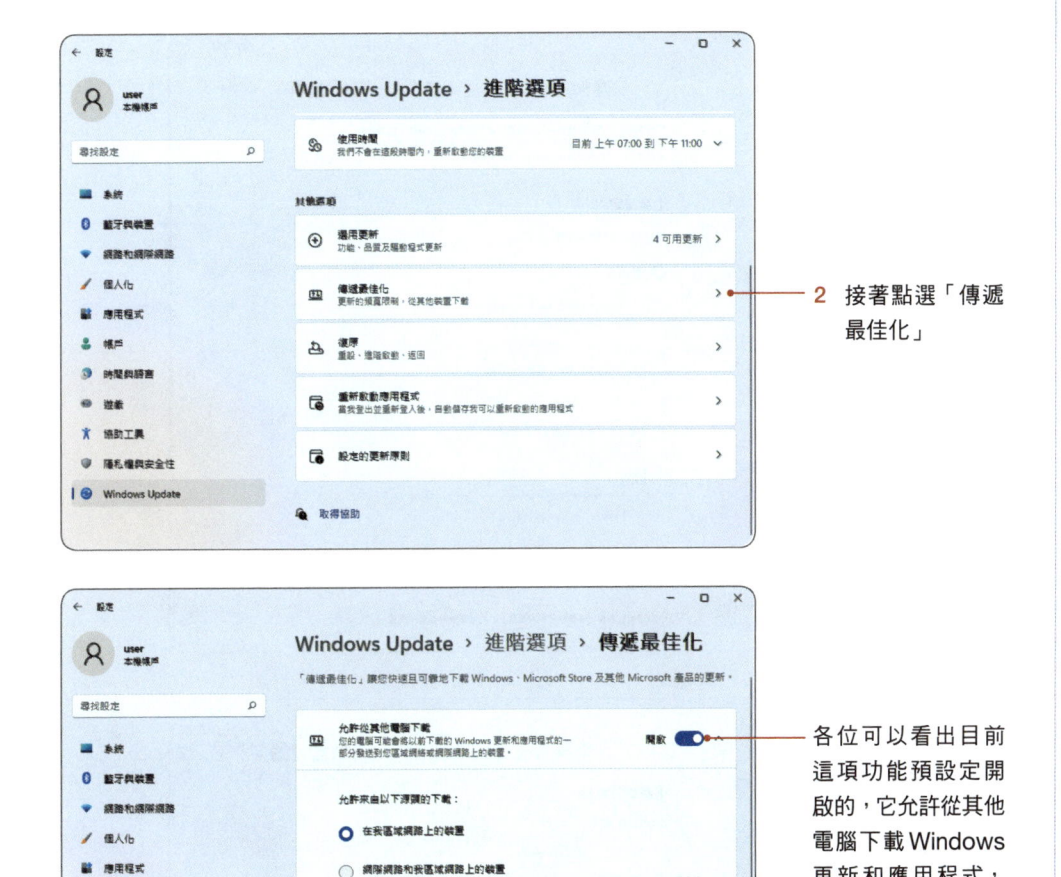

防微杜漸電腦更新與系統安全　**10**

2 接著點選「傳遞最佳化」

各位可以看出目前這項功能預設開啟的，它允許從其他電腦下載 Windows 更新和應用程式，如果要關閉傳遞最佳化的功能，請在此關閉

下列二圖則分別是上圖「傳遞最佳化」設定視窗的「進階選項」及「活動監視器」的下一層設定視窗，其中「進階選項」可以進一步設定上傳及下載的細節設定。而「活動監視器」則可以分別查詢「下載統計資料」及「上傳統計資料」。

10-23

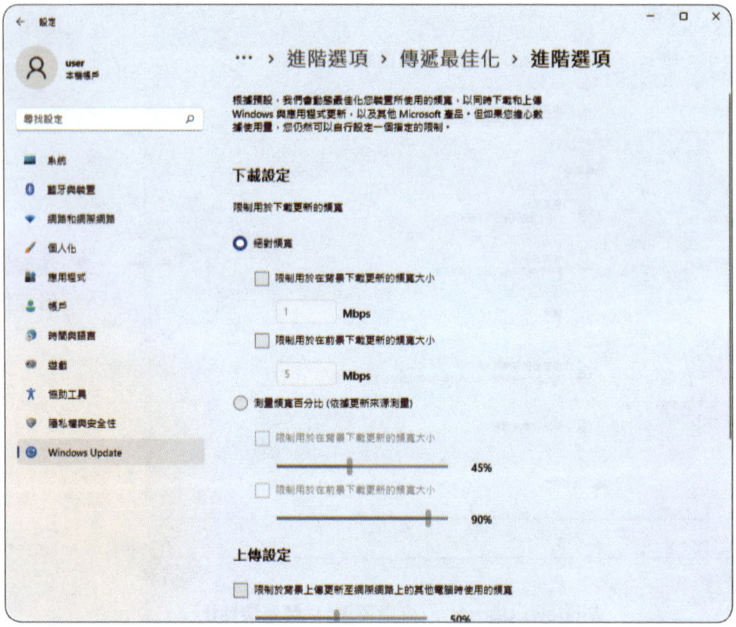
設定
user
本機帳戶
尋找設定
系統
藍牙與裝置
網路和網際網路
個人化
應用程式
帳戶
時間與語言
遊戲
協助工具
隱私權與安全性
Windows Update
… › 進階選項 › 傳遞最佳化 › 進階選項
根據預設，我們會動態最佳化您裝置所使用的頻寬，以同時下載和上傳 Windows 與應用程式更新，以及其他 Microsoft 產品。但如果您擔心數據使用量，您仍然可以自行設定一個指定的限制。
下載設定
限制用於下載更新的頻寬
絕對頻寬
限制用於在背景下載更新的頻寬大小
1
Mbps
限制用於在前景下載更新的頻寬大小
5
Mbps
測量頻寬百分比 (依據更新來源測量)
限制用於在背景下載更新的頻寬大小
45%
限制用於在前景下載更新的頻寬大小
90%
上傳設定
限制於背景上傳更新至網際網路上的其他電腦時使用的頻寬
50%

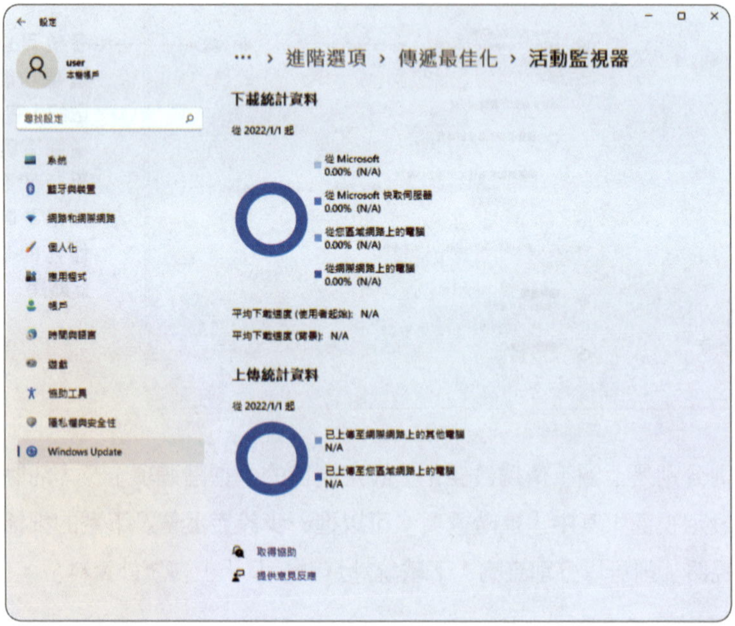
設定
user
本機帳戶
尋找設定
系統
藍牙與裝置
網路和網際網路
個人化
應用程式
帳戶
時間與語言
遊戲
協助工具
隱私權與安全性
Windows Update
… › 進階選項 › 傳遞最佳化 › 活動監視器
下載統計資料
從 2022/1/1 起
從 Microsoft
0.00% (N/A)
從 Microsoft 快取伺服器
0.00% (N/A)
從您區域網路上的電腦
0.00% (N/A)
從網際網路上的電腦
0.00% (N/A)
平均下載速度 (使用者起始): N/A
平均下載速度 (背景): N/A
上傳統計資料
從 2022/1/1 起
已上傳至網際網路上的其他電腦
N/A
已上傳至您區域網路上的電腦
N/A
取得協助
提供意見反應

CHAPTER 11

亡羊補牢
系統修復
與管理

當電腦出現儲存空間不足的訊息，就必須要考慮到釋放一些磁碟空間，除了將一些不常用的應用程式解除安裝外，也可以查看資源回收筒是否已清空。常見的系統工具包括：釋放磁碟空間、重組並最佳化磁碟機、建立與格式化硬碟磁碟分割、系統備份與修復、還原點建立與系統還原等。

11-1 釋放磁碟空間

透過 Windows 11 的「磁碟清理」工具，來釋放磁碟空間。在進行「磁碟清理」前，可以先檢查目前電腦的空間，就可以更清楚知道在進行「磁碟清理」工作後，到底硬碟增加了多少儲存空間。

11-1-1 檢查電腦的儲存空間

在安裝軟體前或複製檔案前，如果想事先查看硬碟的儲存空間是否充足？可以在「設定」視窗中選擇「系統」選項，並在「系統」頁面的點選「儲存體」項目，可以看到目前電腦各硬碟空間的使用情況。如果希望挪出一些空間，也可以將應用程式預設文件、圖片、音樂和影片的儲存位置變更到不同的硬碟，在這個頁面也可以設定應用程式的預設儲存位置。

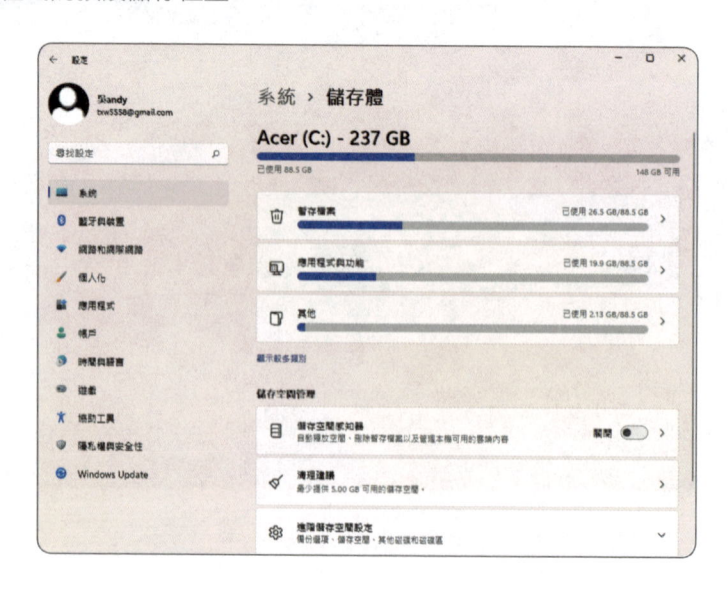

11-1-2 磁碟清理

當電腦儲存空間不足時，常見釋放磁碟空間的幾種方式：刪除暫存檔案、刪除已下載的檔案、清空資源回收筒、解除安裝應用程式、將檔案移至另一部磁碟機…等，這些工作可以分別進行，也可以透過「磁碟清理」一起來幫忙移除暫存檔案、清空資源回收筒或下載的程式檔案。除此之外，它也可以移除不必要的系統檔案，來釋放更多的磁碟空間。要使用「磁碟清理」工具，請要在桌面的「本機」視窗中，按滑鼠右鍵於要進行磁碟清理工作的硬碟，例如右圖中的 C 槽硬碟，並執行快顯功能表中的「內容」指令，就會進入右圖的視窗。

接著請按下「磁碟清理」就會出現右圖視窗，我們可以勾選要刪除的檔案。勾選完畢後就可以看到回收磁碟空間的總數。如果您要一併刪除 Windows 建立的檔案，在右圖中按下「清理系統檔」鈕，就可以挪出更多的空間。為了避免萬一將來會使用到系統檔，建議在做這個動作前可以再三思。

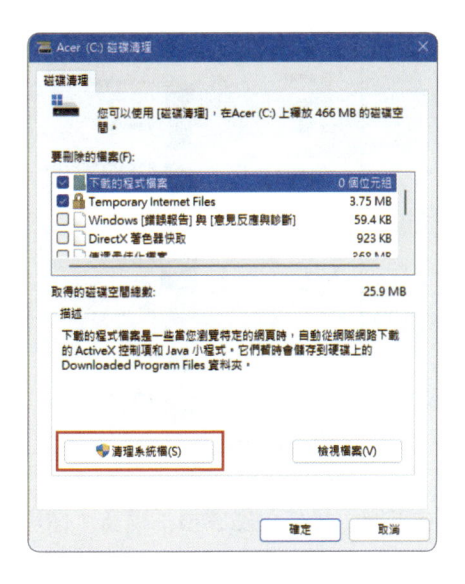

11-3

11-2 重組並最佳化磁碟機

系統執行一段時間後，會造成檔案分散在不同的儲存位置，就會造成電腦執行的速度變慢，如果您想重新將這些分散的檔案集中，來提高磁碟機的運作效率，就可以使用「磁碟重組工具」來合併電腦硬碟上分散檔案，讓電腦更有效率地執行。我們可以每隔一段時間以手動方式進行磁碟重組，或是直接安排排程，讓「磁碟重組工具」依排程的規則進行重組工作。

11-2-1 重組硬碟

在 Windows 11「開始」功能表中的「所有應用程式」中的「Windows 工具」可以找到「重組並最佳化磁碟機」系統工具，如下圖所示：

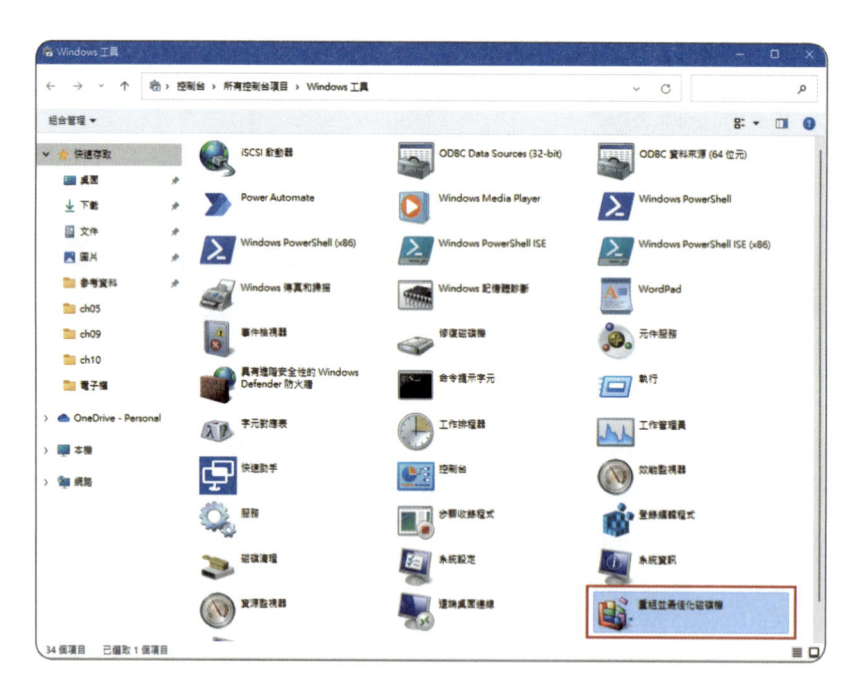

在下圖「最佳化磁碟機」視窗，你可以在「狀態」區域，選取想要重組的磁碟。如果要判斷磁碟是否需要重組？請按一下「分析」鈕。完成磁碟分析後，在「目前狀態」欄位中的磁碟分散百分比。如果數字偏高，建議應該重組該磁碟。

亡羊補牢系統修復與管理

另外，為了有效保持磁碟最佳化的狀態，也可以將磁碟最佳化工作設定排程，系統就會在指定的時間或頻率自動進行磁碟最佳化的工作。如要改變排程的設定，請按上圖的「變更設定」鈕，就可以決定排程的時間頻率，如下圖所示：

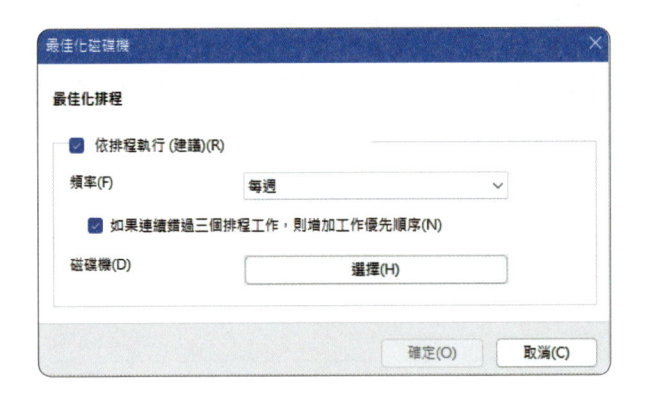

上圖中的「依排程執行」核取方塊是用來決定是否要關閉排定的最佳化排程。如果要變更排程最佳化的頻率，請在「頻率」旁邊下拉式清單中設定「每天」、「每週」或「每月」，其預設值為每週。另外，如果要加入或排除進行最佳化工作的磁碟，則請在「磁碟機」旁邊，點按一下「選擇」，選取或清除磁碟機旁邊的核取方塊，然後按一下「確定」。

11-5

11-2-2 最佳化磁碟

進行最佳化磁碟的工作，可以提高電腦的執行效率。請在「最佳化磁碟機」視窗按一下「最佳化」鈕，可以進行最佳化磁碟機的動作，其執行時間與磁碟大小或檔案分散情況有關，可能需要數分鐘到數小時才能完成。不過，在最佳化的過程中，並不會影響您正常使用電腦。如果想停止最佳化的工作，只要按下「停止」鈕即可。

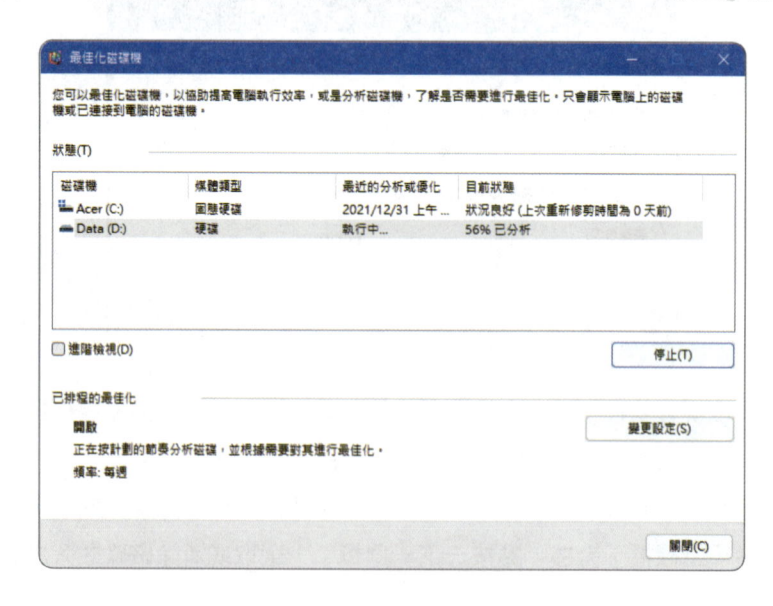

11-3 建立與格式化硬碟磁碟分割

要在硬碟上建立磁碟分割，前題是硬碟上必須要有尚未配置的空間，或硬碟的延伸磁碟分割內有可用空間，建立磁碟分割這項工作只有系統管理員才有權限進行。在 Windows 11 要建立與格式化硬碟磁碟分割等操作，請在「開始」鈕按右鍵，在快顯功能表中執行「電腦管理」指令，進入下圖的「電腦管理」視窗。首先，請在左窗格的「存放裝置」下，按一下「磁碟管理」。

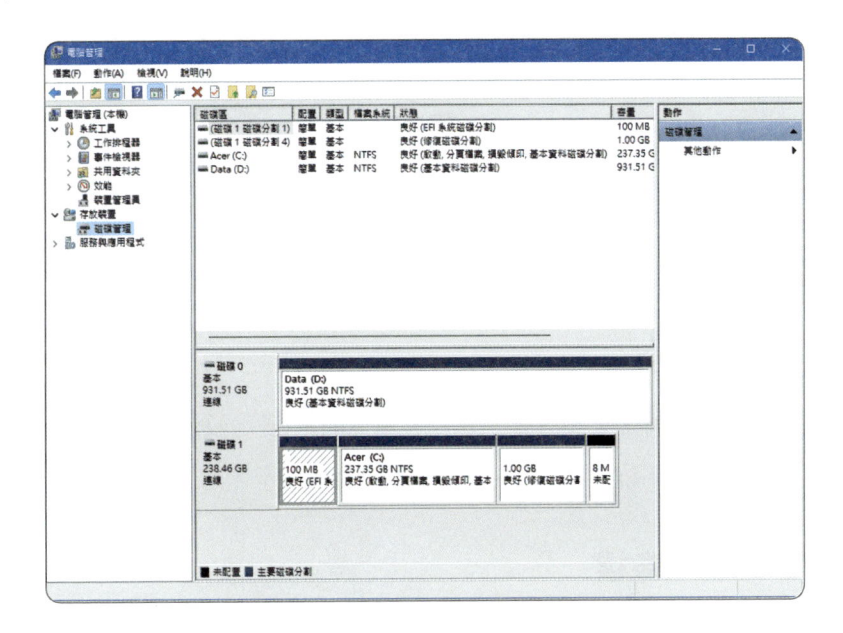

接著請在尚未配置硬碟空間按滑鼠右鍵，然後執行快顯功能表中的「新增簡單磁碟區」指令，就會啟動「新增簡單磁碟區精靈」中，您只要依精靈指示就可以建立磁碟區大小。

請注意，切割磁碟分割過程中的磁碟區大小是以 MB 為單位，如果有詢問到是否格式化新的磁碟分割？這個動作要特別小心，以避免不小心將硬碟中的檔案給刪除掉。在進行格式化動作之前，最好能先進行檔案備份，並再三確認該儲存空間已經沒有任何有用的檔案，才不會因為格式化動作使得檔案全部被刪除的命運。

11-4 系統備份與修復

如果要進行系統備份與修復動作，請在「控制台」中啟動「備份與還原(Windows 7)」項目，會進入下圖視窗：

上圖視窗中的主要功能是來為系統作備份及還原的動作，左側視窗的文字連結包括了兩項功能：「建立系統映像」及「建立系統修復光碟」。

11-4-1 建立映像檔

當您的硬碟或電腦停止運作，可以使用系統映像檔來還原電腦內容，系統映像檔它是磁碟機的精確複本，映像檔預設會包含執行 Windows 所需的磁碟機，也包括 Windows 和系統設定、程式及檔案。如果是使用系統映像來還原電腦，這個動作將是完整的還原，也就是說，系統映像的內容將會取代目前所有的程式、系統設定和檔案。

要建立系統映像只需在上圖「備份與還原」視窗左側按下「建立系統映像」，就會進入下圖的「建立系統映像」的精靈，只要依循精靈的指示，就可以為現有的系統建立系統映像，當將來碰到電腦無法正常運作時，就可以使用系統映像來還原您的電腦。

11-4-2 建立系統修復光碟

另外，您也可以使用 Windows 安裝光碟或系統修復光碟來還原您的電腦。要建立系統修復光碟可以在「備份與還原」視窗的左側按下「建立系統修復光碟」，就會進入下圖的「建立系統修復光碟」的精靈，請各位依循精靈的指示，就可以為現有的系統建立修復光碟，當將來電腦無法正常運作時，就可以使用系統修復光碟來還原您的電腦。

點選「建立系統修復光碟」

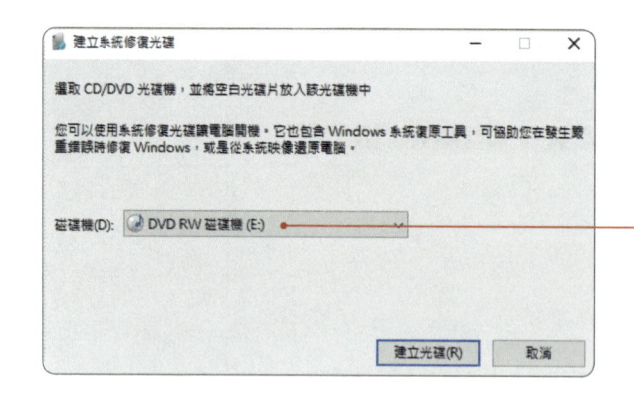

「建立系統修復光碟」的精靈，請各位依循精靈的指示，就可以為系統建立修復光碟

11-4-3 建立 USB 修復磁碟機

「USB 修復磁碟機」會儲存 Windows 系統的復原映像檔和修復磁碟所需要的修復工具，USB 磁碟至少要能儲存 32GB 的資料，因為在建立 USB 磁碟的過程中，會將 USB 磁碟機上所儲存的資料全部刪除，所以要作為修復磁碟機 USB，必須要先確保 USB 上的資料都已備份完成，請各位一定要特別留意。接著我們就來看如何建立 USB 修復磁碟機的操作過程：

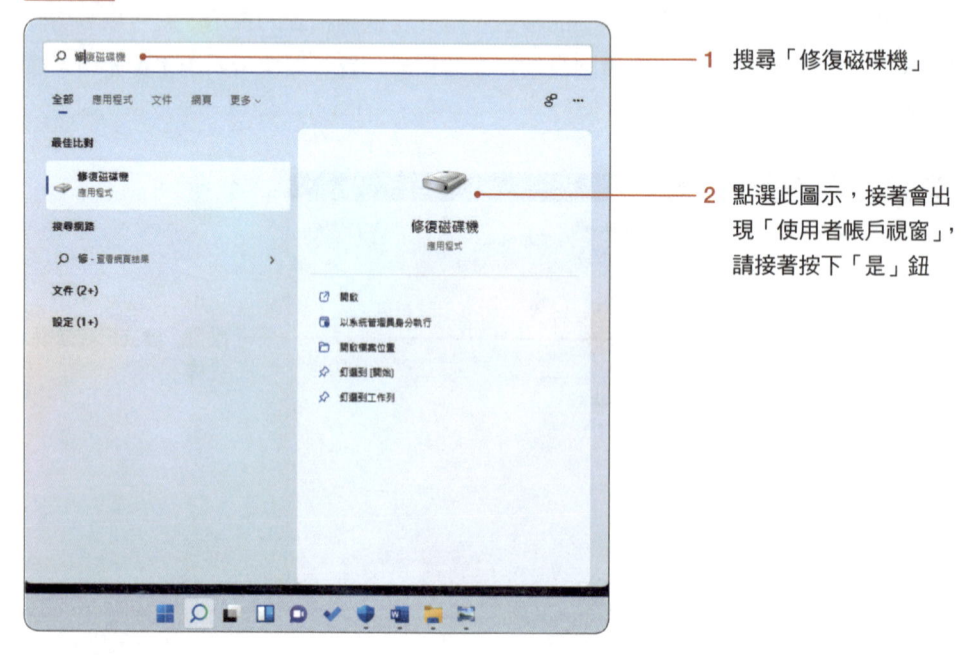

Step 1

1. 搜尋「修復磁碟機」

2. 點選此圖示，接著會出現「使用者帳戶視窗」，請接著按下「是」鈕

Step 2

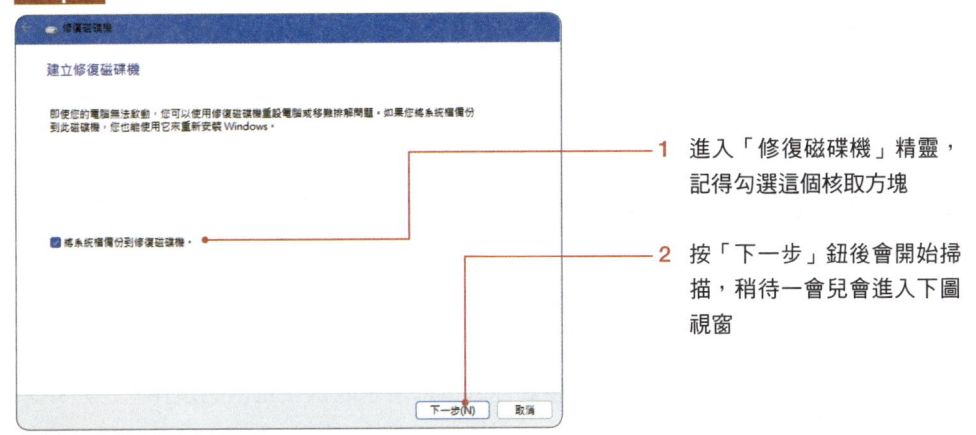

1. 進入「修復磁碟機」精靈，記得勾選這個核取方塊
2. 按「下一步」鈕後會開始掃描，稍待一會兒會進入下圖視窗

Step 3

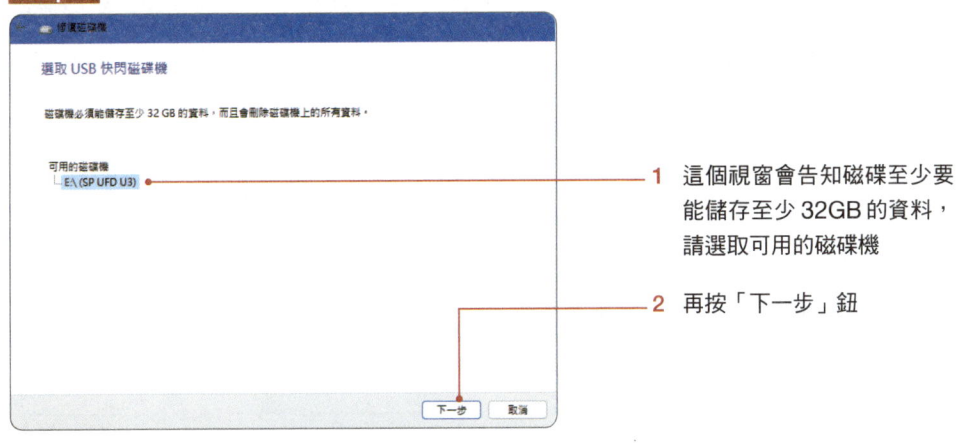

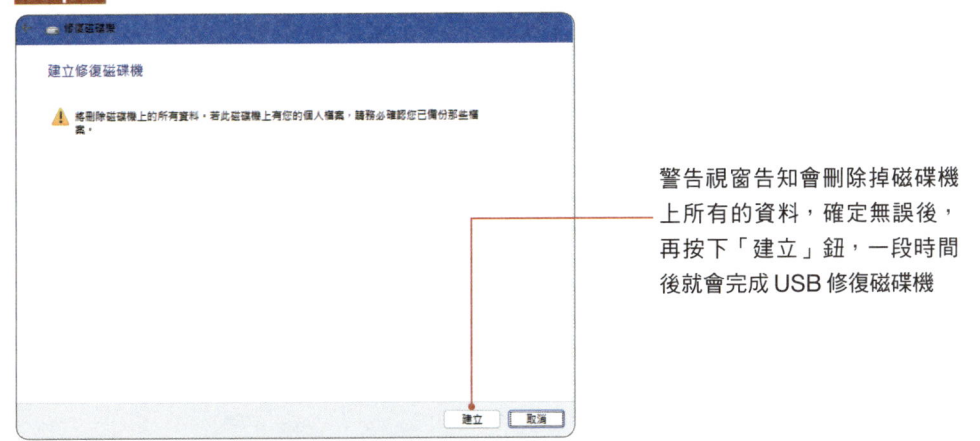

1. 這個視窗會告知磁碟至少要能儲存至少 32GB 的資料，請選取可用的磁碟機
2. 再按「下一步」鈕

Step 4

警告視窗告知會刪除掉磁碟機上所有的資料，確定無誤後，再按下「建立」鈕，一段時間後就會完成 USB 修復磁碟機

11-11

等修復磁碟機建立好後，按下「完成」來結束修復磁碟機的建立，請特別注意：要作為修復磁碟機的 USB 快閃磁碟機的空間必須能至少儲存 32 GB 的資料，建立修復磁碟機的過程中，會刪除磁碟機上所有的資料。

11-5 還原點建立與系統還原

有時候安裝硬體裝置的驅動程式，或是安裝第三方廠商的應用程式後，會造成與系統互相衝突的問題，使得系統產生不穩定情況。如果這種不穩定的現象的情況不嚴重，或許可以藉助解除安裝程式或驅動程式，來使系統恢復正常的運作。但是如果解除安裝程式或驅動程式後，還是無法有效改善系統不穩定的現象，就可以考慮將系統還原到電腦運作正常的較早日期，但要進行系統還原工作，就必須在系統還算穩定時建立還原點。

系統還原可以將電腦系統檔還原到較早的時間點，這個處理工作主要是復原系統檔，也就是說，還原點包含 Windows 使用的登錄設定和其他系統資訊的相關資訊。它並無法將被刪除或毀損的檔案復原，而這些資料備份的工作，平時各位就要養成良好的習慣。建議各位可以每隔一段時間來建立「還原點」，當電腦系統的運作發生問題時，就可以利用系統還原來恢復到先前較穩定的系統，因此，建立系統還原點這項工作，可以讓您的電腦系統受到多一層的保護。

11-5-1 建立還原點

如果您要為系統建立還原點，請在 Windows 11 桌面「本機」圖示鈕按滑鼠右鍵，會開啟右圖視窗：

請接著按下「系統保護」，然後按下「建立」鈕，就可以為已開啟系統保護的磁碟機建立還原點。

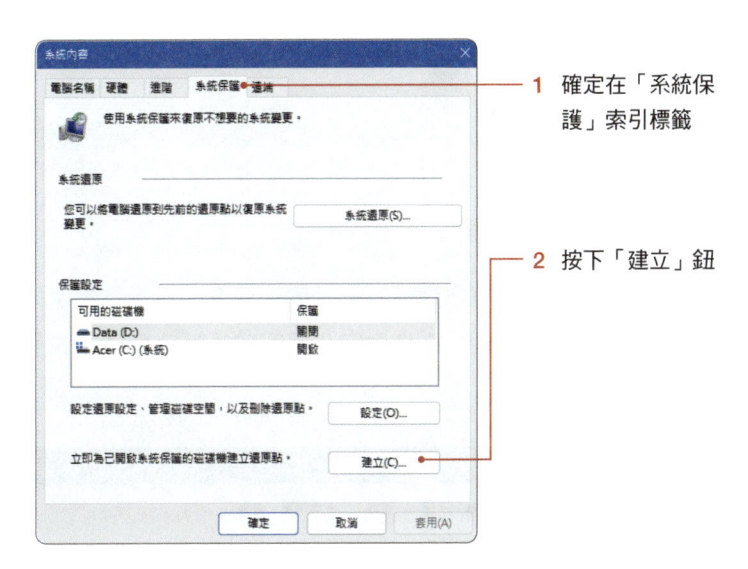

1 確定在「系統保護」索引標籤

2 按下「建立」鈕

接著請輸入能協助您識別還原點的名稱，例如此處的「2021最後一天」，輸入完畢後按下「建立」鈕。

接著進入建立還原點的過程：

11-13

當還原點建立完畢後，請記得按「關閉」鈕關閉視窗。

11-5-2 系統還原

「系統還原」可以將電腦還原到指定的還原點，以復原不當的系統變更。要進行系統還原工作，請在下圖「系統內容」視窗的「系統保護」索引標籤頁中按下「系統還原」鈕：

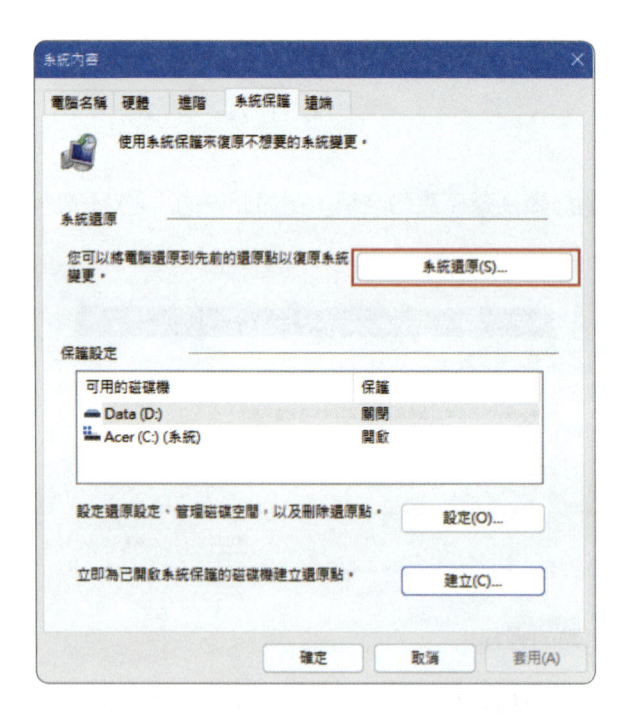

接著進入「系統還原」精靈，會說明系統還原的主要功能，請您按「下一步」鈕。

先選好還原點後，再按「下一步」鈕，還原點確認無誤後，按下「完成」鈕就會將您的電腦還原到還原點之前的狀態。

11-5-3 重設您的電腦

除了利用還原點來將系統回復到之前較穩定的狀態外，當您覺得電腦系統非常不穩定，甚至無法正常運作，您還可以考慮直接重設電腦，以重新安裝作業系統。請先進入「設定」頁的「Windows Update/ 進階選項」，如下頁圖所示：

1 按一下「復原」進入「系統/復原」設定頁面

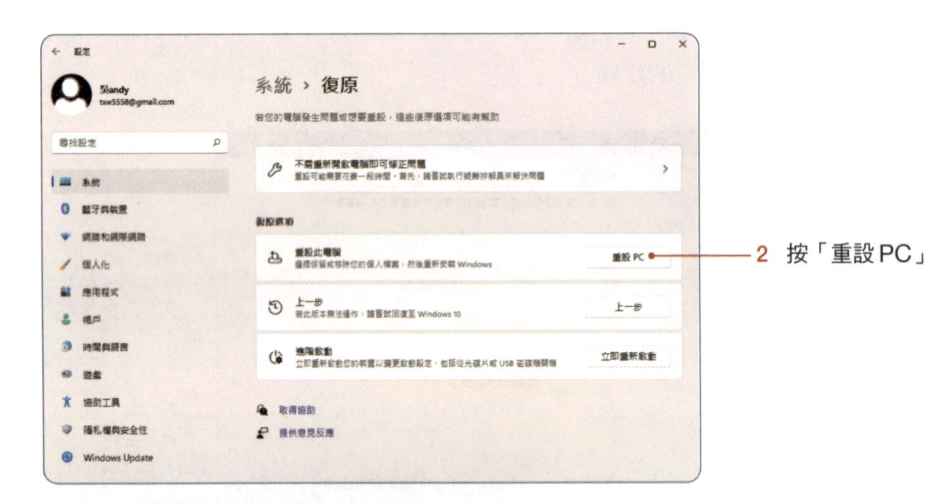

2 按「重設 PC」

重設電腦工作選項包括：保留我的檔案、移除所有項目

11-6 其他實用工具

除了上述介紹的系統工具外,接著還要介紹幾種實用工用包括工作排程、檢視系統資訊、系統效能增進…等。

11-6-1 工作排程

「工作排程器」可以依據使用者的指定方式自動開啟程式,例如:於指定特定時間或週期開啟設定要啟動的程式,或於電腦開機後自動執行,這些需要定期執行某一支程式的工作,可藉助「工作排程器」精靈建立。底下就來示範如何於特定時間內開啟指定的程式。首先請從「開始」功能表的「所有應用程式」進入「Windows 工具」,然後按兩下「工作排程器」圖示捷徑。

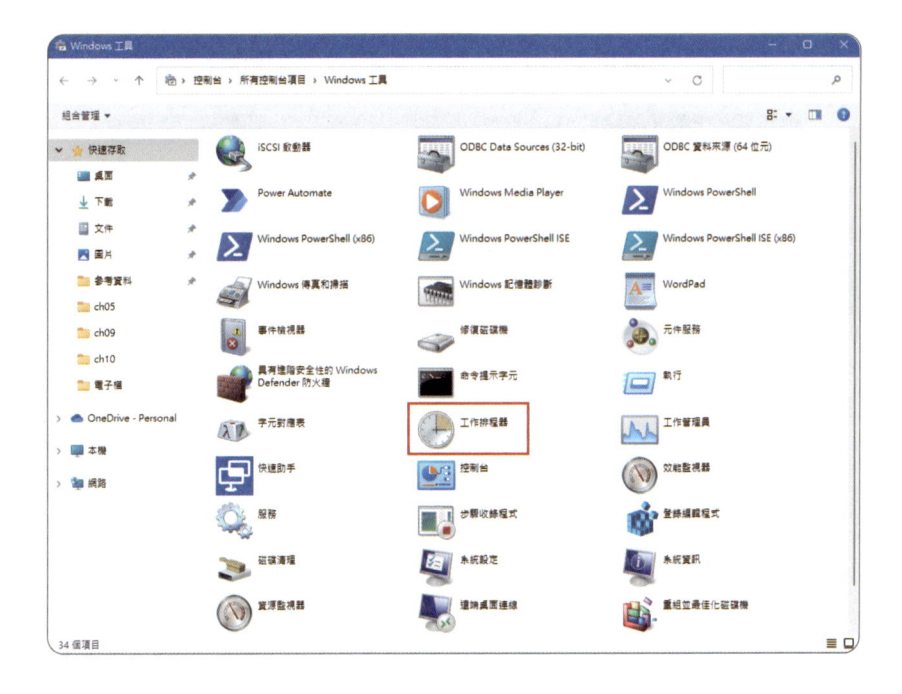

按一下「動作」功能表,然後按一下「建立基本工作」。

接著輸入工作的名稱及有關這項工作的描述 (可省略)，然後按「下一步」。

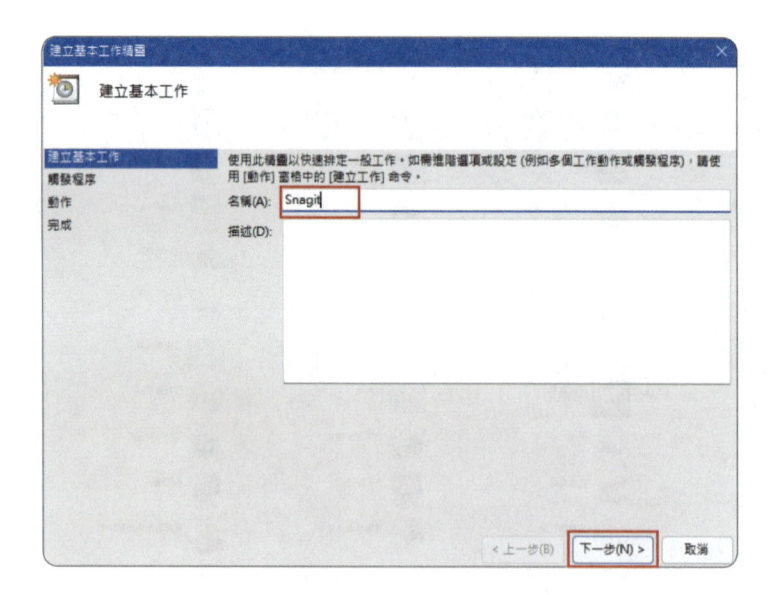

下圖中選擇想要工作在什麼時候開始執行，如有多個選項：

- 若要根據行事曆來選取排程，請按一下 [每日]、[每週]、[每月] 或 [一次]。

- 若要根據週期性事件來選取排程，請按一下 [在電腦啟動時執行] 或 [在您登入時執行]。
- 若要根據特定事件來選取排程，請按一下 [當記錄特定的事件時]。
- 若要排定電腦啟動時自動執行，請按一下 [在電腦啟動時執行]。

此處筆者選擇「在電腦啟動時執行」，然後按「下一步」鈕。

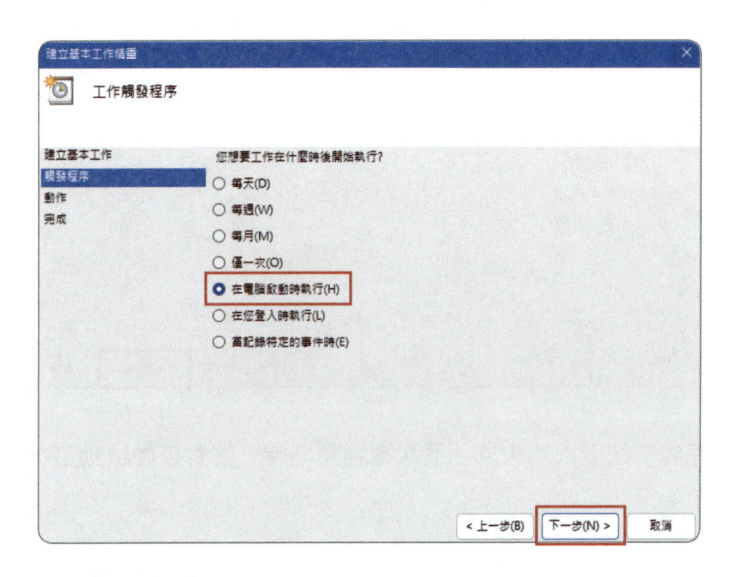

接著選擇希望工作執行什麼動作，此處筆者設定「啟動程式」。

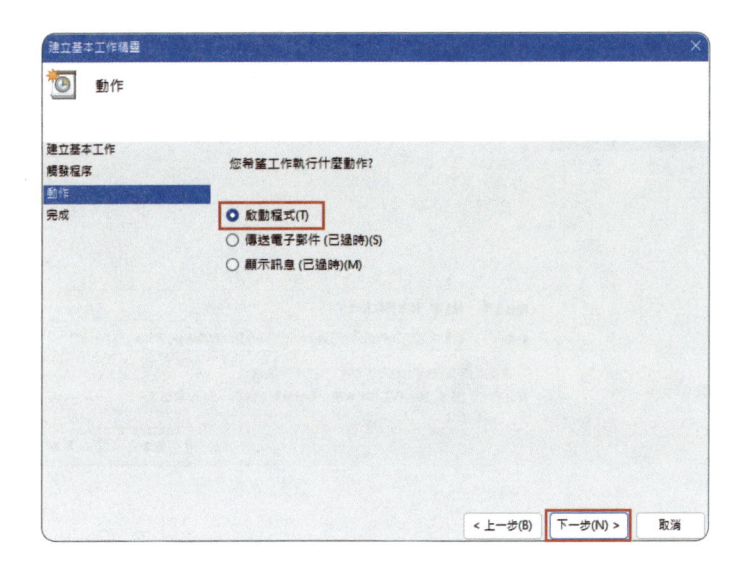

11-19

透過「瀏覽」鈕選擇要開啟程式的所在位置,並接著按下「下一步」鈕。

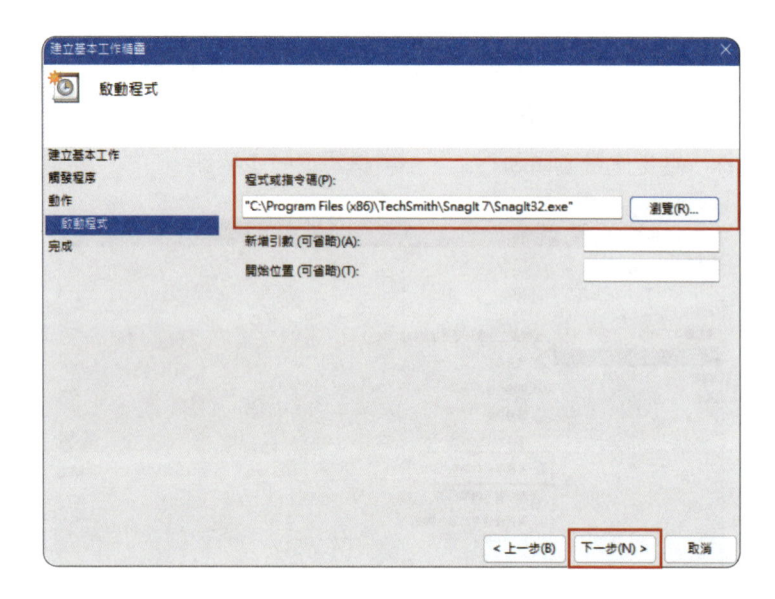

最後按下「完成」鈕就大功告成,下次電腦開機時,就會自動啟動這次排程精靈所設定的程式了。

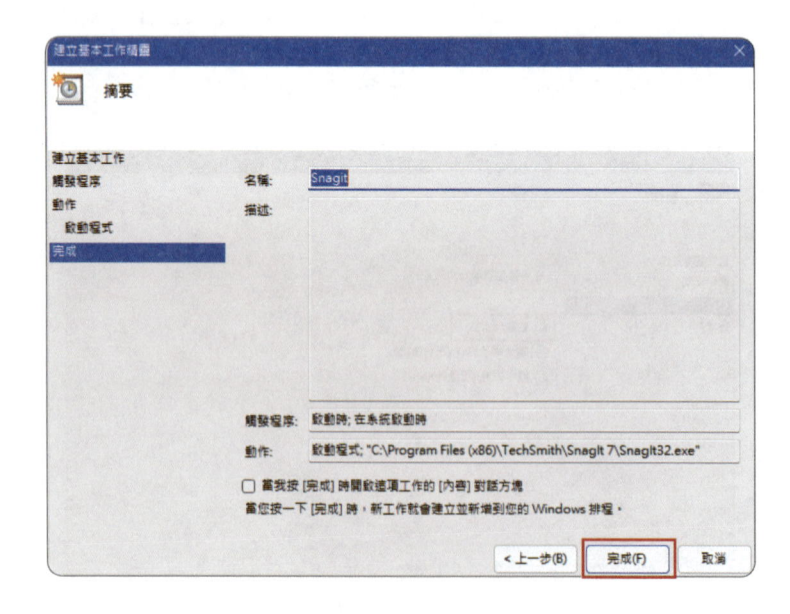

11-6-2 檢視系統資訊

在桌面「本機」按滑鼠右鍵，執行「內容」指令，會開啟「系統」可以檢視電腦的重要資訊摘要，除了可以查看基本的硬體資訊 (如電腦名稱)，也可以變更重要的系統設定。

在上圖中按下「重新命名電腦」會進入下圖的對話視窗：

如果要做更進階的設定，則請按下「進階系統設定」：

11-6-3 系統效能

各位應該會注意到，當電腦安裝完新的作業系統時，電腦的效能及執行速度都還不錯，但經過一段使用時間後，就會感覺執行速度好像變慢。之所以會造成這種現象，有幾種可能原因，例如安裝過多的軟體，而有些軟體會在您一開機之後就會自動啟動，比較常見就是防毒軟體，如果同時在開機啟動太多這類的程式，就會造成系統效能變差，而使得電腦變慢。

又例如電腦經過一段長時間的使用，會產生一些紀錄檔或暫存檔案，這些檔案分散各處，會造成檔案存取的效能降低，如要改善這兩類問題，可以考慮使用「磁碟清理」來刪除不必要的檔案，並藉助「磁碟重組工具」讓檔案的存放位置較為集中，這些都有助於改善系統效能。

其實還有很多方法可以協助加快 Windows 的執行速度，來使電腦的執行效能變快。造成電腦效能不佳的可能因素相當多，在 Windows 11「設定」中的「系統 / 疑難排解」會分析減慢電腦效能的可能問題，並自動尋找並修正問題。接著將以執行針對舊版 Windows 設計的程式進行疑難排解，其完整過程示範如下：

亡羊補牢系統修復與管理 **11**

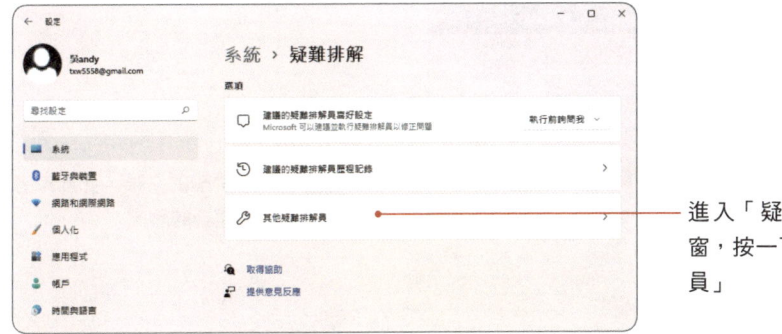

Step 1

進入「疑難排解」設定視窗，按一下「其他疑難排解員」

Step 2

此處示範「程式相容性的排解員」的問題進行排解

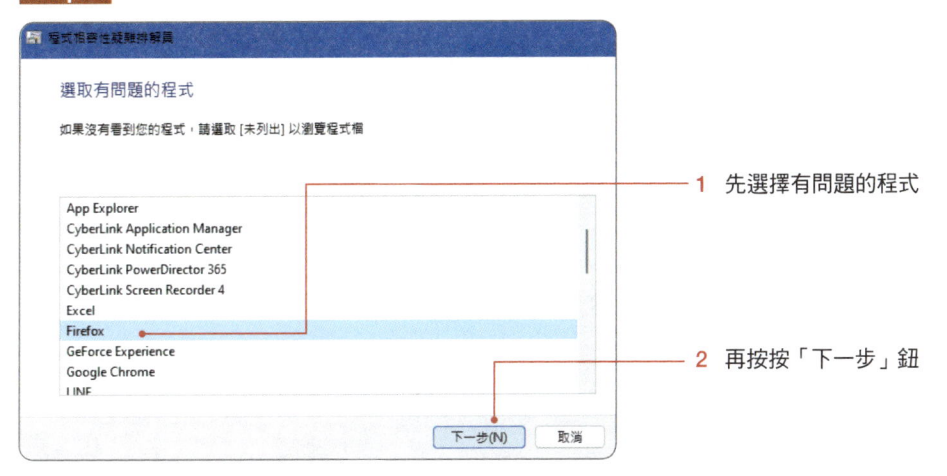

Step 3

1. 先選擇有問題的程式
2. 再按按「下一步」鈕

11-23

Step 4

有兩個疑難排解的選項，此處筆者選擇「嘗試建議的設定」

Step 5

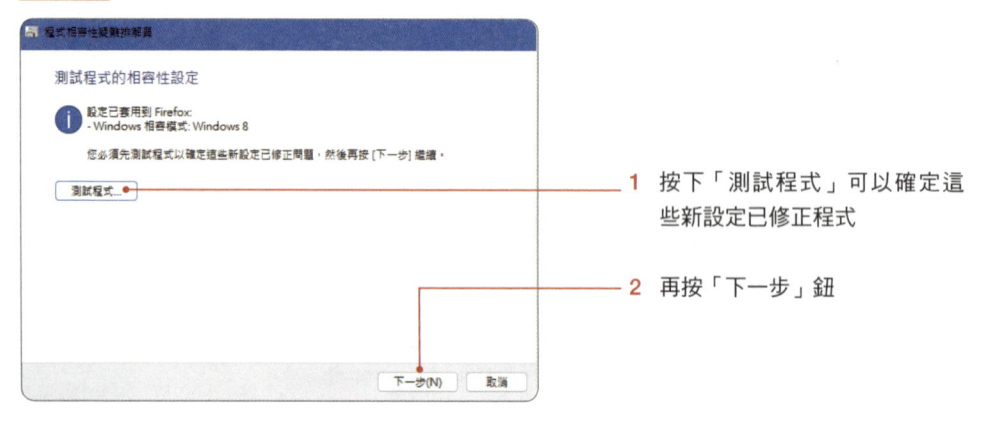

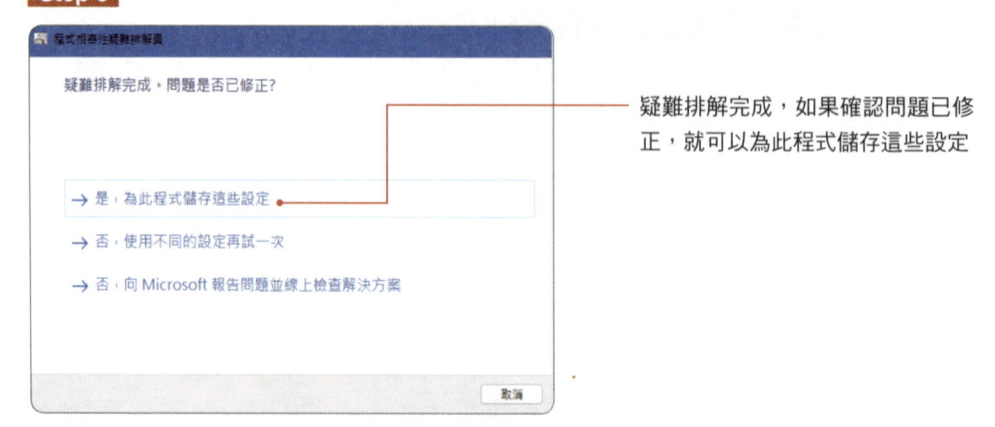

1. 按下「測試程式」可以確定這些新設定已修正程式
2. 再按「下一步」鈕

Step 6

疑難排解完成，如果確認問題已修正，就可以為此程式儲存這些設定

Step 7

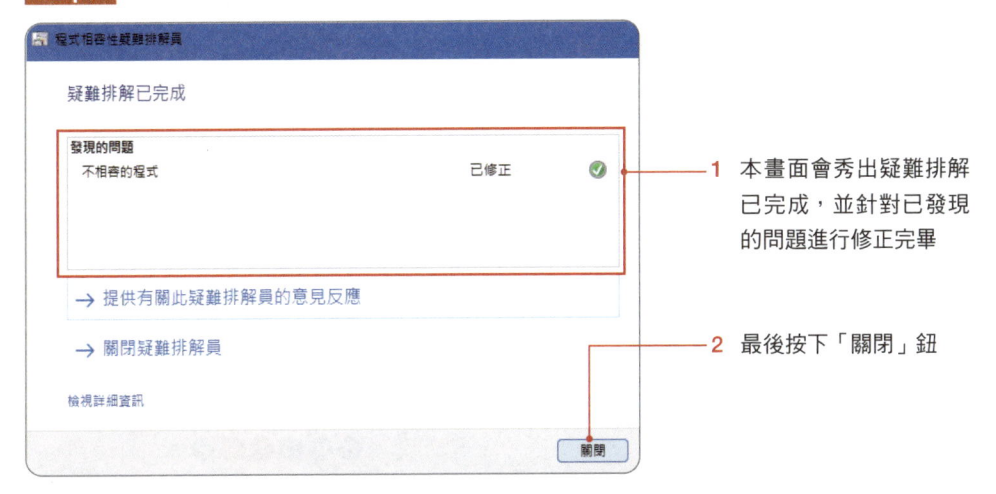

1 本畫面會秀出疑難排解已完成，並針對已發現的問題進行修正完畢

2 最後按下「關閉」鈕

11-6-4 Hyper-V 虛擬化技術

「虛擬機器」就好像在電腦中模擬另外一台電腦，作法就是在電腦內劃分出一個磁碟區塊，並讓我們可以透過「虛擬機器」軟體在那個區塊中安裝另一套作業系統，如此一來，就可以在同一台電腦使用一種以上的作業系統。

虛擬機器的功能是對原先已安裝某作業系統（例如：已安裝 Windows 11）的主電腦系統而言，這個硬碟區塊只不過是一些檔案的組合，對主電腦系統而言，即使在這個硬碟區塊中安裝了另外一套作業系統，並不會認為它是作業系統，而是一些檔案的組合，因此即使在「虛擬機器」區塊安裝了不算穩定的測試版作業系統，因為不小心的人為因素或其他系統原因，而造成那個「虛擬機器」區塊的檔案毀損，並不會影響到原電腦系統的正常運作。

以往這些「虛擬機器」都必須額外安裝到作業系統，微軟提供 Windows 11 企業版開發環境，四種虛擬機器套件免費下載，包括：VMWare、Hyper-V、VirtualBox 和 Parallels，如果有興趣進一步了解虛擬機器套件下載及免費虛擬機器 Hyper-V 使用教學，建議可以參考底下兩個推薦的網站：

https://free.com.tw/free-windows-11-developer-virtual-machines/

https://adersaytech.com/windowsos-tutorial/hyper-v-virtual-machine.html

事實上，市面上除了 Windows 11 內建的 Hyper-V 的虛擬機器軟體外，和 Hyper-V 功能類似的軟體有 Oracle VM VirtualBox、VMware Player…等，這些虛擬機器軟體的功能及操作和 Hyper-V 大同小異，網頁上也有許多熱心的專家提供了免費教學網頁，有興趣的讀者也可以上網搜尋一下。

https://blog.xuite.net/yh96301/blog/66578586

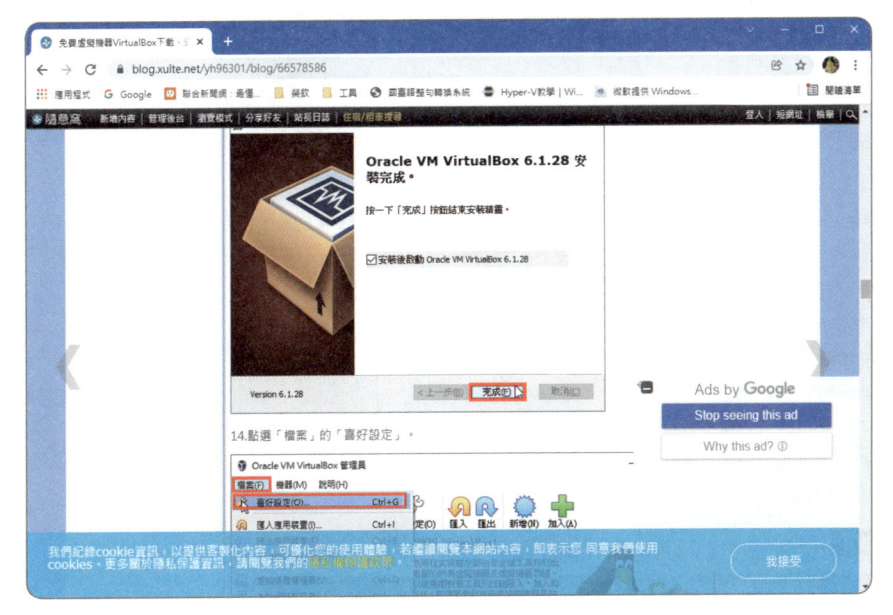

🎧 虛擬機器軟體的免費教學網頁

11-6-5 檔案歷程記錄

前面介紹的建立映像檔、系統修復光碟、系統修復 USB 磁碟機、系統還原等功能，這些防護措施都是針對整個系統或磁碟機去進行備份工作，但是使用「檔案歷程記錄」可以依照時間的規劃，定時將您的重要文件、桌面或指定資料夾檔案的各種版本備份至外部磁碟機或網路硬碟，如果有一天因為檔案遺失、損壞或刪除，就可以利用檔案歷程記錄，瀏覽和還原檔案的不同版本。

在 Windows 11 檔案歷程記錄在系統的預設值是關閉的，我們必須啟動這項功能，才可以依設定的條件，定時將本機的桌面、媒體櫃 (音樂、照片或影片)、我的最愛…等資料夾進行備份，在控制台的「檔案歷程記錄」視窗，包括還原個人檔案、選取磁碟機、排除資料夾等功能，可以協助各位進行檔案還原或增刪要備份的資料夾。接下來將以實際操作的方式示範如何開啟檔案歷程記錄、還原至原始位置及關閉檔案歷程記錄。

Step 1

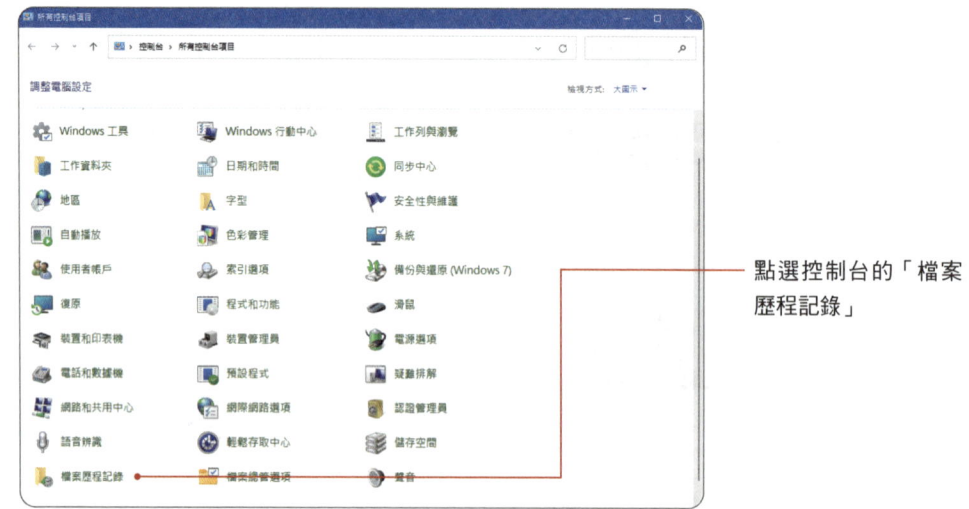

點選控制台的「檔案歷程記錄」

Step 2

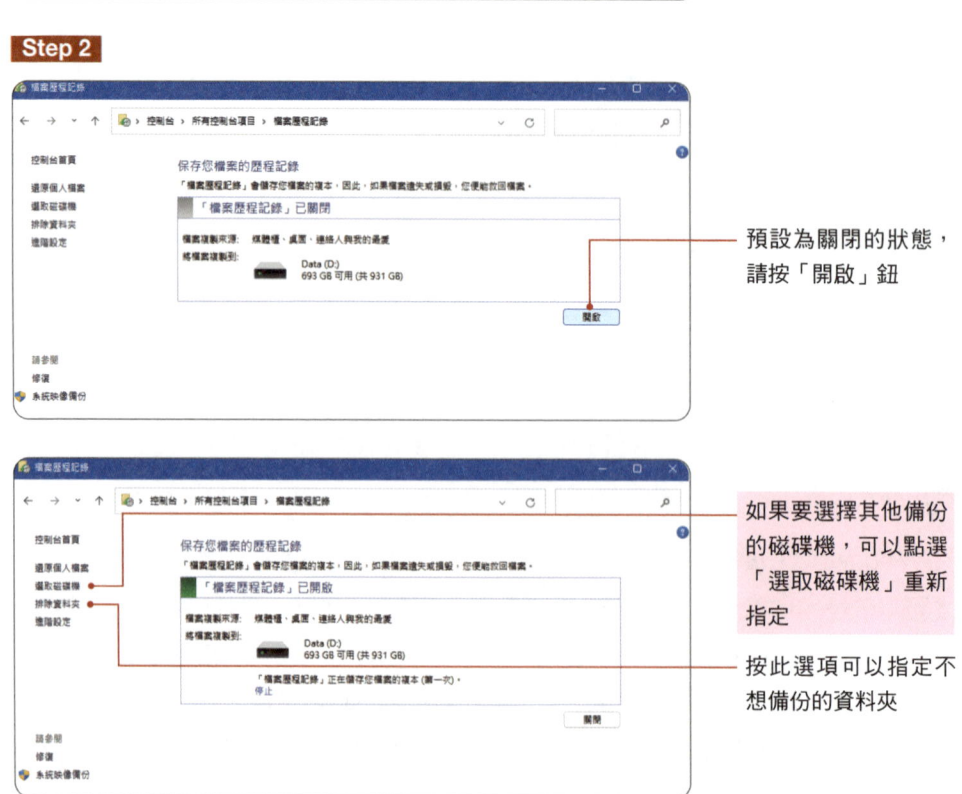

預設為關閉的狀態，請按「開啟」鈕

如果要選擇其他備份的磁碟機，可以點選「選取磁碟機」重新指定

按此選項可以指定不想備份的資料夾

11-28

亡羊補牢系統修復與管理　11

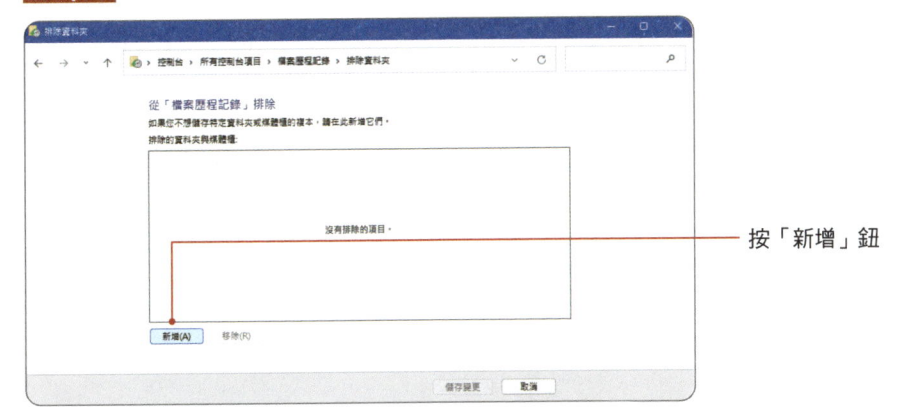

Step 3

按「新增」鈕

Step 4

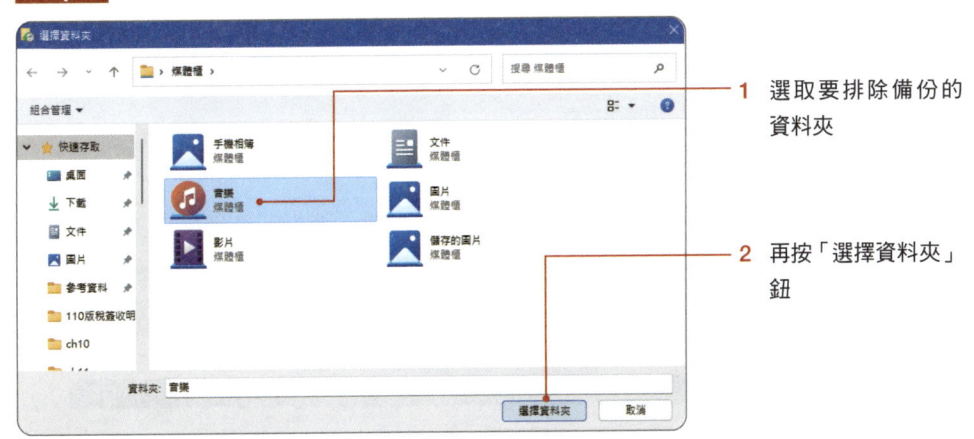

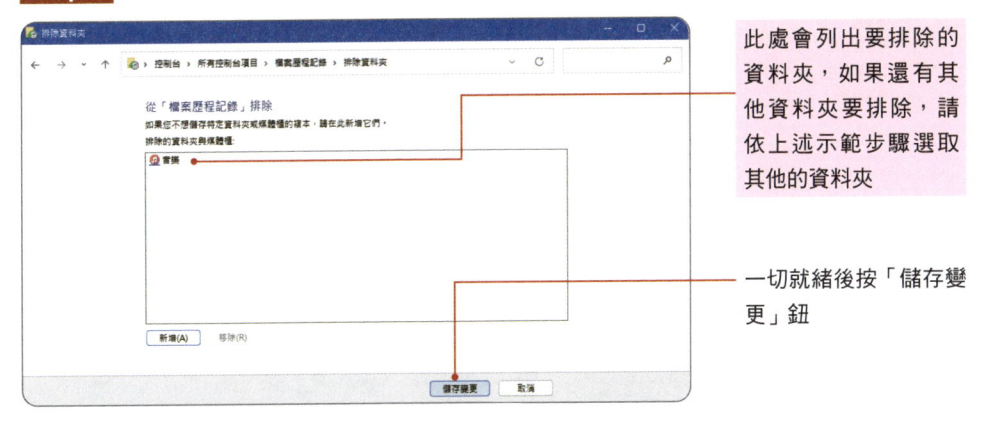

1　選取要排除備份的資料夾

2　再按「選擇資料夾」鈕

Step 5

此處會列出要排除的資料夾，如果還有其他資料夾要排除，請依上述示範步驟選取其他的資料夾

一切就緒後按「儲存變更」鈕

11-29

如果還有其他要設定的項目，例如版本的保存時間或每隔多久時間進行儲存動作，各位可以按下「檔案歷程記錄」左側的「進階設定」，會產生下圖視窗可供細項的設定。

當一切設定工作完成後，回到「檔案歷程記錄」視窗，會立即執行備份工作，並會顯示出上次複製檔案的日期，各位也可以視工作的需求，按下「立即執行」鈕進行檔案歷程記錄的資料備份。

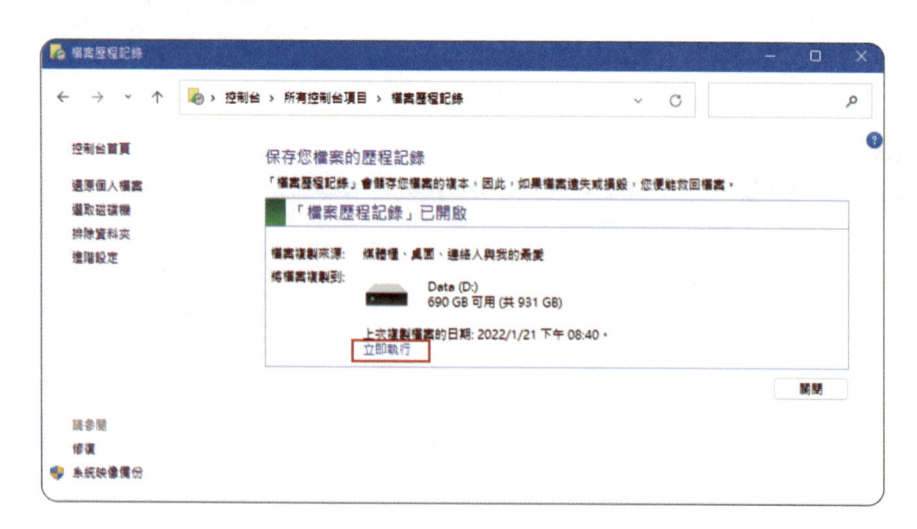

如果各位想查看檔案歷程記錄是否有儲存下來，可以在備份的磁碟機找到「FileHistory」資料夾，如下圖所示：

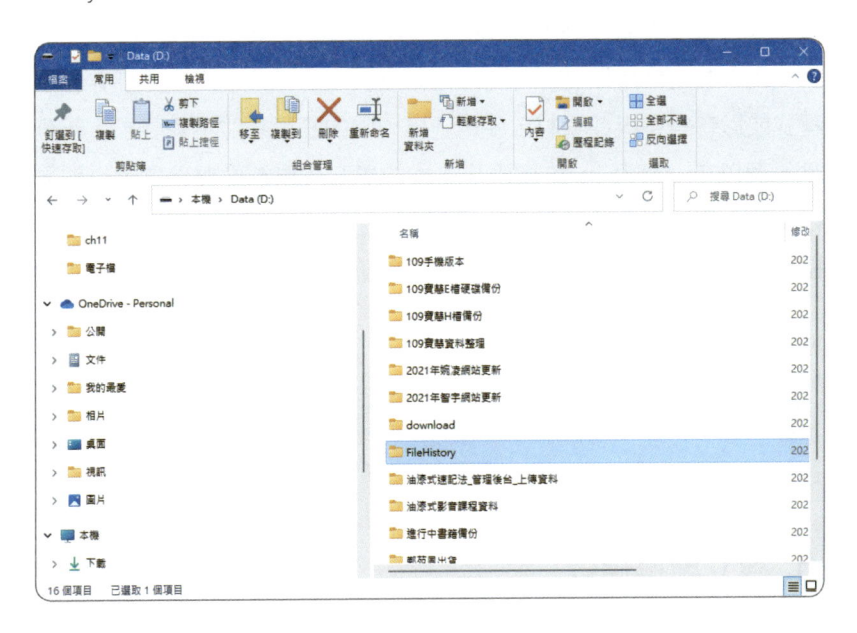

如果各位想要還原個人檔案，可以在控制台的「檔案歷程記錄」視窗的左側點選「還原個人檔案」，會顯示所有備份的資料夾，如果想一次還原個人檔案，可以在下圖視窗中按下「還原至原始位置」鈕，如下圖所示：

11-7 虛擬硬碟 (Virtual Hard Disk, VHD)

虛擬硬碟就是一種將實體硬碟虛擬化的作法，這樣的好處就可以將虛擬硬碟當成實體硬碟來使用，在這個虛擬硬碟中可以用來安裝新的作業系統或是儲存各類文件、檔案、程式或影音等多媒體素材，使用虛擬硬碟的好處是並不會要求重新分割磁碟區，而是一個以有 vhd 及 vhdx 檔兩種格式的檔案來作為虛擬硬碟，也就是說它是利用硬碟中的這個檔案，將其進行格式化動作，使得這個檔案模擬成一個硬碟，稱它為虛礙硬碟。這樣的作法可以避免因為重新分割磁碟區而造成資料遺失的可怕結果。

大部份的人在建立虛擬硬碟時，會比較建議使用 vhdx 檔，因為這個檔案格式的效率及容量都比較好。另外，因為虛擬硬碟的這個檔案，它包括了在這個虛擬硬碟內所有的資料夾及檔案，有助各位在進行檔案備份或資料還原的工作更加順利地進行。

11-7-1 建立虛擬硬碟

接下來將示範如何建立 vhd 檔案格式的虛擬硬碟，首先請在要建立虛礙硬碟檔案的硬碟 (例如 D 槽硬碟) 中建立一個資料夾，例如名稱為「VHD」，其他後續作法參考如下：

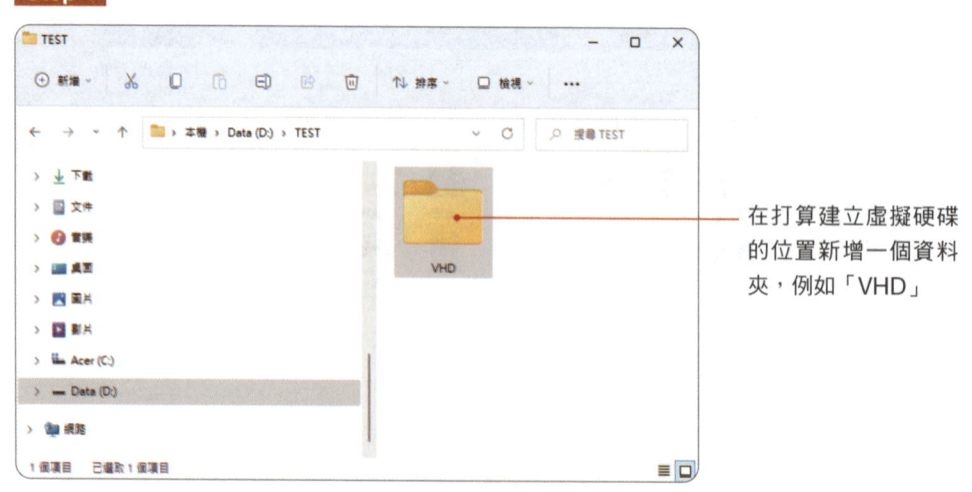

Step 1

在打算建立虛擬硬碟的位置新增一個資料夾，例如「VHD」

亡羊補牢系統修復與管理　11

Step 2

2　執行「磁碟管理」指令

1　在「開始」鈕按滑鼠右鍵

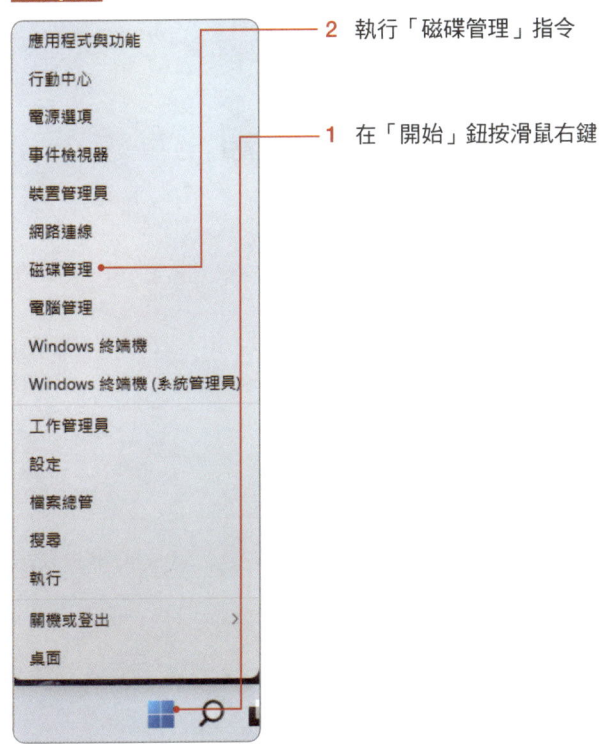

Step 3

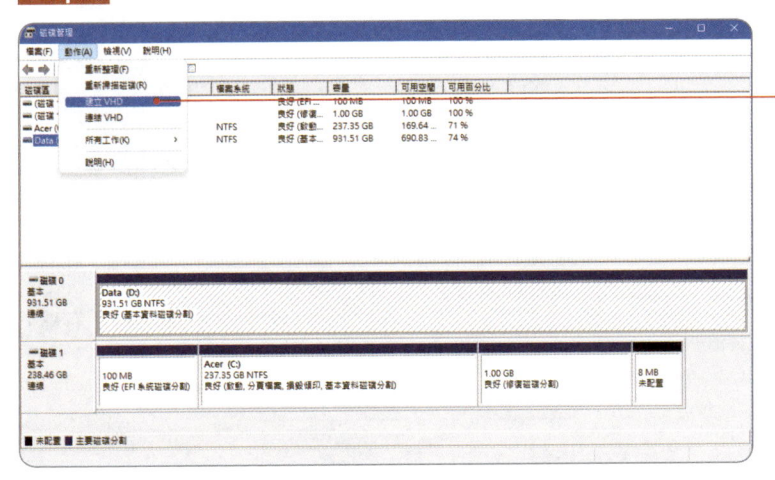

在出現的「磁碟管理」視窗不用選取硬碟的情況下，執行「動作 / 建立 VHD」指令

11-33

Step 4

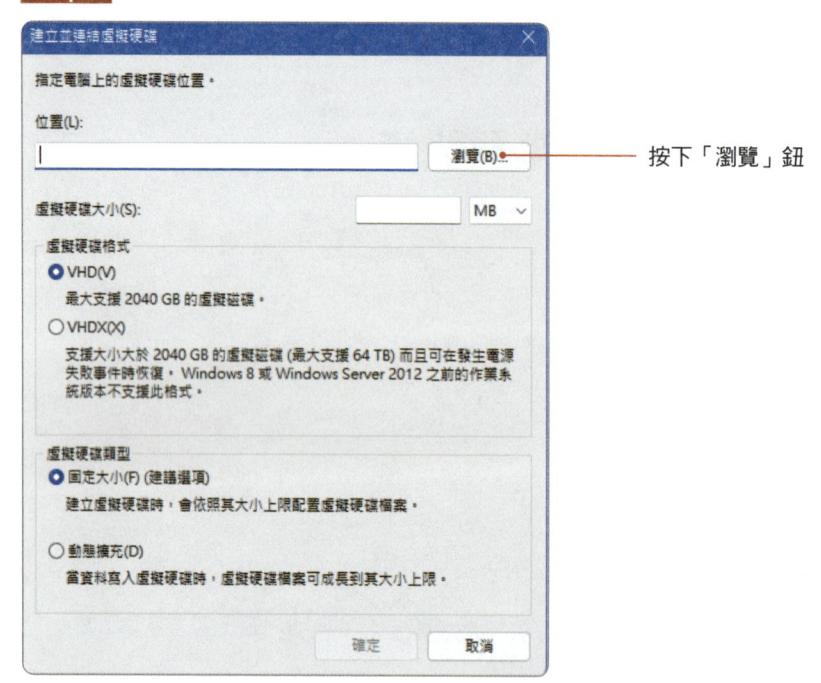

按下「瀏覽」鈕

Step 5

1. 選取剛才新增的資料夾
2. 輸入虛擬硬碟檔案名稱
3. 按下「存檔」鈕

亡羊補牢系統修復與管理　11

Step 6

[建立並連結虛擬硬碟對話方塊]

指定電腦上的虛擬硬碟位置。

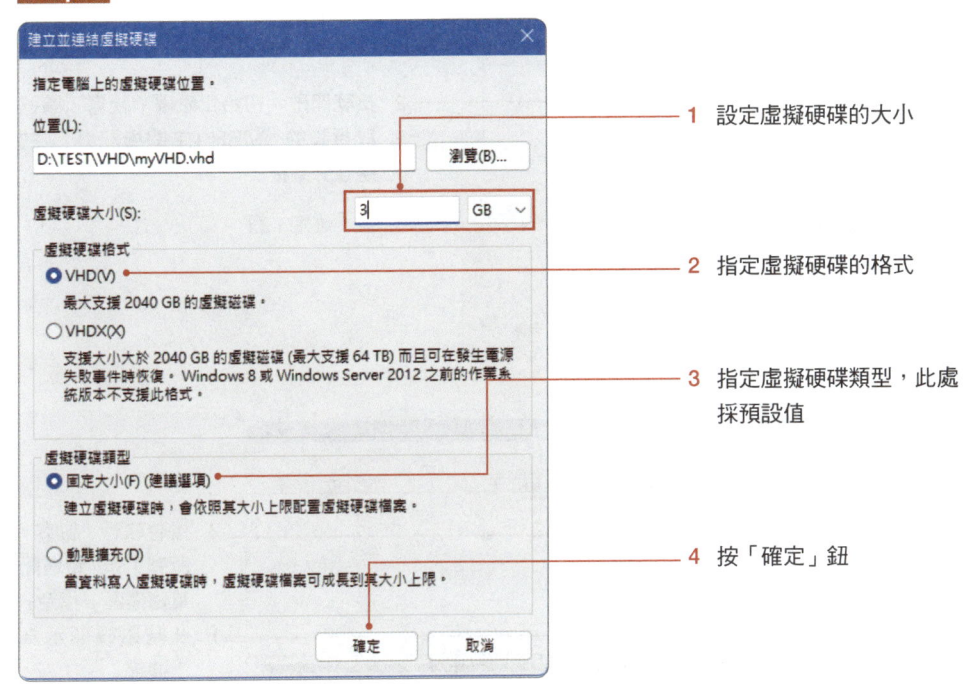

位置(L)：
D:\TEST\VHD\myVHD.vhd　　瀏覽(B)...

虛擬硬碟大小(S)：　3　GB

虛擬硬碟格式
- ● VHD(V)
  最大支援 2040 GB 的虛擬磁碟。
- ○ VHDX(X)
  支援大小大於 2040 GB 的虛擬磁碟 (最大支援 64 TB) 而且可在發生電源失敗事件時恢復。Windows 8 或 Windows Server 2012 之前的作業系統版本不支援此格式。

虛擬硬碟類型
- ● 固定大小(F) (建議選項)
  建立虛擬硬碟時，會依照其大小上限配置虛擬硬碟檔案。
- ○ 動態擴充(D)
  當資料寫入虛擬硬碟時，虛擬硬碟檔案可成長到其大小上限。

[確定]　[取消]

1　設定虛擬硬碟的大小
2　指定虛擬硬碟的格式
3　指定虛擬硬碟類型，此處採預設值
4　按「確定」鈕

Step 7

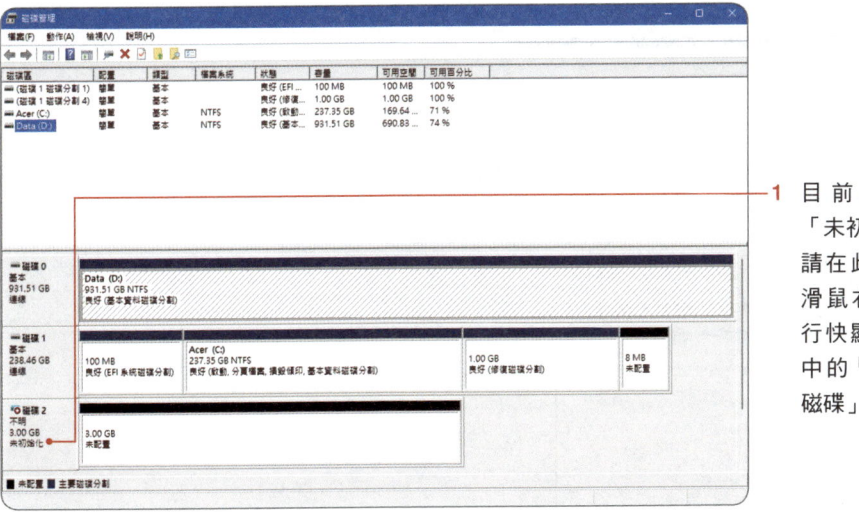

[磁碟管理視窗]

1　目前磁碟為「未初始化」，請在此磁碟按滑鼠右鍵，執行快顯功能表中的「初始化磁碟」指令

11-35

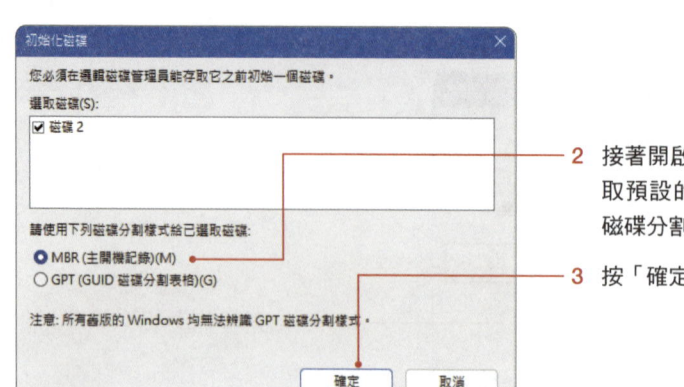

2 接著開啟「初始化磁碟」視窗，請選取預設的「MBR (主開機記錄)」的磁碟分割樣式

3 按「確定」鈕

Step 8

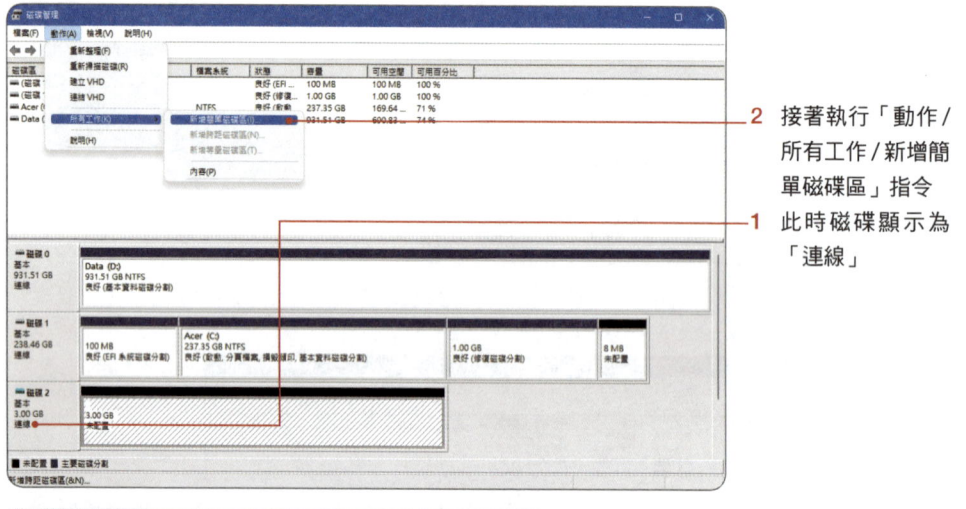

2 接著執行「動作 / 所有工作 / 新增簡單磁碟區」指令

1 此時磁碟顯示為「連線」

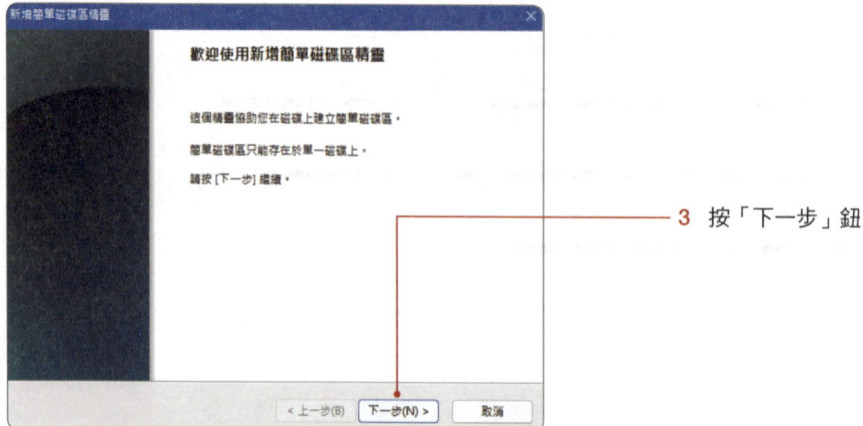

3 按「下一步」鈕

11-36

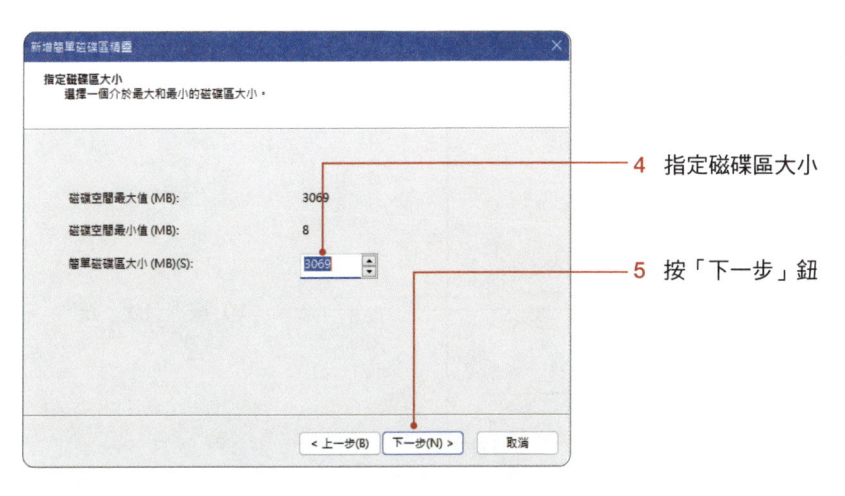

亡羊補牢系統修復與管理 **11**

4 指定磁碟區大小

5 按「下一步」鈕

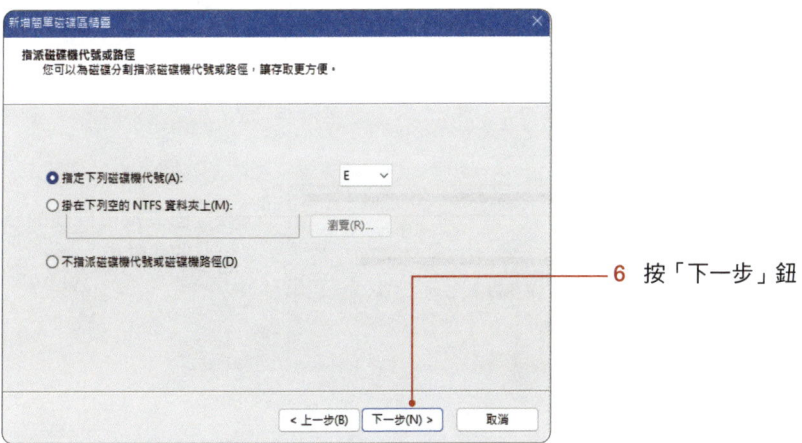

6 按「下一步」鈕

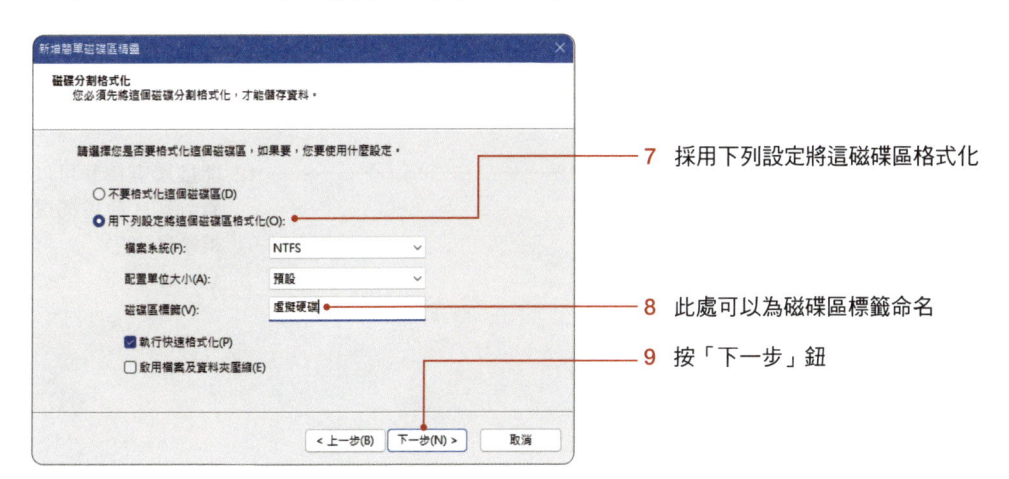

7 採用下列設定將這磁碟區格式化

8 此處可以為磁碟區標籤命名

9 按「下一步」鈕

11-37

10 按「完成」鈕

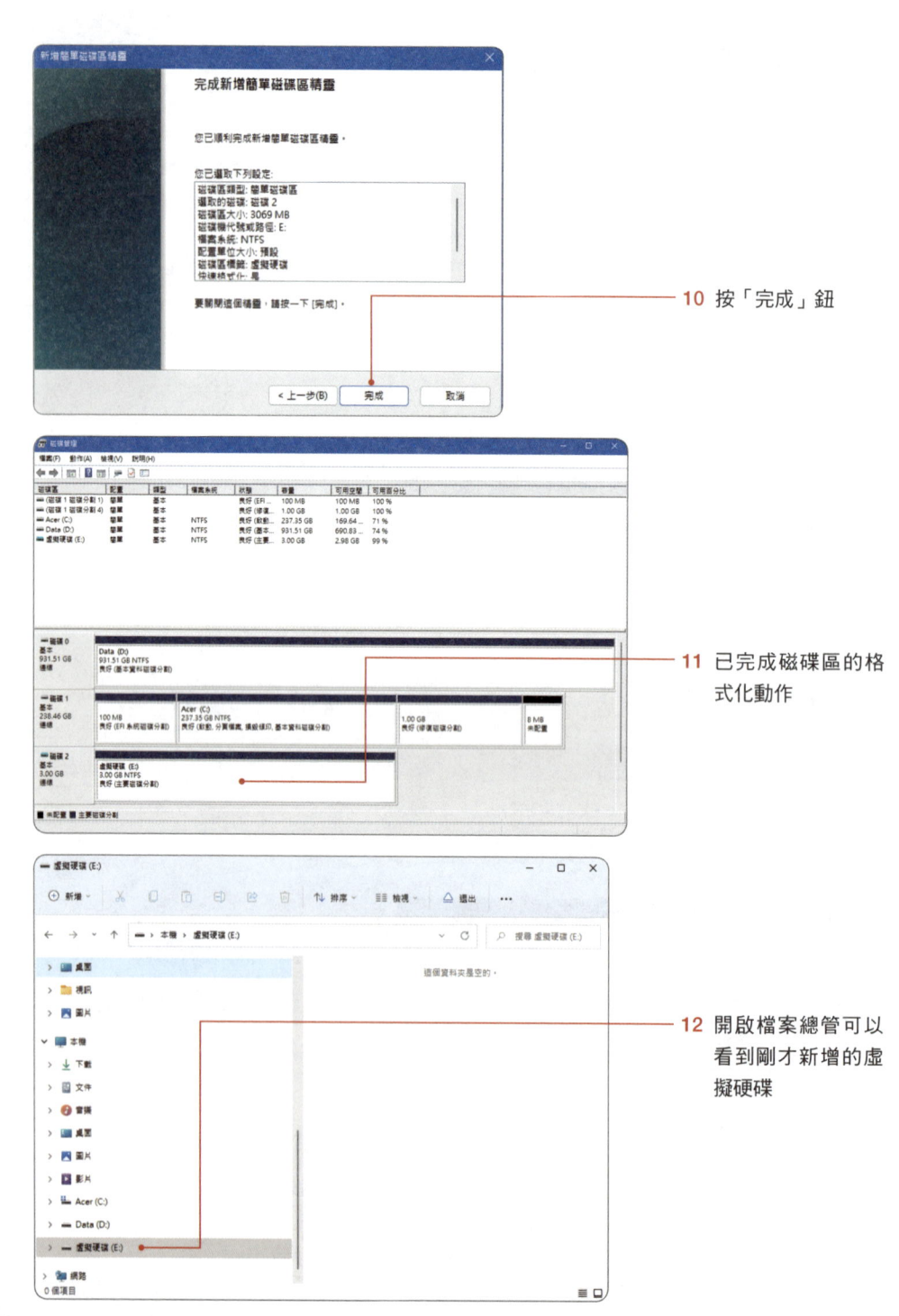

11 已完成磁碟區的格式化動作

12 開啟檔案總管可以看到剛才新增的虛擬硬碟

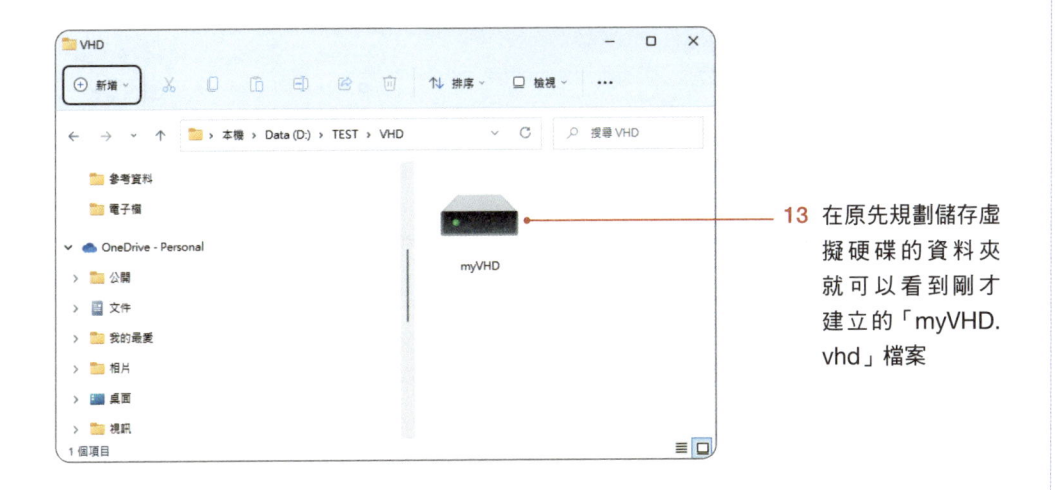

13 在原先規劃儲存虛擬硬碟的資料夾就可以看到剛才建立的「myVHD.vhd」檔案

11-7-2 連結虛擬硬碟

當虛擬硬碟建立好之後，接著我們就可以在該虛擬硬碟存放檔案，或安裝不同的作業系統，一旦您打算將虛擬硬碟中的全部的資料檔案內容，全部複製到其他電腦時 (必須是包含 Window 8 以上的作業系統)，只要將這個 VHD 檔案複製後，再連結虛擬硬碟，接著我們才可以讀取儲存在這個虛擬硬碟中的檔案內容。

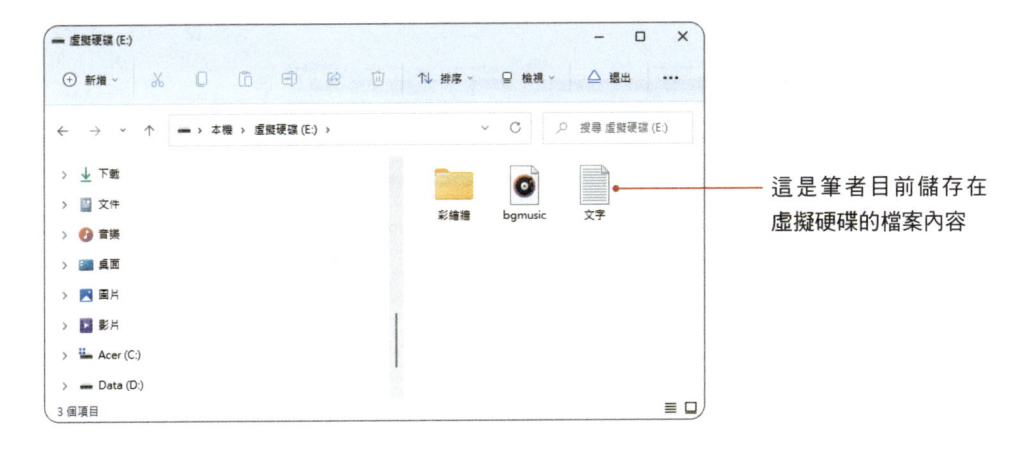

這是筆者目前儲存在虛擬硬碟的檔案內容

接著我們就來示範如何連結 (掛載) 虛擬硬碟的作法，首先請先將 VHD 整個資料夾複製到目的電腦的指定資料夾，例如下圖筆者事先在目的電腦新建一個「win11_test」資料夾，至於其他的步驟請看底下的操作說明：

11-39

Step 1

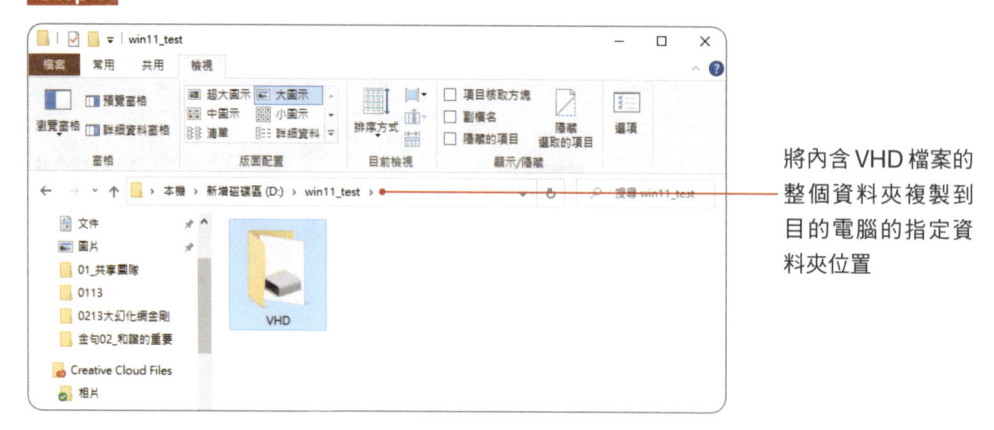

將內含 VHD 檔案的整個資料夾複製到目的電腦的指定資料夾位置

Step 2

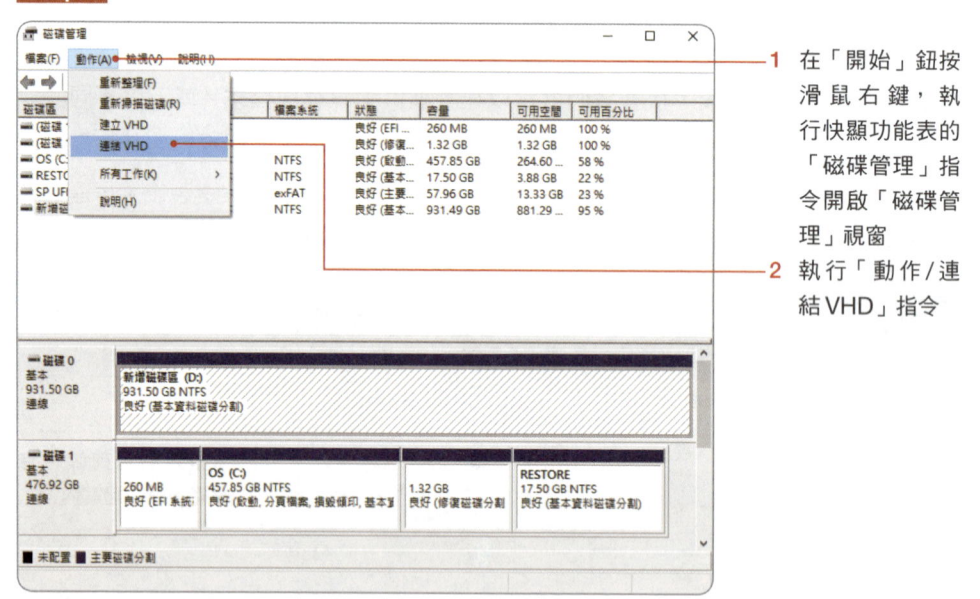

1 在「開始」鈕按滑鼠右鍵，執行快顯功能表的「磁碟管理」指令開啟「磁碟管理」視窗

2 執行「動作/連結 VHD」指令

Step 3

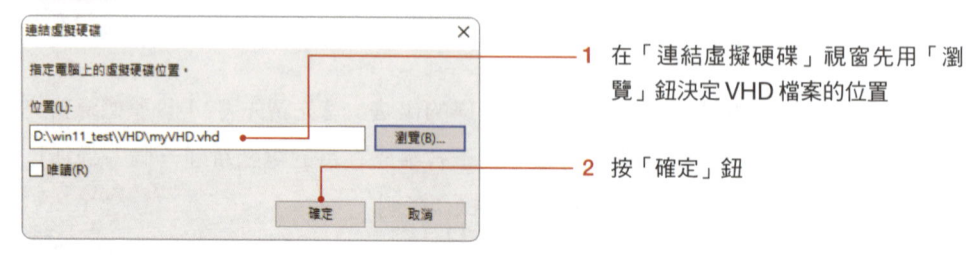

1 在「連結虛擬硬碟」視窗先用「瀏覽」鈕決定 VHD 檔案的位置

2 按「確定」鈕

11-40

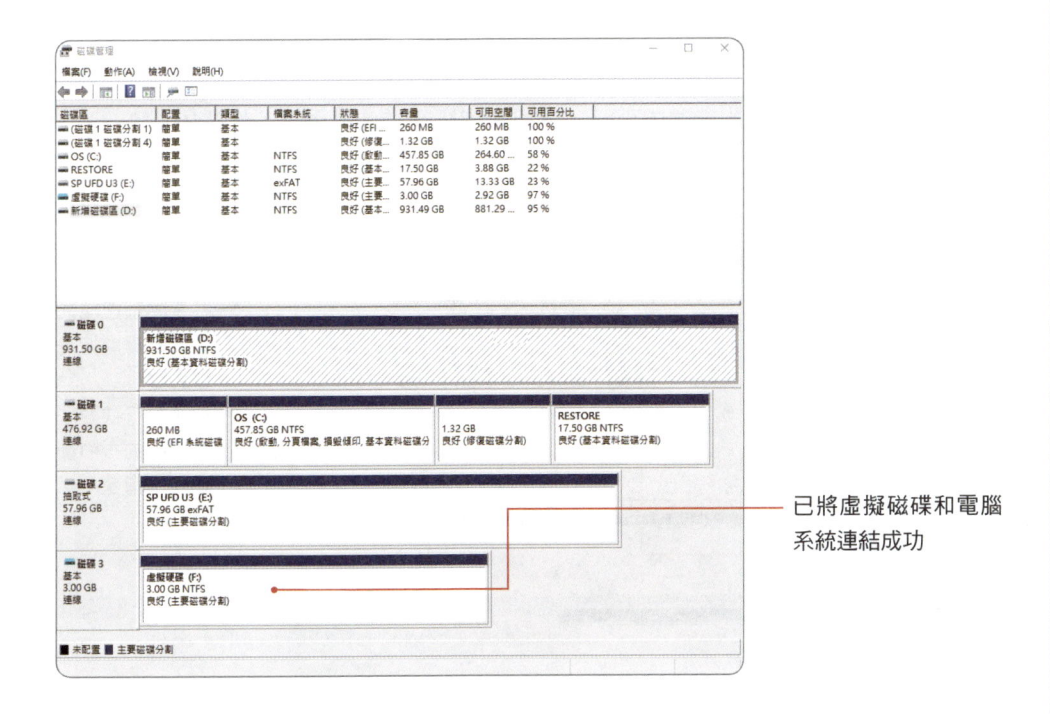

亡羊補牢系統修復與管理 11

已將虛擬磁碟和電腦系統連結成功

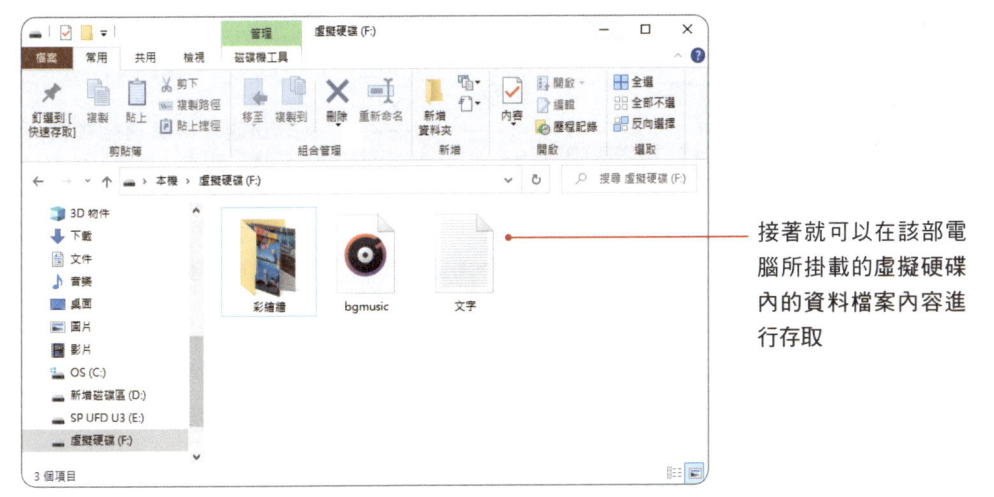

接著就可以在該部電腦所掛載的虛擬硬碟內的資料檔案內容進行存取

11-41

11-7-3 中斷連結虛擬硬碟

當暫時用不到虛擬硬碟的檔案內容時,就可以中斷連結虛擬硬碟,作法如下:

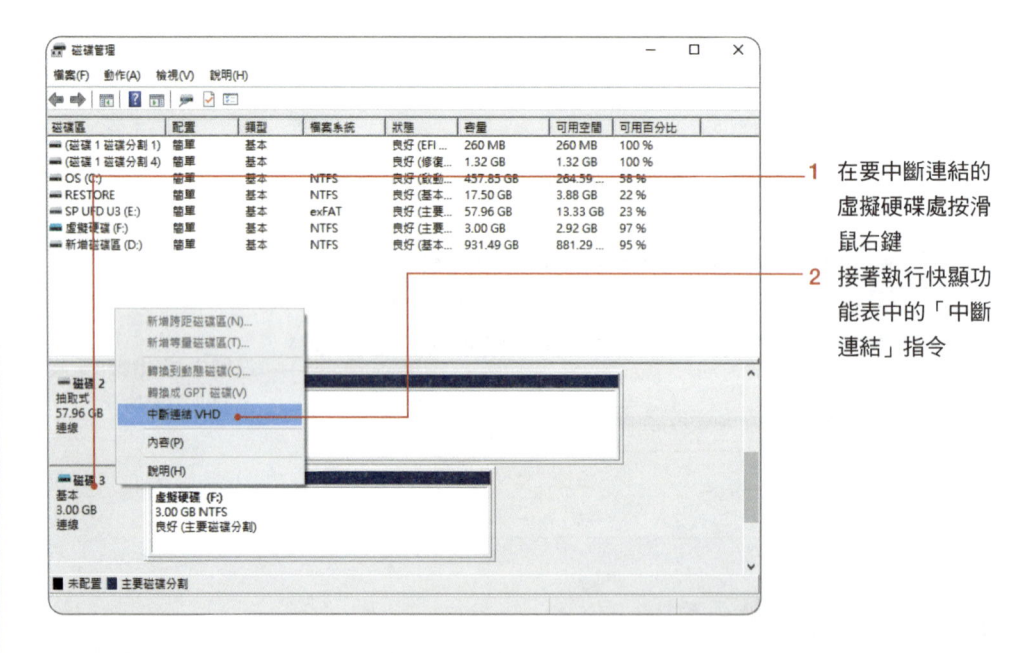

1 在要中斷連結的虛擬硬碟處按滑鼠右鍵

2 接著執行快顯功能表中的「中斷連結」指令

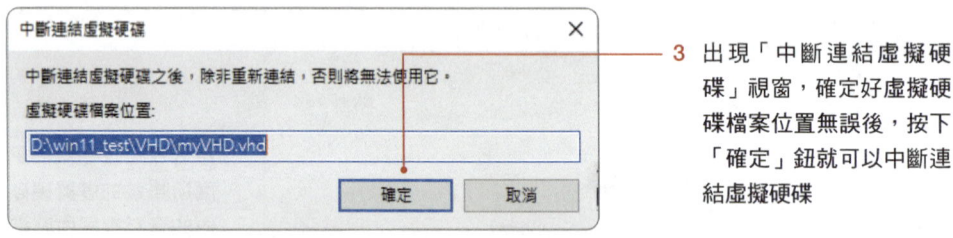

3 出現「中斷連結虛擬硬碟」視窗,確定好虛擬硬碟檔案位置無誤後,按下「確定」鈕就可以中斷連結虛擬硬碟

當中斷連結虛擬硬碟之後,日後如果還有需要存取虛擬硬碟的檔案內容時,只需要再參考前面所示範的連結虛擬硬碟的作法,再將虛擬硬碟重新掛載到電腦系統即可。另外如果您不再需要使用虛擬硬碟內的資料檔案時,就可以直接刪除這個 VHD 檔案,這樣就可以回收該檔案所佔用的硬碟空間。

CHAPTER 12

AI助手新時代
網路、Edge瀏覽器與Copilot全攻略

由於網際網路（Internet）的蓬勃發展，帶動人類有史以來最大規模的資訊與社會革命，網際網路已經不再只是一堆網路設備及電腦的集合了，它已經爆發為一股深入我們日常生活各角落的強大力量，改變了現代人工作、休閒、學習、表達想法與花錢的方式。事實上，網際網路所提供的服務功能，堪稱是五花八門、應有盡有。只要各位連上 Internet，就可以輕鬆享用全世界伺服器上所提供的各種資訊服務。要使用網際網路的各項資源，必須了解如何在作業系統中建立連線，並進行網路的設定。本章將會討論 Windows 11 的網路安裝與各種應用。

12-1 建立新的連線或網路

通常要上網的場所可能在家中或公眾場所，如果要在家中連上網際網路，則必須建立新的連線，一般家用或人數不多的中小企業，以 ADSL 或是無線網路為主，本小節將要示範 ADSL 的安裝與環境設定。

12-1-1 使用 ADSL 連上網際網路

ADSL 的連線組成包括：含 ADSL 的電話線路、分線器（或稱分歧器）、RJ 11 的電話線及 ADSL 數據機及 RJ 45 的網路線，其中含 ADSL 的電話線路，會透過分線器硬體設備，將線路分為供室內線路使用的一般語音訊號，及供上網使用的網路訊號。

至於其連接方式則是將含 ADSL 的電話線連接到分線器，再由分線器分別接到室內電話及 ADSL 數據機，接著以 RJ 45 網路線，一端連向 ADSL 數據機，另一端則插電腦端的網路接孔，而這種連接架構，就是最簡單的單一電腦使用 ADSL 上網的連接方式，如下圖所示：

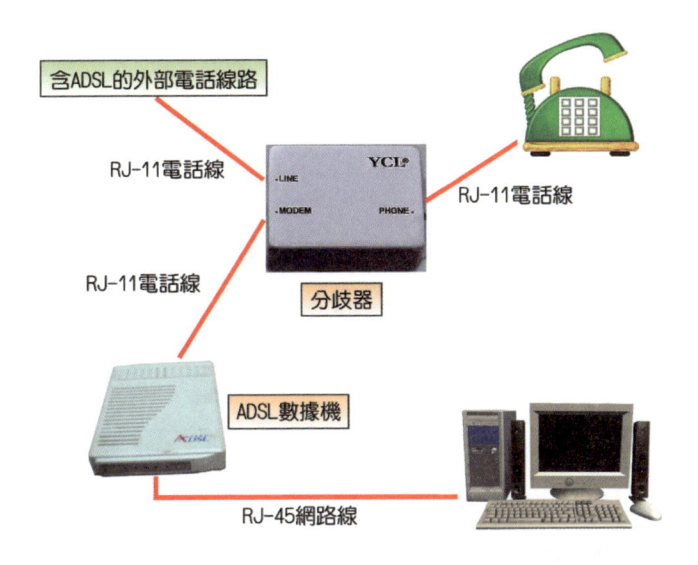

單一電腦使用 ADSL 上網的方式又可以分為使用「不固定 IP 位址」及「固定 IP 位址」兩種情況。如果是使用不固定 IP 位址，除了必須先將 ADSL 數據機連接到電腦，還要進行 PPPoE 撥號連線上網的設定。底下是申請 PPPoE 撥號上網的設定方式：

Step 1

1　進入控制台的「網路和共用中心」

2　選擇「設定新的連線或網路」

Windows 11 制霸攻略

Step 2

選擇「連線到網際網路」的連線選項

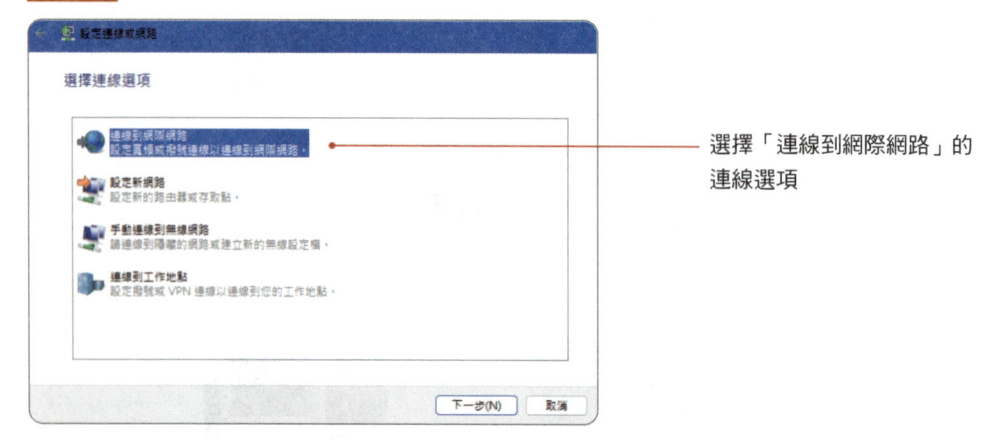

Step 3

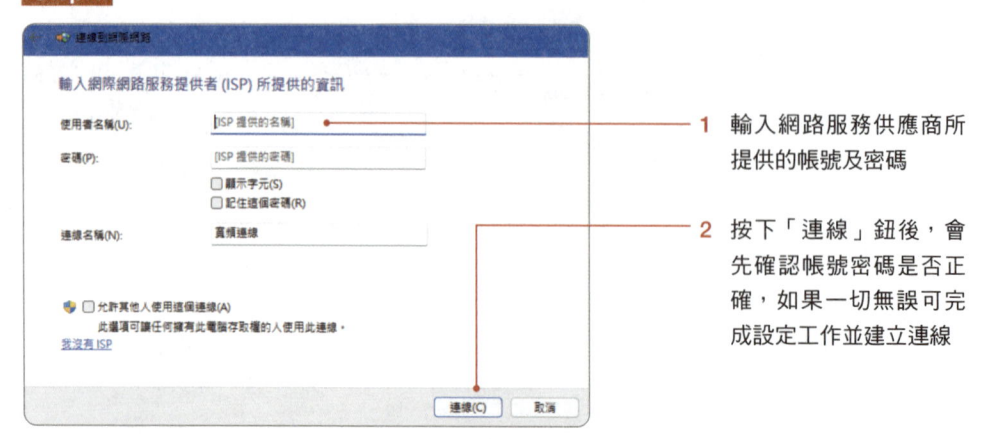

點選「寬頻 (PPPoE)」

Step 4

1 輸入網路服務供應商所提供的帳號及密碼

2 按下「連線」鈕後,會先確認帳號密碼是否正確,如果一切無誤可完成設定工作並建立連線

12-1-2 使用固定制的 ADSL

剛才示範的是 PPPoE 撥號連線上網的設定，接著要示範的是固定 IP 位址的 ADSL 上網設定，當您將網路線插上電腦後，在「網路和共用中心」會自動顯示出網路連線，並於左側窗格可允許我們變更介面卡設定：

Step 1

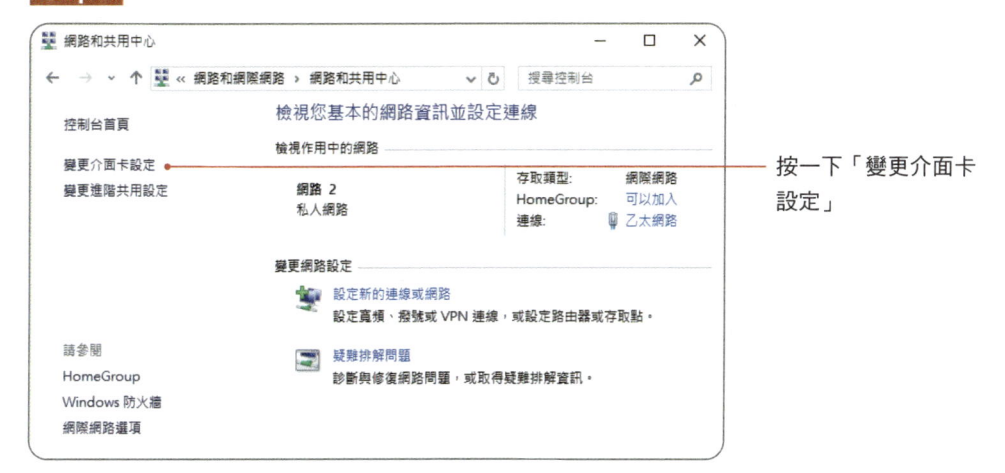

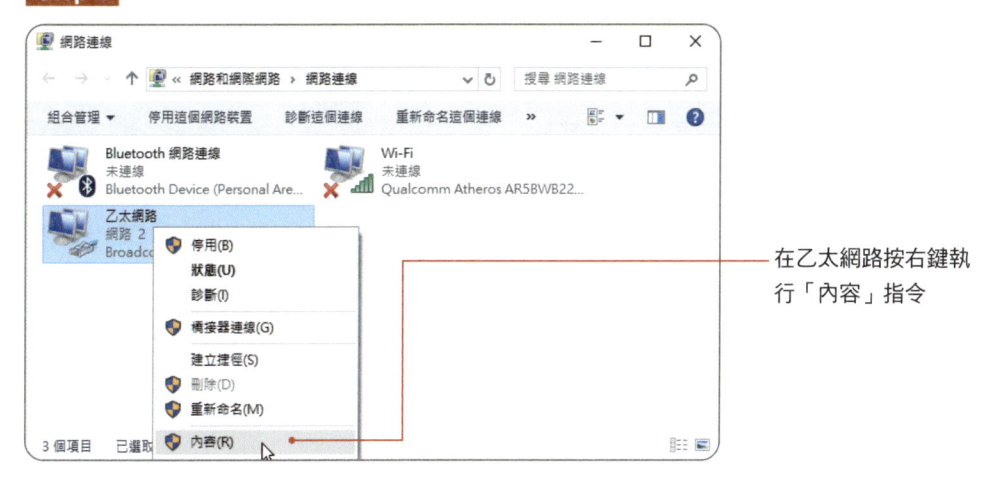

按一下「變更介面卡設定」

Step 2

在乙太網路按右鍵執行「內容」指令

12-5

Step 3

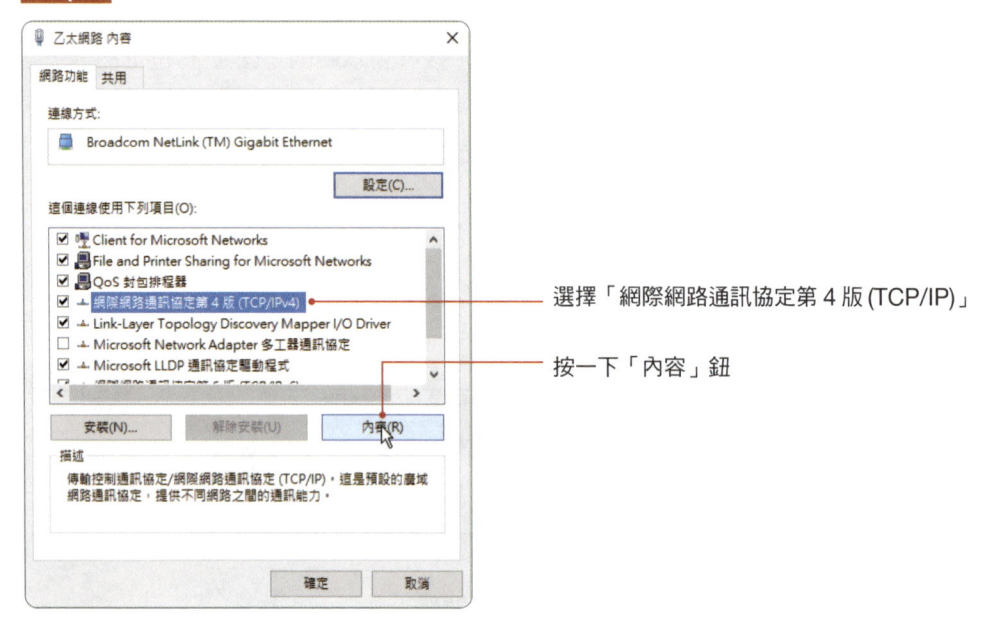

選擇「網際網路通訊協定第 4 版 (TCP/IP)」

按一下「內容」鈕

Step 4

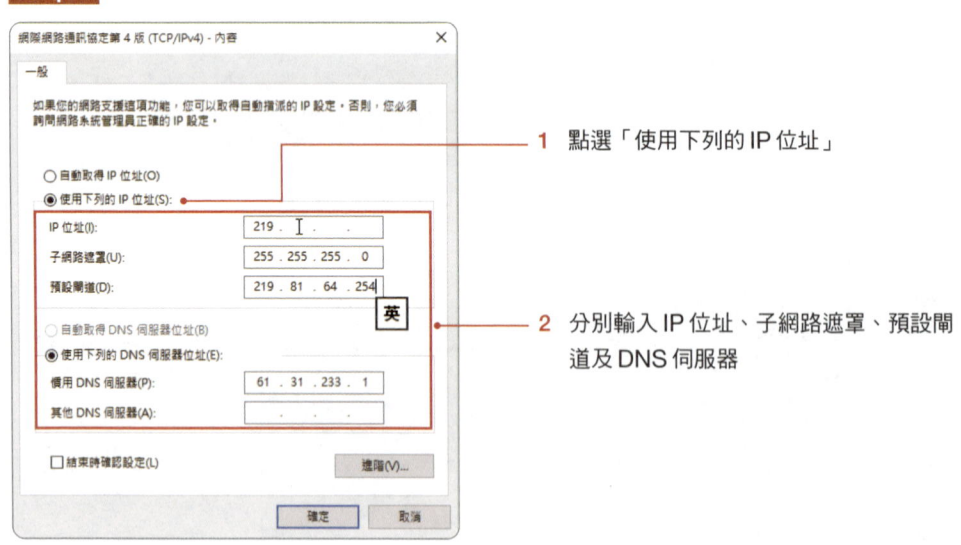

1. 點選「使用下列的 IP 位址」

2. 分別輸入 IP 位址、子網路遮罩、預設閘道及 DNS 伺服器

另外，如果是家中或工作環境中有添購「IP 分享器」，還可以允許數台電腦同時上網，使用 IP 分享器的連線架構圖，其示意圖如下：

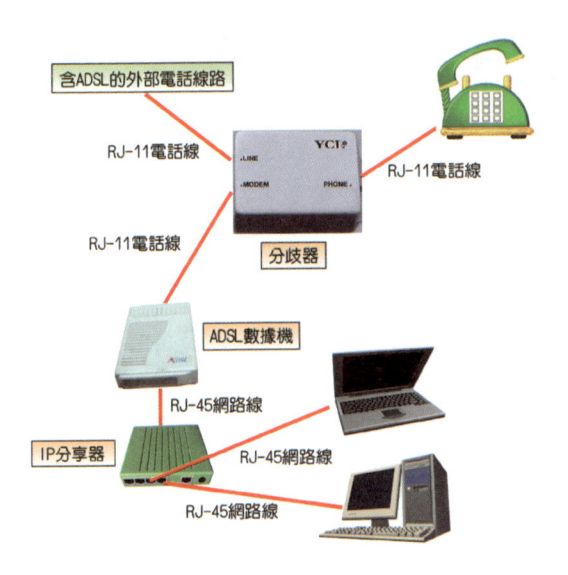

將這種使用 IP 分享器的上網環境的硬體連接完成後，接下來的工作就是參考所購買品牌的 IP 分享器的說明手冊，進行外部網路與內部網路的上網設定，由於各家的安裝方式有所不同，請各位自行參閱所購買 IP 分享器的使用手冊。當使用 IP 分享器的上網環境的設定工作就緒後，只要我們的電腦接上網路線後，作業系統就會自動取得 IP 位址，並成功完成連線工作。萬一無法連線成功，請先確認網際網路設定的內容是否為「自動取得 IP 位址」，如下圖所示：

12-2 Wi-Fi 使用與無線上網

近幾年無線網路（IEEE 802.11 標準）興起，許多政府管轄的地區架設起免費公用的無線網路服務，例如車站或機場或餐廳。如果想上網查詢資料或瀏覽網頁，就可以內含（或外接）有無線網路卡的筆電或平板連線 Wi-Fi，來使用網際網路的各項資源。無線網路 IEEE 802.11 標準的制訂規則可視為 IEEE 802.3 的延伸，其基本組件與乙太網路差異不大，同樣需具備數據機以及路由器，這種無線網路的架構，其最簡易的做法即是將具備路由器功能的無線基地台，直接與數據機連接並設定即可。

12-2-1 連接 Wi-Fi

一般而言，第一次設定 Windows 時就可能已經連上網路，但如果沒有，可以查看現有的網路清單，再進行連線的工作。如果您要查看目前可用網路清單，首先請按一下檢查網路圖示 ，接著找到訊號強度較強的網路進行連線。您必須先點選所要連接的網路名稱，然後按一下「連線」。在連線過程中，可能會要求輸入登入的密碼，如果您希望每次在連線範圍內時，都能自動連線到這個網路，請記得選取「自動連線」核取方塊。完成連線 Wi-Fi 的操作過程如下：

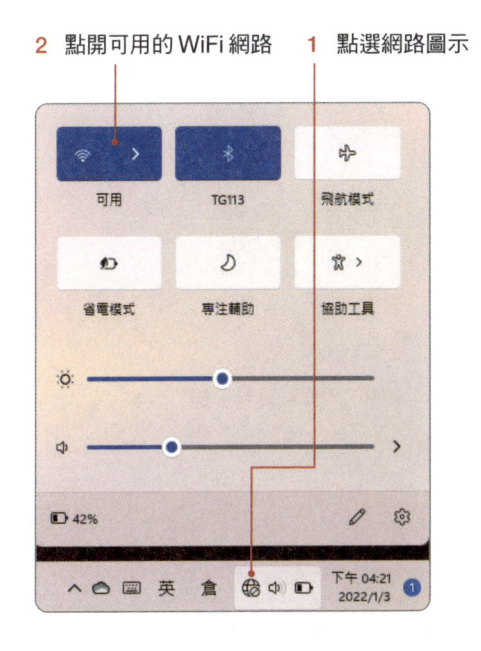

AI 助手新時代：網路、Edge 瀏覽器與 Copilot 全攻略 **12**

2 點開可用的 WiFi 網路　　1 點選網路圖示　　　　　　　3 按下「連線」鈕

12-2-2 檢視網路連線詳細資料

另外，在控制台中開啟「網路和共用中心」後，點選「無線網路連線」可以查看 Wi-Fi 的狀態，在「Wi-Fi 狀態」的視窗中，按下「詳細資料」鈕即可看到目前此電腦的被無線基地台所指派的網路設定值，代表設定工作都已經完成，電腦已經可以上網了。

Step 1

1 在控制台中開啟「網路和共用中心」

2 按此處查看無線網路的狀態

12-9

Step 2

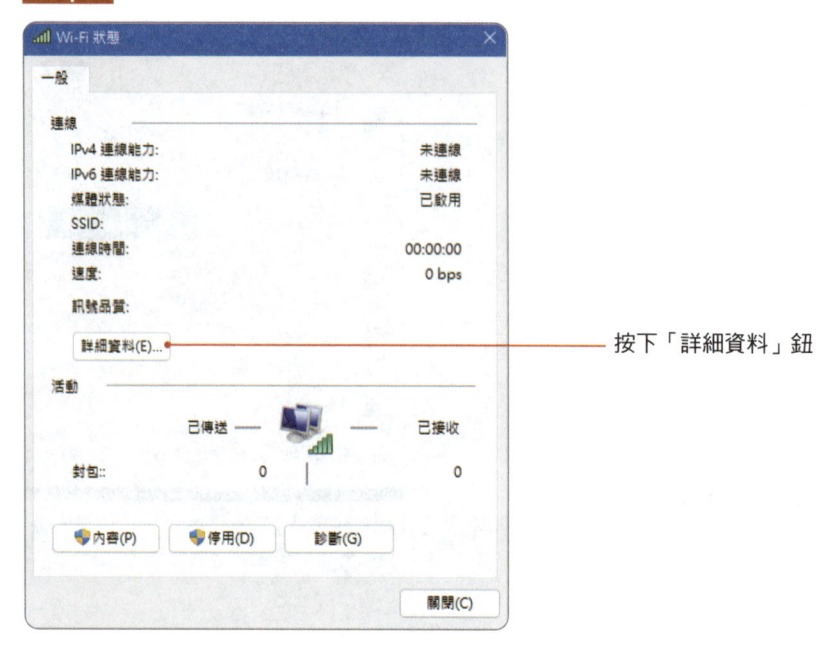

按下「詳細資料」鈕

Step 3

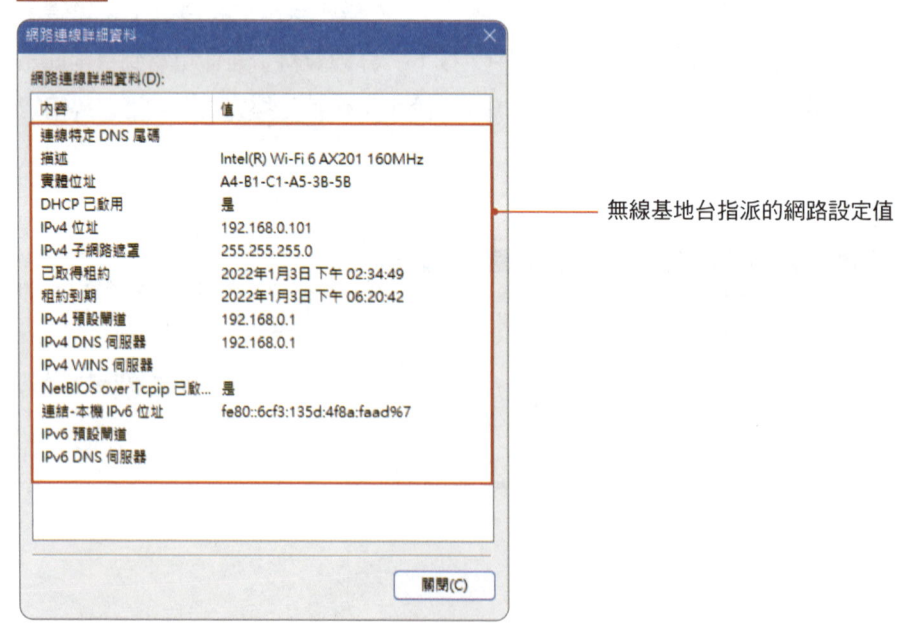

無線基地台指派的網路設定值

12-2-3 開啟飛航模式

「飛航模式」可以讓您快速關閉電腦上的所有無線通訊,包括 Wi-Fi、行動電話、藍牙、GPS…等。若要開啟飛航模式,請選取工作列上的「網路」 win1209 圖示,然後選取「飛航模式」。

Step 1

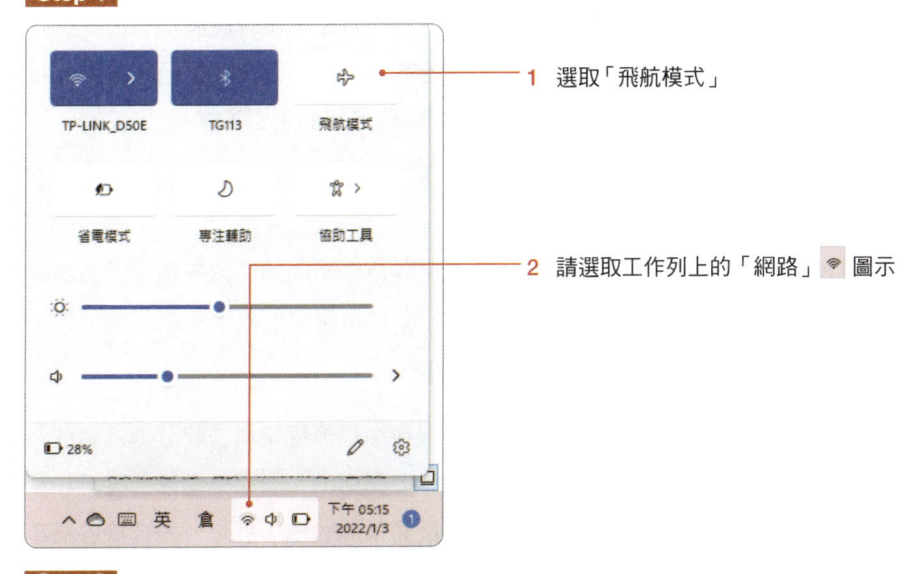

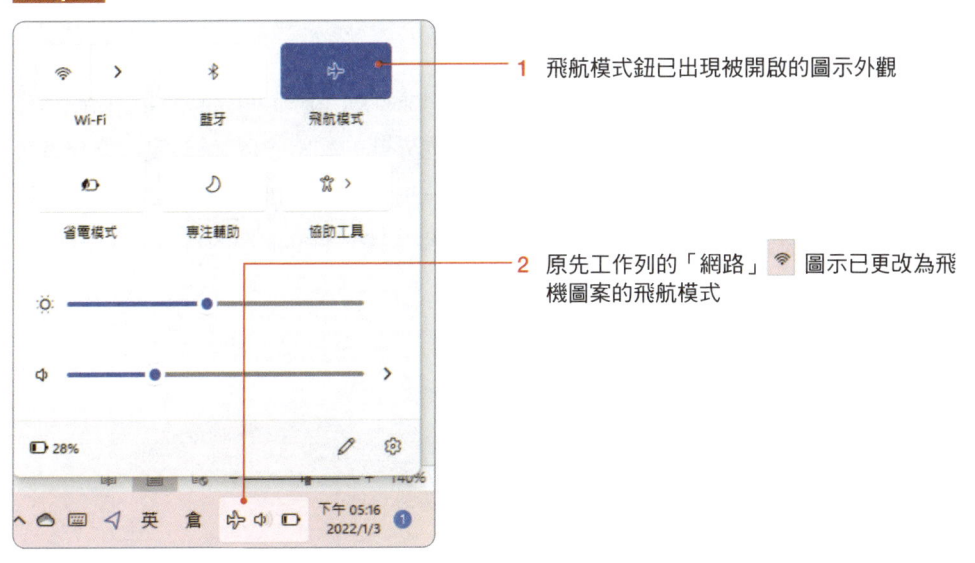

1 選取「飛航模式」

2 請選取工作列上的「網路」圖示

Step 2

1 飛航模式鈕已出現被開啟的圖示外觀

2 原先工作列的「網路」圖示已更改為飛機圖案的飛航模式

12-11

12-3 網路和網際網路設定

網路（Network）可視為是包括硬體、軟體與線路連結或其他相關技術的結合，網路讓許多使用者可以立即存取網路上的共享資料與程式，而且不需在他們自己的電腦上各自保存資料與程式備份。

以往在設定網路連接上網的流程較為複雜，但現在不管是軟體或硬體都有很大的進步，通常電腦只要內建網路卡，取得無線基地台的名稱及密碼，或是已將網路線接上，則在安裝作業系統的過程中，就會一併進行網路連線的設定工作。

12-3-1 網路的類型

網路的類型大概可以區分為：區域網路、網際網路及企業內部網路三種。「區域網路」（LAN）是一種最小規模的網路連線方式，涵蓋範圍可能侷限一個房間、同一棟大樓或者一個小區域內，達到資源共享的目的。

網際網路（Internet）則是利用光纖電纜、電話線或衛星無線電科技將分散各處的無數個區域網路與都會網路連結在一起。可能是都市與都市、國家與國家，甚至於全球間的聯繫。簡單來說，網際網路（Internet）最簡單的說法，就是一種連接各種電腦網路的網路，以 TCP/IP 為它的網路標準，也就是說只要透過 TCP/IP 協定，就能享受 Internet 上所有的服務。

「企業內部網路」（Intranet）是指企業體內的 Internet，將 Internet 的產品與觀念應用到企業組織，透過 TCP/IP 協定來串連企業內外部的網路，以 Web 瀏覽器作為統一的使用者介面，更以 Web 伺服器來提供統一服務窗口。服務對象原則上是企業內部員工，並使企業體內部各層級的距離感消失，達到良好溝通的目的。

12-3-2 檢視網路的連線狀態

我們可以直接透過 Windows 11 的「快速設定」面板來檢視目前網路的連線狀態，如下圖所示：

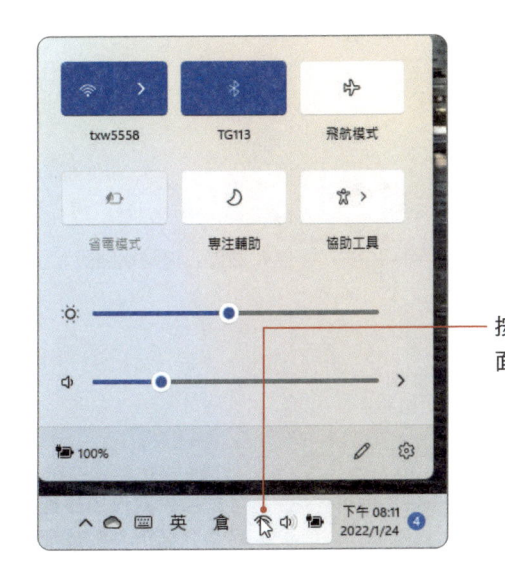

按下「網際網路存取」圖示可以開啟「快速設定」面板來檢視目前網路的連線狀態

12-3-3 「網路和網際網路」設定視窗

另外如果要進一步進行「網路和網際網路」的相關設定，可以在上圖中的「網際網路存取」圖示按滑鼠右鍵，再從產生的功能表中按下「網路和網際網路設定」指令，就可以進入如下的「網路和網際網路」視窗：

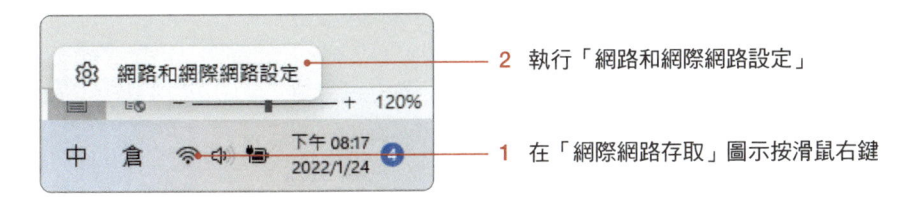

2　執行「網路和網際網路設定」

1　在「網際網路存取」圖示按滑鼠右鍵

如下圖視窗中可以檢視 Wi-Fi 的連線細節、設定乙太網路、新增 VPN（Virtual Private Network，虛擬私人網路）、行動熱點、飛航模式…等。

點選「進階網路設定」

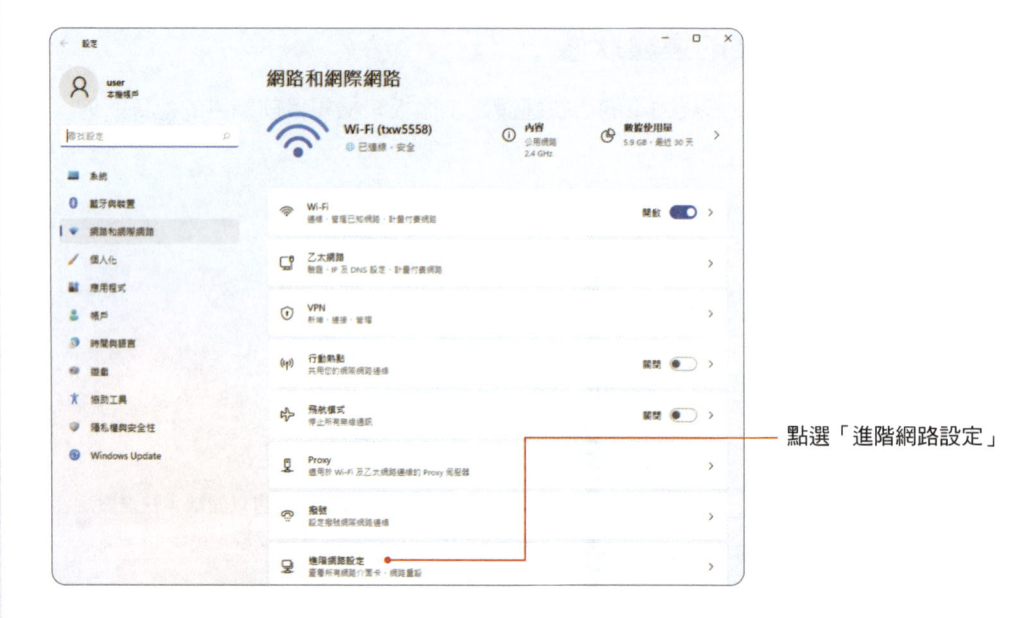

可以檢視或停用各種網路介面卡、數據使用量、硬體及連線內容、網路重設、更多網路介面卡選項、Windows 防火牆等

12-3-4 查詢 IP 位址相關資訊

如果要查詢已連線電腦的 IP 位址，可以直接在「命令提示字元」輸入「ipconfig」指令，作法如下：

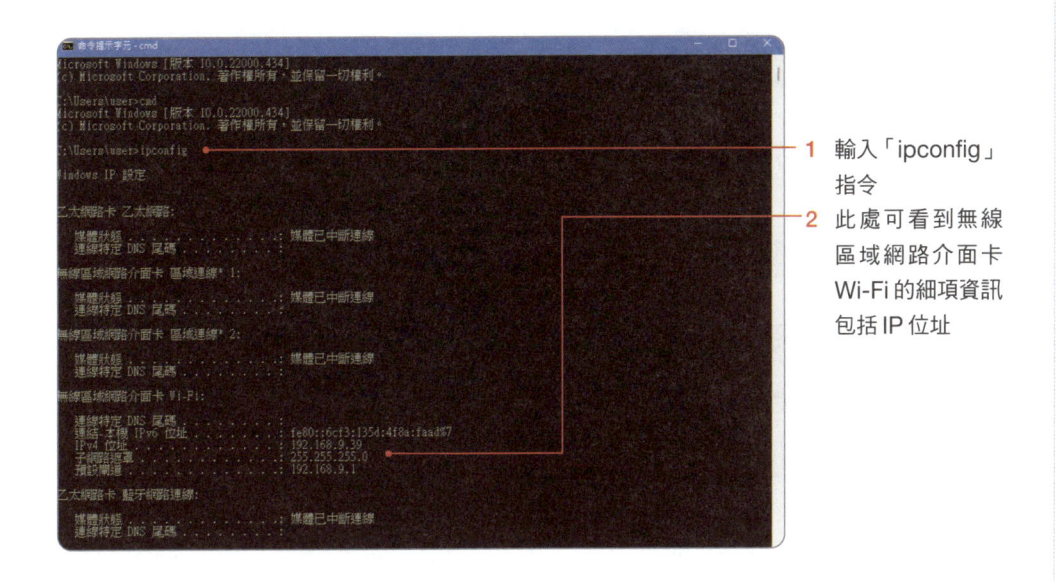

AI 助手新時代： 網路、 Edge 瀏覽器與 Copilot 全攻略　**12**

1　輸入「ipconfig」指令

2　此處可看到無線區域網路介面卡 Wi-Fi 的細項資訊包括 IP 位址

另外也可以透過「設定 / 網路和網際網路 /Wi-Fi」的頁面來檢視已經 Wi-Fi 連線電腦的 IP 位址。

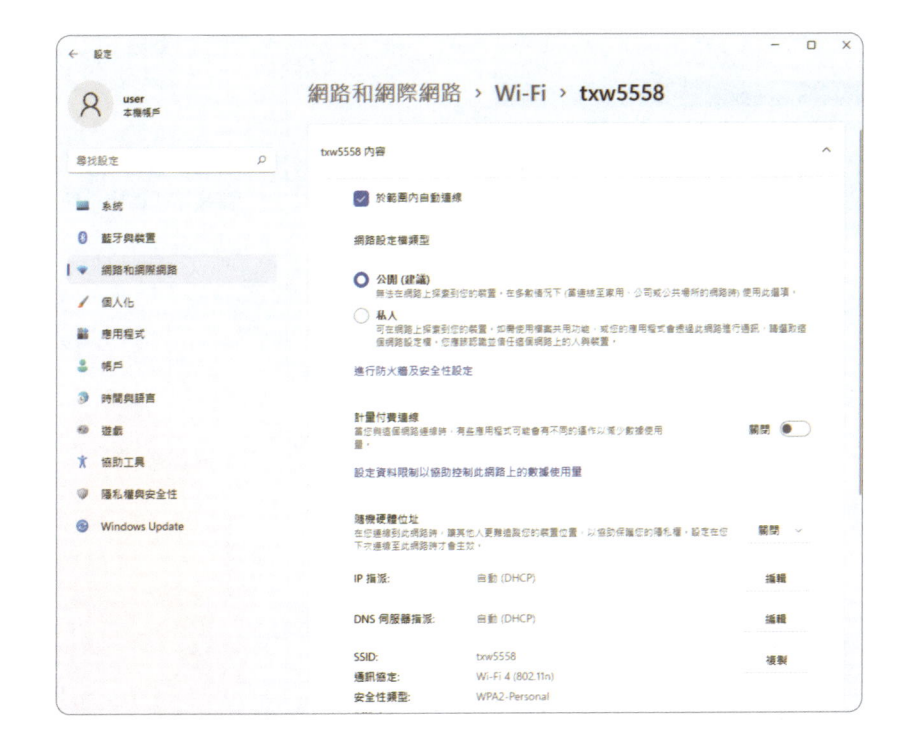

12-15

12-4 網路探索與檔案共用

如果你的家中或工作環境中區域網路的電腦想要共享資料或進行檔案的存取，必須先開啟「網路探索」的功能，如此一來網路中各台電腦可以看到彼此，才能在各電腦之間進行檔案資料的傳送。

12-4-1 開啟網路探索

首先請先利用檔案總管，在左側的瀏覽窗格點選「網路」，會出現如下圖的警告視窗，其他操作步驟如下所示：

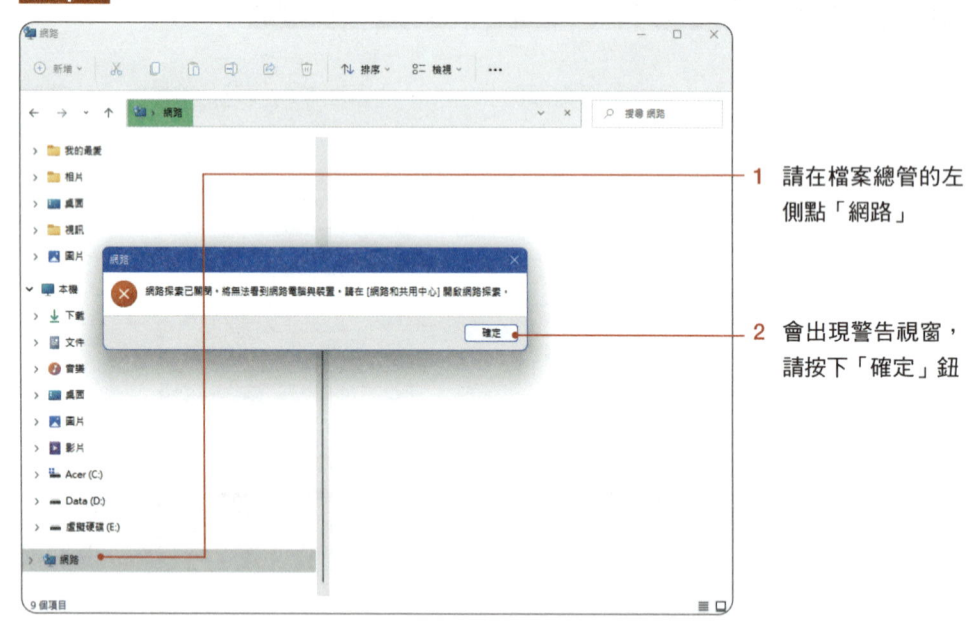

Step 1

1 請在檔案總管的左側點「網路」

2 會出現警告視窗，請按下「確定」鈕

12-16

AI 助手新時代： 網路、 Edge 瀏覽器與 Copilot 全攻略

Step 2

1. 在通知列按一下滑鼠左鍵
2. 執行「開啟網路探索與檔案共用」指令

Step 3

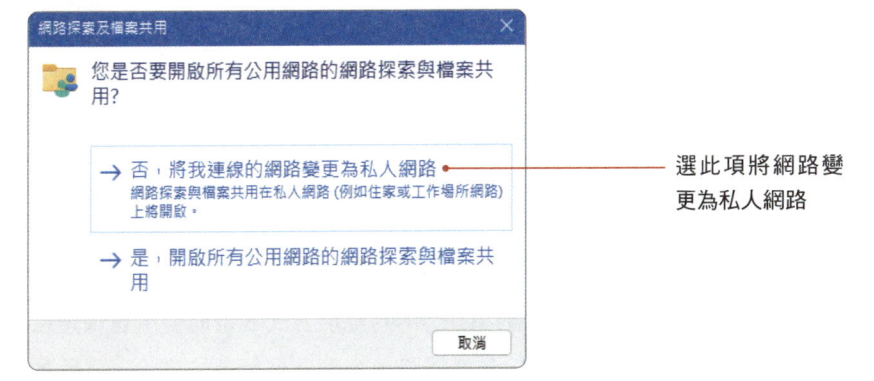

選此項將網路變更為私人網路

Step 4

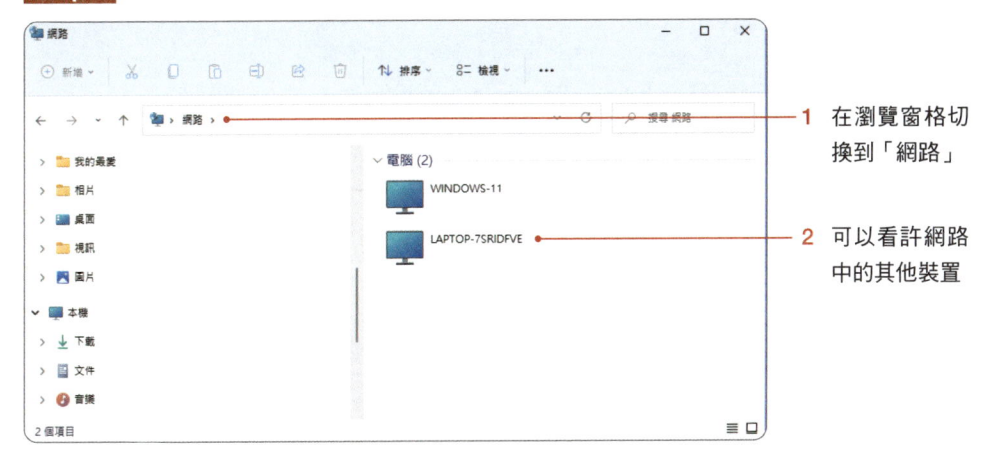

1. 在瀏覽窗格切換到「網路」
2. 可以看許網路中的其他裝置

12-17

Step 5

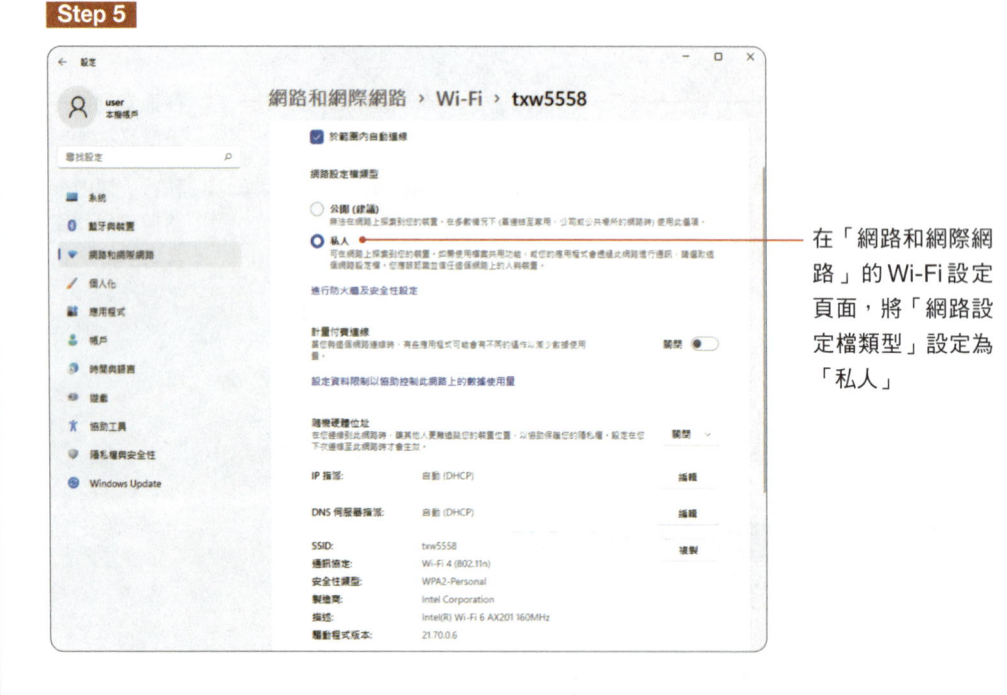

在「網路和網際網路」的 Wi-Fi 設定頁面，將「網路設定檔類型」設定為「私人」

12-4-2 用「網路和共用中心」檢測網路

在「設定/網路和網際網路」的頁面可以檢視網路連線的相關細節，另外在 Windows 11 的「網路和共用中心」也會以圖形化的呈現方式，幫助使用者快速檢測出目前的網路連線狀態，有利各位排除各種網路連線障礙及問題的排除。要開啟「網路和共用中心」的步驟如下：

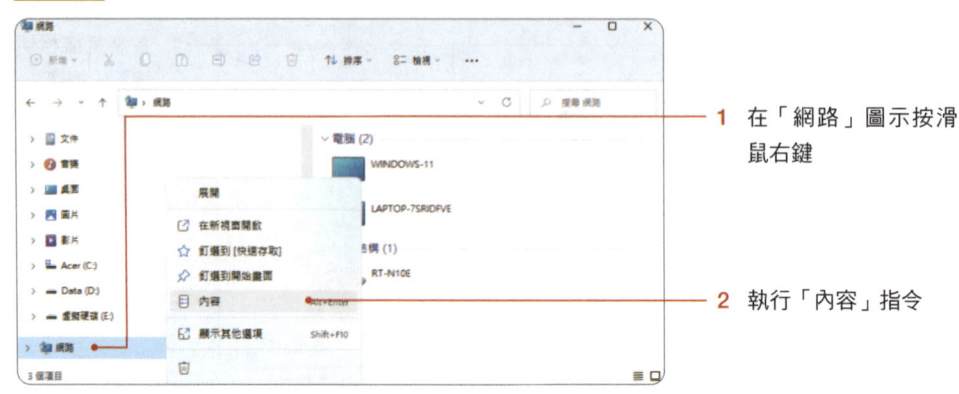

Step 1

1 在「網路」圖示按滑鼠右鍵

2 執行「內容」指令

Step 2

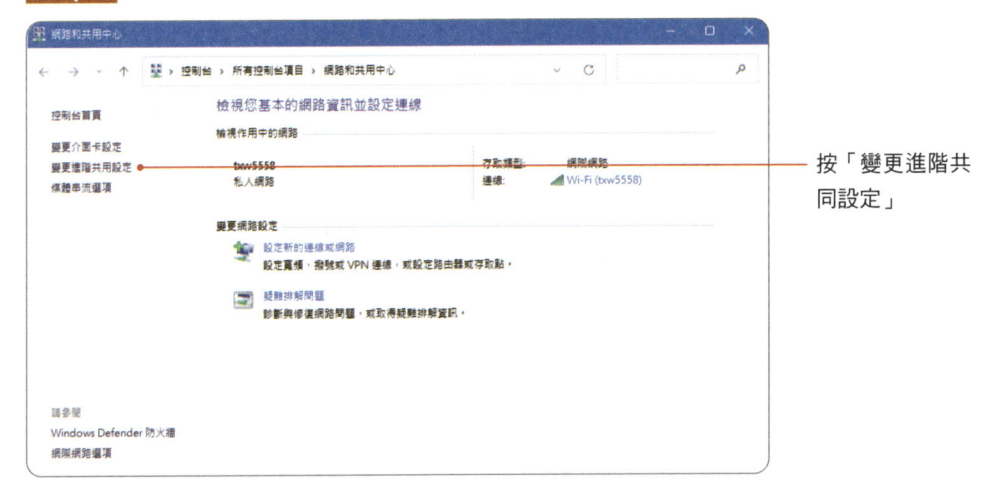

按「變更進階共同設定」

Step 3

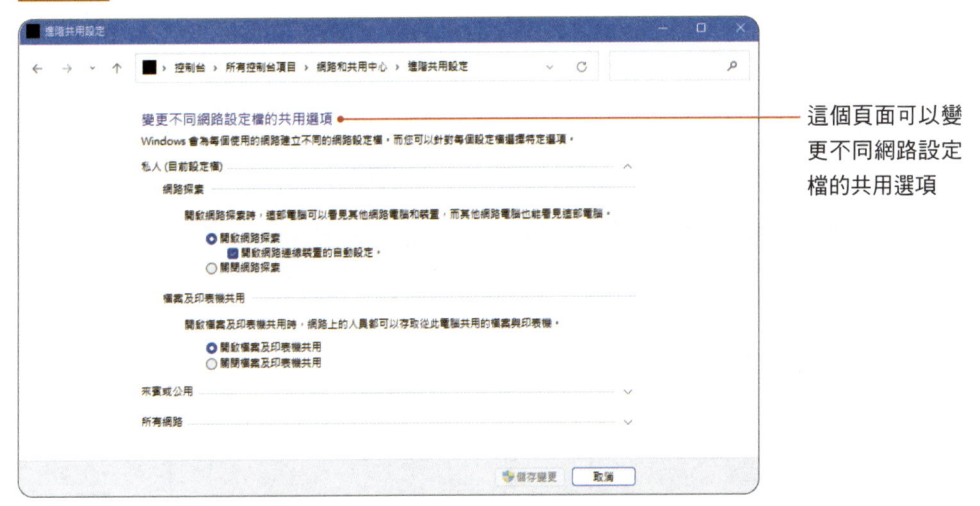

這個頁面可以變更不同網路設定檔的共用選項

12-4-3 查看與變更網路中電腦的群組名稱

要在網路上各部電腦間共享檔案或資源，必須先確定這些電腦都屬於同一個群組，如果想要查看網路中各部電腦的所屬群組，可以直接開啟「網路」視窗，就可以清楚看出網路中各部電腦的所屬群組。

Step 1

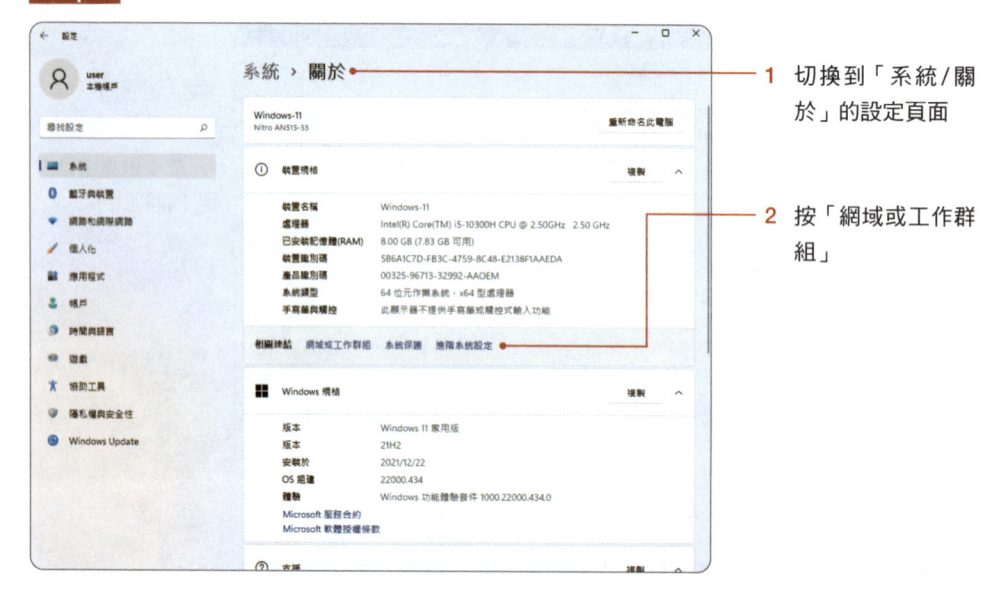

1 切換到「系統/關於」的設定頁面

2 按「網域或工作群組」

Step 2

如果要重新命名這台電腦，按「變更」鈕

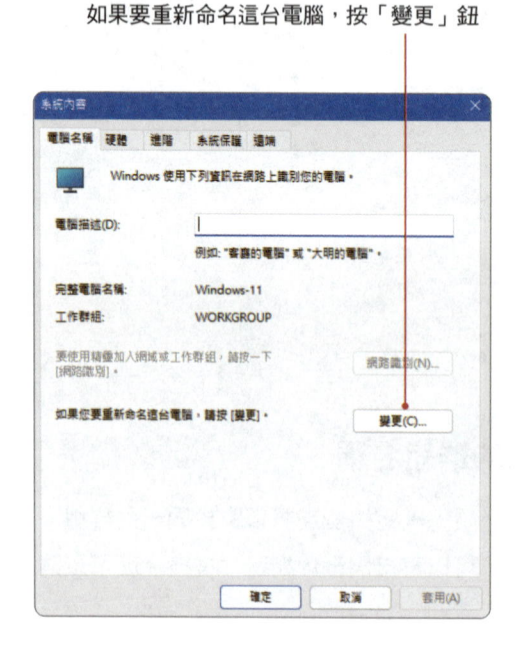

這裡可以修改電腦名稱

這裡可以修改工作群組

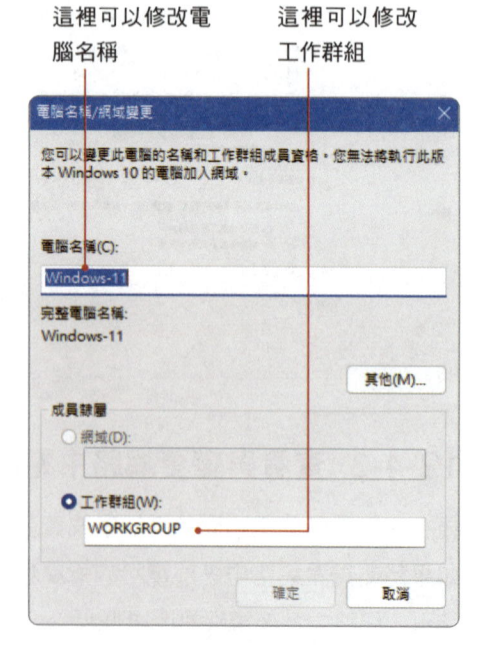

12-4-4 設定資料夾為共用

如果希望某一個資料夾可以允許其他使用者經由網路存取該資料夾內的檔案，就必須將該資料夾設定為「共用」，作法如下：

1 在要設定共用的資料夾圖示按滑鼠右鍵

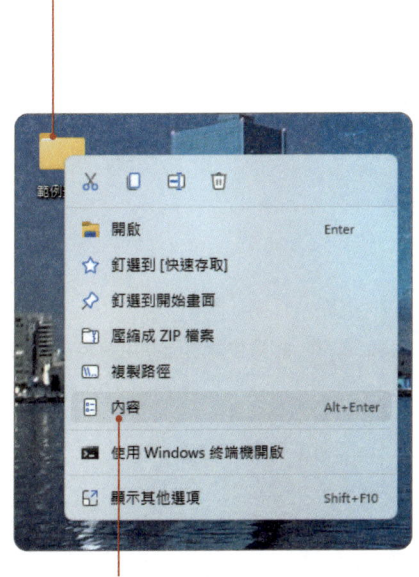

2 執行「內容」指令

3 切換到「共用」索引標籤

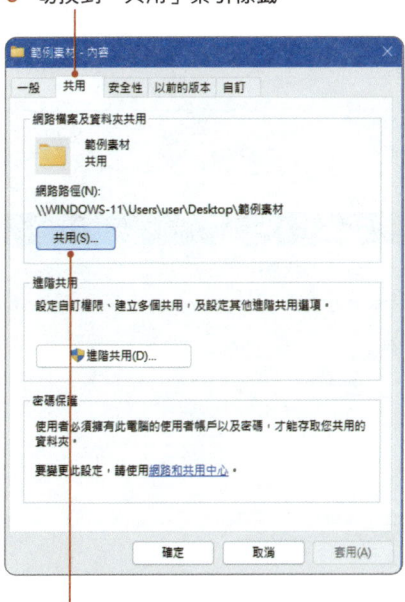

4 按下「共用」鈕

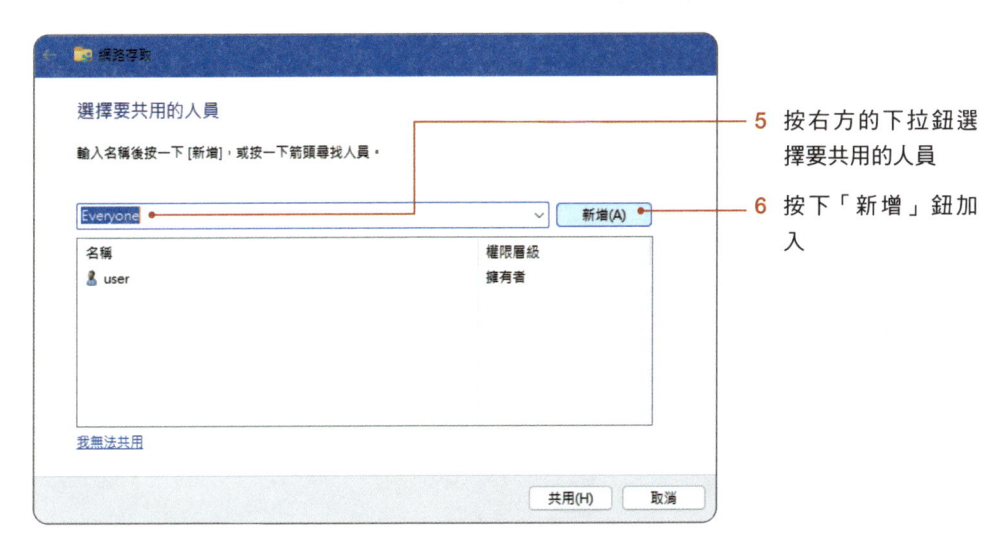

5 按右方的下拉鈕選擇要共用的人員

6 按下「新增」鈕加入

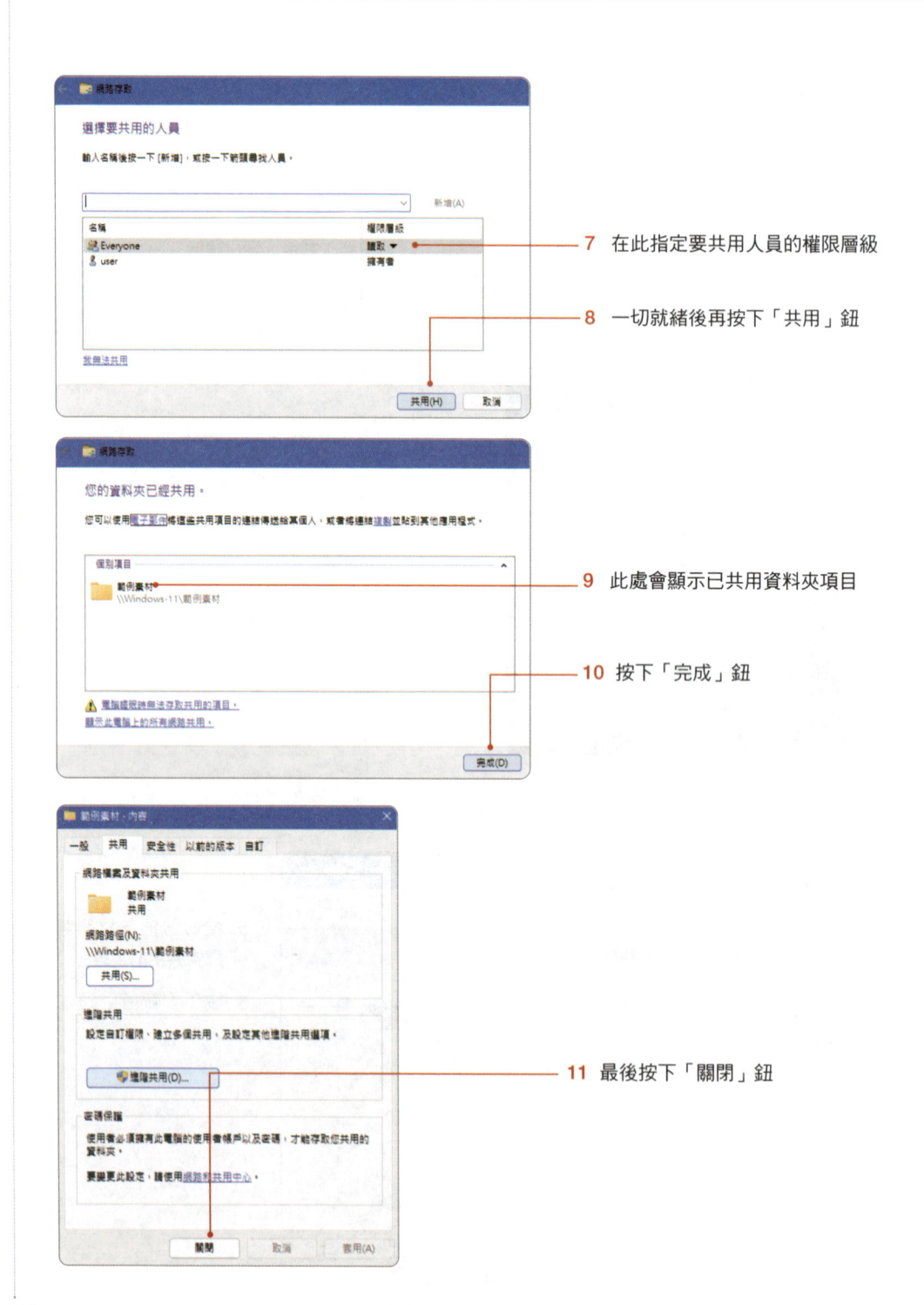

Windows 11 制霸攻略

7 在此指定要共用人員的權限層級

8 一切就緒後再按下「共用」鈕

9 此處會顯示已共用資料夾項目

10 按下「完成」鈕

11 最後按下「關閉」鈕

12-22

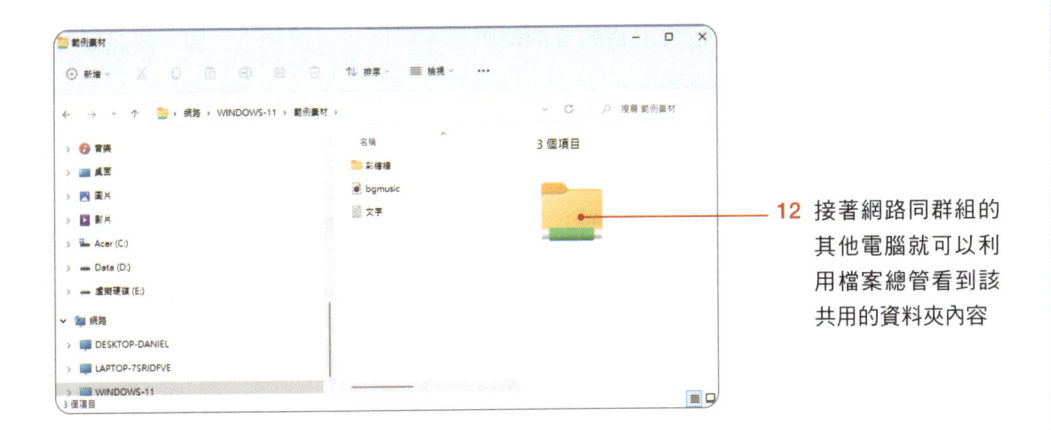

12 接著網路同群組的其他電腦就可以利用檔案總管看到該共用的資料夾內容

在上面第二個圖的「內容」對話方塊，當按下「進階共用」鈕會進入下圖視窗，只要取消勾選「共用此資料夾」前面的核取方塊，再按下「確定」鈕，就可以取消該資料夾的共用。

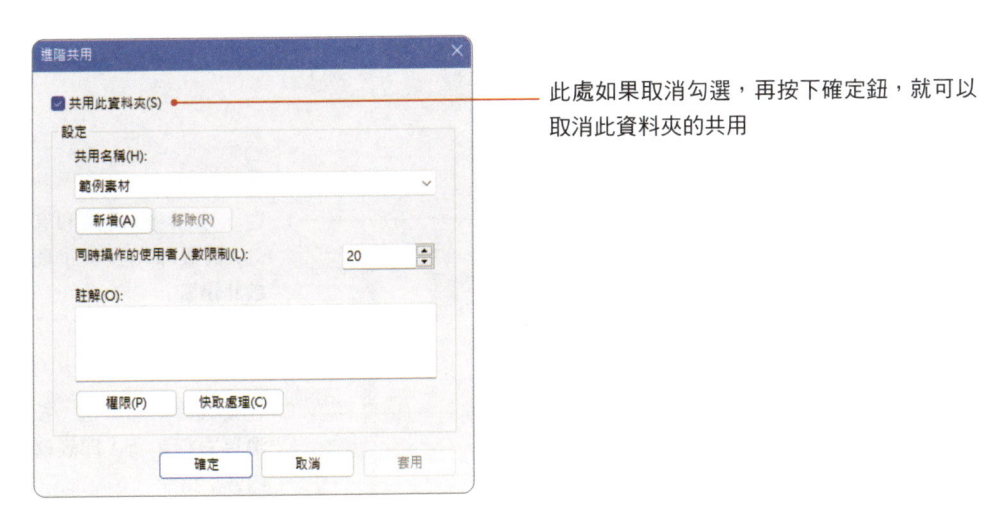

此處如果取消勾選，再按下確定鈕，就可以取消此資料夾的共用

12-4-5 共用印表機

使用印表機有兩種方式，一種是直接連線到網路上的「列印伺服器」，稱為為網路印表機。另外則是直接連上網路上單一電腦，這種稱之為「本機印表機」。如果想要網路其他使用者使用安裝在本機的印表機，首先必須將安裝在本機的印表機設定

12-23

為「共用」，如此一來，位於網路的其他使用者才可以使用這台印表機。要將印表機設定為共用，參考作法如下：

Step 1

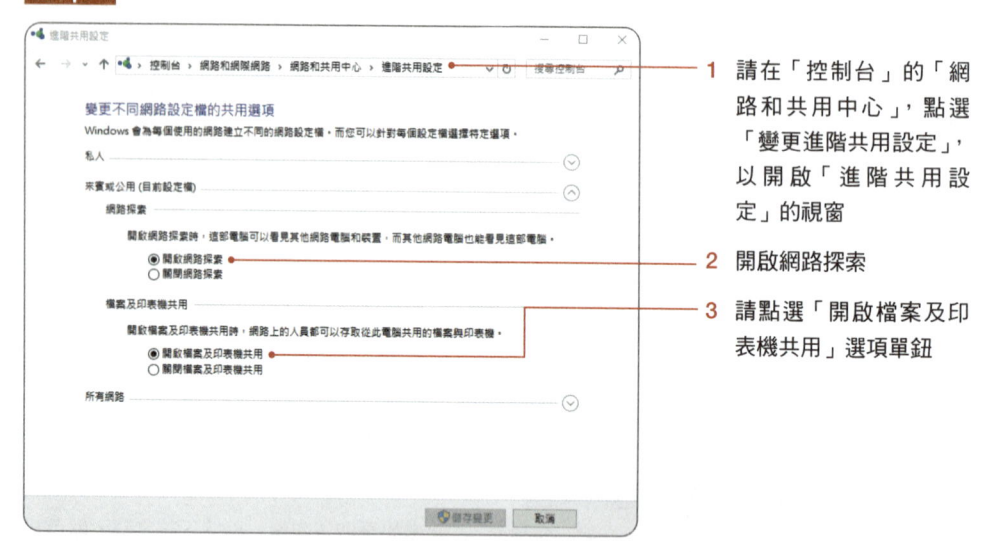

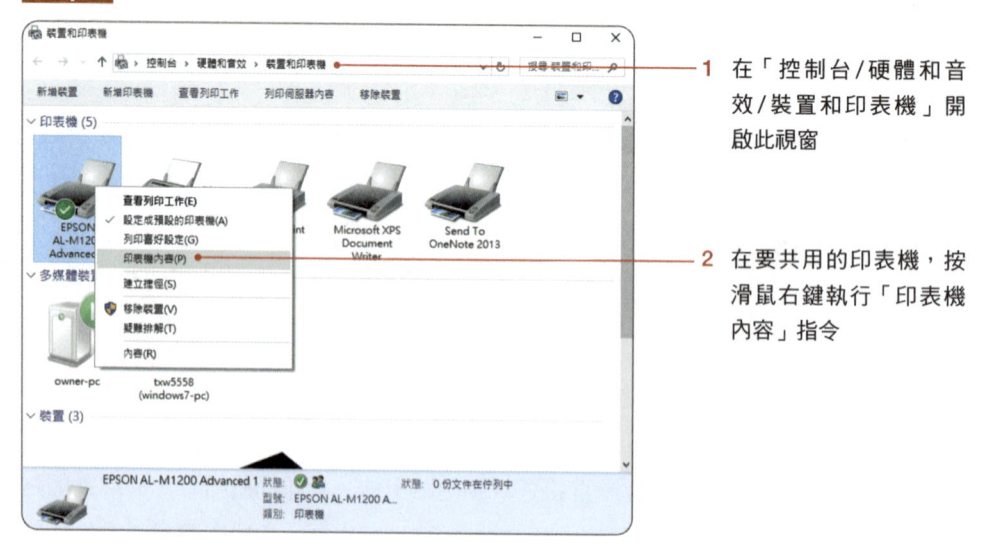

1. 請在「控制台」的「網路和共用中心」，點選「變更進階共用設定」，以開啟「進階共用設定」的視窗
2. 開啟網路探索
3. 請點選「開啟檔案及印表機共用」選項單鈕

Step 2

1. 在「控制台/硬體和音效/裝置和印表機」開啟此視窗
2. 在要共用的印表機，按滑鼠右鍵執行「印表機內容」指令

Step 3

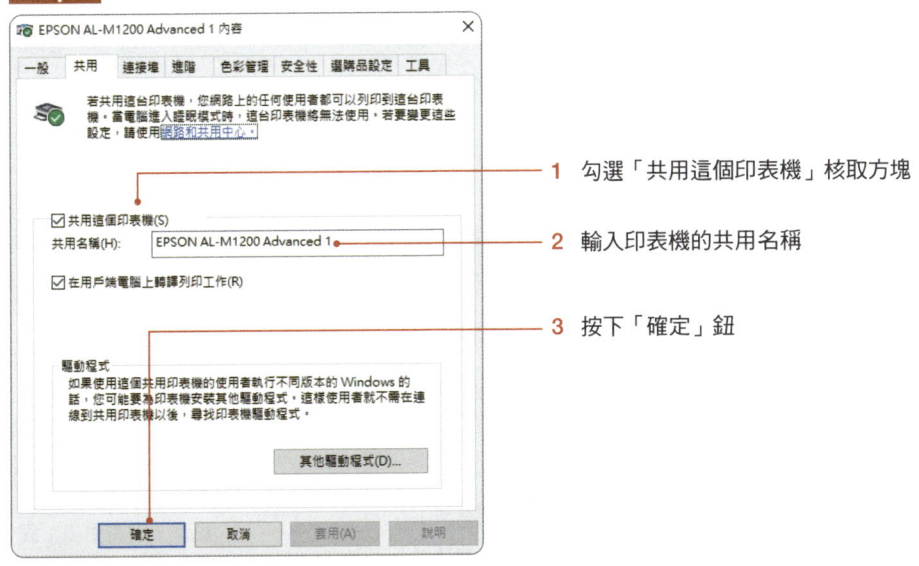

1 勾選「共用這個印表機」核取方塊

2 輸入印表機的共用名稱

3 按下「確定」鈕

Step 4

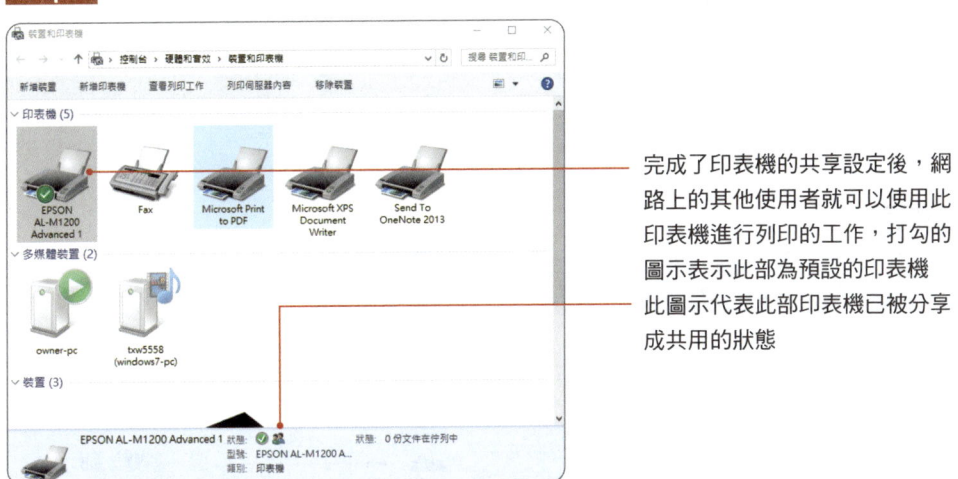

完成了印表機的共享設定後，網路上的其他使用者就可以使用此印表機進行列印的工作，打勾的圖示表示此部為預設的印表機

此圖示代表此部印表機已被分享成共用的狀態

12-5 網路磁碟機的建立與中斷

我們可以將網路中某一台電腦中，經常被網路中其他電腦的使用者存取的共享資料夾，變成自己電腦中的一部磁碟機，這種作法就稱為建立「連線網路的磁碟機」，

有了這樣的處理機制，下次就不必在「網路」視窗中逐層尋找該資料夾，透過位於本機電腦的一部網路磁碟機，各位可以更加方便存取該資料夾，並允許直接開啟檔案、複製（貼上）、儲存檔案等操作。

12-5-1 建立網路磁碟機

要建立網路磁碟機前，請先行確認區域網路該電腦的資料夾已事先設定為共用（假設ㄚ電腦），完整建立網路磁碟機作法如下：

Step 1

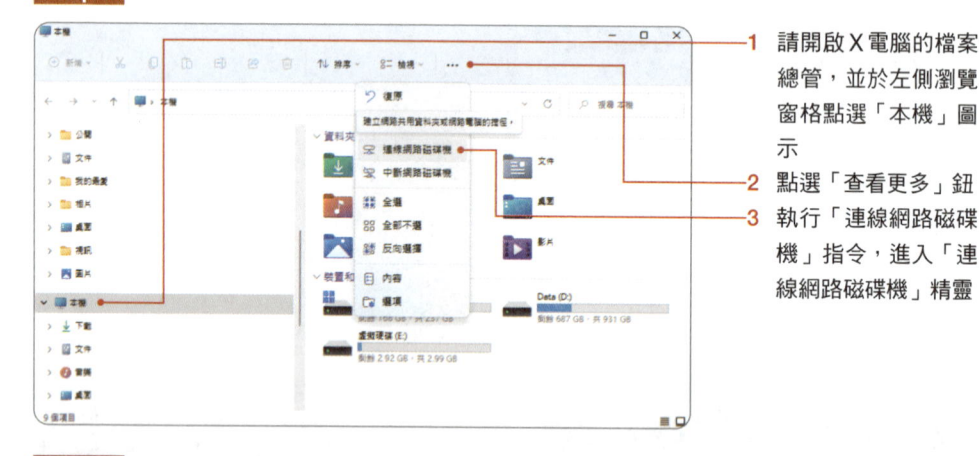

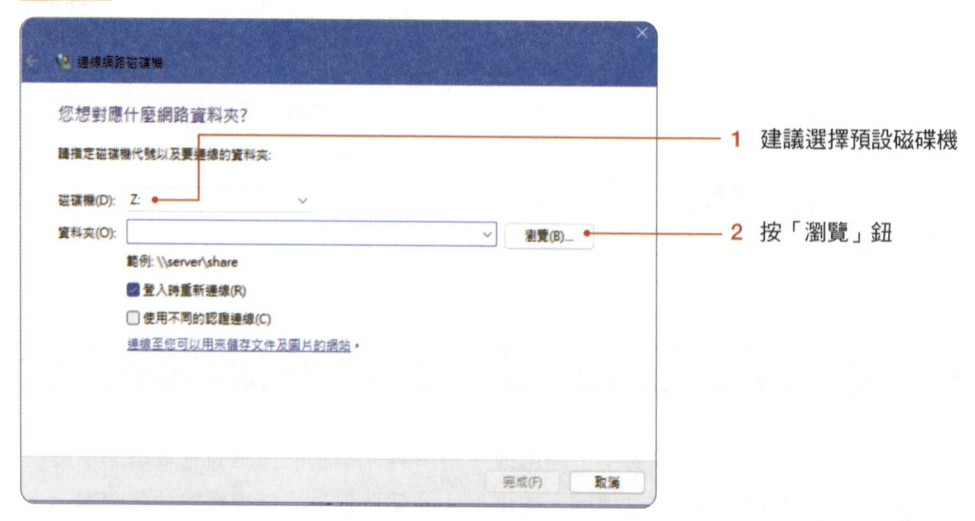

1 請開啟 X 電腦的檔案總管，並於左側瀏覽窗格點選「本機」圖示
2 點選「查看更多」鈕
3 執行「連線網路磁碟機」指令，進入「連線網路磁碟機」精靈

Step 2

1 建議選擇預設磁碟機
2 按「瀏覽」鈕

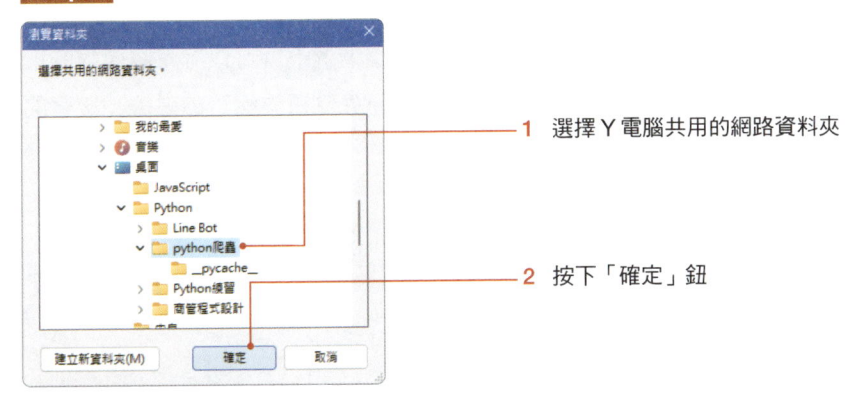

AI 助手新時代：網路、Edge 瀏覽器與 Copilot 全攻略

Step 3

1 選擇 Y 電腦共用的網路資料夾

2 按下「確定」鈕

Step 4

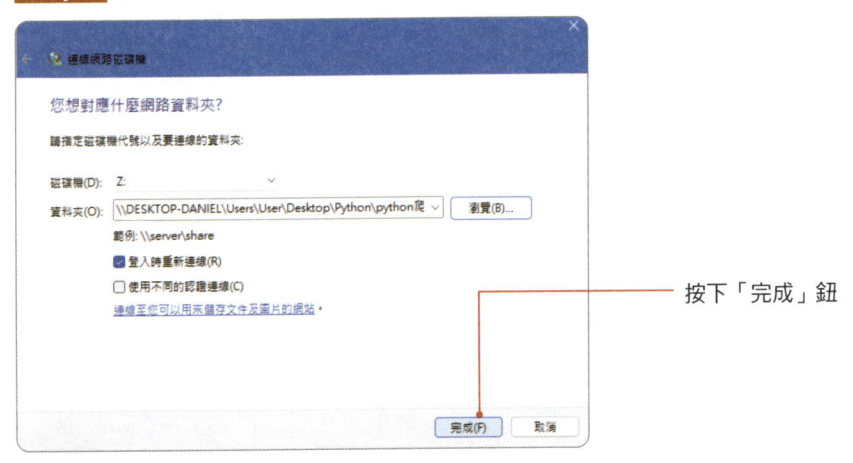

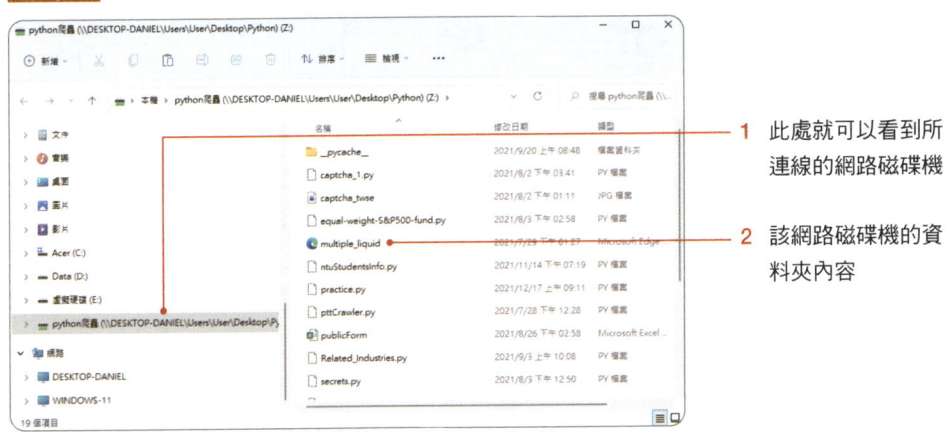

按下「完成」鈕

Step 5

1 此處就可以看到所連線的網路磁碟機

2 該網路磁碟機的資料夾內容

12-27

12-5-2 中斷網路磁碟機

當所連線的網路磁碟機已沒有保留的必要性時，這種情況下就可以考慮將連線的網路磁碟機給予中斷。要中斷連線網路磁碟機的作法是先點選該網路磁碟機，接著開啟檔案總管，其他步驟參考如下：

Step 1

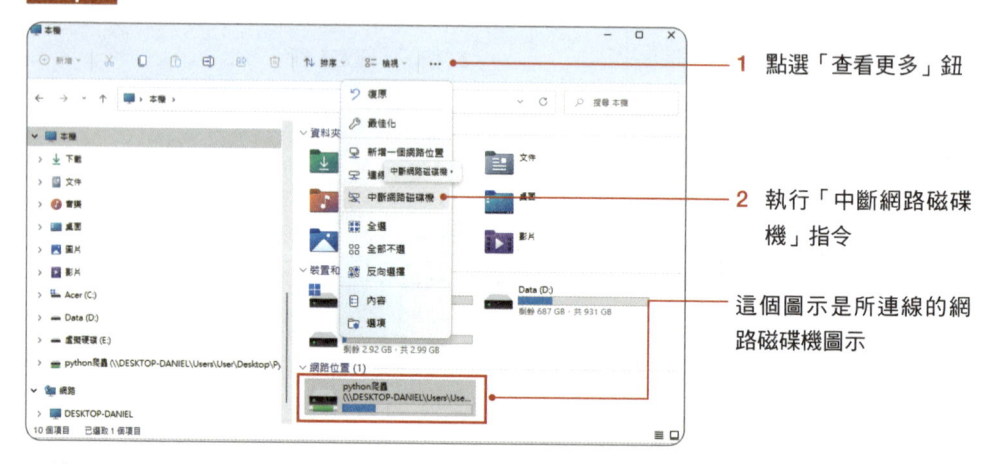

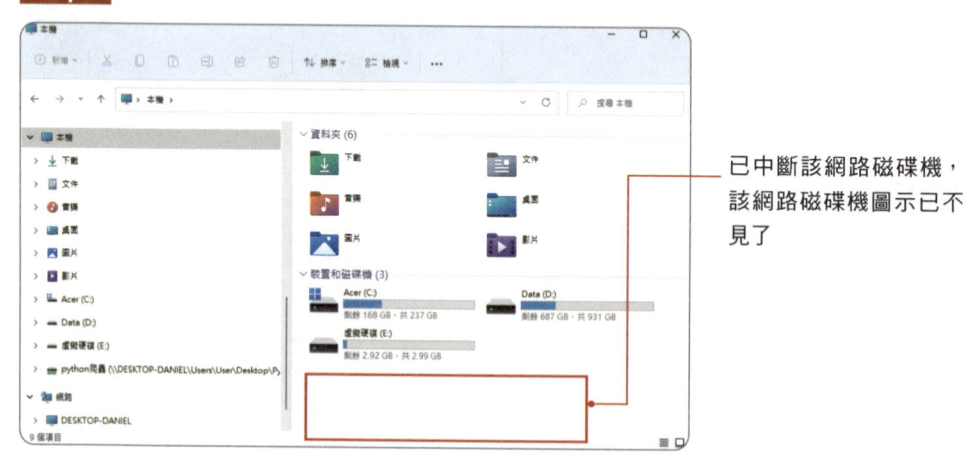

1 點選「查看更多」鈕

2 執行「中斷網路磁碟機」指令

這個圖示是所連線的網路磁碟機圖示

Step 2

已中斷該網路磁碟機，該網路磁碟機圖示已不見了

12-6　Microsoft Edge 瀏覽器

Microsoft Edge 瀏覽器，可以在網路上找尋資料、閱讀、作筆記或做標記，讓各位可以充分利用瑣碎時間來充實知識，增長見聞，也可以將所看到或塗鴉內容分享給好友。這一小節要來了解 Microsoft Edge 使用技巧，讓它成為你生活上的好幫手，請由桌面直接點選 Microsoft Edge 圖示，即可開啟開程式。

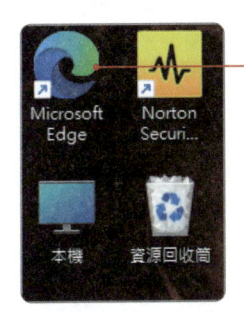

點選 Microsoft Edge 捷徑圖示

顯示 Microsoft Edge 瀏覽器

和一般瀏覽器一樣，Microsoft Edge 能透過圖片和標題快速瀏覽國內外、兩岸、國際、財經、運動、娛樂、影音、美食⋯等各類型的新聞要件。

新聞類型、標題、圖片輔助，讓新聞一目了然

如果覺得瀏覽器上的文字不夠大，按下「更多動作」 ⋯ 鈕可在「縮放」選項處，直接按下「+」或「-」來放大 / 縮小視窗比例，或是點選「 ⤢ 」指令，就能全螢幕觀看網頁。如下圖所示：

而按下快速鍵 F11 或是將滑鼠移到螢幕頂端可以結束全螢幕模式。

Microsoft Edge 除了瀏覽器所具備的網頁瀏覽與書籤管理等功能外，還加入了一種稱為集錦的功能，它不只具備書籤管理，還可以收錄圖片、文字或網頁連結，並允許透過共用的功能與他人分享。為了改變許多人的網頁瀏覽習慣，Microsoft Edge 也可以直接匯入 Chrome 瀏覽器的資料，以整合長期使用的書籤管理。另外考慮到

個人喜好，Microsoft Edge 可以允許使用者自行定義瀏覽頁面，可以依照每一個人對色彩或圖片的偏好，自己決定瀏覽頁面的風格。

12-6-1 有容乃大的集錦功能

在 Microsoft Edge 的選單中可以找到「集錦」功能，當我們第一次開啟後，會有會有一個預設的「新集錦」，各位可以將「集錦」當作是一種分門別類的作法，可以幫助使用者在建立不同集錦後，就可以收集整理網頁、影像或文字。也就是說集錦可以協助您追蹤在 Web 上的操作行為或當下的想法。

Step 1

1 按下此鈕開啟「集錦」窗格

2 按「啟動新集錦」

12-31

Step 2

1 輸入集錦名稱

2 點選「新增目前的頁面」

整頁資訊已收集進來

更棒的是「集錦」可以在不同裝置 Edge 瀏覽器進行同步，因此如果您在多個裝置上使用 Microsoft Edge，您的集錦在所有裝置上都是最新的。我們還可以將集錦所收錄的資訊分享到其他 Office 文件，或是直接利用複製功能將集錦所收錄的內容貼入郵件程式或社群軟體，以達到網路傳送或即時分享的功用。

12-6-2 匯入瀏覽器資料

要匯入其他瀏覽器資料，例如要匯入 Google Chrome 的資料，各位可以參考下列的示範步驟：

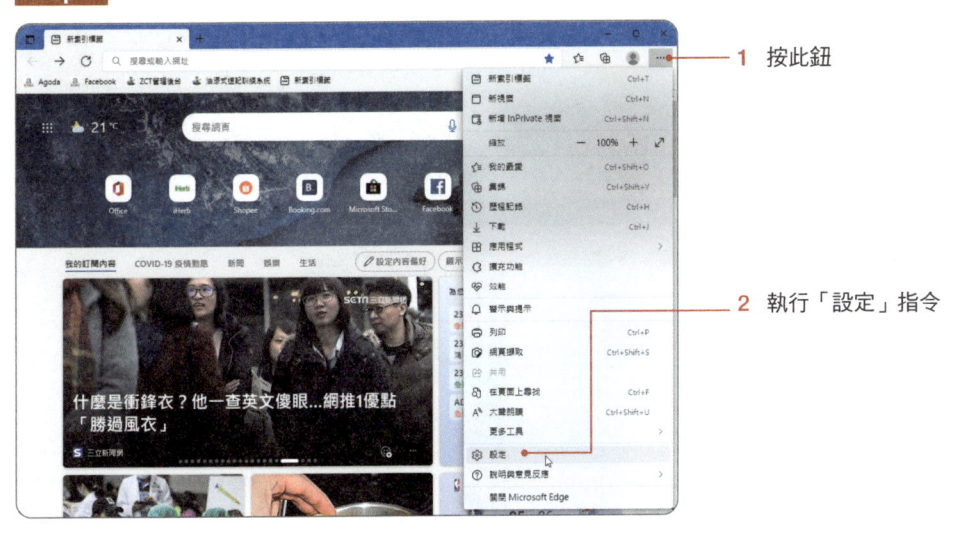

Step 1

1 按此鈕
2 執行「設定」指令

12-33

Step 2

點「匯入瀏覽器資料」

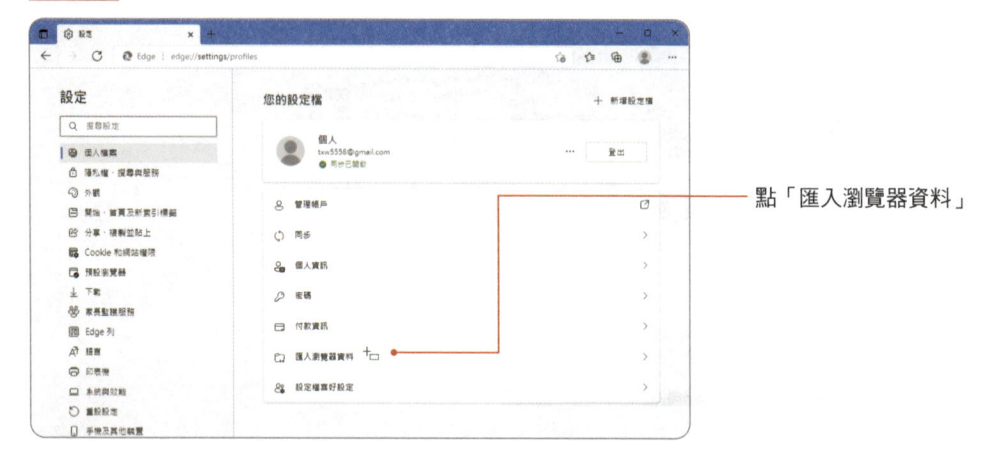

Step 3

按「選擇要匯入的項目」

Step 4

1. 勾選要匯入的項目
2. 按「匯入」鈕

AI 助手新時代：網路、Edge 瀏覽器與 Copilot 全攻略　12

已完成匯入其他瀏覽器資料

12-6-3 實作新增我的最愛

在瀏覽網頁的過程中，如果看到喜歡或有保留價值的網頁，通常都可以透過瀏覽器的「我的最愛」功能收集這些網頁的網址，並且可以分門別類，以利下次可以輕鬆且快速開啟。在 Edge 瀏覽器如何要新增我的最愛，各位可以參考下列的示範步驟：

Step 1

1　開啟想加入我的最愛的網頁

2　點選這個星號圖示

12-35

Step 2

1 輸入網頁名稱
2 按下「完成」鈕

經過上述步驟就可以將該網頁加入「我的最愛」，接下來示範如何進行「我的最愛」的管理及修改或刪除，以刪除動作為例，參考作法如下，請先在「我的最愛工具列」按下滑鼠右鍵使顯現功能表：

Step 1

執行「管理我的最愛」指令

AI 助手新時代：網路、Edge 瀏覽器與 Copilot 全攻略 **12**

Step 2

—— 勾選要刪除的項目

Step 3

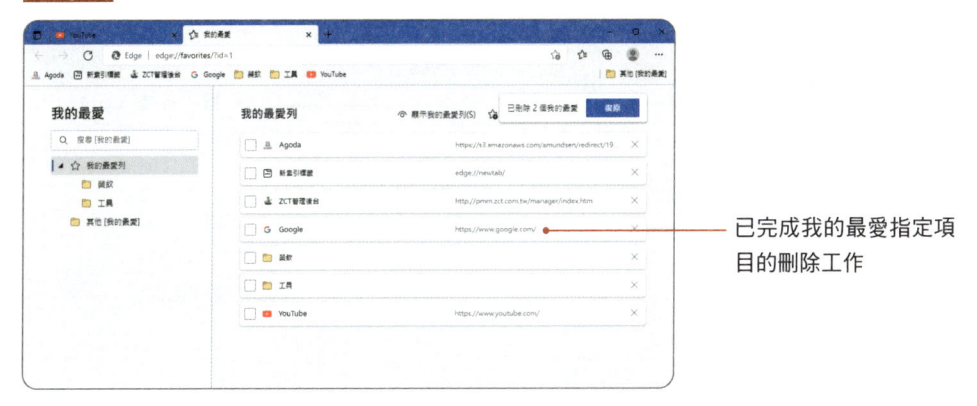

—— 按下「刪除」鈕

Step 4

—— 已完成我的最愛指定項目的刪除工作

12-37

12-6-4 匯出我的最愛

如果要匯出我的最愛以便將來可以在不同電腦裝置匯入，來完成資料在不同裝置間的移轉作業。各位可以參考下列的示範步驟：

Step 1

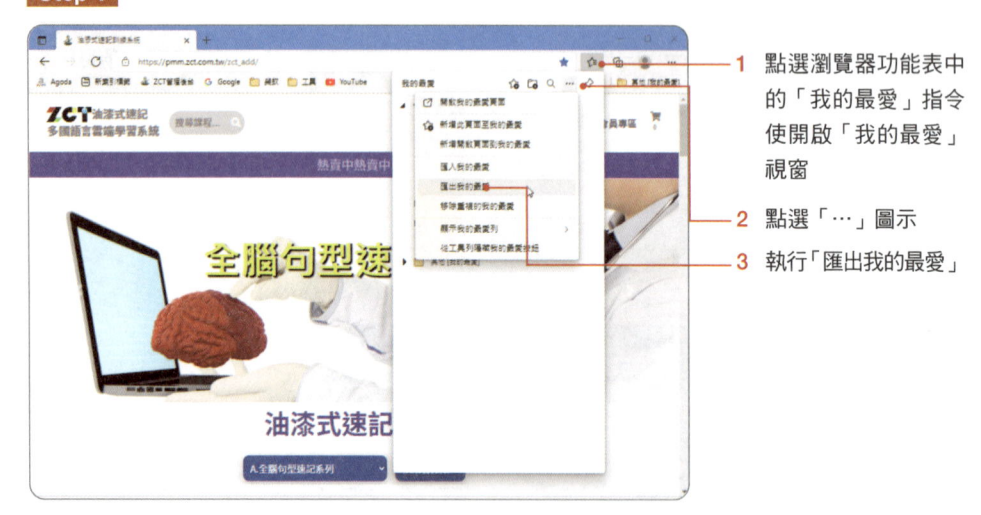

1. 點選瀏覽器功能表中的「我的最愛」指令使開啟「我的最愛」視窗
2. 點選「…」圖示
3. 執行「匯出我的最愛」

Step 2

1. 指定儲存所在的位置，例如桌面
2. 輸入檔案名稱
3. 按「存檔」鈕

Step 3

之後只要在另一台裝置我的最愛視窗的功能表中的「匯入我的最愛」指令就可以依指示匯入剛才所儲存的我的最愛檔案

還有一個較簡便的方式,可以讓我們在不同裝置的 Microsoft Edge 瀏覽器有相同的「我的最愛」及「歷程記錄」,只要事先設定同步功能,並在使用 Microsoft 帳號登入再啟動 Microsoft Edge,就可以有相同的「我的最愛」及「歷程記錄」。

在您的設定檔確定已開啟同步

12-39

12-6-5 實作網頁擷取

Microsoft Edge 瀏覽器內建「網頁擷取」功能,可以允許使用者不需要額外下載或安裝瀏覽器外掛程式,直接在 Microsoft Edge 瀏覽器的功能選單中找到「網頁擷取」指令,以拖曳方式擷取要保存的網頁範圍,再將圖片轉為「.Jpeg」格式或是執行功能選單的「共用」指令,就可以與其他人共用所擷取的網頁資料。除此之外,我們還可以將所抓取的網頁透過內建的「繪圖」鈕功能進行圖案編輯或色彩標記。

Step 1

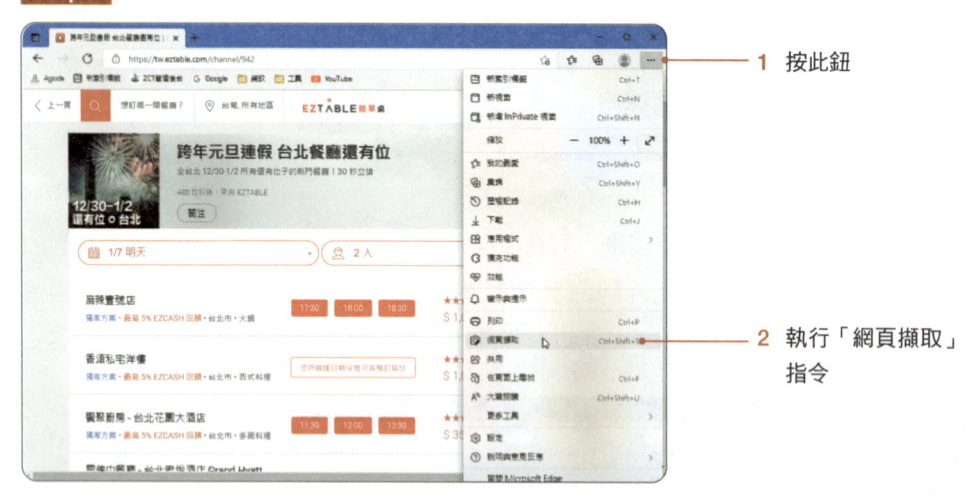

1 按此鈕

2 執行「網頁擷取」指令

Step 2

選擇「擷取區域」

AI 助手新時代： 網路、 Edge 瀏覽器與 Copilot 全攻略 **12**

Step 3

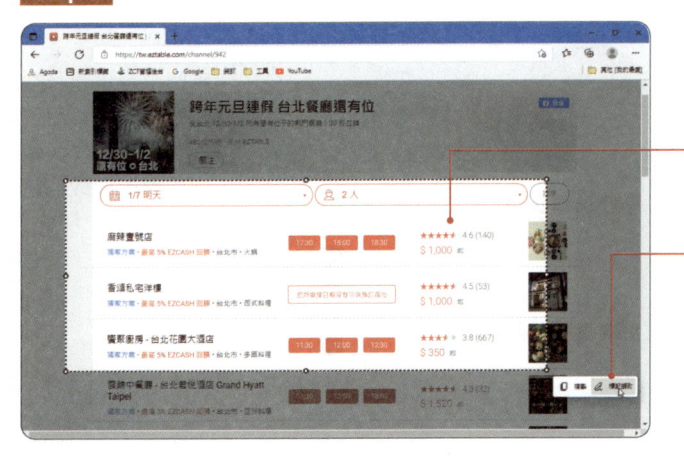

1 以滑鼠拖曳選取要擷取的區域

2 按下「標記選取」

Step 4

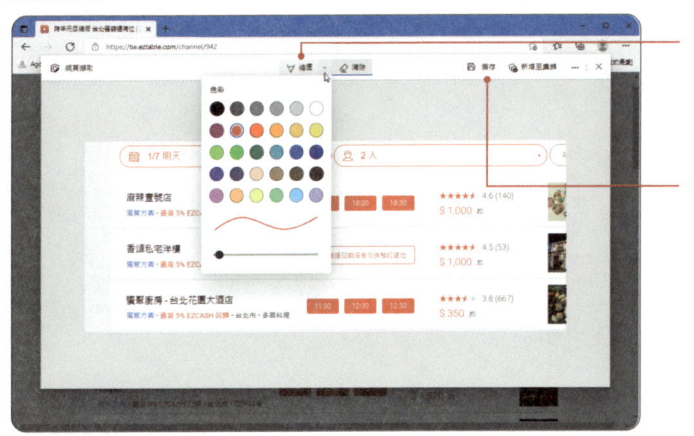

1 如果要為網頁進行繪圖編輯或標記，在「繪圖」鈕中可以設定色彩等細項

2 編輯完成後可以按「儲存」鈕

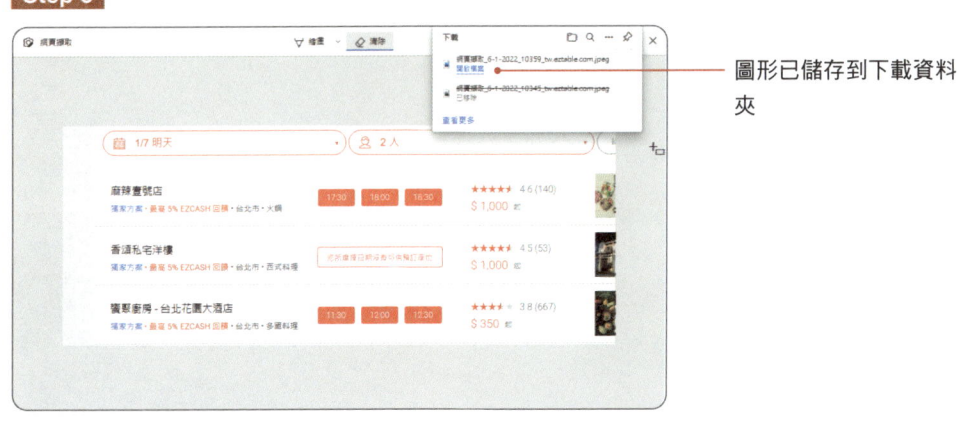

Step 5

圖形已儲存到下載資料夾

12-41

Step 6

我們還可以執行功能選單的「共用」指令，就可以與他人共用所擷取的網頁資料。

各種不同的分享方式

12-6-6 實作歷程管理

歷程管理包括歷程記錄、密碼、Cookie 等項目，接下來就來實作歷程管理的相關操作：

Step 1

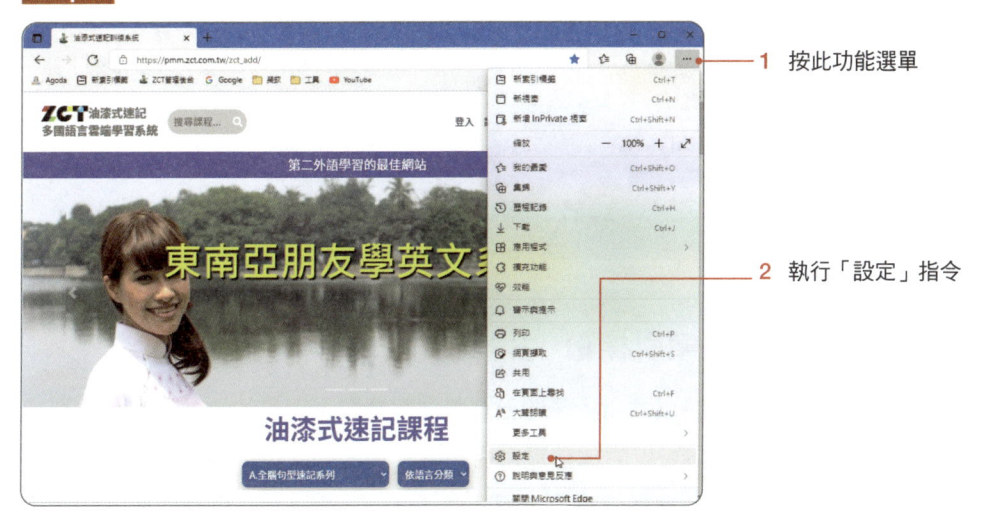

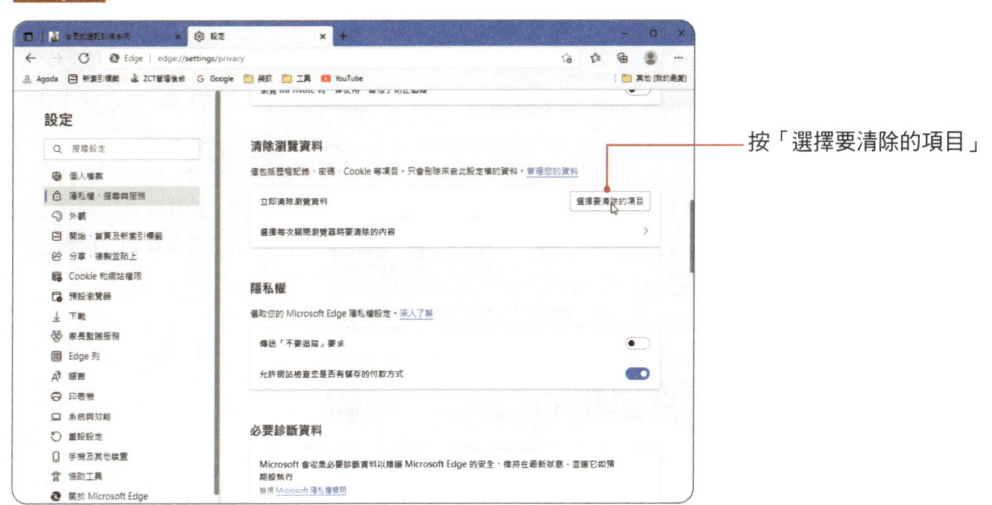

1 按此功能選單
2 執行「設定」指令

Step 2

按「選擇要清除的項目」

Step 3

1 勾選要清除的資料的記錄
2 按「立即清除」鈕

12-6-7 開啟垂直索引標籤

當開啟很多分頁時，有時候索引標籤的分頁無法完全顯示完整的網站名稱，這種情況下，在 Edge 瀏覽器中可以開啟垂直索引標籤，就會將索引標籤改垂直的方式呈現，並列於視窗的左側，讓各位看清楚每一個網站的完整名稱，開啟垂直索引標籤除了方便切換之外，也不會因為看不清楚網站名稱，而切換到不同的網頁。至於開啟垂直索引標籤，作法如下：

1 點選「Tab 動作功能表」鈕
2 於功能表中點選「開啟垂直索引標籤」

AI 助手新時代：網路、 Edge 瀏覽器與 Copilot 全攻略　**12**

按此鈕可以「釘選窗格」展開窗格使其呈現固定大小

如果要變更窗格寬度，只要將滑鼠移向窗格右邊邊界，就可以左右拖曳改變窗格寬度

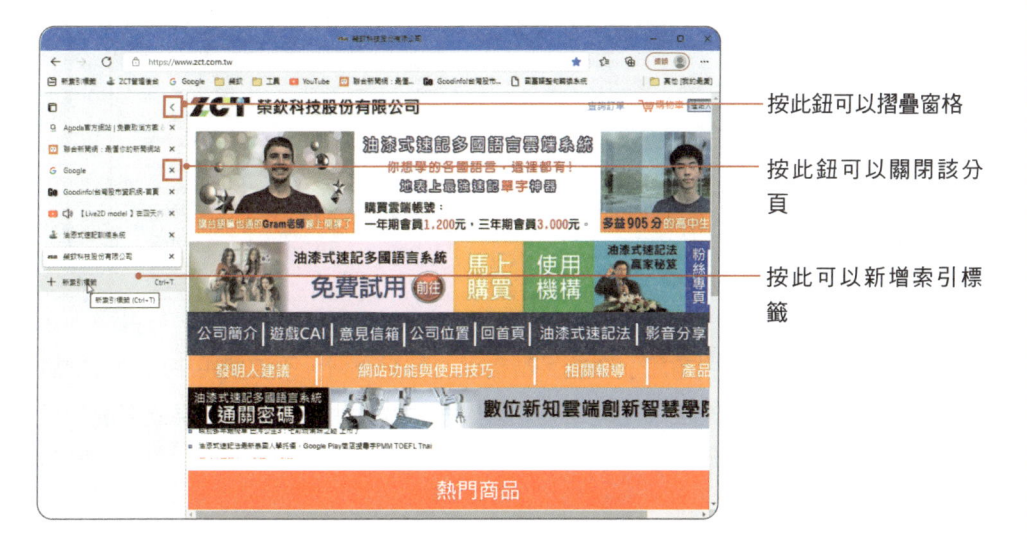

按此鈕可以摺疊窗格

按此鈕可以關閉該分頁

按此可以新增索引標籤

12-6-8　淡化睡眠索引標籤

當各位在 Microsoft Edge 中越開越多索引標籤，就會佔用更多的系統資源，為了避免不在使用中的索引標籤的網頁佔用資源，各位可以考慮暫時釋放其所佔用的記憶體及 CPU 資源，如此一來，Microsoft Edge 可以讓各位指定不在使用中的索引標籤在設定的時間後進入睡眠，以儲存資源。

12-45

要將「淡化睡眠索引標籤」的功能開啟,請進入 Microsoft Edge 的設定頁面,並切換到「系統與效能」,各位可以參考下圖啟動「淡化睡眠索引標籤」,並指定多少時間後要將非使用中的索引標籤置於睡眠模式:

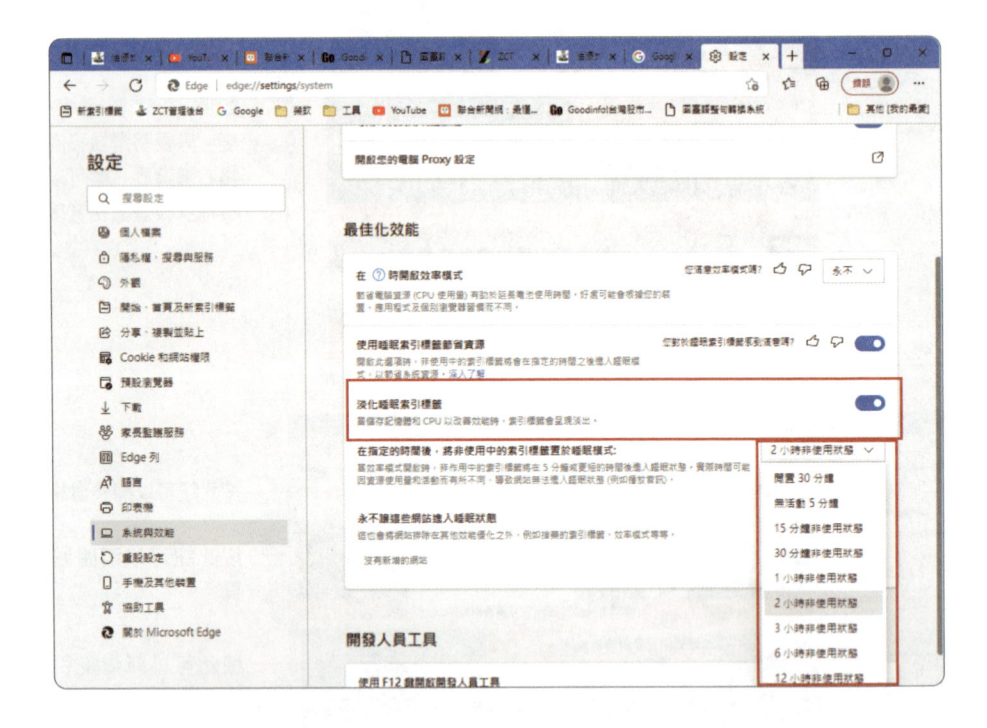

一旦啟動「淡化睡眠索引標籤」功能,當指定的時間一到,不在使用中的索引標籤就會淡化,各位可以試著將滑鼠移向已進入睡眠的標籤上,就會出現如下圖的提示,告知該標籤已進入休眠。

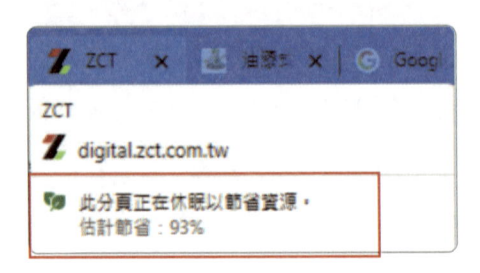

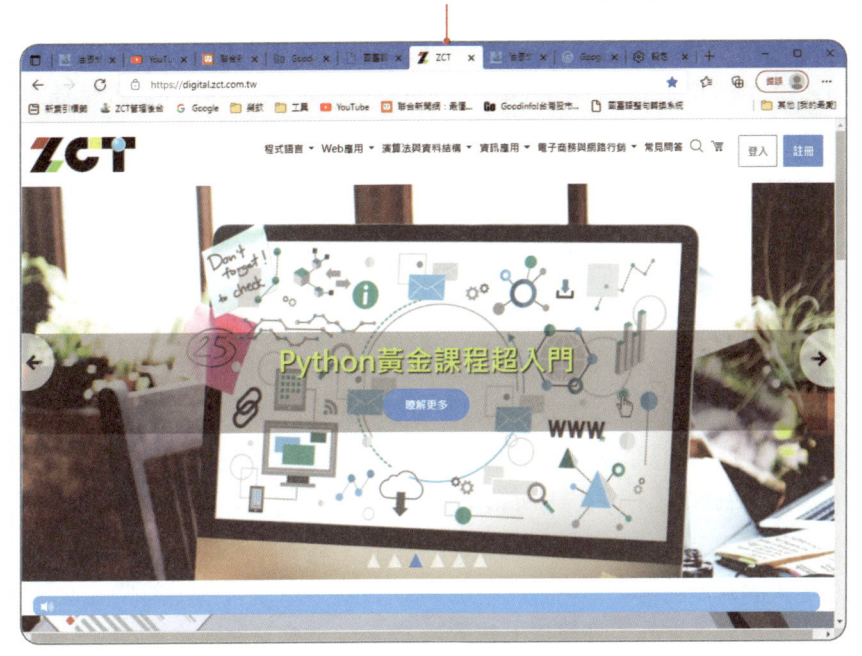

當再次點選該分頁時，網頁內容會立即呈現，絲毫感覺不到
因為該分頁進入睡眠而造成的時間上的延誤 (delay)

12-7 認識 Microsoft Copilot AI 智慧助手

微軟（Microsoft）於 2023 年初推出聊天機器人服務時，命名為 Bing Chat AI。到了 2024 年初，該服務正式更名為 Microsoft Copilot，標誌著 Bing Chat 正式轉型為 Copilot，並積極加入與 ChatGPT 等人工智慧對話系統的競爭行列。

12-7-1 Copilot 功能解析與應用

隨著 AI 技術的不斷進步，Copilot 的人工智慧聊天功能使得與 AI 的對話、獲取答案、建立內容以及探索資訊變得更加輕鬆和高效。這一轉變改變了我們搜尋資訊和獲取答案的方式。

12-47

除了加入付費訂閱 ChatGPT Plus 這個管道可以使用 GPT-4 的功能外，微軟已宣布將「Copilot」做為 AI 聊天機器人的免費版本。而微軟已更新免費版 AI 助理 Copilot，將底層模型由 GPT-4 改為最新的 GPT-4 Turbo。如果你使用微軟 Copilot，現在起可以免費使用 GPT-4 Turbo。升級到 GPT-4 Turbo 將使免費版 Copilot 更全面了解用戶對話的上下文（context），讓它能應對更複雜的問題，提供準確、適當的回答，避免回應內容重複、矛盾或不連貫。

Copilot 有哪些功能？以下是它的主要特色介紹：

- 資訊提供與答疑解惑：不論是科學、數學、歷史、地理，還是娛樂、文學、藝術等各種領域，Copilot 都能提供詳盡的資訊並解答您的疑問。
- 網路搜尋與即時資訊：Copilot 可以幫助您進行網路搜尋，找到最新資訊或特定資料，並根據您瀏覽的網頁內容提供即時的相關搜索結果和答案。
- 創作與內容編輯：Copilot 具備強大的生成式 AI 技術，能協助創作各種內容，包括詩歌、故事、程式碼、翻譯、文章、摘要、電子郵件範本、歌詞等，甚至能模仿名人的寫作風格。
- 圖片理解與藝術創作：您可以上傳圖片，Copilot 會幫助描述其內容，並且能利用視覺特徵來協助創作和編輯各種圖形藝術作品，如繪畫、漫畫和圖表。
- 建議與問題解決：無論您需要學習資源、書籍、電影或旅遊景點的建議，還是解決數學問題或程式碼錯誤，Copilot 都能提供有效的建議和解決方案。
- 文件匯總與引用：Copilot 能夠匯總和引用各類文件，包括 PDF、Word 文件及長篇網站內容，幫助您更高效地處理和使用大量資訊。
- 互動交流與娛樂：Copilot 能與您進行富有趣味的對話，透過問答、遊戲等方式進行互動，使交流更加生動有趣。

12-7-2 Copilot 在不同產品中的應用

隨著人工智慧技術的快速發展，Copilot 作為一種先進的 AI 助手，已經在多個產品中得到了廣泛應用。以下是 Copilot 在 Microsoft 365、開發工具以及其他微軟產品中的應用簡介：

■ Microsoft 365 中的 Copilot

在 Microsoft 365 中，Copilot 透過深度整合 AI 技術協助使用者在日常工作中更快速、更高效地完成任務。具體應用包括：

- Word：Copilot 可以協助撰寫、編輯和格式化文件。使用者可以輸入幾個簡單的指令，Copilot 就能生成完整的段落、調整語氣或提供寫作建議。
- Excel：Copilot 能夠根據指令建立公式、自動生成圖表、分析資料，並提供資料洞察建議，以便使用者更快地了解資料趨勢。
- PowerPoint：Copilot 協助自動生成簡報內容，根據輸入的文字或大綱自動選擇適當的版面配置，並提供視覺建議以提高簡報的吸引力。
- Outlook：Copilot 在電子郵件撰寫和回覆中扮演助手角色，能夠自動生成郵件內容、摘要重要資訊，並依照需求撰寫專業回覆。
- Teams：在 Teams 中，Copilot 可以自動記錄會議要點、整理會議記錄，並且生成後續行動項目建議，協助團隊更有效率地協作。

■ 開發工具中的 Copilot

微軟在開發工具中的 Copilot 主要表現在 GitHub Copilot，這是一個針對程式設計師的 AI 助手，目的在提高編碼效率。其應用包括：

- 程式碼自動補全：Copilot 能夠根據程式設計師的輸入和上下文自動建議程式碼片段，減少手動編碼的工作量。
- 程式碼生成：Copilot 可以根據簡單的描述生成整個函數或模組的程式碼，並提供多種不同語法和風格的選擇。
- 除錯和優化：Copilot 可以分析現有的程式碼，幫助發現潛在的錯誤，並提供修正建議。它還可以協助優化現有的程式碼，提升性能。
- 多語言支援：支援多種程式語言，包括 Python、JavaScript、TypeScript、Go、Ruby 等，適合各種程式設計需求。

■ 其他微軟產品中的 Copilot 應用

除了 Microsoft 365 和開發工具，微軟也將 Copilot 擴展至其他領域的產品中：

- Dynamics 365：在 Dynamics 365 這類 CRM 及 ERP 系統中，Copilot 可以協助自動生成商務報告、分析客戶資料，並提供銷售和市場行銷策略建議。
- Power Platform：在 Power Apps 和 Power Automate 中，Copilot 幫助使用者無需寫程式碼即可自動生成應用程序和工作流程，透過自然語言輸入需求，Copilot 就能生成適當的解決方案。
- Azure OpenAI Service：透過 Azure 的 AI 平台，企業可以自訂和整合 Copilot，將其 AI 能力應用於特定業務需求，如客戶支援自動化、資料分析和機器學習等領域。

12-8 開啟 Copilot 的多種使用入口

接著將透過應用實例來示範如何使用 Copilot，首先請進入該官方網頁（https://www.bing.com/）：

接著只要按上圖中的「Copilot」頁面，就會進入如下圖的聊天環境，使用者就可以開始問任何問題：

另外，當購買 Windows 作業系統的電腦或筆電時，如果有註冊 Microsoft 帳號時，當開啟 Edge 瀏覽器時，也可以點選 Edge 瀏覽器「搜尋」欄位右側的 圖示或是 Edge 瀏覽器右上方的 圖示，這兩種操作方式都可以進入 Copilot 畫面。

下圖則是這兩種方式所進入的 Copilot 畫面：

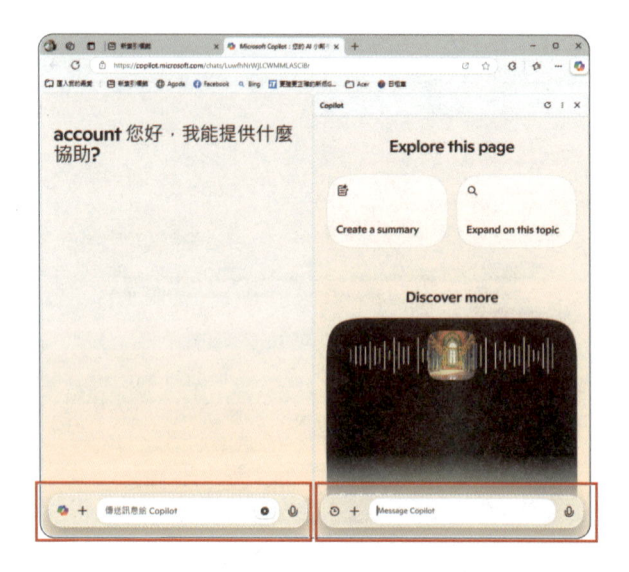

Copilot 還有一個特殊的功能，它可以在提問框輸入「**請幫我總結當前網頁的內容**」，就可以針對目前所開啟的網頁內容，快速摘要出該網頁的內容總結。

提示（prompt）詞

請幫我總結當前網頁的內容

回答內容

12-9 善用「Think Deeper」進行進階推理

在 Copilot 對話框的右側有一個「Think Deeper」鈕，這項功能是微軟近期在 Copilot 平台推出，它強化用戶的推理能力，協助解決更複雜的問題。該功能最初於 2024 年 10 月在 Copilot Labs 作為測試工具，僅開放給 Pro 訂閱者使用，如今已擴展至 Android、iOS 及網頁版，讓免費用戶也能體驗。

「Think Deeper」功能採用 OpenAI 的 o1 推理模型，專為需要深入分析的問題設計，能協助解決高難度數學題、制定個人化計畫，或評估多種情境，並提供詳盡的步驟回應。然而，由於該功能涉及較為複雜的計算過程，因此回應速度比一般 Copilot 查詢稍慢。這裡談到的 o1 是一種在 2024 年 12 月推出的推理模型，它提升了推理能力和準確性，適用於需要深入分析和高準確度的任務。

目前，免費用戶每週最多可使用三次「Think Deeper」，而 Pro 訂閱者的使用次數則依據伺服器負載與即時需求動態調整。不過，整體而言，多數用戶仍認為該功能在可用範圍內表現出色，並能有效提升 Copilot 的推理能力。

12-10 用「Copilot Voice」語音對話更輕鬆

各位應該有注意到，在「Think Deeper」右側有一個 （與 Copilot 交談）」的按鈕，它是 Copilot 推出的新亮點功能 Copilot Voice，這項功能讓 Copilot 現在具備語音互動能力，全新推出的 Copilot Voice 功能讓使用者能夠直接與 Copilot 進行對話，以更自然的方式交流與獲取資訊。

按下上圖中的語音設定鈕，就可以變更語音。

如果要結束與 Copilot 語音交談的功能，只要按下圖中的「停止對話」鈕，就可以停止與「Copilot Voice」對話的功能。

12-11 活用 Copilot 的圖像辨識與生成功能

在 AI 技術的推動下，圖像處理能力已成為現代應用的重要一環。Copilot 不僅能夠處理文字和語音，還具備強大的圖像相關功能，包括搜尋、生成、識別與應用，讓使用者能更直覺地與 AI 互動，並將圖像運用於各種場景。本章節將介紹 Copilot 在圖像方面的四大核心功能：

- 利用 Copilot 搜尋圖片：透過 AI 輔助快速找到符合需求的圖片，提高搜尋效率。
- Copilot 圖像生成：運用 AI 創造獨特圖片，適用於設計、創意與專業內容製作。
- Copilot 辨識圖片的 AI 視覺：分析與理解圖像內容，協助識別物件、場景與背景資訊。
- 辨識圖片生成故事情境：透過 AI 深度解析圖片，建立故事背景，提升內容創作的靈感與豐富度。

12-11-1 利用 Copilot 搜尋圖片

Copilot 還可以直接即時搜尋圖片。例如使用者說：「我想看一下大熊貓的照片。」接著 Copilot 可以即時搜尋並立即創建相關圖片給使用者。

🗩 提示（prompt）詞

我想看一下大熊貓的照片

🤖 回答內容

12-11-2 Copilot 圖像生成

這裡將帶您探索 Copilot 在圖像生成上的核心技巧，實戰解析如何將您的想法轉化為精美圖像。

提示（prompt）詞

請生成城市夜景中的摩天大樓的圖片

回答內容

這是一幅描繪城市夜景中摩天大樓的圖畫：
希望你喜歡這幅作品，有什麼其他想法嗎？

12-11-3 Copilot 辨識圖片的 AI 視覺

除了以文字方式來下達提示詞給 Copilot 外，Copilot 還能以圖片方式來傳送訊息給 Copilot。Copilot 的圖片輸入功能讓使用者透過圖片快速表達需求或問題，這是一種稱之為「AI 視覺」的功能。您只需上傳包含文字、圖表或物品的照片，Copilot 便會自動分析並提供相應資訊。例如，若圖片中含有文件，Copilot 可提取或總結其內容，節省手動輸入的時間；對於物品照片，則能進行識別並提供相關資訊，使搜尋與資料處理更高效。

要在輸入框加入圖片,請按下 Copilot 輸入區右側的「+」(開啟)鈕,並執行選單中的「 Upload image 」圖示鈕,就可以讓各位選擇要上傳的圖片到輸入框。這裡直接來看一個例子:

提示(prompt)詞

請以繁體中文台灣用語回答上傳圖片是什麼動物

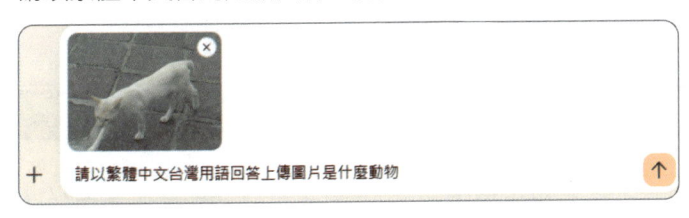

回答內容

這張圖片顯示了一隻白色的貓,它正在石板路上行走。這隻貓的毛色是白色的,身形較為瘦長,耳朵豎立,尾巴短而彎曲。這張圖片的有趣之處在於貓的姿態和毛色,顯示出它的獨特外觀。

12-11-4 辨識圖片生成故事情境

這裡將探索如何利用 Copilot 的圖片辨識技術,將影像中的元素轉化為引人入勝的故事情境。透過 Copilot 的強大分析能力,就可以輕鬆地解讀圖片中的細節,並創造出具有情感和氛圍的場景描述。

提示(prompt)詞

請以上傳圖片生成故事情境的一首詩

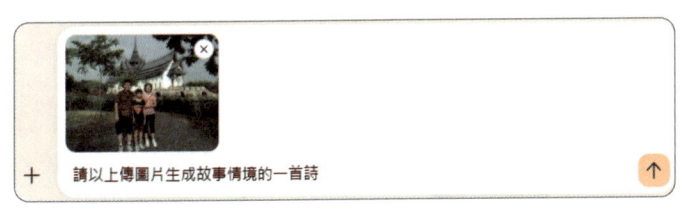

12-57

> **回答內容**
>
> 在古老的寺廟前，一家三口笑顏展。父親穿著條紋衫，母親紅衣顯溫暖。孩子胸前超人標，一家和樂在此間。寺廟屋頂飛檐翹，歷史悠久風光現。綠樹成蔭水塘邊，紅橋橫跨景色鮮。遊人駐足留影念，幸福時光永不變。
> 希望你喜歡這首詩！有什麼其他需要幫忙的嗎？

12-12 手機安裝與操作 Copilot APP

本單元將帶領您了解如何在 iOS 系統手機上安裝 Copilot APP，讓 AI 成為您的隨身工作夥伴。首先在「App Store」輸入關鍵字「microsoft copilot」，就可以找到「Microsoft Copilot」，按下「取得」鈕來進行 App 的安裝工作。

安裝完畢後就可以在手機的桌面中找到如下圖的「Copilot」圖示：

啟動該 Copilot App，接著就可以類似下圖的 Copilot 提問畫面：

接著各位可以在提問框用注音或語音輸入的方式下達提示詞，例如此處下達「請簡介高雄市立美術館」：

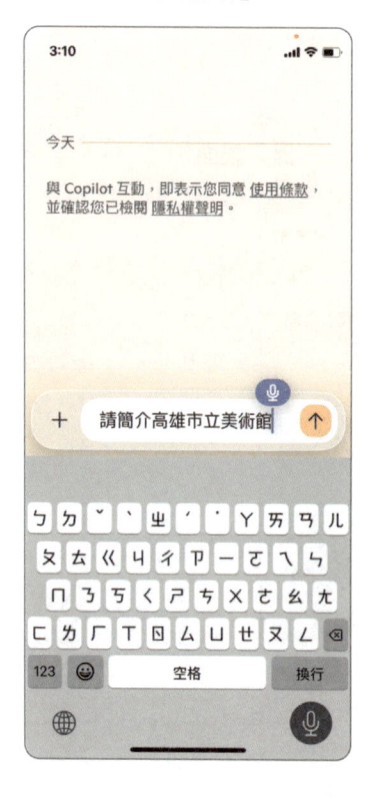

將提問訊息傳送給 Copilot 後，就可以馬上看到 Copilot 的回答內容，如下圖所示：

12-13 精選 Copilot 圖像創作應用實例

本單元將分享一些由 Copilot 創作的特殊影像作品，希望這些作品能激發出您的創意，並為您在影像創作上帶來新的啟發。

12-13-1 霓虹科幻城市

描述一個未來風格的霓虹城市,建築物形狀不規則並有著強烈的霓虹燈光效果,色彩偏向藍色和紫色的冷色系。城市被厚重的霧氣包圍,天空中有飛行車輛穿梭,讓人有一種置身於科幻世界的感覺。

12-13-2 蒸汽龐克機械動物

一隻蒸汽龐克風格的動物,身上覆蓋著銅色與鐵製零件,帶有齒輪、鍊條和蒸汽管。動物姿勢自然但充滿力量,背景是工業風的城市街道,充滿蒸汽與機械細節。

12-13-3 魔幻森林中的發光植物

描述一片魔幻森林，樹木形狀怪異，葉子和花朵會發出微光，周圍環境瀰漫著神祕的光暈。地上有發光的苔蘚和奇異的植物，整體色調夢幻，營造出神祕而靜謐的氛圍。

這是一幅描繪魔幻森林的圖畫：

12-13-4 宇宙中的水晶行星

描述一顆環繞著光彩的水晶行星，漂浮在宇宙中。行星表面有透明或半透明的水晶，反射出不同的色彩，周圍有小行星環繞，星空背景中點綴著多彩的星雲和遙遠的星體。

我創造了一張描述你所提到的水晶行星的圖像：

![環繞著光彩的水晶行星](data:image/png;base64,AI_ENCODED_IMAGE)

這顆水晶行星漂浮在廣袤的宇宙中，表面覆蓋著透明或半透明的水晶，反射出五彩斑斕的光芒。小行星環繞在它周圍，增添了神秘的氛圍。背景中的星雲和遙遠的星體，為這幅圖畫增添了夢幻般的色彩。

希望你喜歡這幅圖像，有什麼其他場景需要我描繪嗎？

12-13-5 未來主義的霓虹髮型人物肖像

描述一位擁有亮麗霓虹色頭髮的未來風格人物，髮型帶有流動感和光效。背景為黑暗中隱約發亮的電子圖騰，人物表情冷酷，穿著帶有數位紋理的服裝，整體呈現科技與藝術融合的效果。

12-13-6 沙漠中的鏡面迷宮

一個孤立於無邊沙漠中的巨大鏡面迷宮，迷宮牆面反射出藍天和沙丘的景象。天空中雲朵少見，陽光反射在鏡面上，迷宮內部閃爍著反射光線，讓人感到迷惑和不安，充滿神秘感。

Note

CHAPTER

13 | 資源共享的雲端服務

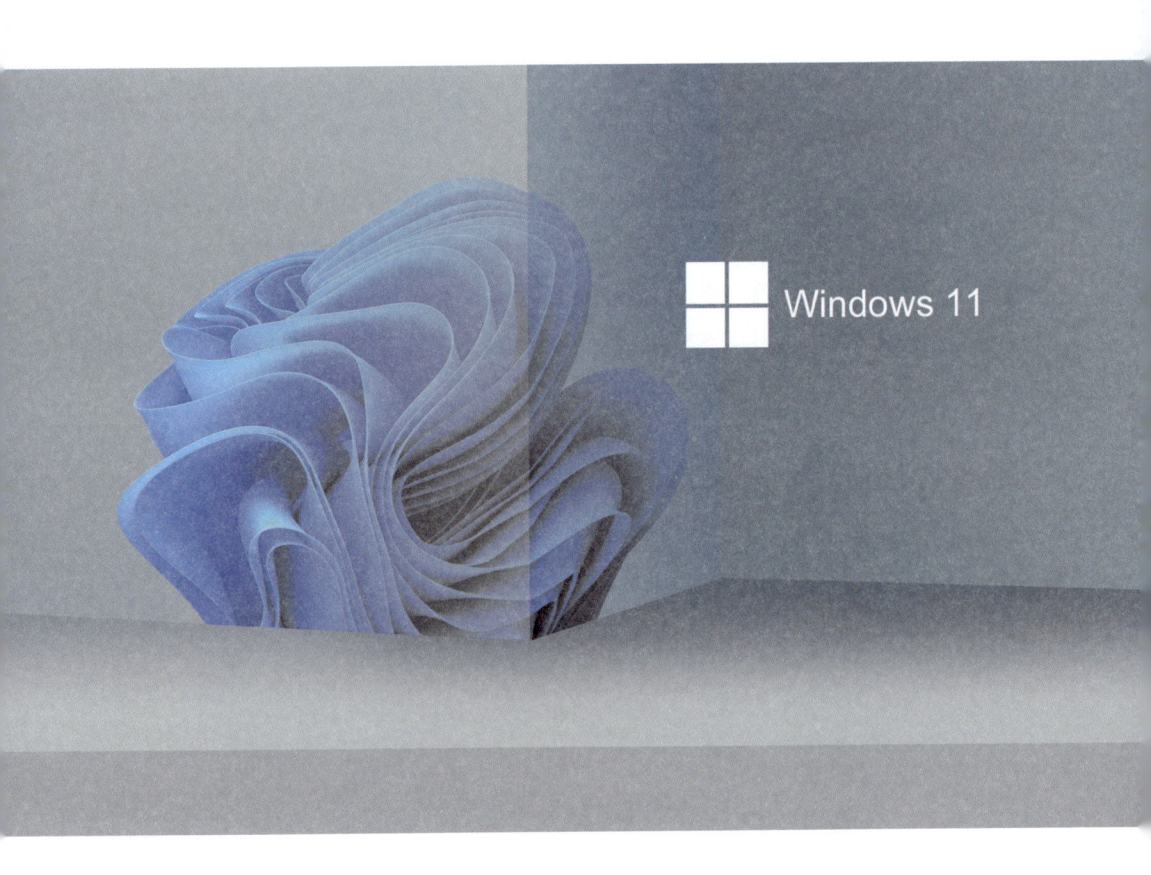

透過 OneDrive 雲端硬碟，Windows 11 的用戶可以將資料儲存在本機端電腦外，也可以同步儲存在雲端硬碟中，以達到在各種裝置平台上分享、存取資料及文件或照片資源。註冊 OneDrive 時，您會獲得 5 GB 的免費儲存空間，適用的平台包括：手機、平板、桌機平台，也就是說，如果在市集安裝的 App 程式，只要使用相同的微軟帳戶登入，即使在不同的裝置，也可以取得所下載的 App 程式。這項作法和 Google 或 Apple 公司利用帳戶來確認客戶身份的作法類似，如此一來，就不用擔心在不同裝置上，重複購買已付費的軟體。

13-1 OneDrive 電端硬碟簡介

依微軟的理念 OneDrive 可以將各種平台的檔案、照片、影片或其他數位內容，全部集中在 OneDrive 雲端硬碟統一儲存，方便在各種平台裝置取得相同檔案，也可以達到分享檔案的目的。

在 Windows 11 中，您可以在個人電腦、平板電腦或手機輕鬆地儲存檔案到 OneDrive。當您使用 Microsoft 帳戶登入時，您的電腦會連線到線上的 Microsoft 伺服器或「雲端」，這表示您的個人設定和喜好設定都會儲存於 OneDrive，並同步到您登入的任何電腦上。有了這個雲端硬碟，您不再需要透過電子郵件傳送檔案給自己，或是帶著 USB 隨身碟到處走。

13-1-1 OneDrive 檔案的下載與上傳

您可以透過複製或移動的方式，將電腦上的檔案新增到 OneDrive。

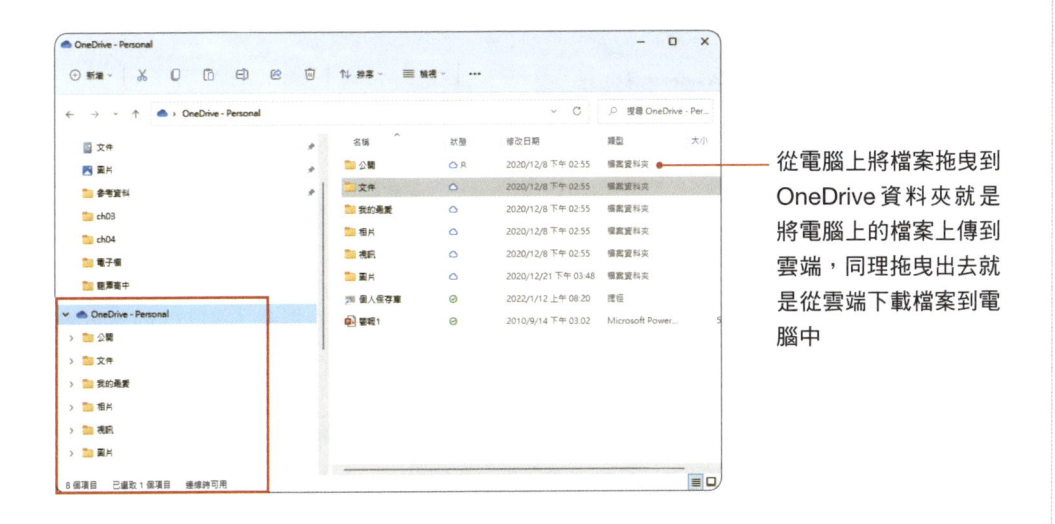

資源共享的雲端服務 **13**

從電腦上將檔案拖曳到 OneDrive 資料夾就是將電腦上的檔案上傳到雲端，同理拖曳出去就是從雲端下載檔案到電腦中

當儲存新的檔案時，您可以選擇將檔案儲存到 OneDrive，這樣就可以從任何裝置存取檔案並且與其他人共用。

13-1-2 雲端檔案的同步設定

如果你希望在所使用的任何電腦或行動裝置間的資訊可以同步，您就必須使用 Microsoft 帳戶登入電腦。例如我們在某一台電腦安裝的 App，當換了一台電腦，如果使用相同的 Microsoft 帳戶登入，也可以取得相同的 App。有關使用者帳戶的同步設定工作，請在「設定」視窗中選擇「帳戶」的功能進行開啟。

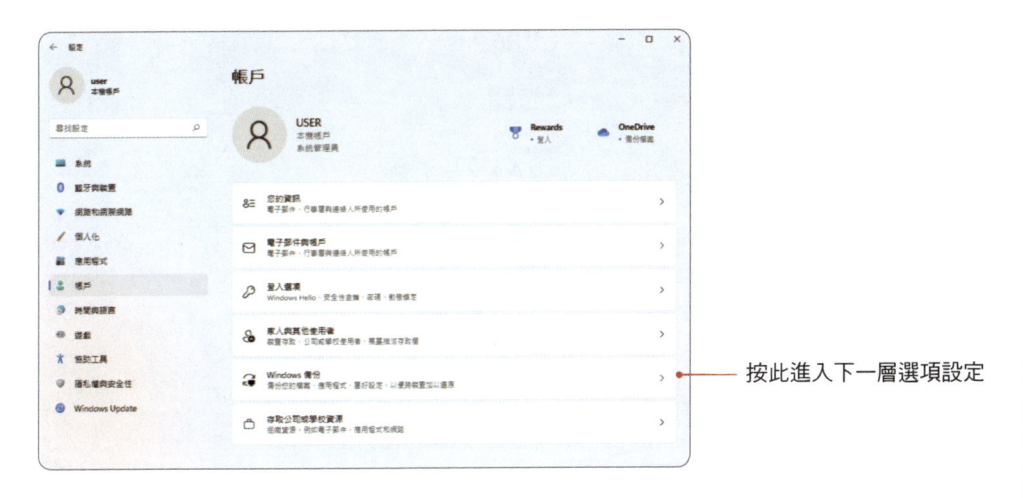

按此進入下一層選項設定

13-3

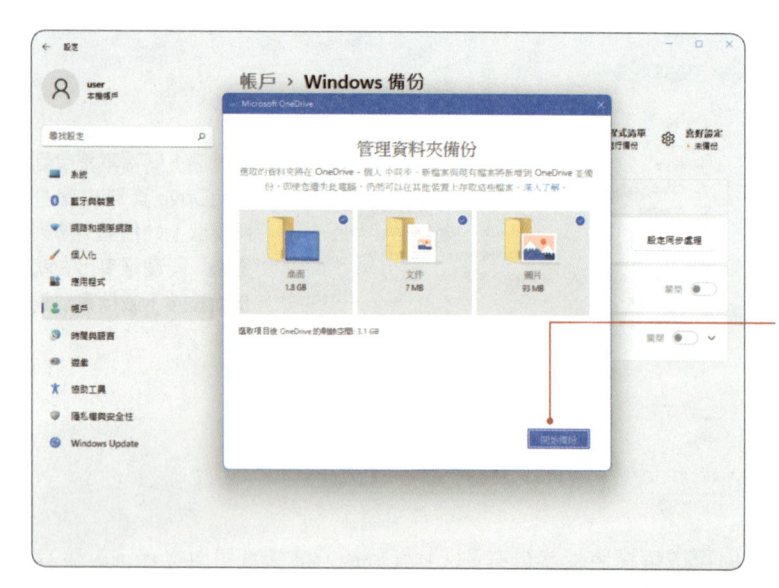

按下「開始備份」鈕，這個動作會將所選定的資料夾備份到「OneDrive-個人」中同步，就算你丟了這台電腦，您也可以從其他的裝置存取這些檔案

另外，也可以透過 Office 軟體登入自己的微軟帳號，進而與 OneDrive 整合，這個動作可以將電腦內的 Office 檔案儲存自動上傳到雲端，不用額外安裝軟體。要在 Office 2019「檔案」功能表下的「帳戶」登入自己的微軟帳號，底下為以微軟帳號登入 Office 2019 的畫面，各位可以看到已連線 OneDrive 服務的字眼。

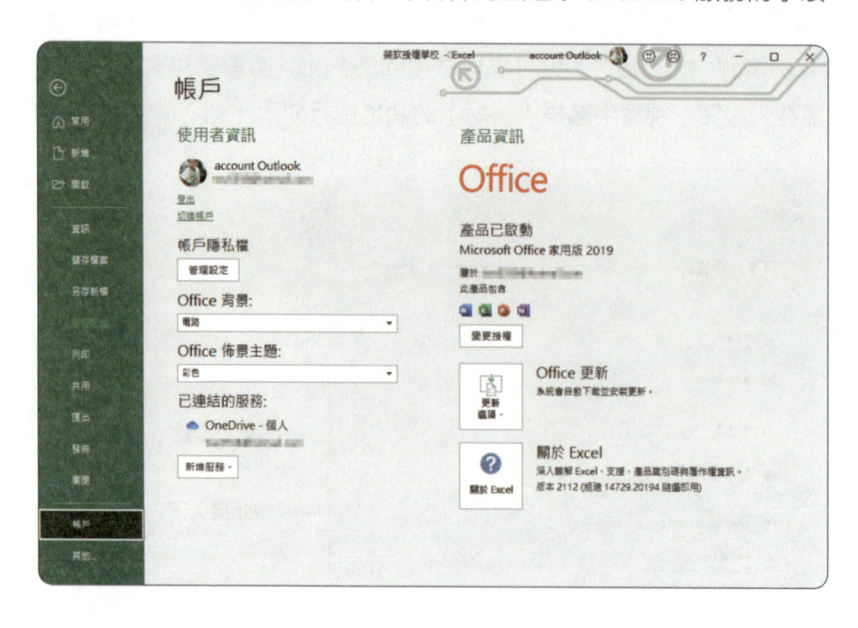

13-4

13-1-3 下載不同平台的 OneDrive

目前微軟的系統及裝置內建 OneDrive，事實上，如果您是其他平台的手機、平板或系統，在 OneDrive 的官網也提供各種平台的使用者端，請各位參考以下網址－ https://onedrive.live.com/about/zh-tw/download/，可以下載適用各種平台的 OneDrive，包括：Windows、Android、Max OSX、iOS、Windows Phone、Xbox 等。

13-2 OneDrive 雲端檔案管理

若要瀏覽您的 OneDrive 檔案，需要前往 OneDrive 網站，並以 Microsoft 帳戶登入，就可以在 OneDrive 雲端進行檔案的管理工作，本節就來說明雲端檔案管理的相關細節。

13-2-1 用瀏覽器登入 OneDrive 網站

首先請開啟瀏覽器，並輸入 https://onedrive.live.com/about/zh-tw/ 連向官網：

Step 1

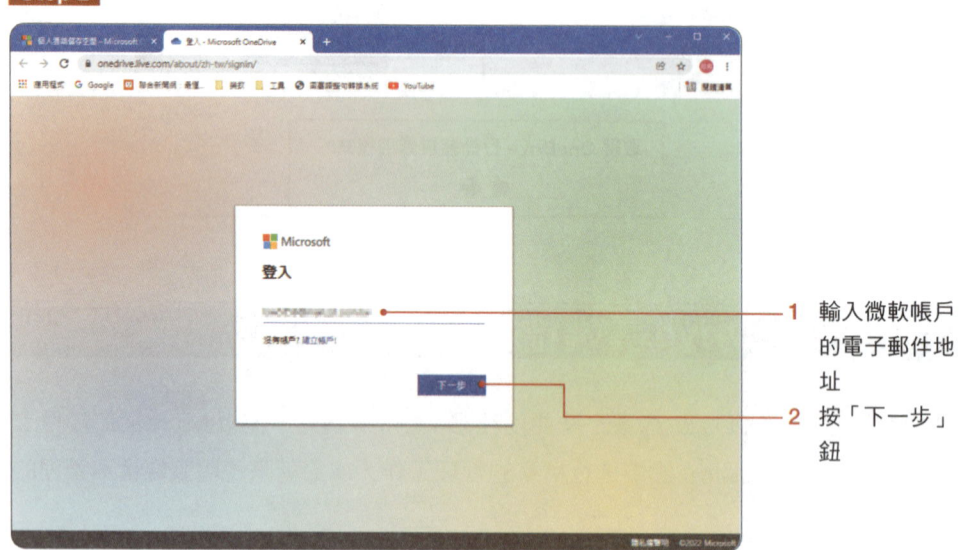

在網頁按下「登入」鈕

Step 2

1. 輸入微軟帳戶的電子郵件地址
2. 按「下一步」鈕

資源共享的雲端服務 **13**

Step 3

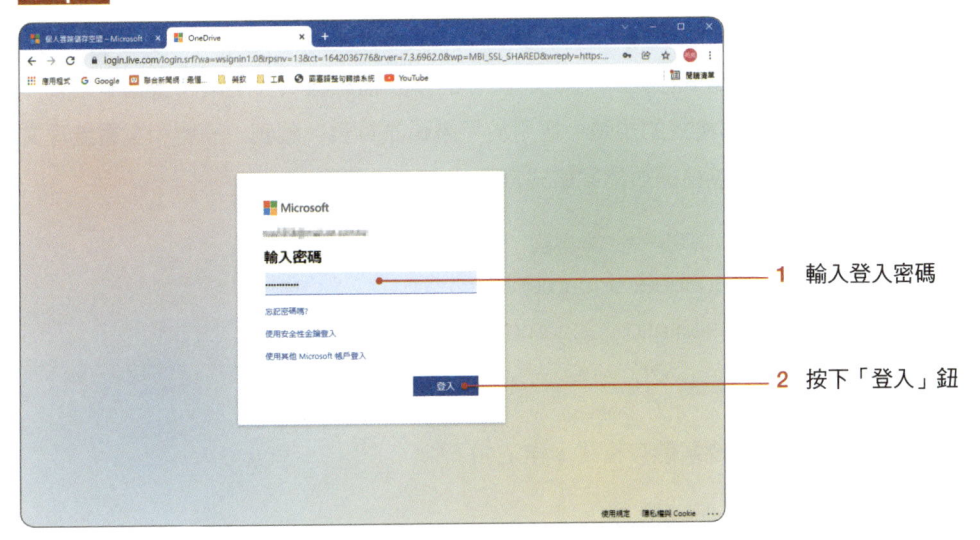

1 輸入登入密碼
2 按下「登入」鈕

Step 4

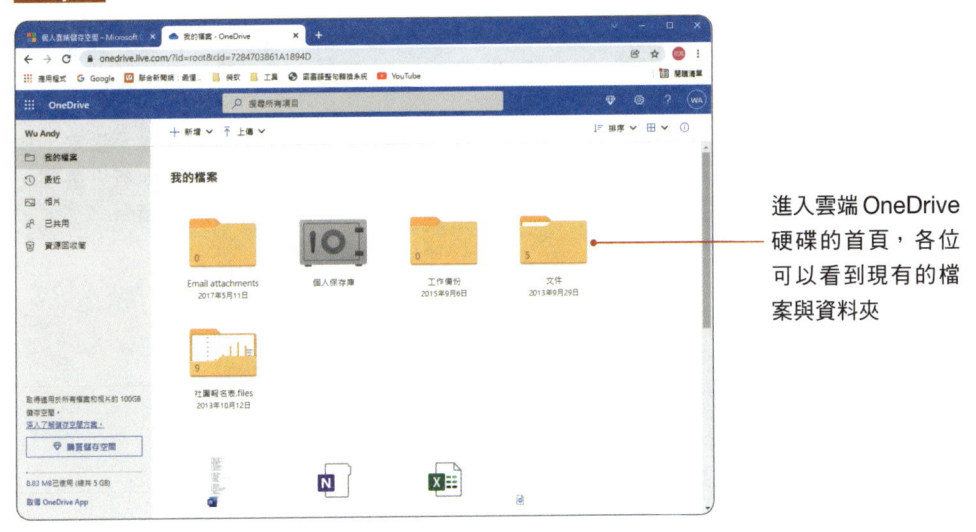

進入雲端 OneDrive 硬碟的首頁，各位可以看到現有的檔案與資料夾

13-2-2 為 Office 文件選擇預設檔案格式

在 OneDrive 新增的 Office 文件其預設是微軟 Office 的檔案格式，例如：Excel 試算表的格式為 .xlsx、Word 文件的格式為 .docx、PowerPoint 簡報檔格式為 .pptx，

13-7

如果您希望在 OneDrive 建立的 Office 文件可以支援「開放檔案」(OpenDocument) 格式，以利其他支援開放檔案格式（OpenDocument Format, ODF）的軟體可以開啟，也可以將此檔案格式設定為 Office 文件的預設檔案格式。所謂開放檔案格式，它是一種 XML 的檔案格式的規範，適用於可編輯試算表、圖表、簡報和文書處理文檔的開放性檔案，這幾種開放檔案格式常見的檔名如下：

- 文字檔案 (Text documents － .odt)
- 試算表檔案 (Spreadsheet documents － .ods)
- 簡報製作檔案 (Presentation documents － .odp)
- 繪圖檔案 (Graphics documents － .odg)

要改變 Office 預設的檔案儲存格式，作法如下：

Step 1

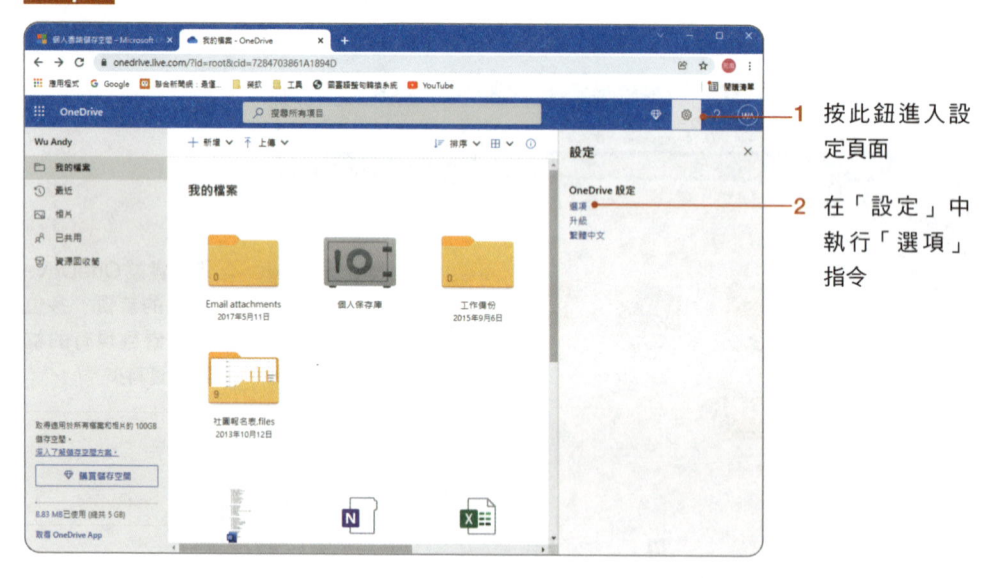

1 按此鈕進入設定頁面

2 在「設定」中執行「選項」指令

Step 2

1. 選擇「Office 檔案格式」
2. 點選「OpenDocument 格式」
3. 按下「儲存」鈕

如此一來，下次建立 Office 文件時，其預設的檔案格式就會變更成 OpenDocument 的格式。

13-2-3 邀請朋友

在 OneDrive 也可以寄送電子郵件邀請朋友一起編輯指定的檔案，至於如何邀請朋友，其作法如下：

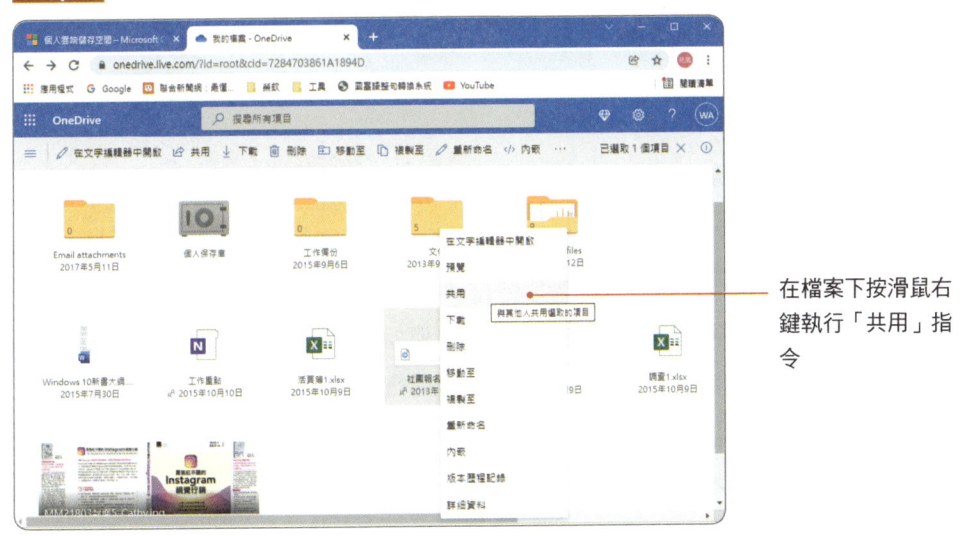

Step 1

在檔案下按滑鼠右鍵執行「共用」指令

Step 2

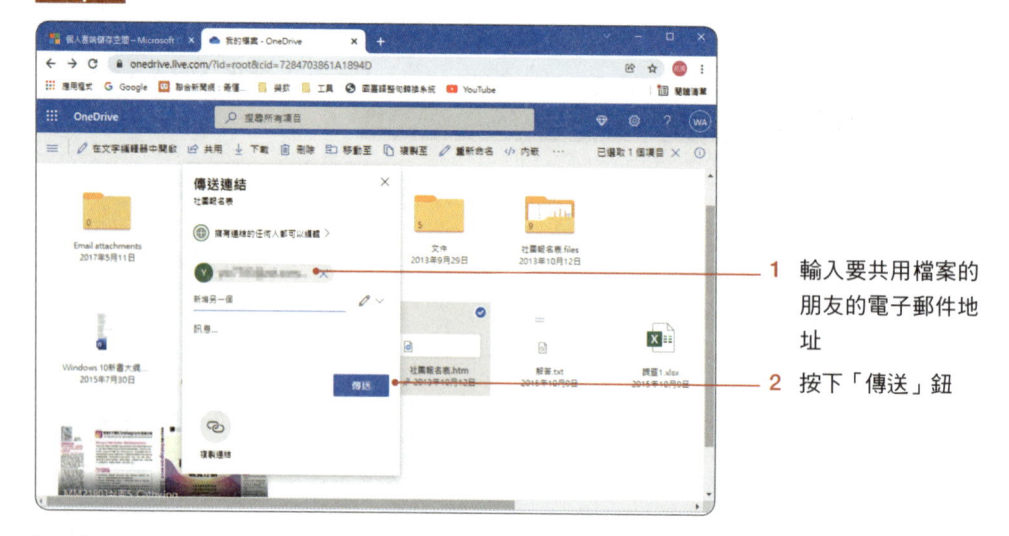

1 輸入要共用檔案的朋友的電子郵件地址

2 按下「傳送」鈕

Step 3

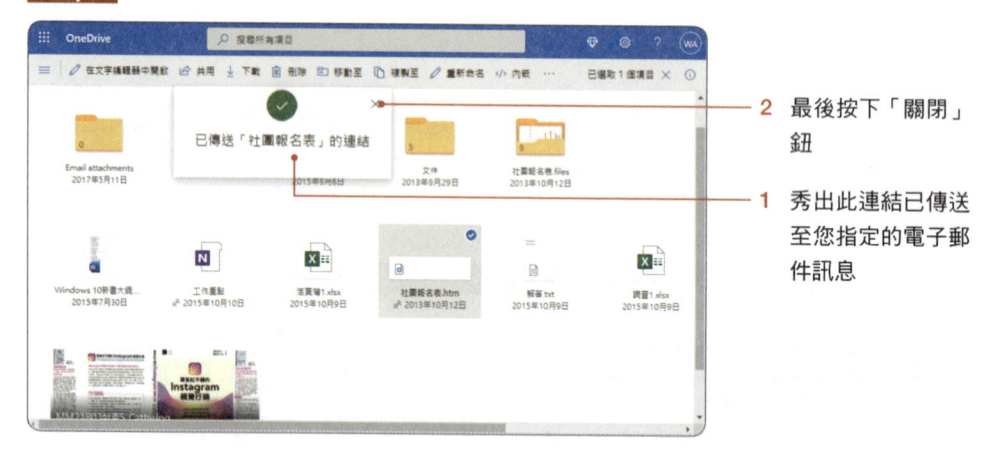

2 最後按下「關閉」鈕

1 秀出此連結已傳送至您指定的電子郵件訊息

13-2-4 取得連結以共享檔案

上一小節的作法可以將檔案與指定朋友共用，但如果期望可以分享給其他人，可先行取得連結，再將所該檔案所取得的連結，透過電子郵件或社群軟體與他人共用檔案，不過在取得連結的過程中，必須設定存取者的權限，例如設定「編輯」權限，則任何知道此連結的人員都可以編輯您分享的檔案。

資源共享的雲端服務 **13**

Step 1

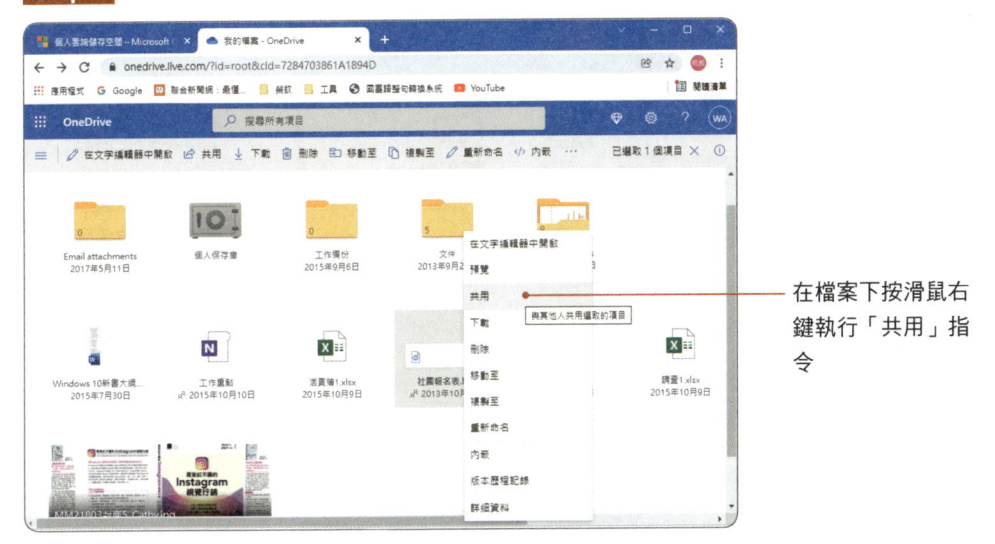

在檔案下按滑鼠右鍵執行「共用」指令

Step 2

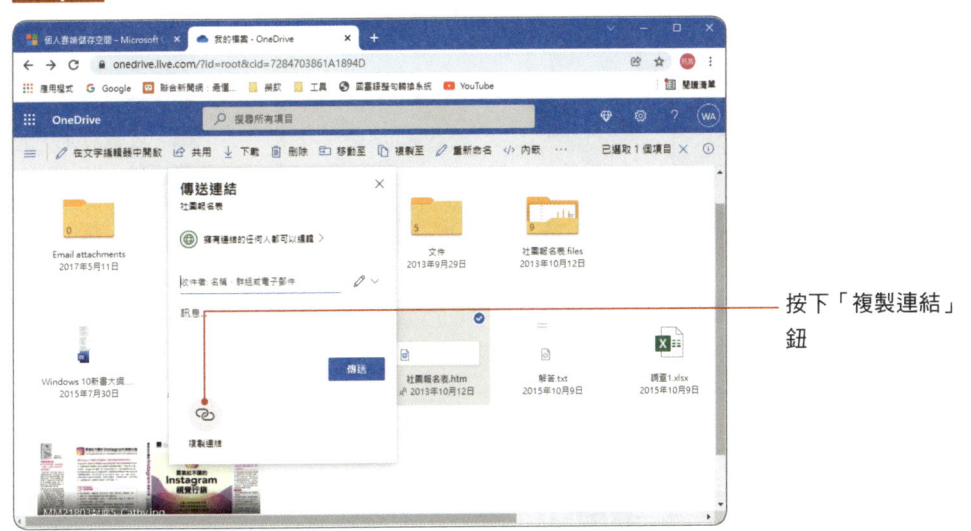

按下「複製連結」鈕

13-11

Step 3

1 按「複製」鈕就可以複製此連結

2 按此可以進一步設定編輯的權限

Step 4

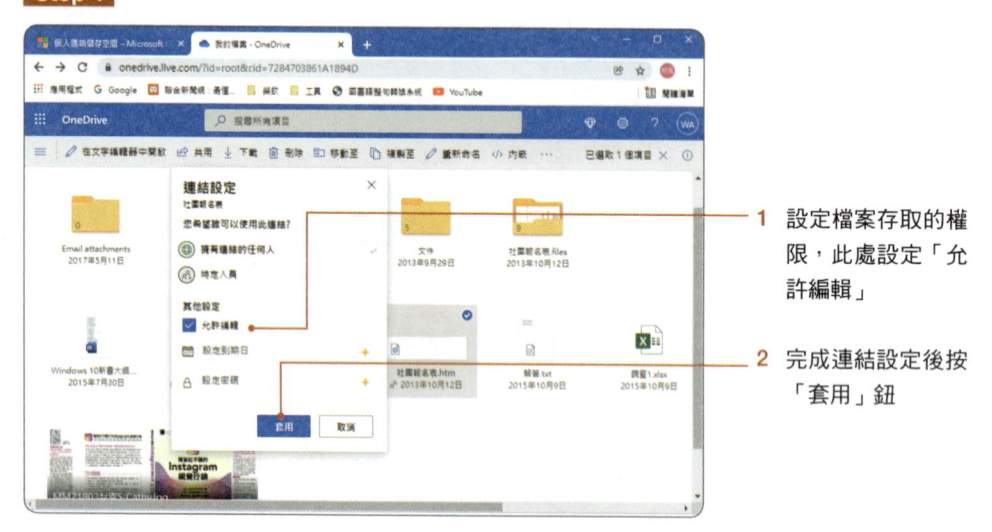

1 設定檔案存取的權限，此處設定「允許編輯」

2 完成連結設定後按「套用」鈕

13-3 重要雲端線上功能

我們可以在雲端線上新增資料夾及各種文件類型：包括純文字檔案、Office 文件檔案、資料夾等，另外，OneDrive 雲端硬碟也能讓使用者進行 Forms 問卷的設計與回答，並透過共用分享的功能，達到線上問卷調查的工作。

資源共享的雲端服務 **13**

我們可以新增資料夾及純文字檔案，除此之外，也可以新增 Word 文件、Excel 活頁簿、PowerPoint 簡報、OneNote 筆記本及 Forms 問卷

13-3-1 新增純文字文件

要新增純文字文件，請下拉「新增」功能表，就可以依下列步驟在 OneDrive 雲端硬碟上建立一份純文字文件，作法如下：

Step 1

在「新增」功能表下按一下「純文字文件」

13-13

Step 2

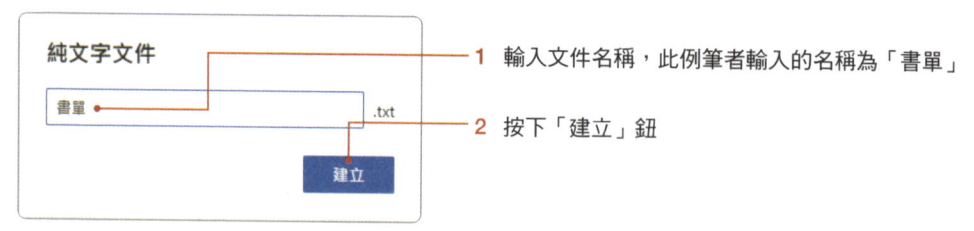

1 輸入文件名稱，此例筆者輸入的名稱為「書單」

2 按下「建立」鈕

Step 3

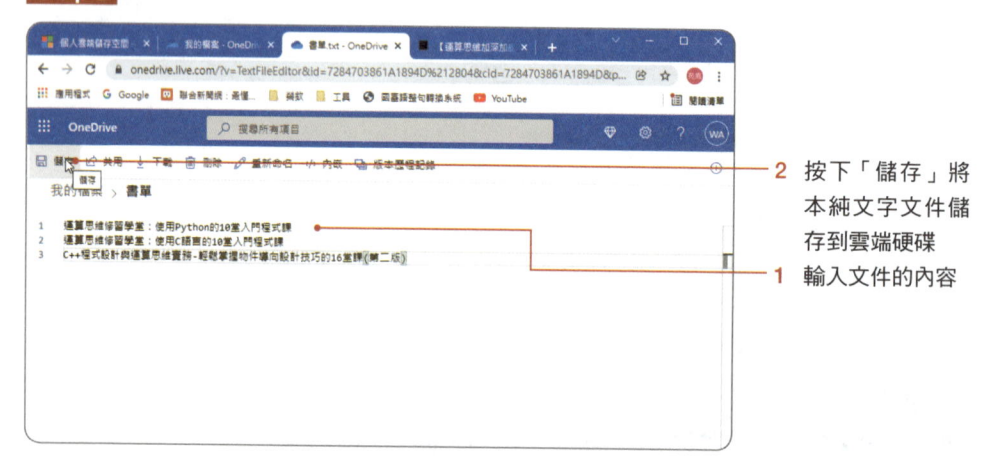

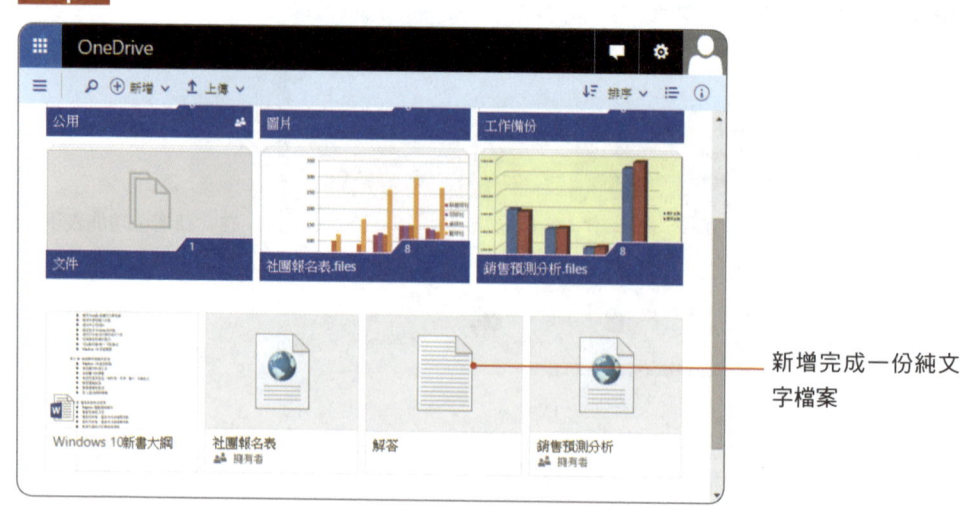

2 按下「儲存」將本純文字文件儲存到雲端硬碟

1 輸入文件的內容

Step 4

新增完成一份純文字檔案

13-3-2 新增 Office 文件

Office 文件主要包括：Word 文件、Excel 活頁簿、PowerPoint 簡報三種，本小節將示範如何新增這三種文件。

■ 新增 Word 文件

本小節將示範如何利用線上的範本來新增 Word 文件，其作法如下：

Step 1

在「新增」功能表下按一下「Word 文件」

Step 2

按一下「檔案」功能表

Step 3

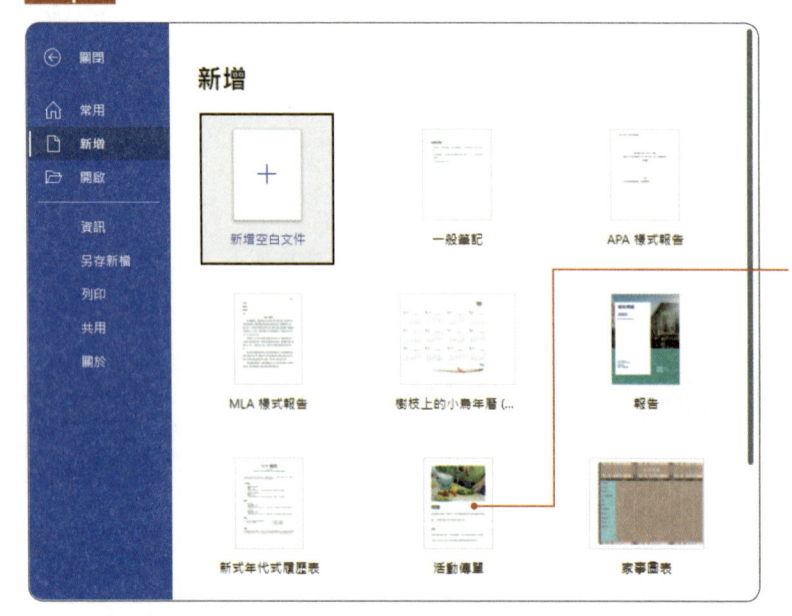

在「新增」的頁面中挑選要使用的範本，例如本例的「活動傳單」

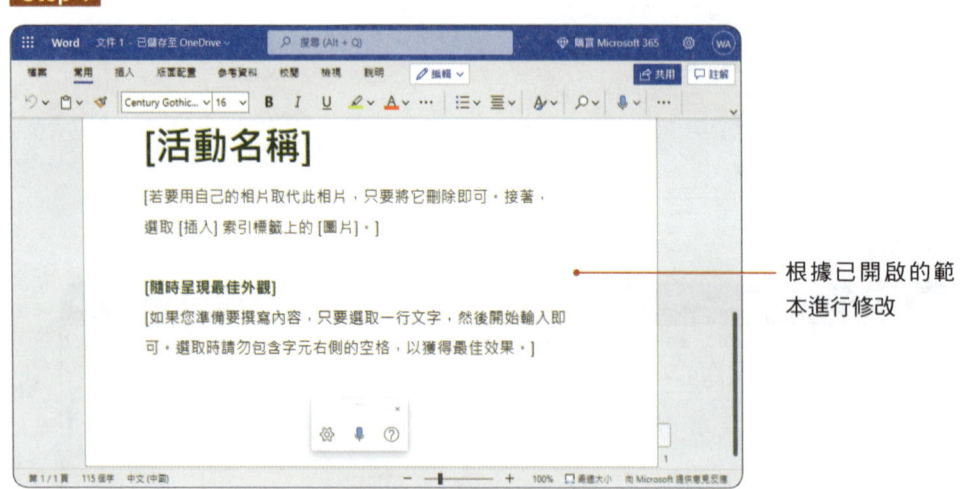

Step 4

根據已開啟的範本進行修改

資源共享的雲端服務 **13**

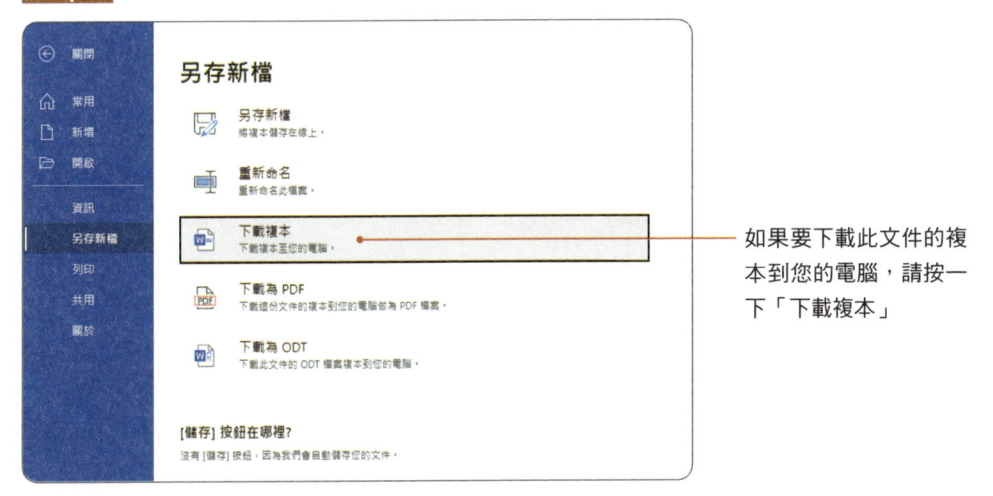

Step 5

如果要下載此文件的複本到您的電腦，請按一下「下載複本」

Step 6

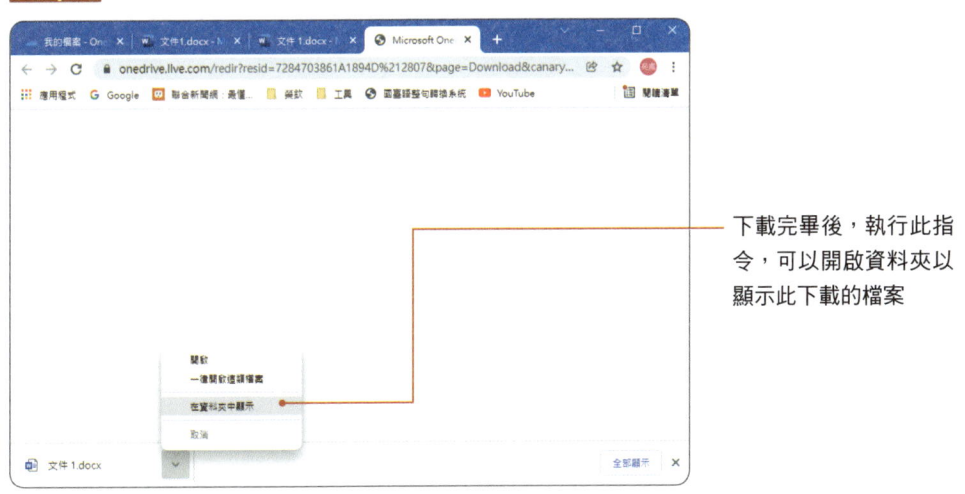

按此處以下載文件

Step 7

下載完畢後，執行此指令，可以開啟資料夾以顯示此下載的檔案

13-17

Step 8

在本機端電腦看到所下載的文件

■ 新增 Excel 活頁簿

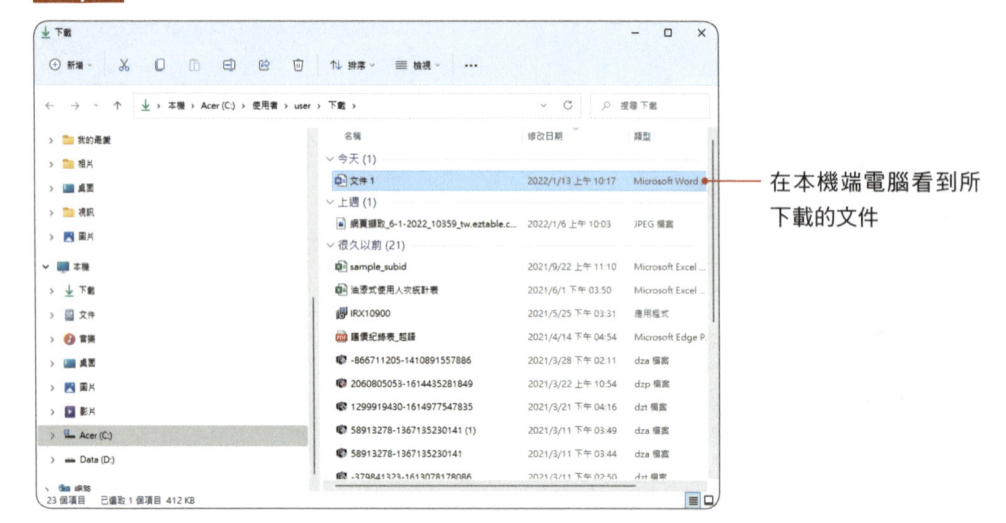

要新增 Excel 活頁簿也可以利用現成的範本，省去輸入及設計版面的時間，所設計出來的活頁簿，也能展現其專業性。本小節將示範如何新增一份課程表範本，作法如下：

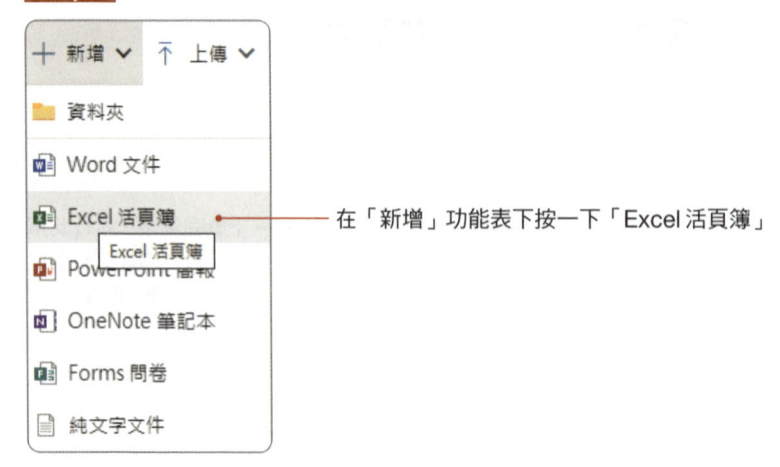

Step 1

在「新增」功能表下按一下「Excel 活頁簿」

資源共享的雲端服務 13

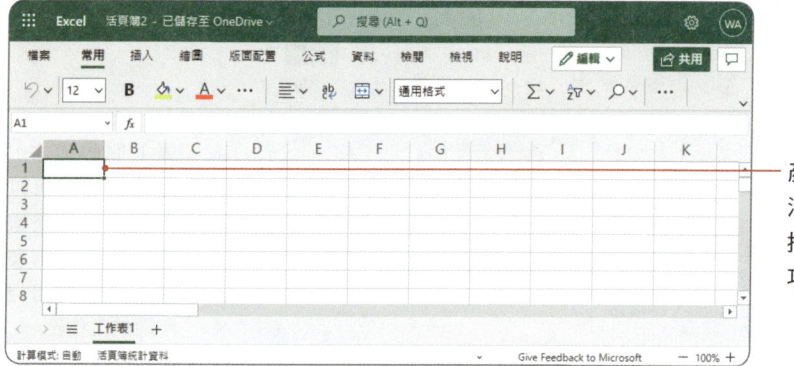

Step 2

產生一份空白的活頁簿、接著請按一下「檔案」功能表

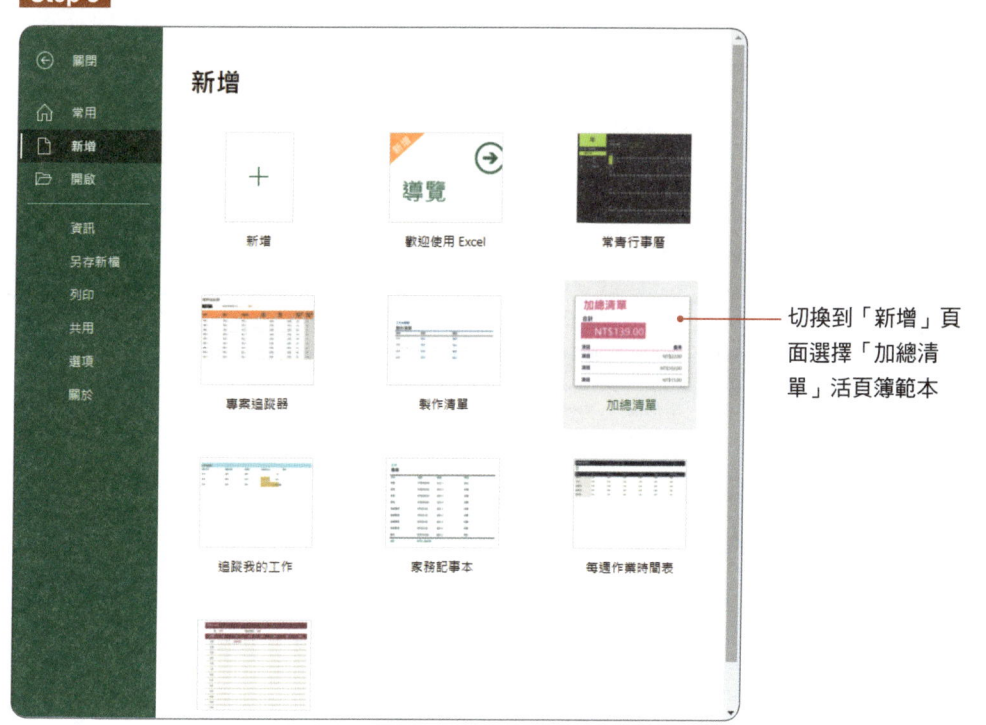

Step 3

切換到「新增」頁面選擇「加總清單」活頁簿範本

13-19

Step 4

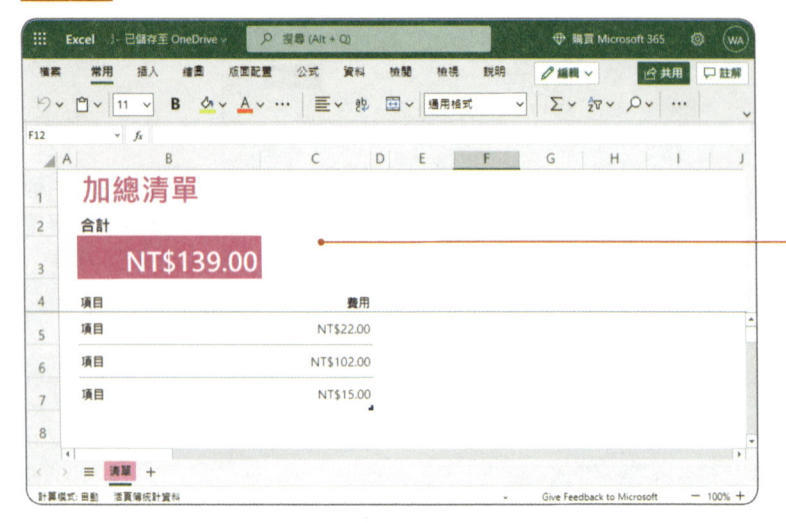

馬上開啟範本，每位操作者可以自己本身的需求進行內容的調整就可以完成自己所需的工作表

■ 版本歷程記錄

在 OneDrive 編輯 Office 文件還有一個好處，它會保留不同階段的文件記錄，如果要查看文件的版本歷程記錄，請參閱底下的作法：

Step 1

在要查看歷程記錄的檔案按一下滑鼠右鍵，執行快顯功能表的「版本歷程記錄」指令

13-20

資源共享的雲端服務　**13**

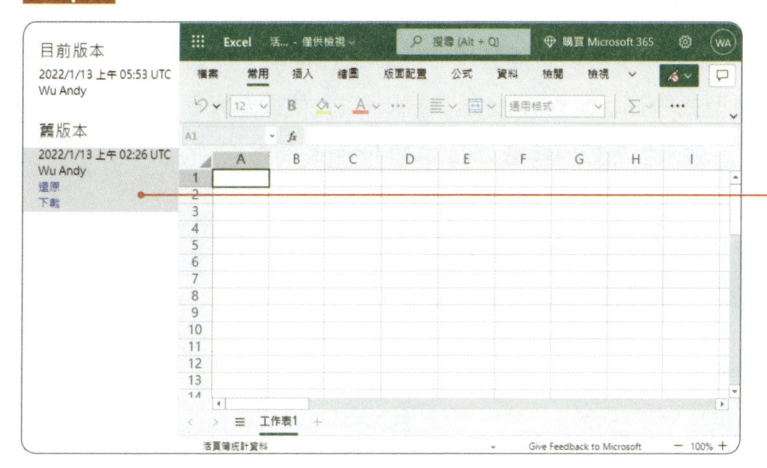

Step 2

除了看到目前版本外，也可以看到舊版本的記錄，並可以還原成某一指定版本或進行舊版本的下載

■ 新增 PowerPoint 簡報

要新增 PowerPoint 簡報作法類似，請先行切換到「新增」頁面，也可以看到許多非常精美的現成簡報範本，如下圖所示：

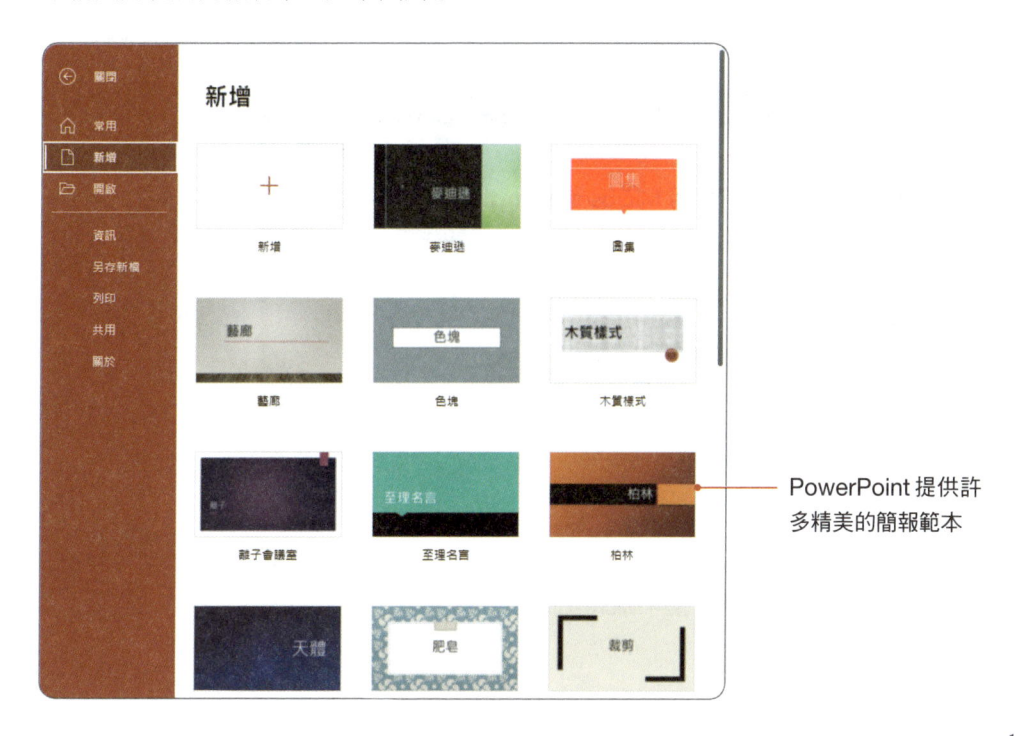

PowerPoint 提供許多精美的簡報範本

13-21

13-3-3 新增 Forms 問卷

OneDrive 的 Office 線上版除了可以新建各種 Office 文件檔案外,它也可以讓各位使用者快速自訂各種型式的 Microsoft Forms 問卷,以方便調查大家針對活動或問題的想法或喜好。底下就來示範如何新增 Microsoft Forms 問卷:

Step 1

在「新增」功能表下按一下「Forms 問卷」

會出現這個視窗告知將終止以前 Excel 問卷的支援,改用 Microsoft Forms,請按一下「Forms」

資源共享的雲端服務　**13**

Step 2

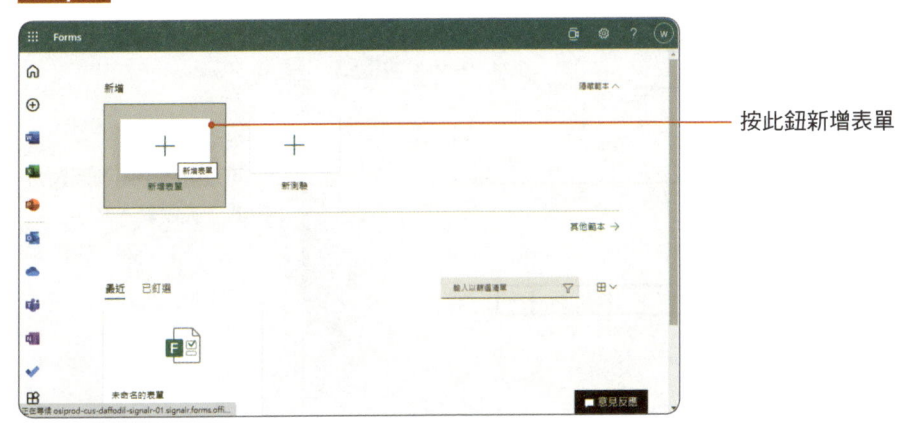

按此鈕新增表單

Step 3

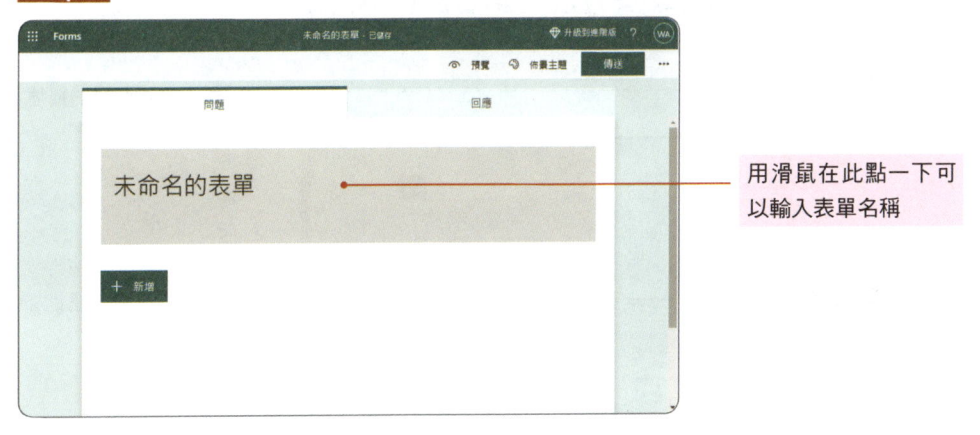

用滑鼠在此點一下可以輸入表單名稱

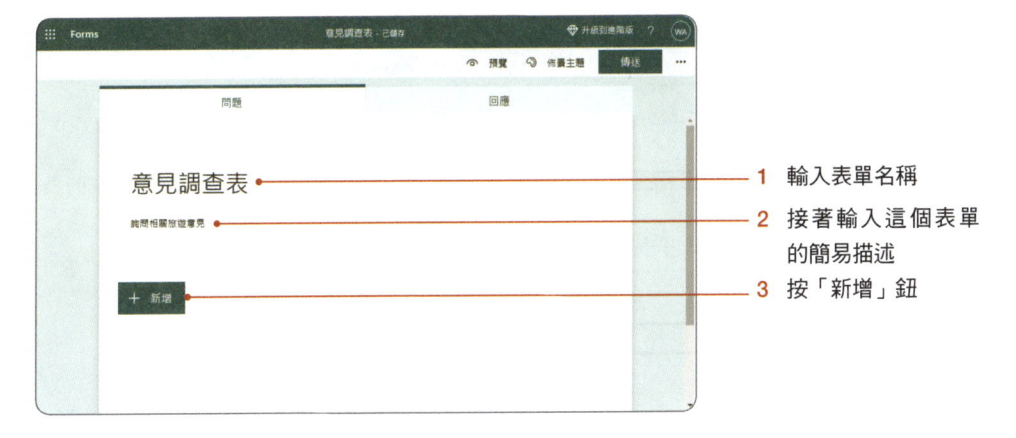

1　輸入表單名稱
2　接著輸入這個表單的簡易描述
3　按「新增」鈕

13-23

Step 4

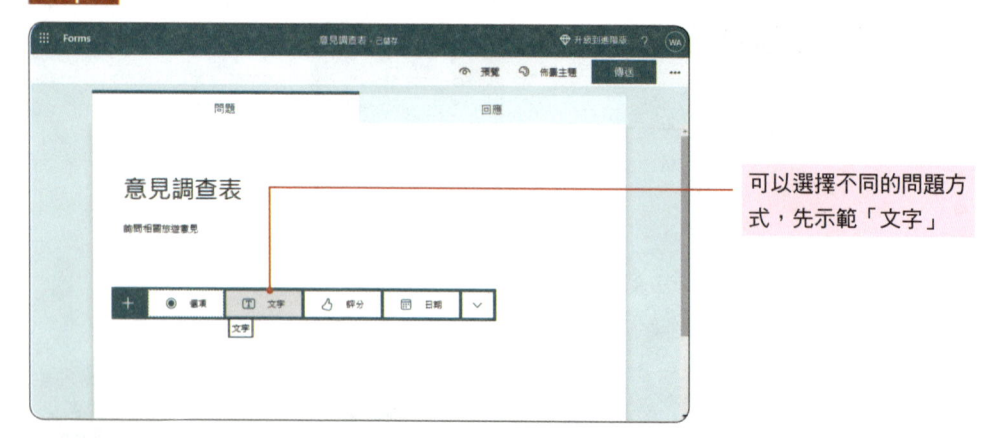

可以選擇不同的問題方式，先示範「文字」

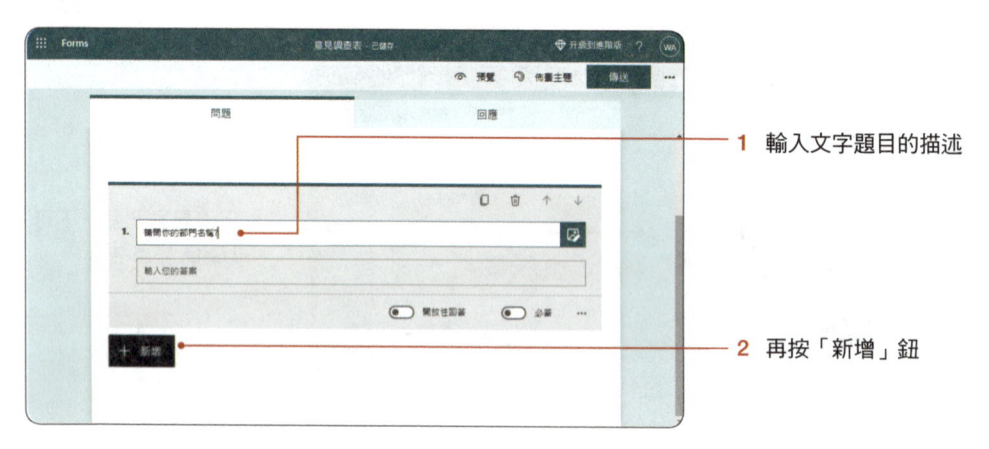

---

1 輸入文字題目的描述

2 再按「新增」鈕

Step 5

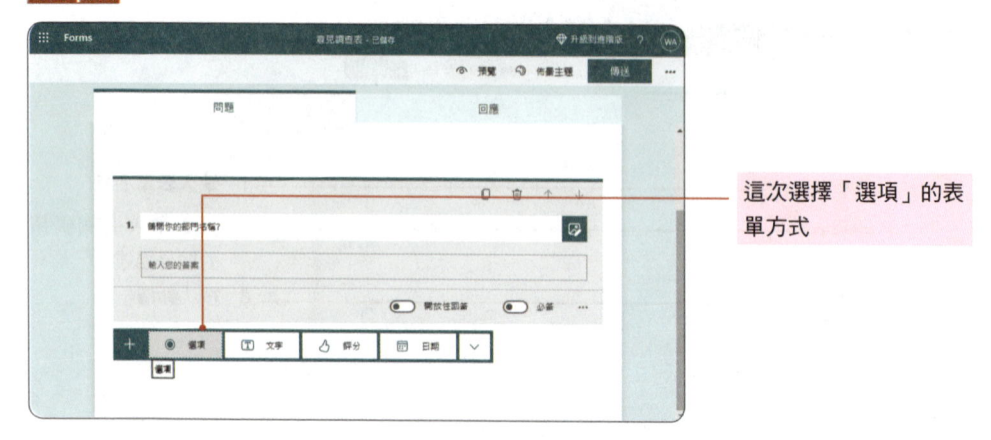

這次選擇「選項」的表單方式

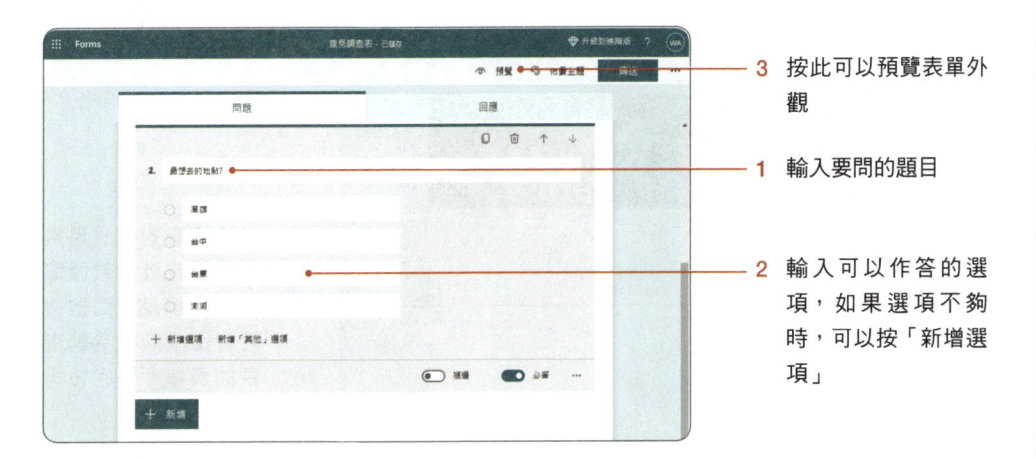

資源共享的雲端服務 **13**

3 按此可以預覽表單外觀

1 輸入要問的題目

2 輸入可以作答的選項，如果選項不夠時，可以按「新增選項」

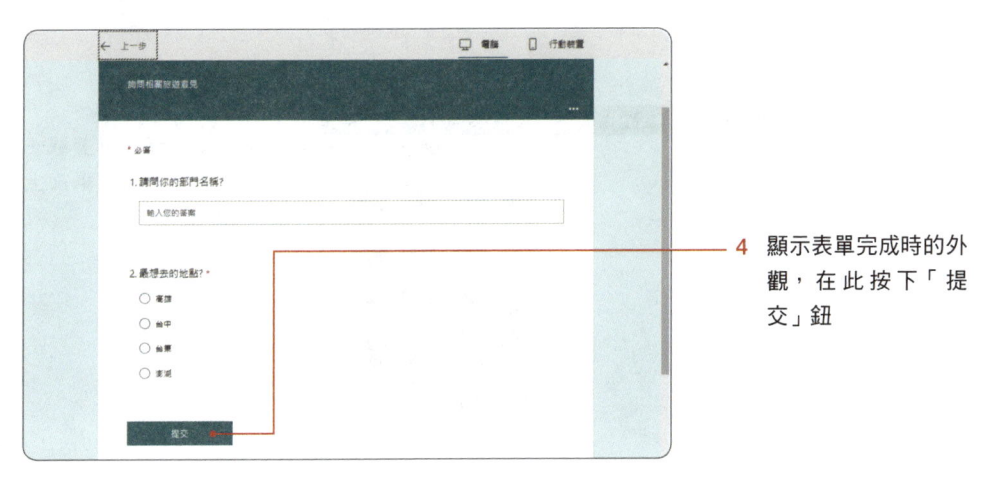

4 顯示表單完成時的外觀，在此按下「提交」鈕

Step 6

接著就可以按「複製」鈕來複製表單的連結

如果想縮短網址請勾選「縮短的 URL」核取方塊

13-25

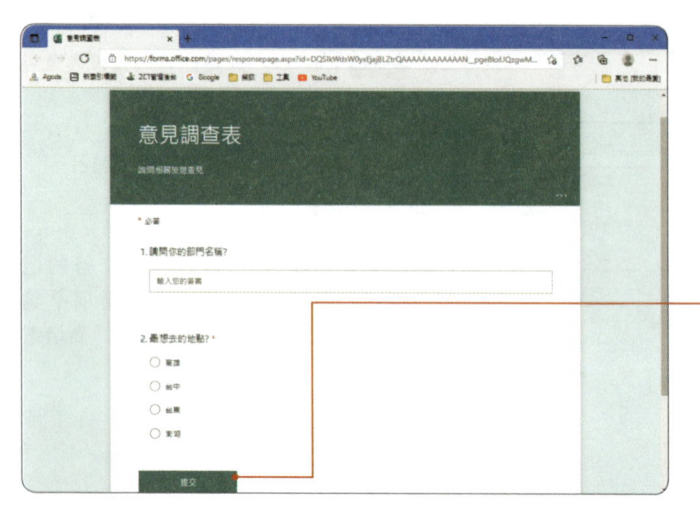

當被調查對象透過電子郵件或社群軟體取得表單連結,開啟後就會出現該意見調查表的表單,答完後再按「提交」鈕

Step 7

如果希望表單美觀一點,可以為表單加上佈景主題

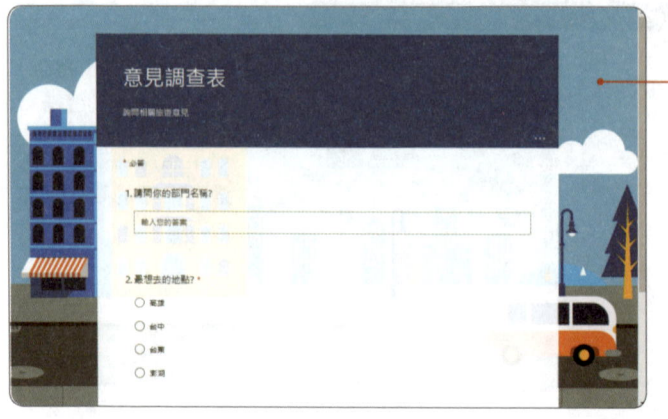

加上佈景主題的表單看起來就比較美觀了

13-26

13-3-4 新增 OneNote 筆記本

我們可以使用 OneNote 筆記本記錄待辦事項、創意或任何的想法,並將它集中儲存在雲端硬碟,再透過 OneNote 筆記本軟體,無論人在哪裏,只要手邊有電腦、平板電腦和手機,都可以快速搜尋到所建立的筆記。微軟為了推廣 OneNote 筆記本,目前可免費取得 OneNote,要取得 OneNote 軟體只要移至 OneNote 首頁 (http://onenote.com) 並點選連結,就可以將下載至電腦或行動裝置。

除了直接在電腦系統安裝 OneNote 筆記本軟體外,微軟還推出 Microsoft OneNote Online,線上版的 OneNote 可以讓您在網站上存放筆記本,將所建立的筆記本資料隨身帶著走。有了 Microsoft OneNote Online 後,即使親朋好友、同學和同事和您使用不同的 OneNote 軟體版本,也可以透過 OneNote Online 在網頁上共用您的筆記本,一起共同合作檢視或編輯所建立的筆記本檔案。

■ **新增筆記本**

新增筆記本的方式在 OneDrive 檔案的首頁執行「新增/OneNote 筆記本」指令:

Step 1

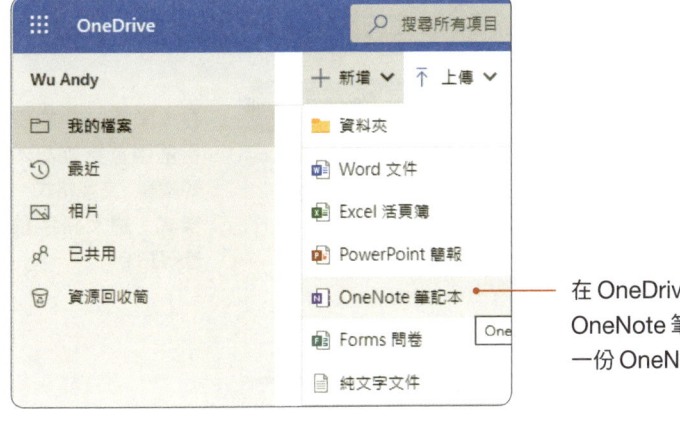

在 OneDrive 檔案的首頁執行「新增/OneNote 筆記本」指令,也可以新增一份 OneNote 筆記本文件

13-27

Step 2

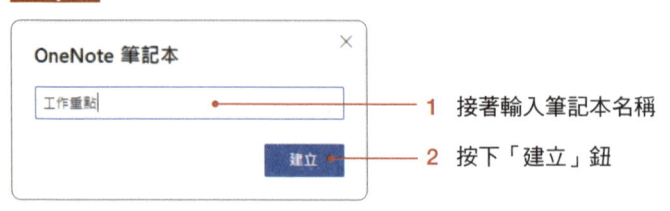

1 接著輸入筆記本名稱
2 按下「建立」鈕

建立好空白的筆記本之後，接著就可以開始進行筆記本的輸入工作：

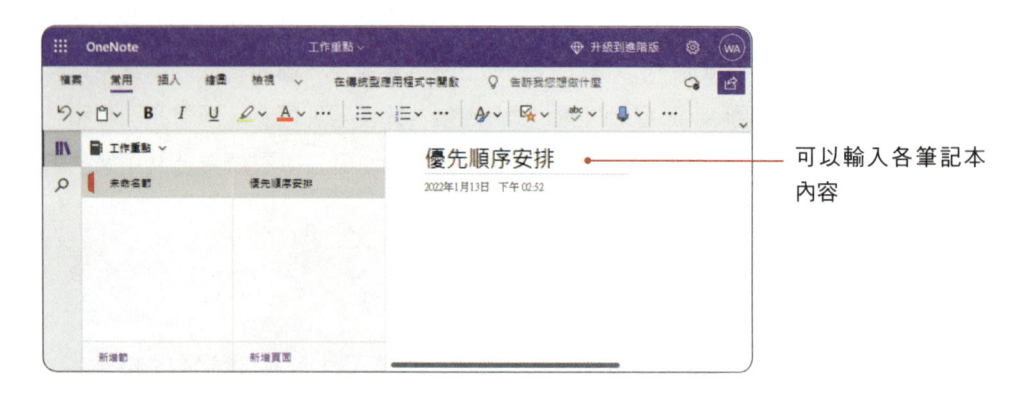

可以輸入各筆記本內容

如果要針對所輸入的筆記本內容進行格式設定，在 OneNote Online 軟體介面的「常用」功能索引區提供和筆記本編輯或格式設定的許多指令：

在「常用」功能索引區中包括筆記本的編輯、文字格式、樣式、標及拼字檢查等指令

但如果要在筆記本新增節或新增頁面，或是想在筆記本中插入各種類型的元件，則可以切換到「插入」功能索引區：

資源共享的雲端服務　13

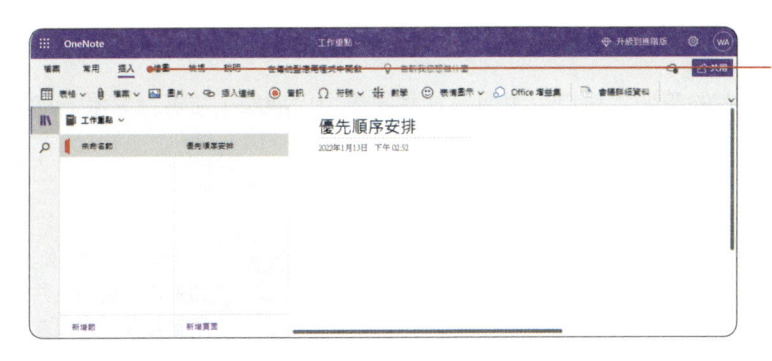

在「插入」功能索引區則可以新增節及新增頁面，同時還可以在筆記本中插入各項元件，例如：圖片、符號或超連結

當各位完成筆記本的編輯工作後，如果要查看筆記本各節及各頁面的細節，可以按下圖所示的圖鈕：

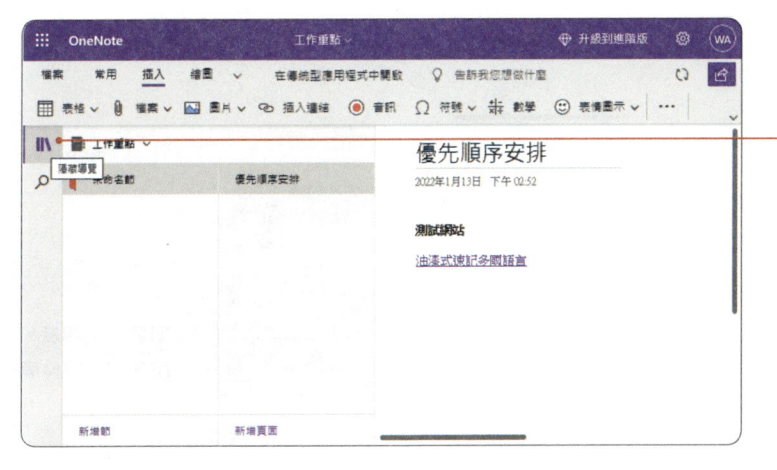

當利用「插入」功能表新增節及頁面後，按此處可以查看各節名及頁面的細節

13-29

■ 共用筆記本

本章前面已提過，建立的筆記本可以與親朋好友共同檢視與編輯，接著就來看看如何與他人共用筆記本：

Step 1

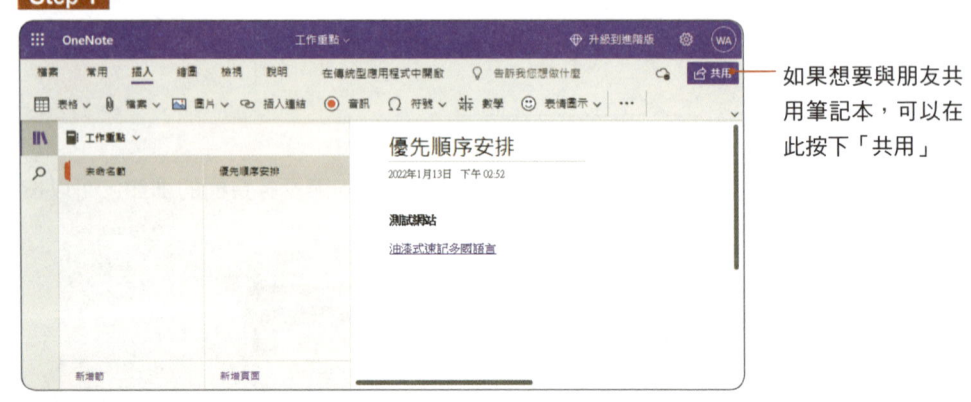

如果想要與朋友共用筆記本，可以在此按下「共用」

Step 2

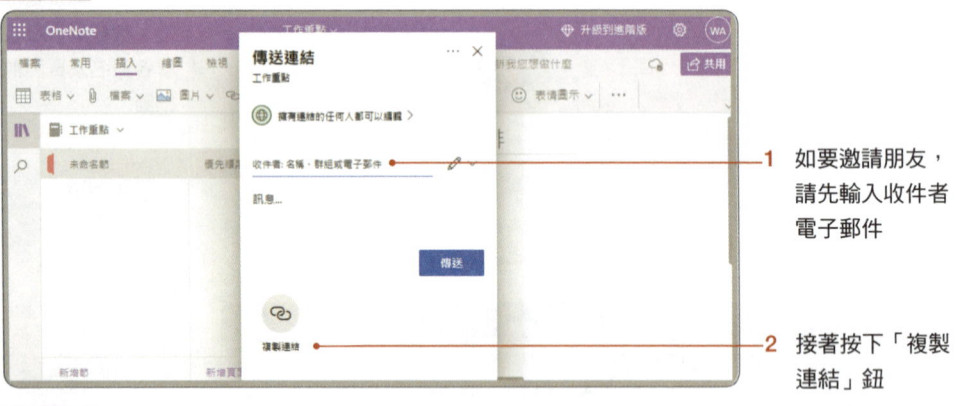

1. 如要邀請朋友，請先輸入收件者電子郵件

2. 接著按下「複製連結」鈕

Step 3

再按「複製」鈕就可以將這個筆記本的連結透過社群軟體或電子郵件傳送給要共用的對象

APPENDIX

A

實用的
Windows 11
快速鍵

微軟新一代 Windows 11 系統，換上了簡約美化的設計，針對快速鍵的部份，不僅保留 Windows 10 的配置，還帶來了四組全新的快速鍵，可以更有效率來進行操作。本附錄整理了一些實用的快速鍵，有助各位提升工作效率及靈活改善工作流程。

A-1 Windows + A 一電腦裝置設定選單

「Windows 鍵 + A」可快速輕鬆地管理日常經常需使用的電腦裝置設定選單，如：音量大小、Wi-Fi 開關、藍牙開關與輔助功能等。

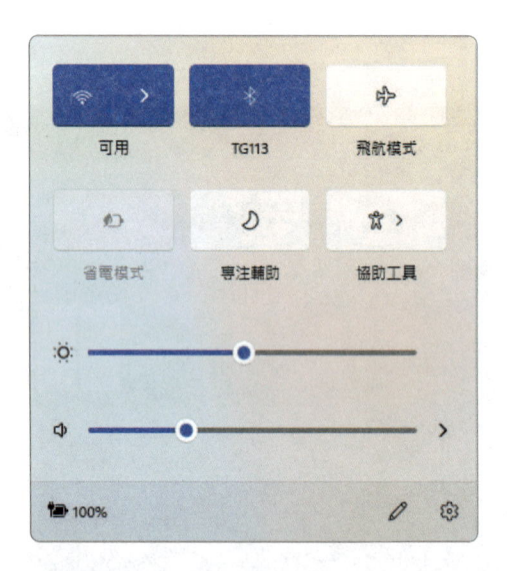

另外如果使用微軟 Edge 瀏覽器進行音樂播放、影片觀看或使用 Spotify 等應用程式時，則會出現媒體播放器的控制選項。

A-2 Windows + N 一開啟通知中心

「Windows 鍵 + N」可快速開啟操作系統通知中心,各項通知訊息會顯示於螢幕的右側邊欄,下半部則會顯示行事曆小工具。

A-3 Windows + W —開啟桌面小工具

「Windows 鍵 + W」可快速開啟桌面上的小工具，會從螢幕的左側滑出，該邊欄並套用半透明色的背景，可快速查看如天氣、微軟 OneDrive 的照片、代辦事項、股票等資訊，並可自由排列喜愛的位置。在小工具列表選單的底端有一個「新增小工具」按鈕，用戶可隨時加入喜愛的小工具。

A-4 Windows + Z —視窗版面排列預覽縮圖

針對 Windows 11 支援的多工操作與視窗排列，使用這組「Windows 鍵 + Z」快速鍵後，會於螢幕右上角的區域會用彈出式視窗，顯示六組不同「視窗版面排列」的

實用的 Windows 11 快速鍵　**A**

預覽縮圖選項，用滑鼠點擊選取後，即可查看套用後的版型。Windows 11 系統加入視窗排列版面的選擇，讓用戶更輕鬆地選擇應用程式及視窗的佈局位置。

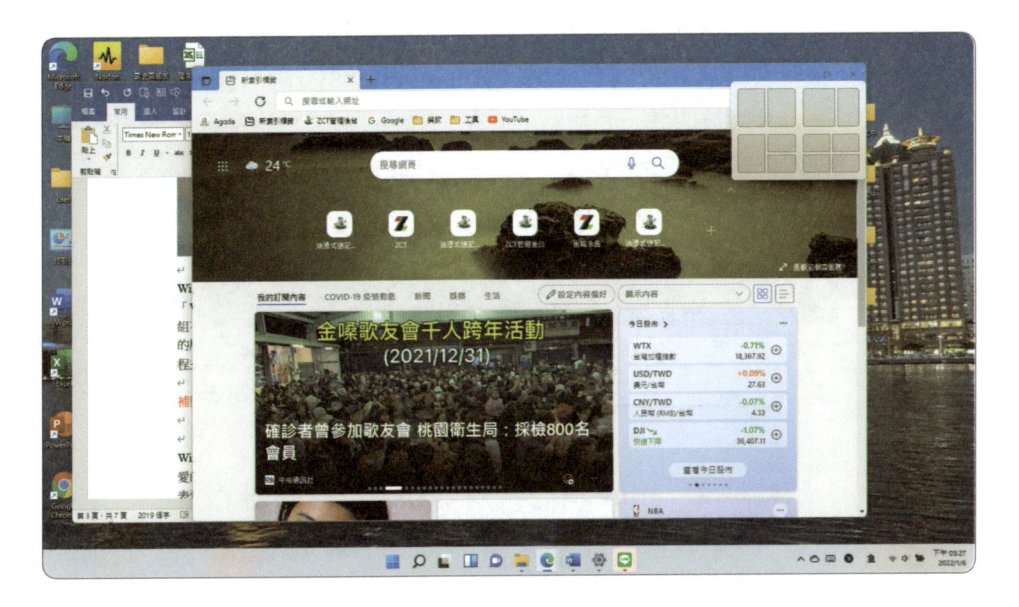

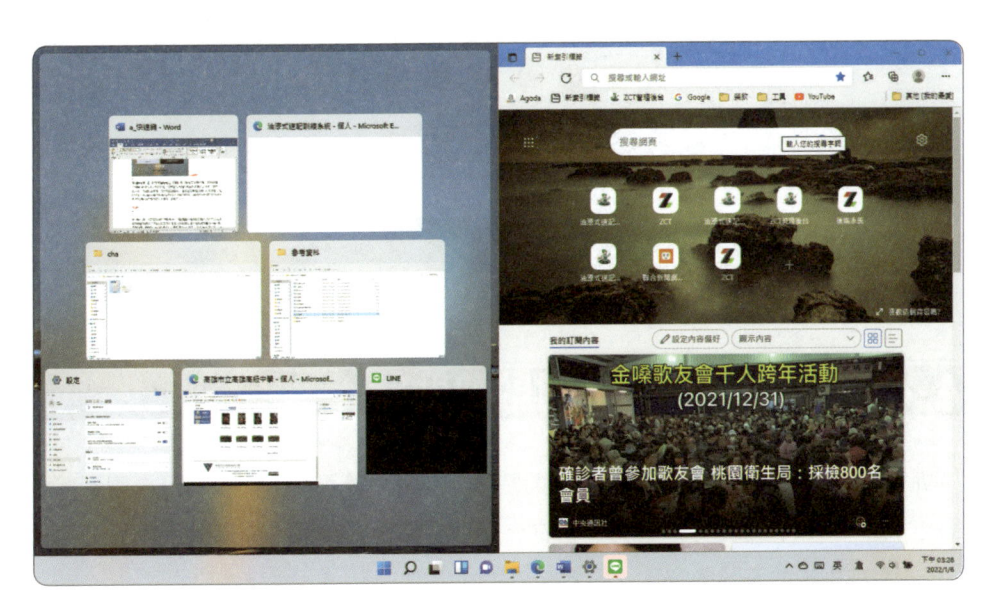

A-5　Windows＋.—開啟表情貼圖符號鍵盤

你喜歡在輸入文字或傳文字訊息時加些可愛的表情符號嗎？或是直接在文件中加入有趣的貼圖，這些就被稱為 Emoji 的表情符號，經常被使用在網頁或聊天中。在台灣 LINE 軟體中，Emoji 又被叫做「表情貼」。在 Windows 11 的文字編輯模式下，例如在使用 Notepad 或 Word 之類的文書處理軟體編輯文件時，「Windows 鍵＋.」快速鍵可以開啟 Emoji 表情貼圖符號鍵盤。

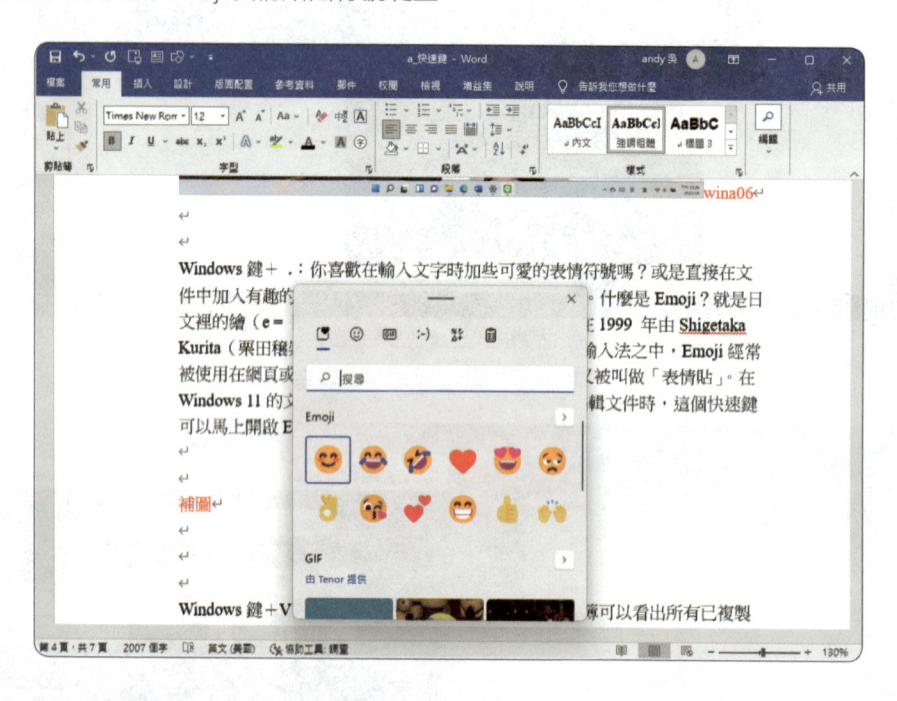

A-6　Windows＋V—開啟剪貼簿

「Windows 鍵＋V」快速鍵可以開啟剪貼簿，在剪貼簿可以看出所有已複製到剪貼簿的內容，如果一來就可以在另一份文件貼上剪貼簿內容時，而不會受限只能貼上最後複製或剪下的資料內容。

實用的 Windows 11 快速鍵　A

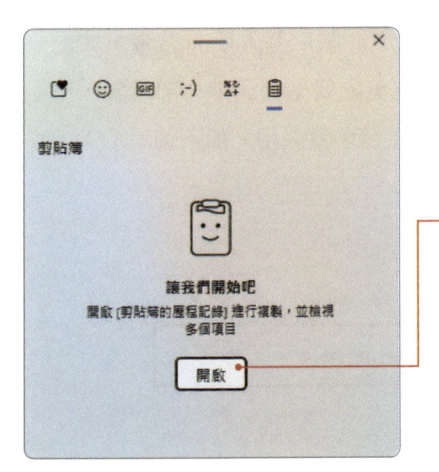

第一次開啟剪貼簿會出現此圖，只要按下「開啟」鈕就可以開啟剪貼簿。

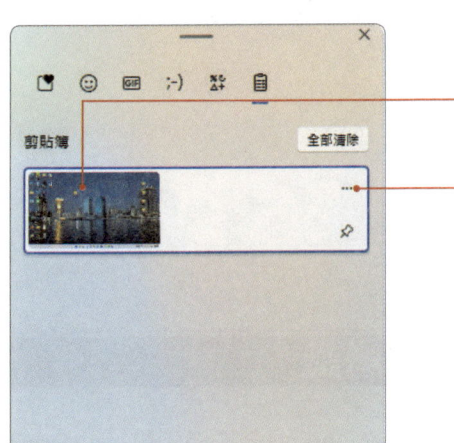

在剪貼簿的歷程記錄可以協助各位檢視各種項目，並進行複製的工作。

按此鈕可以開啟功能選單

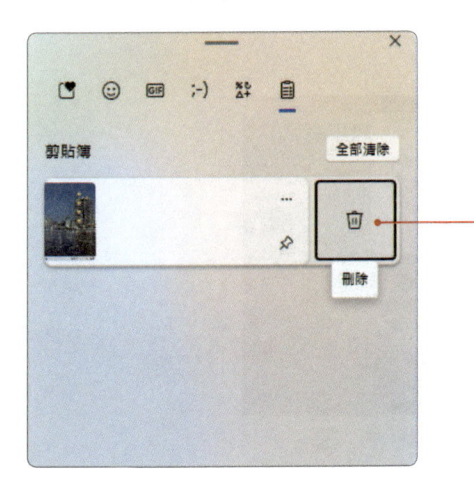

按此鈕可以刪除這個項目

A-7

如果希望啟用雲端剪貼簿，必須使用相同的 Microsoft 帳戶登入所有裝置，如此一來，當您在一部電腦複製文字後，還可以透過雲端剪貼簿貼到另外一部電腦，不過要啟用雲端剪貼簿，必須先在「系統 / 剪貼簿」開啟跨裝置共用。如下圖所示：

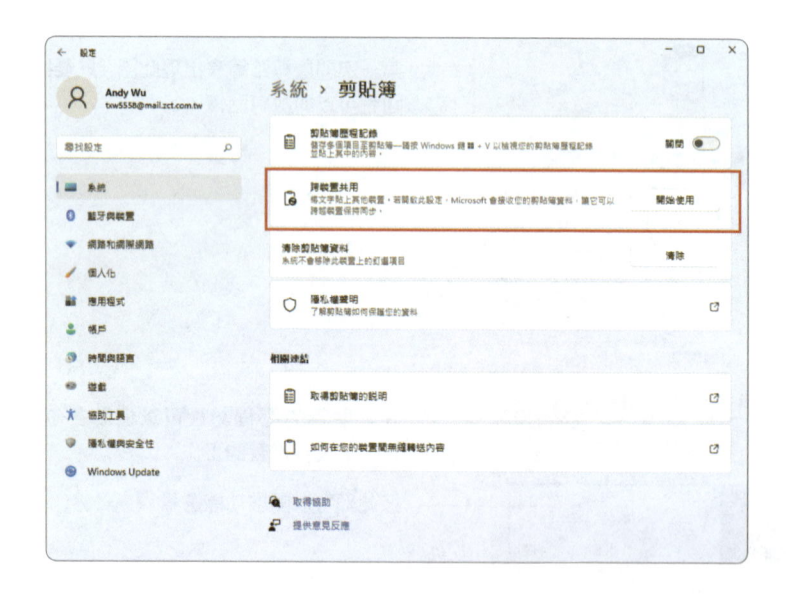

A-7 Windows + H—啟動語音辨識

「Windows 鍵 + H」快速鍵可以啟動語音辨識，可以協助使用者透過說話的方式再加上語音辨識的技術，快速輸入中文及標點符號。

A-8 Windows + E—開啟檔案總管

「Windows + E」快速鍵組合可以開啟檔案總管 (我的電腦)，目前 Windows 11 的檔案總管預設顯示「快速存取」的資料夾內容，如下圖所示：

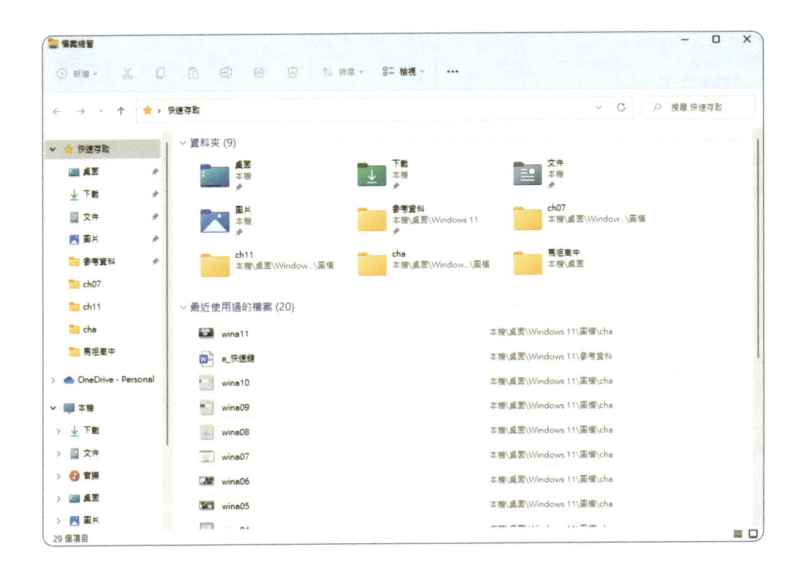

其實也可以依照以下方式把預設顯示改成「我的電腦」，實際作法如下：

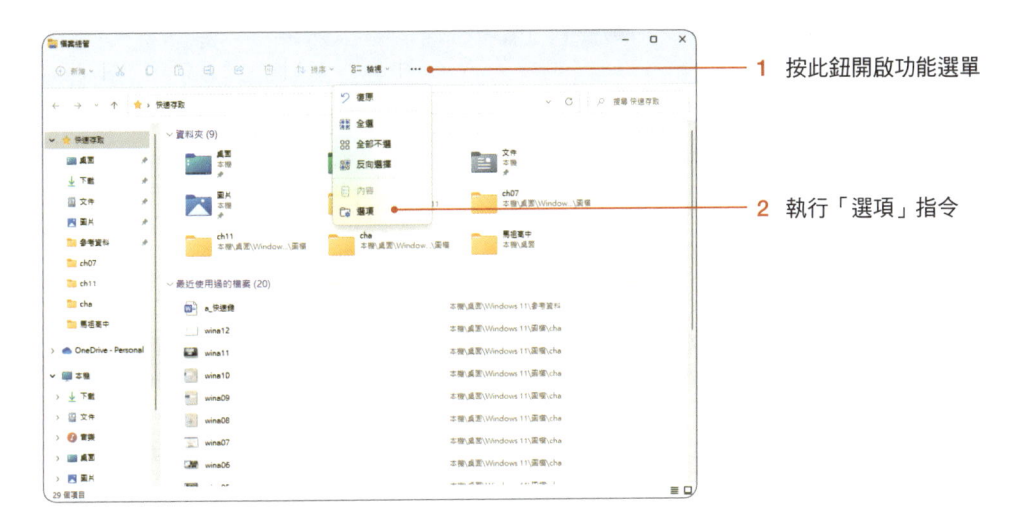

1 按此鈕開啟功能選單

2 執行「選項」指令

3 在此更改成「本機」

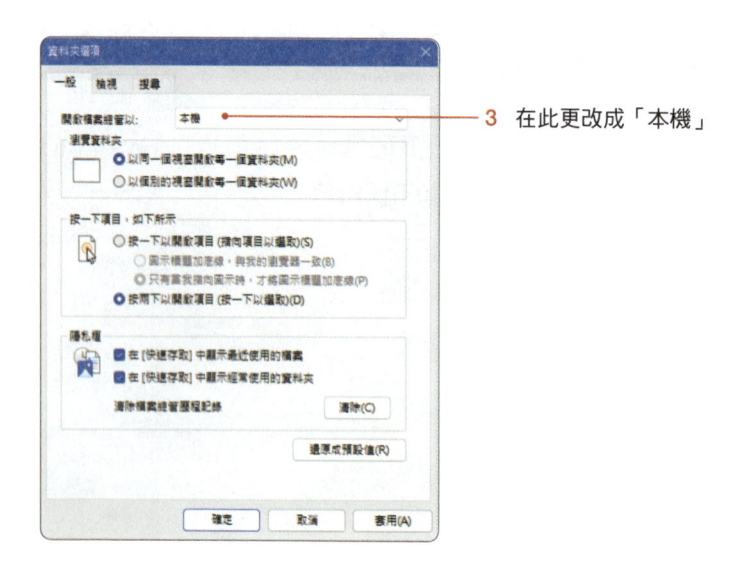

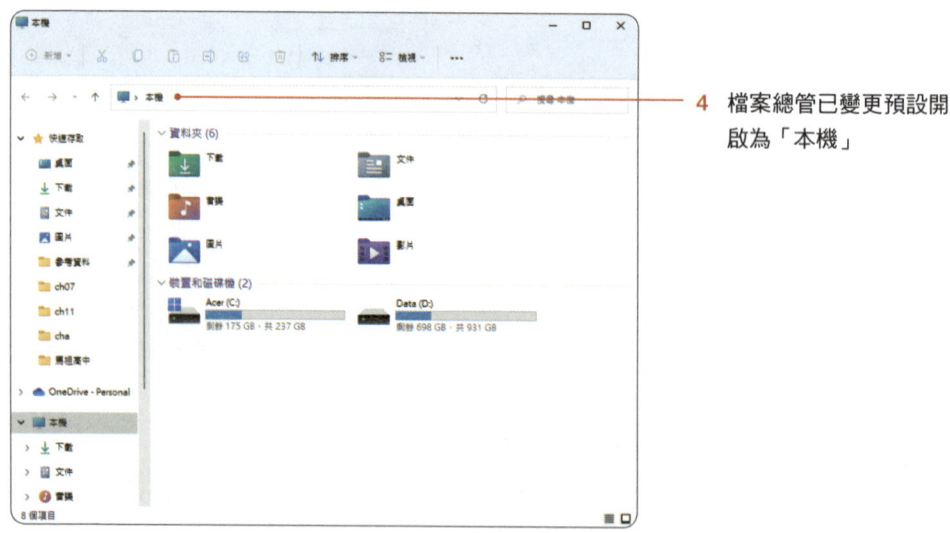

4 檔案總管已變更預設開啟為「本機」

A-9 Windows + R—開啟執行視窗

快速鍵「Windows + R」可以開啟執行視窗，幫助你快速執行一些「指令」或是「程式」，例如在下圖的「執行」視窗輸入查看 Windows 版本的 winver 指令後，就可以查看各位電腦所使用的 Windows 版本。

實用的 Windows 11 快速鍵　**A**

1　按快速鍵「Windows + R」開啟執行視窗

2　輸入 winver 指令

會叫出「關於 Windows」視窗查看 Windows 版本

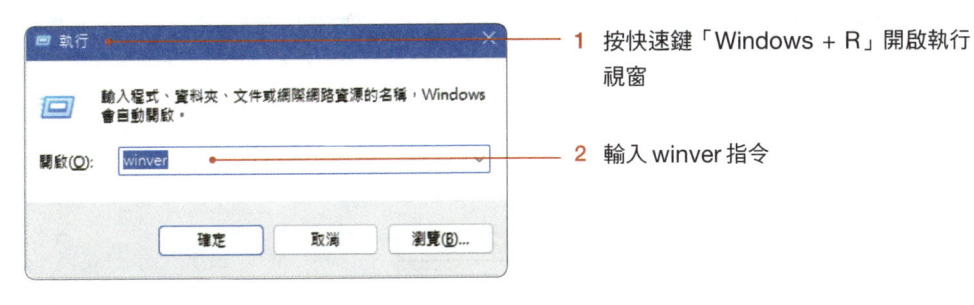

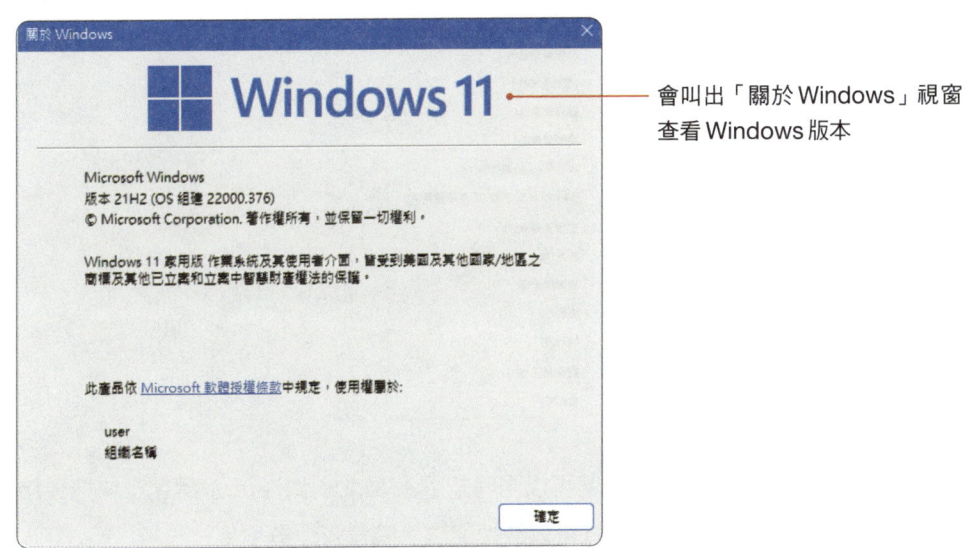

或是如果你想查看 Windows 本機電腦的信賴模組管理的「tpm.msc」指令，都可以透過執行視窗開啟。

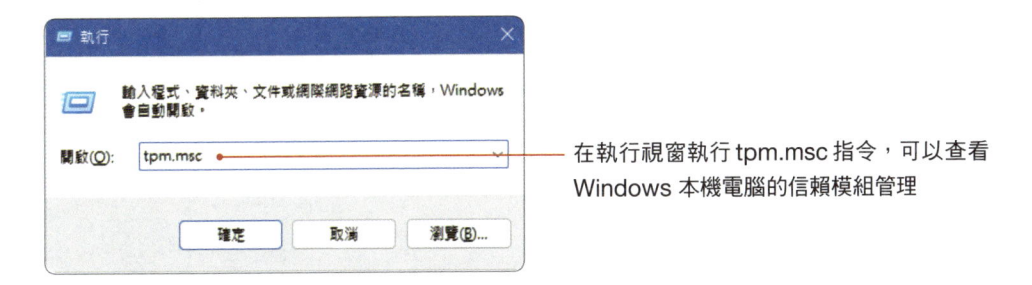

在執行視窗執行 tpm.msc 指令，可以查看 Windows 本機電腦的信賴模組管理

A-11

A-10　Windows + X—快速連結功能表

快速連結功能表上面會有許多常見的功能可以開啟，後方所接的「英文字母」代表該功能的快速鍵。

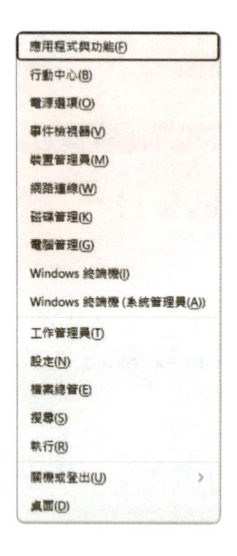

例如想要開啟「裝置管理員」，就可以同時按下「Windows + X」鍵開啟快速連結功能表，接著再按下「M」鍵，就可以快速開啟「裝置管理員」。

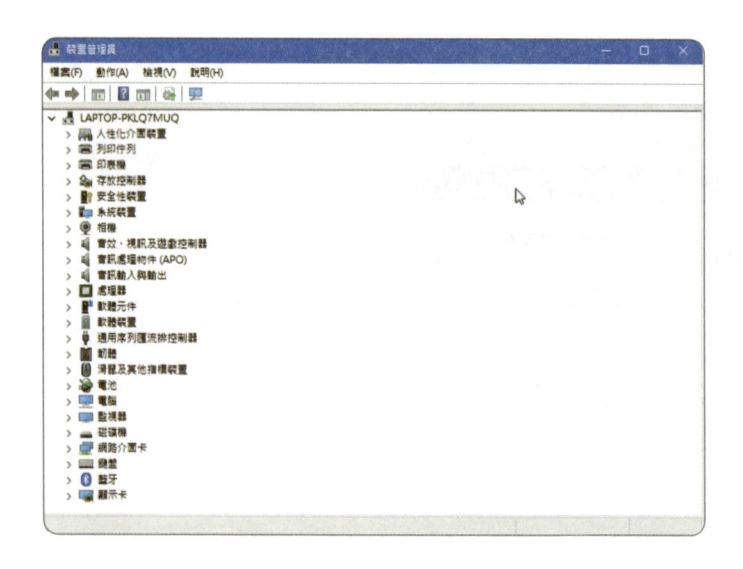

又例如下圖中「睡眠」的快速鍵組合是先按下「Windows + X」開啟快速連結功能表，接著再按下「U」鍵，最後再按下「S」鍵。如下圖所示：

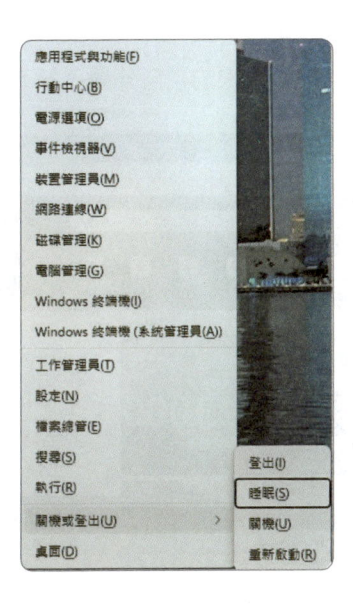

A-11 Windows + K—開啟無線裝置搜尋的介面

「Windows + K」快速鍵會開啟「無線裝置搜尋的介面」，直接搜尋附近的無線投影或是音訊裝置，直接點選就可以連線。

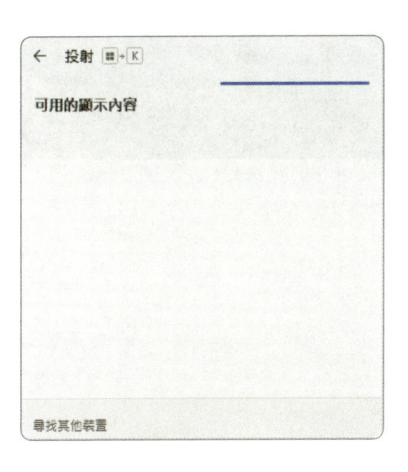

A-12 Windows + D─縮小所有視窗並只顯示桌面

這個快速鍵可以快速地縮小所有視窗並只顯示桌面，如果再按一次「Windows + D」相同的組合鍵，就可以回復到原來的視窗外觀。如下列二圖所示：

按下「Windows + D」快速鍵

快速縮小所有視窗並只顯示桌面

A-13　Windows＋L—快速登出

「Windows＋L」快速鍵的主要功能是快速登出，當你要暫時離開位置，又不想讓他人看到你目前所進行的工作或偷用你的電腦，只要按「Windows＋L」下這個快速鍵就可以快速登出，當想要再次使用電腦時，按一下滑鼠就會出現登入畫面，要求使用者重新登入。

A-14　Windows＋Shift＋S—叫出螢幕截圖軟體

「Windows＋Shift＋S」快速鍵會快速叫出螢幕截圖的功能，當各位有螢幕截圖的需求，就可以用這個快速鍵叫出螢幕截圖的軟體，如下圖所示：

A-15　Ctrl＋Shift＋Esc—開啟工作管理員

「Ctrl＋Shift＋Esc」這個快速鍵可以快速叫出工作管理員，當你有程式當機時，就可以用「Ctrl＋Shift＋Esc」快速叫出工作管理員，來結束指定程式或是查看系統資源。

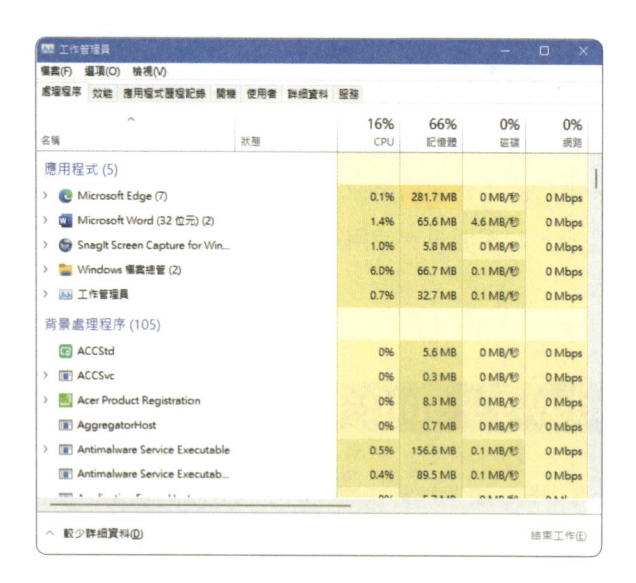

A-16 「Win + Alt + 方向上 / 下」及「Win + 方向左 / 右」—視窗分割

「Win + Alt + 方向上 / 下」及「Win + 方向左 / 右」這兩個快速鍵會將視窗放到螢幕的上 / 下半部及將使用中的視窗自動縮放到螢幕的左 / 右半部。例如下圖是將使用者的視窗分成左 / 右半部的外觀：

A-17 Windows 鍵 + C —開啟 Microsoft Teams 通訊軟體

按「Windows 鍵 + C」就會看到 Microsoft Teams 通訊軟體，如果還沒有使用過 Microsoft Teams 通訊軟體就會出現如右的圖形：

A-18 Windows 中的鍵盤快速鍵線上文件

如果想更深入了解各種不同選項的 Windows 中的鍵盤快速鍵，建議可以連上下圖網頁，有各種 Windows 中的鍵盤快速鍵的分類整理。各位只要在 Google 輸入「Windows 中的鍵盤快速鍵」關鍵字就可以找到下圖網頁：

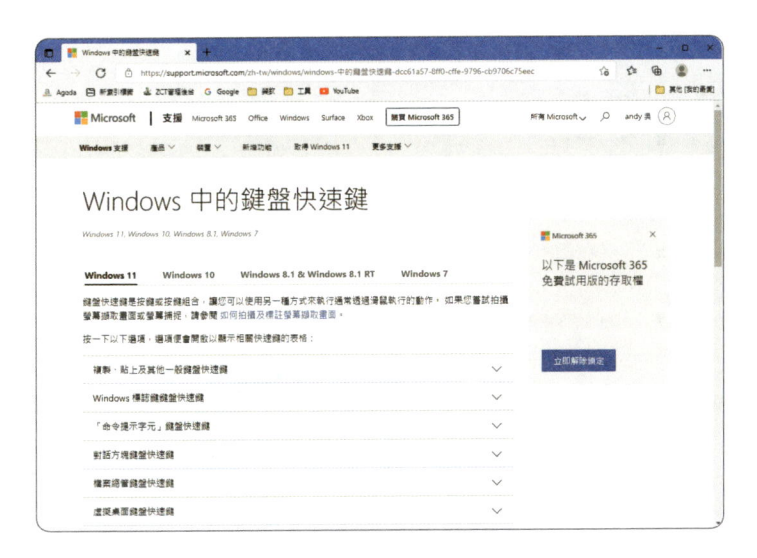

各位只要按一下以下選項，選項便會開啟以顯示相關快速鍵的表格：

- 複製、貼上及其他一般鍵盤快速鍵
- Windows 標誌鍵鍵盤快速鍵
- 「命令提示字元」鍵盤快速鍵
- 對話方塊鍵盤快速鍵
- 檔案總管鍵盤快速鍵
- 虛擬桌面鍵盤快速鍵
- 工作列鍵盤快速鍵
- 設定鍵盤快速鍵

例如想了解有關「Windows 標誌鍵鍵盤快速鍵」的完整說明，只要按一下「Windows 標誌鍵鍵盤快速鍵」下拉式箭頭，就可以展開 Windows 標誌鍵鍵盤快速鍵的完整說明文件。

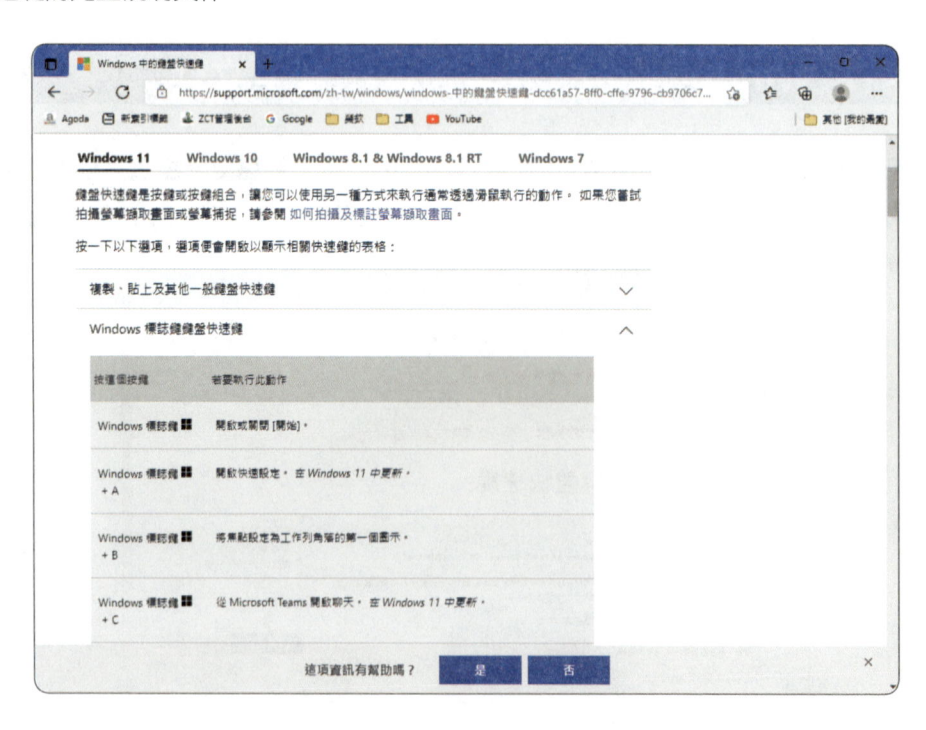

Note

Note

Note

Note

讀者回函

感謝您購買本公司出版的書，您的意見對我們非常重要！由於您寶貴的建議，我們才得以不斷地推陳出新，繼續出版更實用、精緻的圖書。因此，請填妥下列資料(也可直接貼上名片)，寄回本公司(免貼郵票)，您將不定期收到最新的圖書資料！

購買書號：＿＿＿＿＿＿＿＿＿＿ 書名：＿＿＿＿＿＿＿＿＿＿

姓　　名：＿＿＿＿＿＿＿＿＿＿＿＿＿＿＿＿＿＿＿＿＿＿＿＿＿＿

職　　業：□上班族　□教師　□學生　□工程師　□其它

學　　歷：□研究所　□大學　□專科　□高中職　□其它

年　　齡：□10~20　□20~30　□30~40　□40~50　□50~

單　　位：＿＿＿＿＿＿＿＿＿＿＿＿＿＿ 部門科系：＿＿＿＿＿＿＿＿

職　　稱：＿＿＿＿＿＿＿＿＿＿＿＿＿＿ 聯絡電話：＿＿＿＿＿＿＿＿

電子郵件：＿＿＿＿＿＿＿＿＿＿＿＿＿＿＿＿＿＿＿＿＿＿＿＿＿＿

通訊住址：□□□ ＿＿＿＿＿＿＿＿＿＿＿＿＿＿＿＿＿＿＿＿＿＿＿
＿＿＿＿＿＿＿＿＿＿＿＿＿＿＿＿＿＿＿＿＿＿＿＿＿＿＿＿＿＿＿＿

您從何處購買此書：

□書局＿＿＿＿＿＿ □電腦店＿＿＿＿＿＿ □展覽＿＿＿＿＿＿ □其他＿＿＿＿＿＿

您覺得本書的品質：

內容方面：　□很好　　　□好　　　□尚可　　　□差
排版方面：　□很好　　　□好　　　□尚可　　　□差
印刷方面：　□很好　　　□好　　　□尚可　　　□差
紙張方面：　□很好　　　□好　　　□尚可　　　□差

您最喜歡本書的地方：＿＿＿＿＿＿＿＿＿＿＿＿＿＿＿＿＿＿＿＿＿

您最不喜歡本書的地方：＿＿＿＿＿＿＿＿＿＿＿＿＿＿＿＿＿＿＿＿

假如請您對本書評分，您會給(0~100 分)：＿＿＿＿＿＿ 分

您最希望我們出版那些電腦書籍：

＿＿＿＿＿＿＿＿＿＿＿＿＿＿＿＿＿＿＿＿＿＿＿＿＿＿＿＿＿＿＿＿

請將您對本書的意見告訴我們：

＿＿＿＿＿＿＿＿＿＿＿＿＿＿＿＿＿＿＿＿＿＿＿＿＿＿＿＿＿＿＿＿

您有寫作的點子嗎？□無　　□有　專長領域：＿＿＿＿＿＿＿＿

博碩文化網站　　http://www.drmaster.com.tw

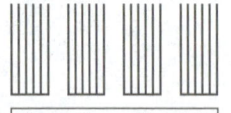

廣 告 回 函
台灣北區郵政管理局登記證
北 台 字 第 4 6 4 7 號
印 刷 品 ・ 免 貼 郵 票

221

博碩文化股份有限公司 產品部
台北縣汐止市新台五路一段 112 號 10 樓 A 棟

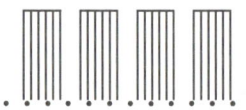

如何購買博碩書籍

全省書局
請至全省各大書局、連鎖書店、電腦書專賣店直接選購。
（書店地圖可至博碩文化網站查詢，若遇書店架上缺書，可向書店申請代訂）

信用卡及劃撥訂單
請至博碩文化網站下載相關表格，或直接填寫書中隨附訂購單並於付款後，將單據傳真至 (02)2696-2867。

線上訂購
請連線至「博碩文化網站 http://www.drmaster.com.tw」，於網站上查詢優惠折扣訊息並訂購即可。